Doris Walder | Eva Holderegger Walser | Pat Hastings

WELPENTEST und Hundeanalyse

Körperbau – Fit for Function einfach erklärt

In Memoriam
Ein Jahr nach Erscheinen dieses Buches ist unsere Co-Autorin und Mentorin Pat Hastings leider verstorben.
Dies macht unser gemeinsames Nachschlagewerk umso wertvoller, da Pat's Dogfolk-Verlag nicht mehr existiert und demnach ihre älteren Bücher nicht mehr neu gedruckt werden.

Müller Rüschlikon

Einbandgestaltung: R2 I Ravenstein, Verden

Titelfoto: Eva Holderegger Walser

Bildnachweis: siehe Seite 360

Dieser Link führt Sie zu den in diesem Buch enthaltenen Unterlagen zum Runterladen.

Eine frühere Ausgabe dieses Buches ist unter der ISBN 978-3-275-02206-9 erschienen.

ISBN 978-3-275-02375-2

1. Auflage 2026

Sie inden uns im Internet unter
www.mueller-rueschlikon-verlag.de

Gesamtleitung und Lektorat: Claudia König
Innengestaltung: Kornelia Erlewein – Anna Erlewein Druck und Bindung: Graspo CZ, 76302 Zlin
Printed in Czech Republic

Gender-Hinweis: Aus Gründen der besseren Lesbarkeit wird auf die gleichzeitige Verwendung der Sprachformen männlich, weiblich und divers (m/w/d) verzichtet. Sämtliche Personenbezeichnungen gelten gleichermaßen für alle Geschlechter.

Dieses Buches basiert auf dem in USA seit vielen Jahren bewährten und sehr erfolgreichen Puppy-Puzzle-Konzept, das Pat Hastings in Zusammenarbeit mit namhaften Tierärzten entwickelt hat. Der Inhalt dieses Buches wurde mit sehr viel Sorgfalt zusammengestellt und entspricht dem heutigen Wissensstand. Die Umsetzung der Analyse erfolgt auf eigenes Risiko, die Autorinnen und der Verlag übernehmen keinerlei Haftung für Personen-, Tier- oder Sachschäden. Wir empfehlen generell, Hunde mit einschränkenden Auffälligkeiten und Schwachstellen einem Physiotherapeuten und/oder Tierarzt vorzustellen.

Für

Tiras, Domino, Harry, Dingo, Silla, Chili, Naava, Yumi, Baila, Shy, Borra, Jouvèn, Ucielle, Caillou

und für

alle Welpen und Hunde, von denen wir lernen durften

10 Vorwort von Univ. Doz. Dr. Irene Sommerfeld-Stur
11 Skelett beschriftet
12 Einleitung

Kapitel 1

Pat Hastings 14

16 Die Show-Welt – gestern und heute
17 Richter-Entscheide und Social Media
18 Richterausbildung und mangelndes Basiswissen
18 Rasse-Standards und deren Aussage
18 Huskies: Schnee und die Beinlänge
19 Schafhals, Heringsbauch & Co.
21 So süß – so krank?
22 Weg vom Extremen – zurück zum Funktionalen
23 Ihnen gehört die Zukunft

Kapitel 2

Einleitung Hundeanalyse 24

25 Weshalb beginnen wir nicht gleich mit dem Welpentest?
26 Die Rasse-Standards und ihre Auslegung
27 Der ausdauernde Langstrecken–Traber, die canine Norm
28 Unsere Fotomodelle im Buch
30 Die alten Skelette – falsch gezeichnet
31 Unser korrektes Skelett
31 Unser echtes Knochen-Skelett
32 Vorbereitungstipps für eine erfolgreiche Hundeanalyse
33 Analyse mit aussagekräftigen Ergebnissen
34 Fassen Sie die Hunde an und fühlen Sie die Strukturen
35 Und los geht's auf die spannende Reise über den Körper
36 Kurzanalyse – auf einen Blick: Drei Balance-Linien und zwei Rundungen
38 Wir trainieren das Auge anhand von Fotos für abweichende Balance-Linien
41 Der erste, aber wichtigste Trainings-Schritt – Das Auge schulen
42 In welcher Reihenfolge analysieren wir den Körperbau?

Kapitel 3

Kopf und Hals 44

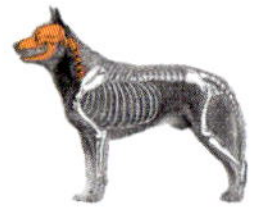

45 DER KOPF
47 BOAS – das Brachycephale obstruktive Atemwegs-Syndrom
48 Veränderte Schädelformen
50 Veränderte Kieferformen – Zahnschlussprobleme – Zahnstein
52 Schwache Unterkiefer
53 Die Augen
53 Die Augenfarbe
54 Schwere Lefzen – Hängelider (Ektropium) und Lefzenekzeme
56 Die Nase
57 Die Nasenschwamm-Farben
58 Die Nasenöffnungen
60 Zurück zum Funktionalen – FCI-Grundsatzerklärung
62 DER HALS
62 Der ideale Hals
64 Der kurze Hals

66 Der Schafhals
67 Der Schafhals-Test
71 Der lange Hals

Kapitel 4 Körper (Rumpf) 72

73 > DIE OBERLINIE
77 DER WIDERRIST
78 DER RÜCKEN
79 DIE LENDE
83 DIE KRUPPE
85 DIE RUTE, Ansatz und Rutenhaltung
88 DAS BECKEN
91 > DIE UNTERE PROFIL-LINIE
91 DIE BRUSTBEINSPITZE UND DIE VORBRUST
92 Die ideale Vorbrust
92 Die mangelhafte Vorbrust
96 Die ideale Brustbeinspitze
98 Die zu kleine Brustbeinspitze
99 Die zu große Brustbeinspitze
100 Der Oberarm-Brustmuskulatur-Test
101 DER BRUSTKORB
101 Der ideale Brustkorb
102 Die verschiedenen gerundeten Brustkorb-Formen
103 Der mangelhaft geformte Brustkorb
104 Der tonnenförmige oder rundrippige Brustkorb
104 Der schmale oder flachrippige Brustkorb
106 Der zu tiefe Brustkorb
106 Der zu wenig tiefe Brustkorb
107 Der herzförmige Brustkorb
108 Der zu kurze Brustkorb, genannt Heringsbauch
108 Die Wespentaille
109 Die Brustkorb-Entwicklung
111 Die Brustbeinlänge
112 DIE FLANKEN
112 Die unterschiedlichen unteren Profil-Linien bei Show- und Arbeitshunden

Kapitel 5 Die Vorderhand 114

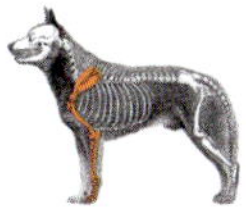

115 Die Vorderhand auf einen Blick
116 Balance-Linie 1
116 Balance-Linie 2
117 Leicht gerundete Vorbrust
118 Die Äquidistanz
120 DIE SCHULTER
120 Die Lage und Länge des Schulterblatts ist entscheidend für die Schrittlänge
120 Die ideale Schulter
122 Die Lagebestimmung des Schulterblatts
124 Zu steile Schultern
125 Zu weit auseinanderstehende Schulterblattspitzen

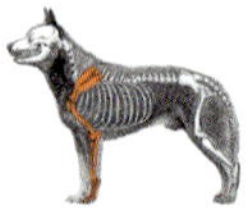

126 Überladene Schultern
127 Zu hohe Schulterblattspitzen
128 Zu enge, nah zusammenstehende Schulterblattspitzen
130 DER OBERARM
130 Der ideale Oberarm
132 Die Lagebestimmung des Oberarms
133 Der zu kurze Oberarm
134 Der zu steil gestellte Oberarm
135 Der zu lange Oberarm
136 DER ELLBOGEN
136 Der ideale Ellbogen
137 Eingedrehte Ellbogen
138 Ausgedrehte Ellbogen
139 Lose Ellbogen
140 Der Ellbogentest, drei Möglichkeiten
144 DER UNTERARM
146 DER VORDERMITTELFUSS (VMF)
147 Der ideale Vordermittelfuß (VMF)
148 Der durchtrittige, zu elastische Vordermittelfuß
149 Der zu kurze und zu steile Vordermittelfuß
151 Der zu lange Vordermittelfuß
152 DIE VORDERPFOTEN
152 Die idealen Pfoten-Formen
154 Nicht korrekte Pfoten
157 Ballen, Polster
158 Krallen
159 Auswirkung einer extremen Fehlbelastung

Kapitel 6 **Die Hinterhand 160**

161 Die Hinterhand auf einen Blick
162 Begriffserklärungen
164 Äquidistanz
165 Hinterbeine: Form folgt der Funktion
168 DER OBERSCHENKEL
169 DER UNTERSCHENKEL
170 DAS KNIE
170 Das ideale Knie
172 Rassetypische Unterschiede
172 Die korrekte Knie-Stellung
173 Knie-Probleme: Kreuzbandriss und Kniescheiben-Luxation
174 DAS SPRUNGGELENK UND DER HINTERMITTELFUSS
174 Das ideale Sprunggelenk
175 Ein verbreitetes Problem: Instabile Sprunggelenke
176 Das instabile, nach vorne kippbare Sprunggelenk
184 Muskelmasse Oberschenkel und Beckenschiefstand
185 Der ideale Stand der Hinterbeine
185 Mangelhafter Stand der Hinterbeine
187 Stabilität Hinterhand

188 DIE HINTEREN PFOTEN
189 Die idealen Pfotenformen
190 Nicht korrekte Pfoten
194 Nicht korrekte Pfoten-Belastung
197 Krallen
198 MEHR ÜBER DIE HINTERHAND
198 Hinterhand-Landungen sind absolut zu vermeiden!
199 Einseitiger Muskelaufbau hat immer einen Grund
200 Auffallende Sitzposition – Femurkopfnekrosen bei kleinen Hunden

Kapitel 7 **Andere Körperformen als der Ausdauer-Traber 202**
204 MOLOSSER
204 Die offensichtlichsten Unterschiede der Molosser zum Ausdauer-Traber
206 Die Übertypisierung der ohnehin schon mächtigen Molosser-Köpfe
207 Das frühzeitige Ende einer erfolgreich gestarteten Sportkarriere
208 Der Kopf und die Größe wurden verändert
210 Oft gesehen – eine mangelhafte Hinterhand
210 Lange Ruten ohne Knick bedeuten weniger Wirbelprobleme
211 TERRIER
212 Die sechs Terrier-Rassen mit der »Terrier-Front« und dem »Terrier-Trab«
212 Die Unterschiede der Terrier-Front zur Ausdauer-Traber-Front
214 WINDHUNDE
215 Spezialisierte Rennhunde und Ausstellungshunde unterscheiden sich im Körperbau
216 Die offensichtlichsten Unterschiede der Windhunde zum Ausdauer-Traber
217 Variantenreiche Standards
221 NIEDERLÄUFIGE HUNDE
223 Chondrodysplasie oder Chondrodystrophie

Kapitel 8 **Einleitung zum Welpentest 226**
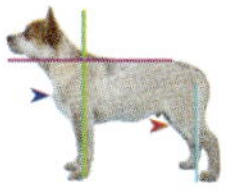
227 Eine Hommage an Pat Hastings
229 In welchem Alter testen wir die Welpen?
229 Sinn und Zweck des Welpentests
230 Unsere beiden Fotomodelle für den Welpentest
232 Vor dem Welpentest
234 DER WELPENTEST VON A bis Z
234 Erste Kontaktaufnahme mit dem Welpen
238 Wir machen Fotos
238 Die hängende Position
240 Hals
242 Kopf
244 Front
251 Vorderhand und Winkel
254 Brustkorb
254 Untere Linie
257 Obere Linie
259 Hinterhand
267 Diverses
271 Die goldenen Regeln für den Welpentest

Kapitel 9 Gut zu wissen 272

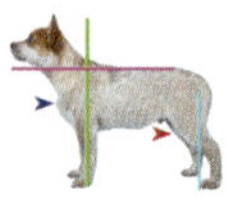

273 Warum schauen wir uns die Welpen erst mit 8 Wochen an?
275 Warum testen wir die Welpen stehend und nicht in der Bewegung?
276 Was kann nicht vorausgesagt werden?
276 Die hängende Position, wie machen wir es richtig?
277 Welches Bild möchten wir im Spiegel sehen?
277 Welches Bild möchten wir im Spiegel nicht sehen?
278 Fotografieren – wie machen wir es richtig?
280 Junghunde – Gewicht und Wachstum
281 Wachstumsstörungen beim Vorderbein
282 Instabiler Vordermittelfuß
283 Schmerzhafte versus harmlose Verdickungen im Vordermittelfuß
283 Welpenzähne
284 Die korrekte Okklusion
284 Zangengebiss
285 Vorbiss (Progenie)
286 Oft gesehen, der Canini-Engstand
286 Der problematische Rückbiss
287 Hyperdontie (Zahnüberzahl) und andere Probleme
289 Die einschränkenden fünf Schwachstellen – oder die »5 No-Gos« für Zucht und Sport
289 Welpen mit körperbaulichen Schwachstellen
291 GEDANKEN ZUR ZUCHT
291 Welchen Welpen behalten wir für unser Zuchtprogramm?
291 Welcher Welpe passt in welches Zuhause?
292 Die Suche nach dem geeigneten Rüden für unsere Hündin
294 Macht eine Wurfwiederholung Sinn?
294 In der Pflicht sind auch die Rasse-Clubs
295 Wie sinnvoll sind geschlossene Stammbücher?
296 Es geht nicht ohne eine wohlwollende Zusammenarbeit
297 Rassetyp versus Gesundheit
298 UNSER WEG ZUM WELPENTEST
301 Wie Ihr eigener Weg aussehen könnte
302 Hundeanalyse Trainings-Treffen
302 Erste Welpen-Analysen
303 Welche Welpen sind am schwierigsten zu testen?

Kapitel 10 Gangwerk 304

306 Das Gangwerk des ausgewogen gewinkelten, rechteckigen Hundes
309 Das problematische Gangwerk des quadratischen Hundes
310 Der Einfluss der Hinterbeine auf die obere Linie
311 Das veränderte Gangwerk bei kurzen Oberarmen
311 Der TRAD erobert die Show-Welt

Kapitel 11 Der Sporthund 314

315 Vorsicht, nicht jeder Körperbau eignet sich für schnelle Sportarten
316 Hunde tun alles, um ihrem Besitzer zu gefallen
316 Adrenalin im Blut beschert den Hunden einen »Kick«
317 Sportarten aus Sequenzen des Jagdverhaltens

318 Trainingsbeginn – Geduld, die sich auszahlt
318 Wie oft werden Hunde unbewusst überfordert
319 Landungen mit Richtungswechsel sind belastend
320 Wenn uns Hunde ihren Schmerz nur durch die Augen zeigen
320 Hunde tun alles für uns, bis ihr Körper versagt
321 Sport ist Mord – bei einem mangelhaften Körperbau
321 Wie kann der Hund sportliche Höchstleistungen erbringen?
322 Die am meisten einschränkenden strukturellen Schwachstellen
323 AUSWIRKUNGEN VON STRUKTURELLEN DEFIZITEN IM SPORTEINSATZ
323 KOPF und HALS
323 Tabelle: Schwachstellen – Auswirkungen beim Sporthund
323 Hunde mit einem schwachen Hals versagen im Gebrauchshundesport
324 Der Schafhals, das kaum bekannte Problem
325 Der überdehnte Hals und die Fußarbeit – oder die »Sternengucker«
327 KÖRPER
327 Tabelle: Schwachstellen – Auswirkungen beim Sporthund
327 Sporthunde mit einem schmächtigen Brustkorb sind weniger ausdauernd
329 Kleiner Knochen mit großer Wirkung – die Brustbeinspitze
330 Die korrekte Lende entscheidet über enge Wendungen und Stangenfehler
331 Eine kurze Kruppe bedeutet schmale, schwache Oberschenkel und weniger Schub
332 VORDERHAND
332 Tabelle: Schwachstellen – Auswirkungen beim Sporthund
333 Das Schulterblatt beeinflusst bedeutend mehr als nur die Schrittlänge
334 Warum ist eine gerundete Vorbrust so wichtig?
336 Der Vordermittelfuß (VMF), der wichtige Stoßdämpfer
338 Ein Hund ohne gute Pfoten ist wie ein Ferrari mit platten Reifen
339 Zu lange Krallen bedeuten größere Verletzungsgefahr
340 HINTERHAND
340 Tabelle: Schwachstellen – Auswirkungen beim Sporthund
340 Wenn Stangenfehler die Regel sind
342 Wenn auf einmal die Beine wegsacken – kippbare Sprunggelenke
344 Wenn die Geschwindigkeit und die Bodenhaftung zu wünschen übrig lässt – Roll-Ballen
346 GENERELL
346 Tabelle: Schwachstellen – Auswirkungen beim Sporthund
346 Im Gleichgewicht – vorne und hinten gleich breit und gleich gewinkelt
347 Wenn Ihr Sporthund Veränderungen zeigt
350 Mein Hund ist im Sport überfordert – was nun?
351 Wie finde ich meinen passenden Sporthund-Welpen?

Anhang 354

355 QR-Code für Tabelle Auffälligkeiten und Auswirkungen, Checklisten und Video
356 Pat Hastings
358 Doris Walder
359 Eva Holderegger Walser
360 Bildnachweis
361 Danksagung
362 Stichwortverzeichnis
366 Levi und Polly, unsere Welpentest-Modelle mit 14 Monaten

Vorwort von Univ. Doz. Dr. Irene Sommerfeld-Stur

Form follows function … ein Grundsatz, der sich durch die gesamte Evolution hindurchzieht. Vom simplen Einzeller bis zur »Krone der Schöpfung« – nur Formen, die sich unter den jeweiligen Umweltbedingungen bewähren, haben eine Chance, ihre Gene an die nächste(n) Generation(en) weiterzugeben. Mutationen und der Mechanismus der geschlechtlichen Fortpflanzung haben immer wieder dafür gesorgt, dass auch in sich verändernden Umwelten immer eine Auswahl an tauglichen Formen verfügbar war, Selektionsmechanismen haben dafür gesorgt, dass untaugliche Formen wieder verschwunden sind.

Diesem Prinzip verdanken wir es, dass wir Menschen mit einem funktionellen Körper durch das Leben gehen. Das gleiche gilt oder galt zumindest lange Zeit auch für unsere Hunde. Seit dem Zeitpunkt der Domestikation begleiten uns Hunde, zunächst in erster Linie als Nutztiere, die unterschiedlichste Aufgaben in Kooperation mit dem Menschen erfüllten. Sie dienten als Wach- oder Schutzhunde, sie waren Helfer bei der Jagd, hüteten die Herden, zogen Schlitten und vieles mehr. Ihr zunächst wohl recht einheitlicher Körperbau – entsprechend den Anforderungen eines Beutegreifers – veränderte sich in gewissem Ausmaß entsprechend ihren jeweiligen Spezialisierungen. Noch lange Zeit war aber in den meisten Hunden ihr Stammvater erkennbar: ein ausdauernder Langstreckenläufer.

Die moderne Hundezucht hat es in den wenigen Jahrzehnten ihres Bestehens geschafft, das Selektionsprinzip des »form follows function« auszuhebeln. Mit wenigen Ausnahmen wurde ein »fail of function follows fail of form« daraus.

Es war die Verlagerung der Selektionsprioritäten von der körperlichen Leistungsfähigkeit zur Priorisierung von Ausstellungserfolgen bei der Selektion, die auch solchen Hunden eine Fortpflanzung ermöglichte, die mehr oder weniger ausgeprägte Fehler im Körperbau hatten. Blickt man sich auf heutigen Hundeausstellungen um, genügt oft ein Blick auf die offensichtlichen körperbaulichen Mängel, um die körperlichen Leiden, die sich daraus ergeben können, zu ahnen. Damit sind nicht nur die offensichtlichen Qualzuchtmerkmale wie extrem verkürzte Schädel, übermäßige Hautfalten, extremer Zwerg- oder Riesenwuchs etc. gemeint. Auch mehr oder weniger geringfügige körperbauliche Fehler können die Funktion und damit die Gesundheit der betroffenen Hunde massiv beeinträchtigen. Tierärzte und Physiotherapeuten können ein Lied davon singen. Sie sind ständig mit den Folgen fehlgeleiteter oder fehlender Selektionsschwerpunkte konfrontiert.

Theoretisches Wissen ist in vielen Bereichen die Grundlage erfolgreicher Maßnahmen. So auch in diesem Kontext. Man muss die Grundlagen der Bewegungsmechanik kennen, um die funktionellen und gesundheitlichen Konsequenzen von körperbaulichen Fehlern beurteilen zu können. Das vorliegende Buch liefert in Wort und Bild das nötige Wissen. Es ist den beiden Autorinnen gelungen in didaktisch überzeugender Weise ein spannendes und informatives Buch vorzulegen, dem ich eine möglichst umfangreiche Leserschaft wünsche. Jeder – und zwar wirklich jeder – der mit Hunden zu tun hat, sollte sich darin vertiefen. Und sei es nur, um von dem eigenen Hund nichts zu verlangen, was sein Körperbau nicht hergibt.

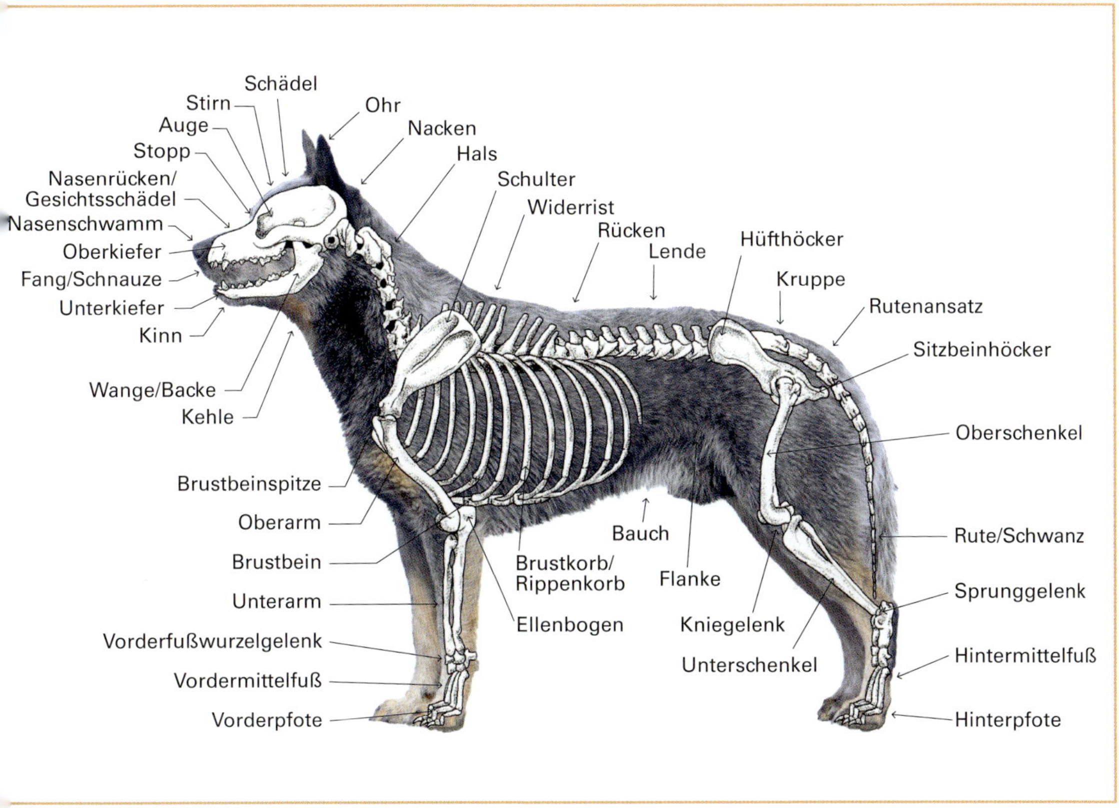
Schädel
Stirn
Auge
Stopp
Nasenrücken/
Gesichtsschädel
Nasenschwamm
Oberkiefer
Fang/Schnauze
Unterkiefer
Kinn
Wange/Backe
Kehle
Ohr
Nacken
Hals
Schulter
Widerrist
Rücken
Lende
Hüfthöcker
Kruppe
Rutenansatz
Sitzbeinhöcker
Oberschenkel
Brustbeinspitze
Oberarm
Brustbein
Unterarm
Vorderfußwurzelgelenk
Vordermittelfuß
Vorderpfote
Bauch
Brustkorb/
Rippenkorb
Flanke
Ellenbogen
Kniegelenk
Unterschenkel
Rute/Schwanz
Sprunggelenk
Hintermittelfuß
Hinterpfote

Abb. 1-01 und 1-02 | *Zwei aufgeweckte Mini Pinscher – dieselbe Rasse, aber nicht der gleiche Körperbau. Was sehen Sie? Überprüfen Sie Ihren Lernerfolg im letzten Kapitel: Der Sporthund (Kapitel 9, Seite 335).*

Einleitung

Wer möchte nicht in der Lage sein, den Körperbau seines Hundes objektiv zu beurteilen? Mit diesem Buch geben wir Ihnen ein Instrument an die Hand, den Körperbau von erwachsenen Hunden und von Welpen zu beurteilen. Dazu dient unter anderem das einfache System der 3 Balance-Linien. Das Beste: Es ist faszinierend und aufbauend, weil wir keine Hunde verurteilen – und es macht jede Menge Spaß!

Wir Menschen brauchen alle ein gewisses Maß an Anerkennung und Erfolg. Beides übertragen wir gerne auf unsere Hunde, sie sollen gesund, schön, intelligent, talentiert und leistungsfähig sein. Um jedoch ein körperlich und mental weitgehend unbelastetes Leben führen zu können, um für die Zucht und für den Sport die besten Chancen zu haben, muss sich ein Hund in seinem Körper wohlfühlen. Voraussetzung dafür ist, dass er gesund und gut gebaut ist. Genau das erwarten wir, wenn wir einen Welpen ins Haus holen oder mit einem unserer Hunde züchten möchten.

Ist mein Welpe gut gebaut? Kann aus meinem Welpen ein Sporthund werden? Eignet er sich später für die Zucht? Kann ich ihn erfolgreich ausstellen? Wie überprüfe ich die körperlichen Voraussetzungen, bevor ich Entscheidungen treffe?
Je mehr wir wissen, umso mehr profitieren unsere Hunde:

Abb. 1-03 und 1-04 | *Eine Frage, die auch bei Jackson, dem Miniature American Shepherd gestellt wurde, und die sich jeder Züchter stellen sollte: Hat mein Welpe das Potential für einen Zucht- und/oder Sporthund?*

- **Züchter** erkennen die Schwachstellen ihrer Hunde und doppeln diese nicht mit der Wahl des unpassenden Zuchtpartners. Die Welpenanalyse wird zum festen Bestandteil für die optimale Welpenvermittlung.
- **Hundetrainer** lernen die Hunde ihrer Klienten zu analysieren und sie z.B. darauf aufmerksam zu machen, dass ihr Hund nicht stur ist, sondern sein Körperbau ihn an der korrekten Ausführung hindert.
- **Hundesportler** werden ihre Hunde fördern und nicht mehr überfordern.
- **Zuchtrichter** prämieren nur das Moderate und Funktionale und tragen dazu bei, dass Übertypisierungen verschwinden und Rasse-Standards eingehalten werden.

Es gibt viele Anregungen und Antworten in diesem Buch. Machen wir uns nun gemeinsam auf den spannenden Weg.

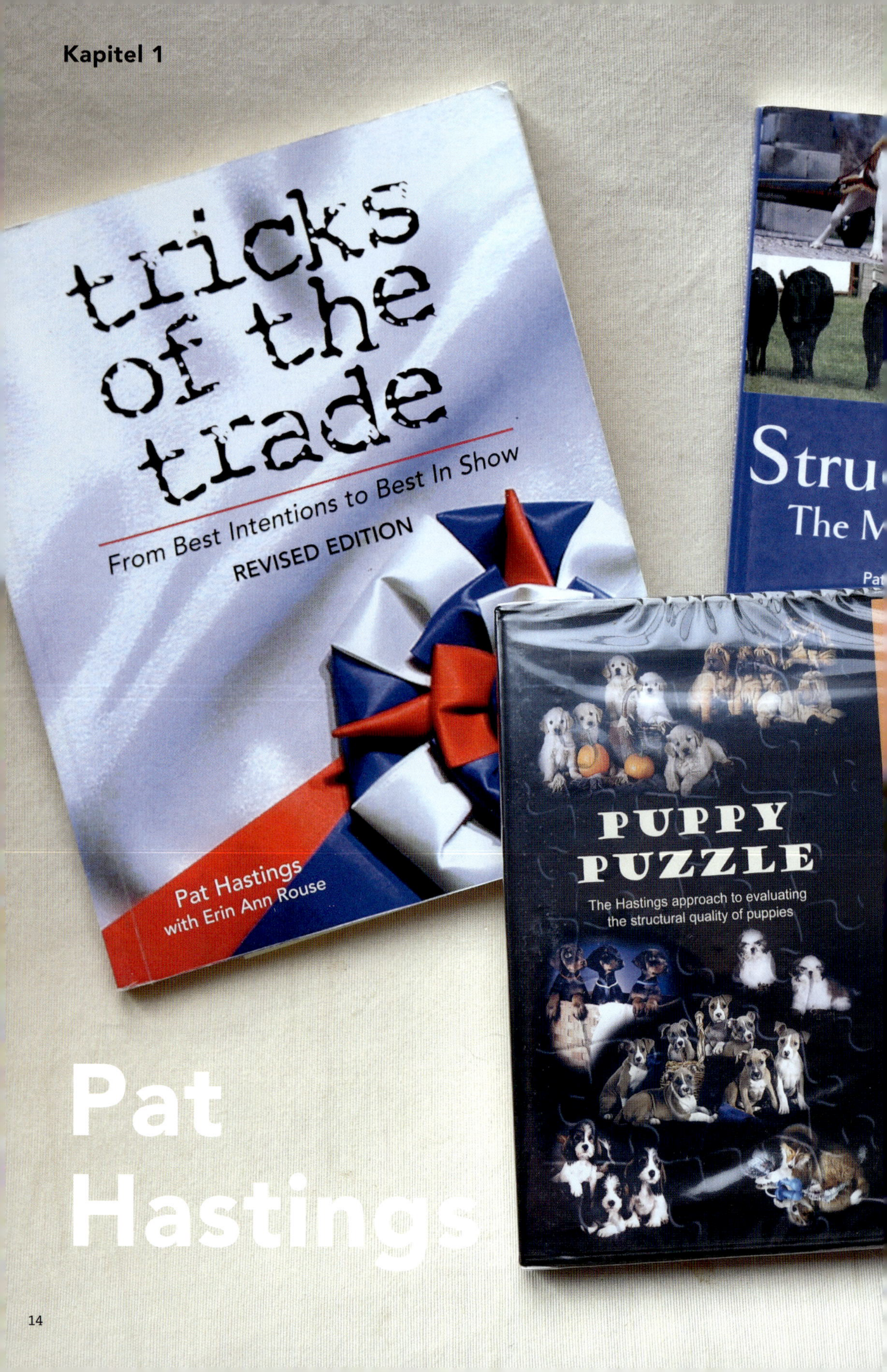

Pat Hastings

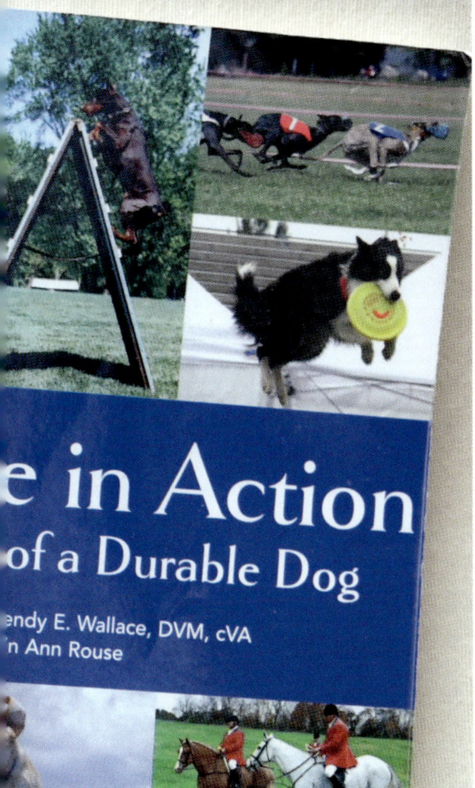

> **Pat Hastings**

16 **Die Show-Welt – gestern und heute**

17 **Richter-Entscheide und Social Media**

18 **Richterausbildung und mangelndes Basiswissen**

18 **Rasse-Standards und deren Aussage**

18 **Huskies: Schnee und die Beinlänge**

19 **Schafhals, Heringsbauch & Co.**

21 **So süß – so krank?**

22 **Weg vom Extremen – zurück zum Funktionalen**

Pat Hastings analysiert für unsere interessierten Leser die Probleme des heutigen Ausstellungswesens und die daraus resultierenden Auswirkungen auf die Zucht. Außerdem thematisiert sie die schwindende Qualität der vorgestellten Hunde. Aufgrund ihrer immensen Erfahrungen als ehemalige professionelle Handlerin und langjährige Richterin der meisten AKC-Rassen weiß sie sehr genau, wovon sie spricht.

Pat Hastings ist Trägerin der höchsten Ehrenauszeichnung des American Kennel Club, die sie für ihr Lebenswerk erhielt (2015 Lifetime Achievement Award in der Kategorie Conformation). Ihrer umfassenden Forschungsarbeit ist es zu verdanken, dass wir heute so viel mehr über den funktionalen Bewegungsapparat des Hundes wissen. Pat Hastings Bücher »Tricks of the Trade« und »Structure in Action« sowie die DVD »Puppy Puzzle« bilden die Grundlagen für dieses Buch.

Abb. 1-01 | *Der Welpentest und die Hundeanalyse werden unter anderem aufgrund des Inhalts dieser beiden englischsprachigen Bücher und der von uns auf deutsch synchronisierten DVD von Pat Hastings erklärt.*

Die Show-Welt – gestern und heute

Ich hatte das Glück, die besten Zeiten der Hundeausstellungen erleben zu dürfen. Alles im AKC (American Kennel Club) entwickelte sich Schritt für Schritt. Die Ausstellungen wurden konstant größer, es beteiligten sich mehr und mehr interessierte Menschen und die Qualität der Hunde verbesserte sich. Damals gab es noch viele Top-Züchter, die die nötigen Mittel hatten, um hunderte Hunde ihrer Rasse(n) zu halten. Kennels voll mit Hunden, Angestellten, Welpen – und stets die Möglichkeit zu optimieren. Dagegen ist es sehr hart, eine ernsthafte Zucht zu betreiben, wenn die finanziellen Mittel und die Räumlichkeiten limitiert sind – mit all den »Anti-Hunde-Organisationen« da draußen. Ich hatte die unglaubliche Gelegenheit, von Grund auf zu lernen: über Hunde, Pedigrees, Tierhaltung, das sportliche, faire Verhalten und wie man alles ins rechte Licht rückt. Wir gingen zu Hundeausstellungen, traten gegen die Besten an und gaben alles, um zu siegen.

Wir hielten den Sportsgeist hoch und ob gewonnen oder verloren, wir gingen nachher alle miteinander zum Essen und diskutierten über Hunde. Das war noch zu Zeiten vor den großen Werbekampagnen (Anm. in bekannten Dog-Show-Magazinen und heute auf facebook), vor dem Fliegen von A nach B und von Ost nach West übers ganze Land, um Richtern nachzujagen und alles zu tun, um Champion-Punkte zu sammeln.
Die Dinge haben sich drastisch geändert. Die großen Lehrmeister, von denen ich das Privileg hatte zu lernen, sind nicht mehr unter uns. Heutzutage kaufen Leute einen Hund, stellen ihn aus, gewinnen ab und zu und denken dann, sie wüssten nun alles. Dann züchten sie mit dem, was sie haben, behalten, was sie bekommen, und stellen aus, was sie behalten haben. Diese Leute sind nun die Lehrmeister der nächsten Generation, jedoch ohne das richtige Hintergrundwissen. Dieser ganze Prozess ist beängstigend.

Abb. 1-02 | *Pat Hastings*

Richter-Entscheide und Social Media

Abb. 1-03 | *Pat Hastings prämiert den Sieger der Variety Group in Salisbury, 2013.*

Große Firmen geben viel Geld für Werbung aus, weil es funktioniert – und weil Werbung sich lohnt, jeder einzelne Dollar. Die Rechnung geht auf, weil die meisten Menschen auf dieser Welt eher »Mitläufer« sind und das tun, was alle anderen tun, so funktioniert die menschliche Natur.

Show-Magazine, Zwinger-Werbung, Profi-Fotos, Social Media – das alles beeinflusst Richter-Entscheide. Der normale Mensch will nicht »anders« sein. Er will sich anpassen und nicht auffallen, also macht er das, was die Mehrheit macht. Das ist der Grund, warum die Werbung in Show-Magazinen und die Anzahl von Siegerfotos auf facebook täglich zunehmen. Wenn auf Profi-Bildern verbreitet wird, dass der Hund unter dem und dem Namen an der und der Show gewonnen hat und der »durchschnittliche« Richter den Hund dann zu sehen bekommt, dann ist automatisch bereits ein Bonus da, weil die Wahl ja schon auf diesen Hund gefallen ist und er ihn daher auch wählen sollte. Viel zu viele unserer Richter haben nicht genug Selbstvertrauen und leider auch nicht das Wissen, um das zu tun, was richtig wäre.

Richterausbildung und mangelndes Basiswissen

Der AKC und die meisten anderen Register-Organisationen bringen ihren Richtern bei, nach den bestehenden Standards zu richten. Aber alle diese Standards helfen nicht weiter, wenn den Richtern das Basiswissen über Hunde und Rassen fehlt. Ich kenne keine Ausbildung, bei der Richtern das nötige Basiswissen vermittelt wird. Das heißt, dass diese Richter den Ring mit lediglich dem Wissen betreten, welches sie als Züchter erworben haben. Wenn sie keine erfahrenen Mentoren hatten, fehlt ihnen diese Basis und damit die Voraussetzung für das Ausstellungswesen.

Der ursprüngliche Zweck von Hunde-Ausstellungen war, den Zuchtbestand zu vergleichen. Dieser Vergleich basierte auf der Eignung des Hundes, das zu tun, wozu die Rasse und damit dieser Hund vorgesehen war. Aber die Welt hat sich verändert und der einfache Aussteller interessiert sich nicht für die Zukunft und das Wohlergehen »seiner« Rasse, für ihn steht das Gewinnen an erster Stelle. Diese Interessenverschiebung hat das Ausstellungswesen leider drastisch und nachhaltig verändert.

Kein Beteiligter im Ausstellungswesen trägt allein die Schuld dafür. Wir alle tragen eine Mitschuld. Von den Züchtern, die nach dem letzten Schrei züchten, über Käufer und Aussteller, die nur an Championtiteln interessiert sind, bis zu den Richtern, die das tun, was alle anderen tun. Alle sind ein Teil des Problems. Um das Problem zu lösen, müssen wir demzufolge auch alle ein Teil der Lösung sein. Ich bin der festen Meinung, dass bei den Richtern begonnen werden muss. Man hört immer und immer wieder die Richter sagen: »Wir können nur das richten, was im Ring steht.« Das würde ja heißen, dass es allein der Fehler der Züchter und Aussteller wäre. Dem kann ich nicht zustimmen. Wenn man etwas ändern oder verbessern möchte, muss man sich mit der Basis des Problems beschäftigen und nicht nur Symptome bekämpfen.

Rasse-Standards und deren Aussage

Ein Rasse-Standard ist der Bauplan, der einem Hund erlaubt, den Job zu tun, für den er erschaffen wurde. Meiner Meinung nach ist genau das der wichtigste Teil des Rassetyps. Wenn ein Hund seinen ursprünglichen Verwendungszweck nicht mehr erfüllen kann, dann sollte es nicht von Bedeutung sein, wie er aussieht, wie hübsch sein Fell ist oder wie großartig er als Ausstellungshund ist. Das Vermögen, seinen Job zu tun, steht an oberster Stelle. Sollte an oberster Stelle stehen! Mit diesem Bewusstsein im Kopf glaube ich, dass alle Züchter und Richter gefordert sind, die Rassen, die sie züchten und richten, bei ihrer individuellen ursprünglichen Arbeit zu beobachten, denn nur die Arbeit macht die Hunde zu dem, was sie sind.

Huskies: Schnee und die Beinlänge

Verstehen Sie als Züchter oder Richter wirklich, warum der Husky mehr als 50 % Beinhöhe zur Widerristhöhe haben sollte? Oder ist der Kommentar im Standard nur ein unbedeutender Satz? Das folgende Beispiel zeigt, dass ein Nichtbeachten dieses Satzes für die Hunde sogar eine tödliche Konsequenz haben könnte.

Ein Hund einer Rasse, die im Schnee arbeitet, sollte mehr als 50 % Beinlänge haben, sonst kommt er nicht aus dem tiefen Schnee heraus, schon gar nicht, wenn er noch an andere Hunde angebunden ist. Kann er sich nicht aus dem Schnee befreien, wird er im schlimmsten Fall sterben! Für mich ist das mehr als nur ein weiterer Satz im Rasse-Standard. Kurze Beine sind vielleicht sogar der schwerwiegendste Fehler, den der Husky haben kann. Aber Richter, die selbst nie die Erfahrung mit einem Hunde-Gespann gemacht haben, das sich nicht aus dem Schnee befreien konnte, werden diesen Passus im Standard als unbedeutend betrachten. Aber wenn sie die Auswirkung von kurzen Beinen kennen und sich weigern, einen Hund

Abb. 1–04 | *Leider werden im Show-Ring oft Huskies mit zu kurzen Beinen prämiert. Nicht so Pat Hastings. Sie prämiert keine schwerwiegenden Fehler, keine Hunde, die wie im Fall von Huskies für die Arbeit im Tiefschnee ungeeignet wären.*

mit ungenügender Beinlänge zu prämieren, dann werden die Züchter dem hoffentlich Beachtung schenken. Wenn kurzbeinige Huskies nicht mehr gewinnen könnten, würden die Zuchtprogramme angepasst. Das wiederum würde dazu führen, dass spätere Welpenkäufer Tiere mit korrekter Beinlänge ausstellen. Die Dinge würden sich verbessern.

Aber das ist nicht einfach! Das heißt: Sie als Richter vergleichen im Ring nicht die Hunde untereinander, sondern beurteilen, ob deren Gebäude den ursprünglichen Gebrauchszweck erfüllen könnten. Das wiederum bedingt, dass Sie die Rasse bei der Verrichtung ihrer Arbeit beobachten und wissen, was zum Wohlergehen der Rasse vorrangig zu prämieren ist.

Schafhals, Heringsbauch & Co.

Ein Hund mit einem Schafhals wird nie ein guter Schwimmer sein und auch nie fähig sein, länger etwas Schweres im Maul zu tragen. Entspricht das dem Zweck einer Retriever-Sport-Rasse? Wenn ein Richter nie erlebt hat, wie sich ein Hund im Wasser quält, dann wird er nicht erkennen, welch schwerwiegender Fehler ein Schafhals für eine Rasse bedeutet.

Das Gleiche gilt für die amerikanischen Coonhound-Rassen, die für die Jagd auf Waschbären gezüchtet werden. Waschbären flüchten ins Wasser, weil sie bessere und schnellere Schwimmer sind und es einfacher ist, den Hunden zu entkommen.

Abb. 1-05 | *Nur ein Hund mit einem kräftigen Hals wie Pip, die 16 kg schwere Nova Scotia Duck Tolling Retriever-Hündin, wird in der Lage sein, eine 4,5 kg schwere Gans zu apportieren.*

Wenn der Coonhound aber ein schlechter Schwimmer ist, dann vereitelt das seinen Job als Waschbären-Jäger.

Wenn Sie gelernt haben, was für Folgen ein Schafhals haben kann, dann möchten Sie mehr darüber wissen. Sie lernen, dass ein Schafhals durch mangelhafte Bänder verursacht wird, die eigentlich die Nackenwirbel stabil halten sollten.
Das ist der Grund, weshalb es einem Hund mit Schafhals an Kraft im Nacken fehlt. So wird die Liste der Auswirkungen länger und länger, die es dem Hund verunmöglichen, seinen Job zu machen. Diese Hunde können beim Schutzdienst keinen festen Griff in den Ärmel setzen. Als Such- oder Spürhunde sind sie nicht fähig, ihren Kopf bodennah zu führen. Retriever mit Schafhals können keine schwere Gans vom Boden aufnehmen und tragen.

Ein Heringsbauch wirkt sich auf das Durchhaltevermögen und die Ausdauer aus. Wenn also eine Rasse auf Ausdauer gezüchtet wurde, dann wäre ein Heringsbauch eine der ernsthaftesten Schwächen. Wenn Hunde mit solchen Schwachstellen im Show-Ring nicht mehr gewinnen würden, dann bliebe den Züchtern nichts anderes übrig, als zu den Grundlagen zurückzugehen und sicherzustellen, dass sie Hunde züchten, die ihre Aufgabe ausführen können und die Anforderungen des Rasse-Standards erfüllen. Ab diesem Punkt wären wir alle Gewinner: die Hunde, die Züchter, die Aussteller und die Richter.

So süß – so krank?

So weit ich weiß gibt es zwei Wörter, die in keinem Standard zu finden sind: niedlich und hübsch. Alles am Hund sollte funktional sein, damit er seinen Job ausführen kann. Zu viele Züchter und Richter von Toy-Rassen glauben, dass Toys keinen Job haben. Selbstverständlich haben Toys einen: Sie sollen wunderbare Schoßhunde sein. Aber je mehr körperbauliche Schwachstellen diese Hunde haben, umso anfälliger sind sie für Verletzungen, umso schneller brechen sie zusammen. Je mehr aber der Zusammenbruch das Wesen und das Temperament des Kleinhundes in Mitleidenschaft zieht, umso weniger Lebensqualität hat er im Alter. Wenn also eine Zwergrasse alt wird und ein Hund nicht mehr auf dem Schoß seines Besitzers Platz nehmen möchte, weil ihm sein kleiner Körper wehtut, dann ist das ein Hund, dessen strukturelle Schwachstellen sich negativ auf sein Wesen auswirken und der den Job nicht ausführen kann, für den er gezüchtet wurde.

Abb. 1-06 | *Auch Kleinrassen, wie die Havaneser-Hündin Indra, haben einen Job. Sie sollen sanftmütige Schoßhunde sein. Diesen Job können sie nur bei physischer und psychischer Gesundheit erfüllen.*

Abb. 1-07 | *Wenn bereits ein junger Hund, wie dieser Pomeranian, während einer Ausstellung solche Schmerzaugen zeigt, sollten die Alarmglocken läuten. Es ist anzunehmen, dass sich seine Schmerzen früher oder später negativ auf sein Verhalten auswirken werden.*

Weg vom Extremen – zurück zum Funktionalen

Wir müssen uns immer vom Extremen fernhalten. In unserer Welt scheinen die Leute zu glauben: Wenn etwas gut ist, dann muss mehr davon besser sein. Aber das ist falsch, wenn es sich um unsere Hunde handelt. Auch wenn wir denken, wir wären klug, Mutter Natur ist immer klüger und mag keine Extreme.

Wenn wir Hinterbeine kreieren, die länger sind als vorgesehen, dann begradigt Mutter Natur die Front für die statische Balance. Das heißt, je mehr wir Körperteile »durcheinanderbringen«, umso schlimmer wird das Ganze. Mehr Haare werden zur Belastung für den Hund, der seinen Job machen sollte. Mehr Knochen verbrauchen in der Bewegung mehr Energie, was dazu führt, dass der Hund längere Erholungspausen braucht. Ein immer kleinerer Körperbau macht die natürliche Fortpflanzung unmöglich. Runde Augen werden vorstehender und anfälliger für Verletzungen. Je kürzer wir den Fang kreieren, desto größere Atmungsprobleme hat der Hund. Die Liste kann problemlos verlängert werden. Wenn wir der Mutter Natur mehr Beachtung schenken und keine Rassen züchten würden, denen es physisch und mental nicht mehr möglich ist, sich selber fortzupflanzen, dann wären vermutlich viele Hunde gesünder und glücklicher.

Wir sind verantwortlich für die Rasse(n), für die wir uns entscheiden. Es ist nicht nur nötig, den Rasse-Standard, den Zweck und die Geschichte der Rasse zu kennen, wir müssen uns auch an die Vorgaben halten.

Das heißt
- **für Sie als Züchter**, dass Sie nicht den »letzten Schrei« züchten, sondern den korrektesten Hund. Wenn Sie einen Junghund, der sich nicht so entwickelt hat, wie Sie erwartet haben, als Begleithund platzieren, dann haben Sie Mut gezeigt.

- **für Sie als Besitzer**, dass Sie zuerst Ihre Hausaufgaben machen müssen. Lange vor dem Hundekauf und vor der Teilnahme an Ausstellungen und vor der Entscheidung, selber zu züchten.

- **für Sie als Richter**, dass Sie die Rassen, die Sie bewerten, wirklich kennen. Sie sollten den Willen und den Mut haben, den Hund mit dem funktionalsten Körperbau im Ring auszuzeichnen, auch wenn er nicht der Favorit der Zuschauer ist und bereits etliche Auszeichnungen erhalten hat!

Es liegt an uns, die richtigen Entscheidungen für die Zukunft unserer Rassen zu treffen, ungeachtet dessen wie schwierig sie sind. Unsere Hunde vertrauen uns, sie verlassen sich auf uns und es liegt nur an uns, ihre Erwartungen zu erfüllen.

Abb. 1-08 | *In der Hundezucht sollten wir uns von Extremen fernhalten. Zum Wohle unserer Hunde!*

Abb. 1-09 | *Zu jung für die so genannte »Pee Wee-Klasse« (für Kinder von 5 bis 9 Jahre). Dieses kleine Mädchen brachte ihr Stoffhündchen mit zur Ausstellung. Es durfte Pat Hastings die Zähne seines kleinen Lieblings zeigen.*

Ihnen gehört die Zukunft

Wir müssen den Kleinsten in der neuen »Pee Wee-Klasse« bis zu den »Junior-Handlern« mehr Zeit widmen, denn sie sind die Zukunft unserer Rassen. Ich meine nicht nur jene Kinder, die bereits mit Hunden einen guten Job machen, sondern alle Kinder, die ein Interesse an Hunden zeigen. Je mehr positive Erfahrungen sie machen, umso eher bleiben sie dabei und treten in unsere Fußstapfen in der wunderbaren Welt der Hunde.

Weil wir alle Teil des Problems sind,

müssen wir alle Teil der Lösung sein.

Pat Hastings

Kapitel 2

Einleitung Hundeanalyse

\> Weshalb beginnen wir nicht gleich mit dem Welpentest?

26 Die Rasse-Standards und ihre Auslegung

27 Der ausdauernde Langstrecken-Traber, die canine Norm

28 Unsere Fotomodelle

30 Die alten Skelette – falsch gezeichnet

31 Unser echtes Knochenskelett

32 Vorbereitungstipps für eine erfolgreiche Hundeanalyse

36 Kurzanalyse – auf einen Blick die 3 Balance-Linien

42 In welcher Reihenfolge analysieren wir den Körperbau?

Weshalb beginnen wir nicht gleich mit dem Welpentest?

Der Haupttitel des Buches heißt »Welpentest« und Sie fragen sich ganz bestimmt, warum wir nicht als Erstes mit den Welpen beginnen? Das hat seinen Grund und hat sich so in unseren rund 100 durchgeführten Seminaren bewährt.
Leider müssen wir Ihnen die Illusion nehmen, dass Sie sofort einen Welpen testen können. Das wäre den Welpen gegenüber unfair. Üben braucht Zeit, das gilt vor allem für die Handgriffe. Welpen haben nur eine kleine Aufmerksamkeitsspanne, daher sollte eine Welpenanalyse zügig durchgeführt werden. Aus diesem Grund üben wir zuerst am erwachsenen Hund. Es gibt viele Mythen über Pferde- und Hundeexperten, die den ultimativen Blick für den optimalen Körperbau haben sollen. Es gibt sicher Menschen, die einen Sinn für Symmetrie und Balance haben, aber die Zusammenhänge für einen gesunden Körperbau und ein effizientes Gangwerk muss jeder verstehen lernen. Wir zeigen Ihnen, auf was Sie schauen müssen, damit Sie bald auch zum Kreise der Hundeexperten gehören. Erst wenn Sie genügend Erfahrung an ausgewachsenen Hunden gesammelt haben, können Sie sich der Königsklasse der Analysen widmen, dem Welpentest.

Abb. 2-1-00 | *Auch wenn Sie liebend gerne mit dem Welpentest starten möchten, Ihre neu erworbenen Kenntnisse sollten Sie zuerst an erwachsenen Hunden testen und trainieren.*

Die Rasse-Standards und ihre Auslegung

Abb. 2-1-01 | *Deutsche Dogge und West Highland White Terrier, die faszinierende Rassenvielfalt – gezüchtet aus den Wolfs-Genen.*

Es ist faszinierend, wenn man sich überlegt, wie es der Mensch geschafft hat, aus den Wolfs-Genen diese erstaunliche Vielfalt an Erscheinungsformen zu züchten! Hunde von 3 bis 80 kg, in unglaublich vielen verschiedenen Größen, Formen und Farben.
Früher waren die Menschen sehr viel mehr auf ihre Hunde angewiesen. Sie brauchten sie für die Jagd, zum Schutz, zum Ziehen, zum Hüten, als Fleisch-Lieferanten, ja selbst die kleinen Schoßhunde hatten ihre wichtige Aufgabe als wärmende Bettflaschen ihrer adeligen Besitzerinnen.

Mittlerweile gibt es über 350 von der FCI (internationaler Dachverband) anerkannte Hunderassen. Jede Rasse hat ihren eigenen Standard, worin der Körperbau beschrieben wird, der es dem Hund ermöglicht, eine bestimmte Aufgabe zu erfüllen.

Die Standards werden regelmäßig überarbeitet und sind das Produkt einer Kommission aus dem jeweiligen Ursprungsland der Rasse. Je besser nun diese Kommissionsmitglieder ausgebildet sind, desto akkurater beschreibt der Standard den Körperbau. Oft führen aber Kompromiss-Entscheide zu Beschreibungen, die wenig Sinn machen. Oder sie lassen einen sehr großen Interpretationsspielraum offen, der zu Übertypisierungen geradezu einlädt, was sich wiederum negativ auf das Wohlbefinden der Hunde auswirken kann.

Die wichtigste Voraussetzung, um einen Standard richtig auslegen zu können, sind solide anatomische Grundkenntnisse, der Sinn für das Funktionelle und Harmonische im Körperbau sowie gute Kenntnisse der Arbeit, für die die Rasse gezüchtet worden ist. Ein wertvoller Tipp ist es, die alten Fotos der »Gründer-Hunde« zu studieren, dazu den allerersten Standard zu lesen und dann den Vergleich mit den Bildern der heutigen Hunde zu ziehen (Abb. 2-1-02). Anschließend sollte man sich die Schlüsselfrage stellen: Sind die heutigen Hunde immer noch in der Lage, die Arbeit, für die sie ursprünglich gezüchtet wurden, mühelos zu erfüllen?

Vermutlich würden sich die ersten Züchter beim Anblick der »modernen« Hunde im Grabe umdrehen und sich fragen, wie wir modernen Menschen es in so kurzer Zeit geschafft haben, leistungsfähige, zähe Arbeitshunde in wandelnde Tierarztrechnungen umzugestalten.

Wenn die Selektion nicht mehr auf Arbeitsleistung basiert, sondern das oberste Zuchtziel die Pokale an Ausstellungen sind, dann ist dies meist nicht mehr zum Wohle der Rassen und leider auch oft der erste Schritt in Richtung Qualzucht.

Der ausdauernde Langstrecken-Traber, die canine Norm

In der Literatur sind viele verschiedene Rassen-Einteilungen zu finden. Selbst der größte internationale kynologische Dachverband FCI (Fédération Cynologique Internationale) teilt die Rassen in andere Gruppen und Sektionen ein, als die großen englischsprachigen Kennel Clubs in England, Kanada und den USA.

In unserem Buch ist der Hauptanteil der Traber-Form gewidmet. Wir nennen ihn Ausdauer-Traber. Traben können alle Hunde, um aber lange Strecken mit möglichst wenig Energieaufwand und Verschleiß zurücklegen zu können, braucht es einen ausgeglichenen Körperbau. Es ist die canine Norm, die ursprünglichste, dem Wolf am ähnlichsten und über Jahrtausende bewährte Körperform. Wenn Sie die Zusammenhänge beim normalen und ohne Übertreibungen gebauten Traber verstanden haben, wird es für Sie ein Leichtes sein, diese auf andere Körperformen zu übertragen. In Kapitel 7 werden wir auf den teilweise abweichenden

Abb. 2-1-02 | *Um die Rasse-Beschreibung im Standard verstehen zu können, empfiehlt es sich, viele Bilder der »Gründer-Hunde« zu studieren und diese mit den heutigen Champions zu vergleichen.*

Abb. 2-1-03 |

Körperbau der Molosser, einiger Terrier-Rassen, der niederläufigen Hunde und der Galopper (Windhunde) eingehen.

Ganz zum Schluss des Buches finden Sie den Spezial-Teil für die Hundesportler. Im Kapitel 11 »Der Sporthund« lesen Sie nochmals alles Wissenswerte über den optimalen Körperbau der Sporthunde und die Auswirkungen von Schwachstellen. »Fit for function« ist mehr als eine abgedroschene Redewendung. Es ist unser Ziel, Ihnen den gesunden, gut funktionierenden Körperbau Schritt für Schritt zu erklären. Die Zusammenhänge sind spannend und wir sind überzeugt, dass Sie bei Ihrer »Reise über den Hundekörper« ebenso fasziniert sein werden, wie wir das sind. In Zukunft werden Sie sicherlich die Standards mit weitaus mehr Hintergrundwissen analysieren, immer mit dem Augenmerk auf das Gesunde – und zum Wohle unserer Hunde.

Unsere Fotomodelle im Buch

Zuerst möchten wir uns bei allen Liebhabern von langhaarigen Hunden entschuldigen, dass in diesem Sachbuch so wenige Hunde mit dichtem, langem Fell abgebildet sind. Unser Ziel ist es, Ihr Auge zu schulen, und darum haben wir meistens kurzhaarige oder sogar »nackige« Hunde fotografiert. Bei dichtem Fell kommen die Hände zum Einsatz, denn das Auge wird durch viel Fell und die Fellfarben getäuscht. Ein Grund übrigens, warum wir gerade bei langhaarigen Hunden oft unter dem Fell kaschierte strukturelle Mängel finden. Schwachstellen sind nur mit viel Fachwissen auf einen Blick ersichtlich, das meiste muss ertastet werden.

Bei langhaarigen Hunden werden unsere Augen durch die Schönheit des Fells und eine stolze Haltung in den Bann gezogen. Um die Struktur darunter konkret feststellen zu können, müsste

Abb. 2-1-04 a *Babe, die Tibetische Terrier-Hündin, einmal mit seidigem Prachtfell, und auf* **Abb. 2-1-04 b** *zur Hälfte geschoren. Was für eine Gelegenheit um zu vergleichen!*

Abb. 2-1-05 | *Langes, lockiges Fell täuscht. Oft sehen die Hunde im nassen Zustand völlig anders aus: Spinone-Hündin Luna.*

der Hund geschoren werden. Die Aufnahme der halb-geschorenen Tibet Terrier-Hündin Babe ist fantastisch, wer hätte diesen Körperbau unter dem Seidenfell vermutet (Abb. 2-1-04 b).

Eine Möglichkeit wäre noch, die langhaarigen Hunde nass zu analysieren, wenn es das Wetter erlaubt und die Hunde mit Wasser kein Problem haben. Bei der Spinone-Hündin Luna auf Abb. 2-1-05 können wir im nassen Zustand viel mehr ihres Körperbaus sehen, als wenn ihre seidigen Locken trocken sind.

Nun verstehen Sie sicherlich, warum wir für die Ausführungen in unserem Buch hauptsächlich kurzhaarige Hunde gewählt haben. Hier sind die Stärken und Schwächen offensichtlich und nichts wird durch viel Fell verborgen.
Übrigens gilt der Grundsatz »nobody is perfect« auch in der Hundewelt. Das möchten wir ganz besonders an dieser Stelle und für das Buch betonen. Den perfekten Hund gibt es nicht! JEDER Hund hat seine Stärken und Schwächen, und jeder einzelne Hund verdient es, geliebt, gefördert und nicht überfordert zu werden.

Abb. 2-1-06 | *Nobody is perfect – und jeder Hund verdient es, geliebt zu werden, ob Schönheits-Champion oder Familienhund.*

Unsere Hunde wollen uns gefallen und versuchen selbst mit einem mangelhaften Körperbau, alles für uns zu geben, bis sie nicht mehr können und ihr Körper ggf. versagt.

Ein herzliches Dankeschön an alle unsere pelzigen Fotomodelle und deren Besitzer. Auch wenn hier im Buch viele schwerwiegende, teilweise durch die Zucht geförderte Gebäudefehler aufgezeigt werden, heißt dies nicht, dass diese Hunde weniger wertvoll sind. Die Hunde können nichts für ihren mangelhaften Körperbau, sie wurden so geboren. Bilder dieser Hunde geben uns die Möglichkeit, unser Auge zu schulen, ganz besonders für das Moderate und für das Gesunde!

Die alten Skelette – falsch gezeichnet

Wussten Sie, dass praktisch sämtliche alten Skelette falsch aufgebaut und Graphiken falsch gezeichnet wurden, und dass auch an den Hochschulen jahrzehntelang aufgrund einer falschen Ausgangsbasis gelehrt wurde? Bis vor kurzem nahm man an, dass das Schultergelenk auf der gleichen Achse ist wie das Hüftgelenk. Das stimmt jedoch nicht.

Dank bildlich dargestellten, modernen und hochfrequenten Messmethoden hat Dr. Martin Fischer mit seinem Team an der Universität Jena interessante Informationen zu den Bewegungsabläufen dokumentiert. Die neuesten Erkenntnisse zeigen, dass sich der vordere Drehpunkt ungefähr im oberen Drittel des Schulterblatts befindet. Je höher der Drehpunkt, desto länger der Schritt.
Aufgrund dieser Erkenntnisse ist das unten dargestellte, oft verwendete Skelett auf Abb. 2-1-07 falsch, denn korrekterweise sollte die rote, waagerechte Linie das Hüftgelenk ungefähr mit dem oberen Drittel des Schulterblatts verbinden (und nicht mit dem Schultergelenk).

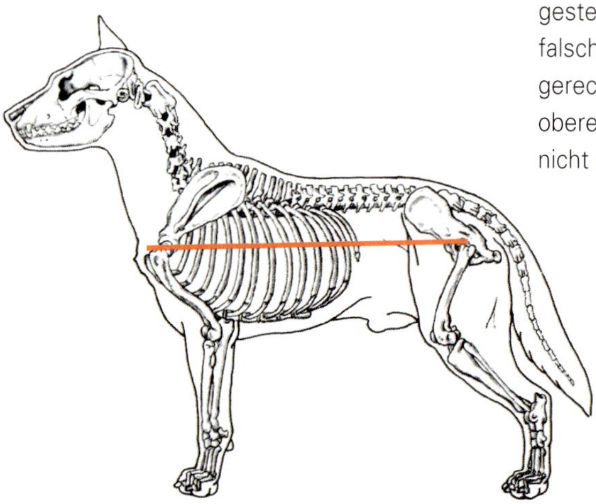

Abb. 2-1-07 | *Die alte und überholte Lehrmeinung, dass das Schultergelenk auf gleicher Höhe wie das Hüftgelenk liegen würde. Vergleichen Sie mit Abb. 2-1-08!*

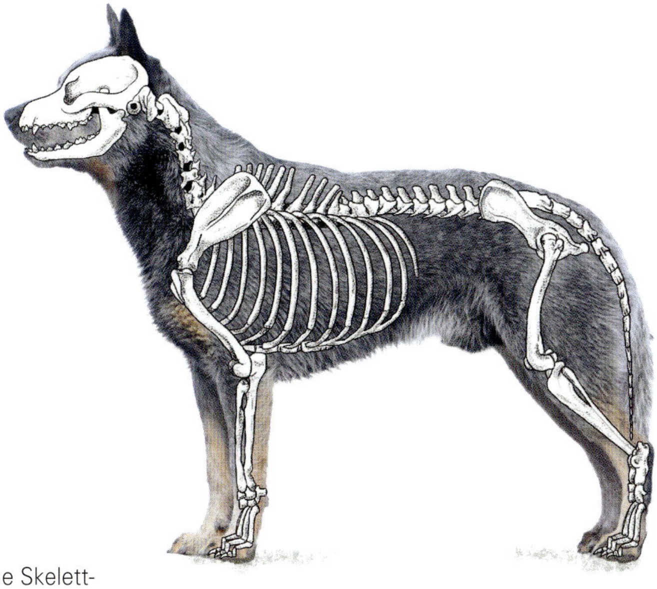

Unser korrektes Skelett

Wir haben für dieses Buch eine neue Skelett-Zeichnung anfertigen lassen (Abb. 2-1-08). Der talentierten Zeichnerin Anja Zaharanski gelang es, die Wirbelsäule des Australian Cattle Dog (ACD) Xanadu anhand seiner Röntgenbilder direkt auf das Originalfoto zu übertragen. Das Foto ist ein Schnappschuss, Xanadu stellte sich von alleine korrekt hin: die Hintermittelfüße sind (fast) senkrecht gestellt und er bringt gleich viel Gewicht auf alle vier Pfoten. Ein Grundsatz, der Ihnen bei der Welpenauswahl sehr helfen könnte, lautet: Je ausgewogener ein Hund gebaut ist, desto besser kann er sich selber korrekt hinstellen und so auch stehen bleiben!

Abb. 2-1-08 | *In jedem Kapitel wird der besprochene Teil des Körpers farbig hervorgehoben. Auf diese Weise wird Anatomie plastisch und einfach verständlich.*

Unser echtes Knochen-Skelett

Ein weiteres Modell ist ein echtes, sehr anschauliches Skelett eines Pudels mit kupierter Rute. Es fehlt ihm die frei schwebende Rippe Nummer 13. Ansonsten ist das Skelett ziemlich korrekt aufgebaut, was bei weitem nicht die Regel ist.

Abb. 2-1-09 | *Xanadu, unser ACD »Skelett«-Modell auf der Alp, in fröhlicher Bewegung.*

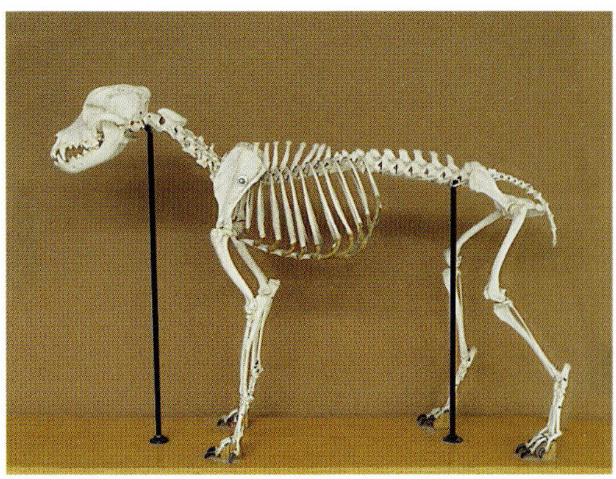

Abb. 2-1-10 | *Das echte Skelett eines Pudels mit der fehlenden freien Rippe.*

Vorbereitungstipps für eine erfolgreiche Hundeanalyse

Tisch

Welpen analysieren wir immer auf einem Tisch mit Blick in den Spiegel, wie in Kapitel 8, Seite 235 beschrieben. Das erlaubt uns, den Hund aus gewisser Distanz zu betrachten, ohne von ihm wegtreten zu müssen. Sie werden im Spiegel ein ganz anderes Bild sehen, als wenn Sie sich über den Hund beugen und ihn von oben betrachten. Zumal viele Hunde auf Druck von oben negativ reagieren und dann nicht entspannt stehen.

Wenn es die Größe des Hundes erlaubt, wäre es sinnvoll, auch den erwachsenen Hund auf einen soliden Tisch zu stellen. So können Sie selber während der Analyse entspannt und bequem aufrecht stehen. Ist der Hund zu groß, oder verknüpft er den Tisch negativ mit dem Tierarztbesuch, dann beurteilen Sie ihn auf dem Boden stehend.
Das Analysieren großer Hunde kann etwas unbequem sein, da Sie sich für die perfekte Sicht in den Spiegel oft hinknien müssen. Sie könnten sich dahingehend behelfen, ein Podest aus zwei oder drei Euro-Paletten zu errichten, auf das Sie den Hund dann stellen. Er steht etwas erhöht und für Sie wird es bequemer.

Der Hund sollte auf einer für ihn angenehmen und rutschfreien Oberfläche stehen. Die Anti-Rutschmatte sollte möglichst dünn sein, keinesfalls flauschig, damit wir die Pfoten gut sehen können.

Spiegel

Je größer der Spiegel, desto besser können Sie ihren großen Hund darin betrachten. Kaufen Sie zum Beispiel einen gebrauchten Ganzkörperspiegel, er muss keinen makellosen Rahmen haben, sondern nur den Zweck erfüllen. Der Spiegel wird senkrecht auf die Höhe des Hundes gestellt. Der Abstand sollte so groß sein, dass Sie den ganzen Hund im Spiegel sehen können. Wenn Sie den Spiegel nicht an die Wand stellen oder hängen können, gibt es die Möglichkeit, ihn auf einer Staffelei senkrecht zu platzieren.

Balance-Linien – Hilfsmittel

Am Anfang ist es hilfreich, die Balance-Linien mit einem Stab zu ziehen. Ein dünner Bambusstab aus dem Gartencenter dient dazu perfekt.

Futter/Belohnung

Auch erwachsene Hunde werden gerne belohnt für das ruhige Stehen. Die einen brauchen etwas sehr Hochwertiges wie Leberpaste aus der Tube, anderen reicht ab und zu ein Stückchen Trockenfutter. Am wichtigsten ist jedoch eine lockere Stimmung in ruhiger Umgebung. Loben Sie Ihren Hund und zeigen Sie ihm, wie zufrieden Sie mit ihm sind.

Kleidung

Ziehen Sie ein möglichst großes Oberteil in einer deutlichen Kontrastfarbe zum Hundefell an. Probieren Sie es aus: Analysieren Sie einen schwarzen Hund vor einem schwarzen Oberteil. Wechseln Sie anschließend das Oberteil und wählen Sie etwas unifarbenes, beispielsweise ein Shirt in rot oder türkis. Sie werden erstaunt sein, wie viel mehr Details Ihr Auge vor dem Kontrasthintergrund erkennen kann. Hier lohnt sich das richtige Outfit.

Hilfspersonen

Am besten machen Sie ihre ersten Hundeanalyse-Erfahrungen mit einer oder zwei weiteren Personen. Eine Person testet, die andere liest die Testpunkte vor und notiert die Resultate. Ideal wäre es, eine dritte Person dabei zu haben, die sich nur auf den Hund konzentriert, ihn füttert und bei Laune hält. Nehmen Sie Rücksicht auf Ihren Hund, lassen Sie ihn zu Beginn nicht zu lange auf dem Tisch stehen. Belohnen Sie ihn gut und arbeiten Sie in kurzen Einheiten. Je kooperativer der Hund ist, desto besser klappt die Analyse.

Abb. 2-1-11 | *Junghunde, wie dieser hübsche Thai Ridgeback, können zu Trainingszwecken analysiert werden. Aussagekräftige Ergebnisse gibt es jedoch nur beim Welpentest mit 8 Wochen oder später, wenn der Hund ausgewachsen ist.*

Wenn bei der Analyse mehrere Leute anwesend sind, denken Sie an die Individualdistanz Ihres Hundes. Überfordern Sie ihn nicht, und lassen Sie ihm genügend Freiraum auf dem Tisch. Bleiben Sie alle konzentriert bei der Analyse und verschieben Sie private Gespräche auf später.

Checklisten

Im Anhang, Seite 355 finden Sie die QR-Codes zu einer kurzen und zwei sehr ausführlichen Checklisten. Beginnen Sie mit der Kurzversion (Welpentest Kurzform, 1 Seite) und drucken Sie für jeden Hund eine Liste aus.

Fotos

Ideal ist es, auch Fotos des auf dem Tisch stehenden Hundes zu machen. So können Sie für sich ein Trainingsjournal führen und alle Protokolle mit den Auffälligkeiten und den Fotos in einer Dokumentation sammeln.

Analyse mit aussagekräftigen Ergebnissen

Welpen analysieren wir nur im Alter von 8 Wochen (plus/minus 3 Tage) und erwachsene Hunde erst ab 2 Jahren. In der Zwischenzeit können wir Junghunde analysieren, um Routine zu bekommen, aber die Ergebnisse werden nicht aussagekräftig sein.

Wie wir Menschen, durchlaufen auch Hunde Wachstumsphasen, in denen sie sich manchmal besser, manchmal schlechter präsentieren. Darum sind Jugend-Champion-Titel realistisch betrachtet nicht viel wert, da ein solcher Titel an einem verlängerten Wochenende gewonnen werden kann. Wenn sich der Hund genau zu diesem Zeitpunkt gut präsentiert hat, heißt das noch lange nichts, denn es kann sich wieder ändern bis der Hund fertig entwickelt und erwachsen ist.

Fassen Sie die Hunde an und fühlen Sie die Strukturen

Unsere Augen sind sehr dominant und können schnell getäuscht werden, eindrücklich zu sehen am Beispiel der Pudel-Hündin Jasmine auf Abb. 2-1-12. Deshalb, fassen Sie die Hunde an, greifen Sie in ihr Fell, spüren Sie, wie sich ihr Körperbau anfühlt, denn nur so bekommen Sie ein Gefühl für die Körperstrukturen. Mit der Zeit werden Sie das ganz automatisch tun. Bald werden Sie sich unter Umständen schmunzelnd dabei ertappen, wie Sie fremden Hunden an die Brustbeinspitze greifen, den Vorderbein-Abstand prüfen oder die Schulterblattspitzen suchen.

Auf Abb. 2-1-12a sehen wir Bryanna, die mit ihrem adoptierten Pudelmädchen Jasmine schon an einigen Hundefriseur-Meisterschaften teilgenommen und auch gewonnen hat. Ihr Pudel Jasmine ist in perfekter Ausstellungsschur mit tief liegenden, sehr schön gewinkelten Sprunggelenken und guten Knie-Winkelungen. Ihr Hals oben ist kräftig und fließt unten in eine schöne Vorbrust ein, alles in optisch schönen, perfekten Proportionen. Sind Sie einverstanden?

Im Bild daneben dieselbe Jasmine, allerdings geschoren. Jetzt kommen ihre wahren Körperstrukturen zum Vorschein. Die größten Probleme sind die instabilen Sprunggelenke und der Schafhals. Glücklicherweise ist Jasmine ein Familienhund und wird nicht im Sport geführt, denn

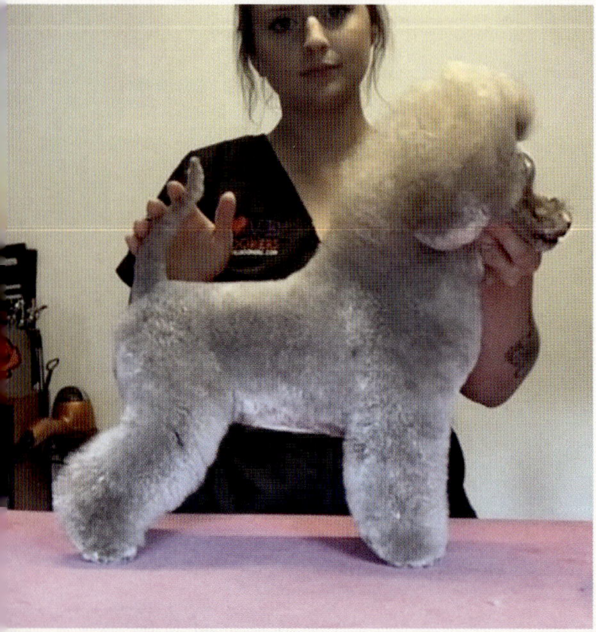

Abb. 2-1-12 a+b | *Pudel Jasmine in perfekter Ausstellungsschur und daneben die »nackten« Tatsachen. Jasmine hat beidseitig spontan kippende Sprunggelenke (roter Pfeil) sowie einen Schafhals mit der typischen Winkelbildung beim Übergang in den Widerrist (roter Pfeil).*

diese Schwachstellen würden sich sonst unter Umständen verheerend auswirken.

Eine Top-Note für Bryanna, die ihr Metier als Hundefriseurin versteht, leider schlechte Noten für Jasmine, die nichts dafür kann, dass ihr Körper gröbere Schwachstellen hat. Übrigens meidet Jasmine das Wasser, sie weiß und spürt instinktiv, dass sie mit ihrem Körperbau nicht schwimmen kann.

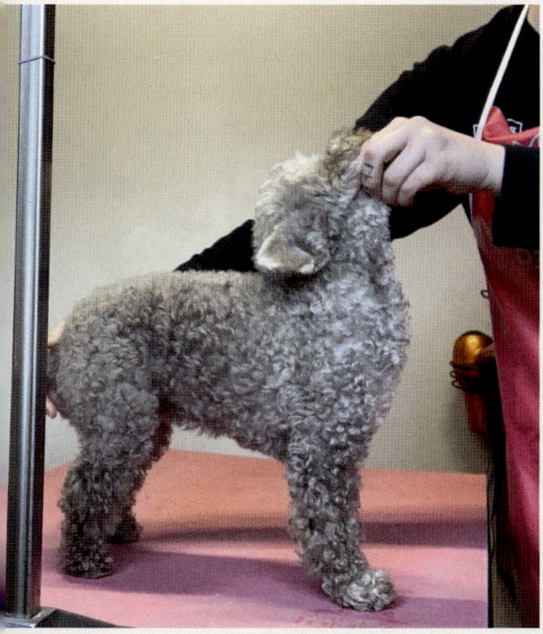

Abb. 2-1-13 | *Jasmines Schafhals arretiert bei 12 Uhr.*

Und los geht's auf die spannende Reise über den Körper

Nun sind Sie sicher schon ganz gespannt darauf, wie Sie mit der Analyse beginnen können. Deshalb halten wir die Einleitung kurz und starten gleich mit der ersten Schnell-Analyse und den sehr aussagekräftigen 3 Balance-Linien.

In den weiteren Kapiteln folgt dann vertiefendes Detail-Wissen. Sie lernen Schritt für Schritt die einzelnen Körperteile, ihre Funktionen und ihre möglichen Schwachstellen kennen. Ganz bewusst haben wir auf lateinische Ausdrücke verzichtet. Wir versuchen, die faszinierenden Zusammenhänge einfach zu erklären, so dass Sie bereits beim ersten Durchlesen einen schnellen Lerneffekt und viele AHA-Erlebnisse haben werden.

Kurzanalyse – auf einen Blick: Drei Balance-Linien und zwei Rundungen.

Es gibt viele Möglichkeiten, einen Hund zu analysieren. Das System der 3-Balance-Linien wird Sie überzeugen, weil es einfach und ohne Hilfsmittel überall durchführbar ist.
Wenn eine dieser 3 Linien nicht korrekt verläuft, wissen wir auch gleich, wo das Problem zu suchen ist.

Zusätzlich zu den 3-Balance-Linien achten wir noch auf zwei Rundungen, nämlich auf eine von der Seite sichtbare Vorbrust* und auf ein gut gerundetes Knie. Ein Hund mit drei passenden Balance-Linien und zwei schönen Rundungen ist mit Sicherheit korrekt gebaut.

Die 1. Balance-Linie

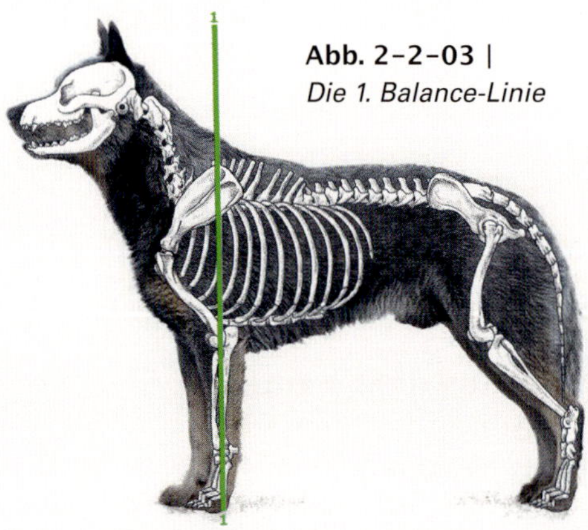

Abb. 2-2-03 |
Die 1. Balance-Linie

Die 1. Balance-Linie ziehen wir mittig durch das senkrecht stehende Vorderbein (grüne Linie). Beim korrekt gebauten Hund führt diese Linie durch den Widerrist. Der ganze Hals soll sich vor dieser Linie befinden.

Die 2. Balance-Linie

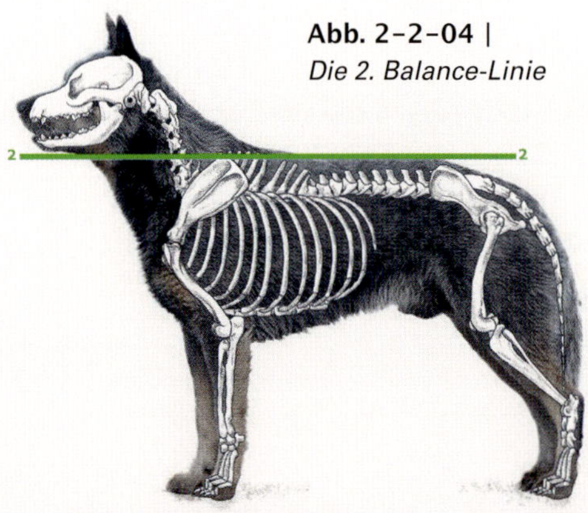

Abb. 2-2-04 |
Die 2. Balance-Linie

Die 2. Balance-Linie ziehen wir entlang der Oberlinie. Beim korrekt gebauten Hund befindet sich der Kopf oberhalb dieser Linie.

Die 3. Balance-Linie

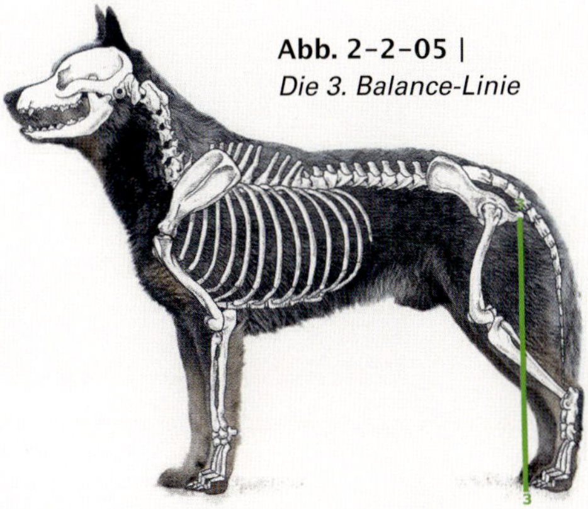

Abb. 2-2-05 |
Die 3. Balance-Linie

Für die 3. Balance-Linie kontrollieren wir, dass der Hund korrekt auf allen Pfoten steht, die Hintermittelfüße stehen senkrecht zum Boden. Wir ertasten den Sitzbeinhöcker unterhalb der Rute und lassen von diesem Punkt eine senkrechte Linie fallen. Beim korrekt gebauten Hund fällt das Lot auf die Krallen.

Die 1. Rundung

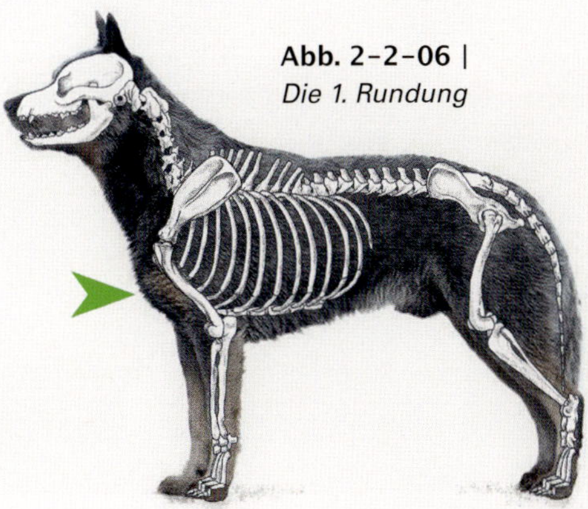

Abb. 2-2-06 |
Die 1. Rundung

Die 1. Rundung sollte von der Seite gesehen als Vorbrust (grüner Pfeil) sichtbar sein. Ist keine Vorbrust zu sehen und führt die erste Balance-Linie durch den Hals oder gar den Kopf, dann steht die Vorderhand zu weit vorne. Die Ursache liegt in der Regel beim zu steil stehenden und/oder zu kurzen Oberarm.

**Vorbrust: Windhunde und einige Terrier-Rassen haben laut Standard eine steilere Front mit wenig sichtbarer Vorbrust. Die Wölbung wird durch Schulter- und Oberarm-Winkel sowie die Form des Brustkorbs beeinflusst.*

Die 2. Rundung

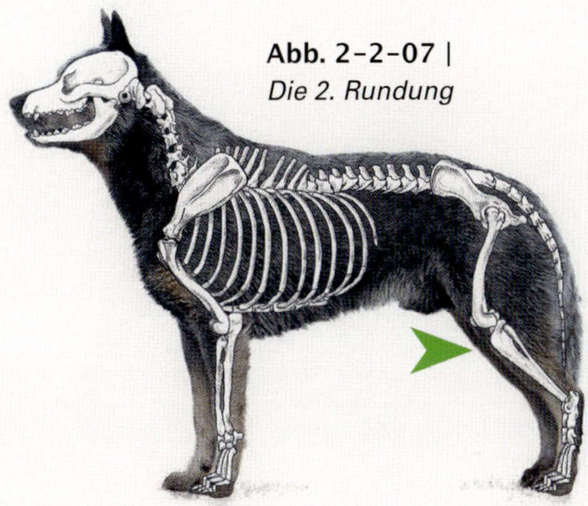

Abb. 2-2-07 |
Die 2. Rundung

Die 2. Rundung sollte beim Knie (grüner Pfeil) sichtbar sein. Ist keine Rundung sichtbar und führt die 3. Balance-Linie durch oder sogar hinter die Pfoten, dann sind die Hinterbeine zu kurz.

Die einzelnen Linien und Rundungen werden in den jeweiligen Kapiteln ausführlich beschrieben.

Wir trainieren das Auge anhand von Fotos für abweichende Balance-Linien – Trainingsbilder für die 1. Balance-Linie

Abb. 2-2-08 | *ACD (korrekt)*

Abb. 2-2-09 | *Catahoula*

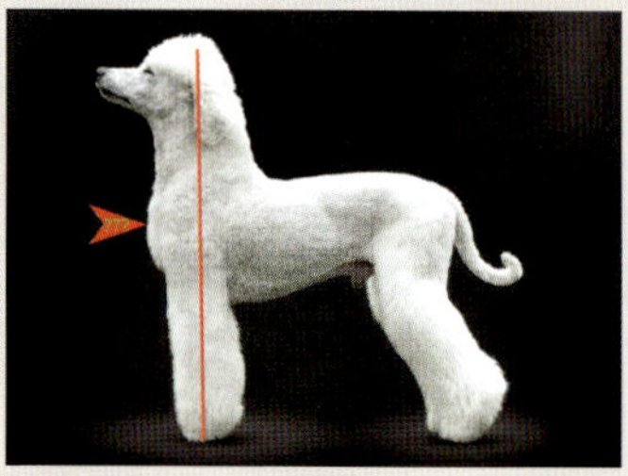

Abb. 2-2-10 | *Pudel*

Bei einer korrekten 1. Balance-Linie befindet sich der gesamte Hals vor der Linie. Die Länge und die Stellung (Winkel) des Oberarms haben einen Einfluss auf die 1. Balance-Linie und die Vorbrust. Je länger und je weiter zurückliegend der Oberarm ist, desto größer ist die Chance, dass die 1. Balance-Linie korrekt durch den Widerrist verläuft und der Hund eine sichtbar gerundete Vorbrust hat, wie der ACD in Abb. 2-2-08.

Abb. 2-2-09 | *Louisiana Catahoula Leopard Dog*

Die 1. Balance-Linie ist nicht korrekt, sie verläuft durch den Hals, anstatt durch den Widerrist. Der Hund hat wenig Vorbrust. In diesem Fall ist die Front genau zu analysieren, da bei einer weichen oberen Linie (Senkrücken) das Problem in der Vorderhand zu suchen ist, hier hauptsächlich beim zu steil stehenden Oberarm.

Abb. 2-2-10 | *Pudel*

Die 1. Balance-Linie ist nicht korrekt, sie verläuft durch Hals und Kopf, anstatt durch den Widerrist. Die Ursache ist ein nicht erwünschter Schafhals (Kapitel 3, Seite 66).
Bei der Vorbrust des Pudels ist eine schöne Wölbung zu sehen, aber Achtung: Bei langhaarigen Hunden empfiehlt es sich, mit den Händen zu kontrollieren. Oft bestehen gute Winkelungen und Rundungen aus kunstvoll frisierten Haaren.

Trainingsbilder für die 2. Balance-Linie

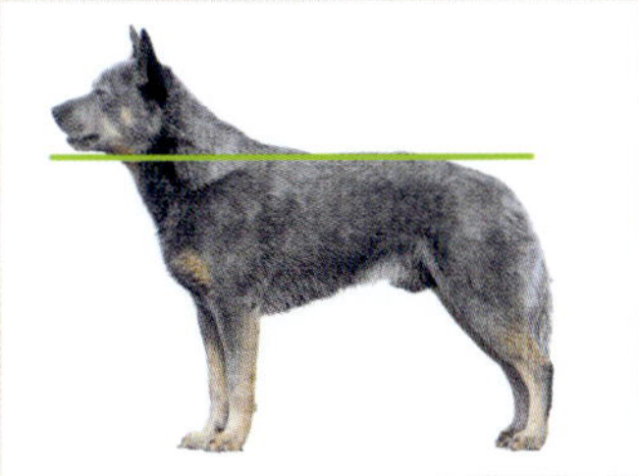

Abb. 2-2-11 | *ACD (korrekt)*

Abb. 2-2-12 | *Continental Bulldog*

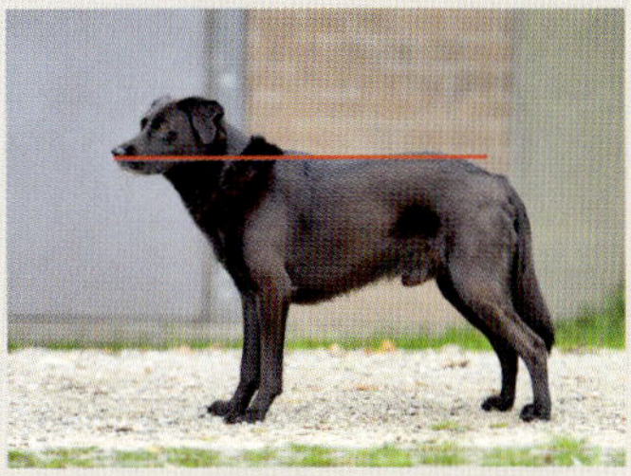

Abb. 2-2-13 | *Mischling*

Bei einer korrekten 2. Balance-Linie befindet sich der ganze Kopf über der Linie. Wenn diese Linie stimmt, hat der Hund einen ausreichend langen Hals. Ein gutes Beispiel ist der ACD in Abb. 2-2-11 (grüne Linie).

Abb. 2-2-12 | *Continental Bulldog*

Die 2. Balance-Linie (rot) verläuft nicht korrekt. Der Kopf sollte über der Linie stehen. Der Continental Bulldog hat einen zu kurzen Hals. Er kann demzufolge keine großen Schritte machen und ermüdet schneller.

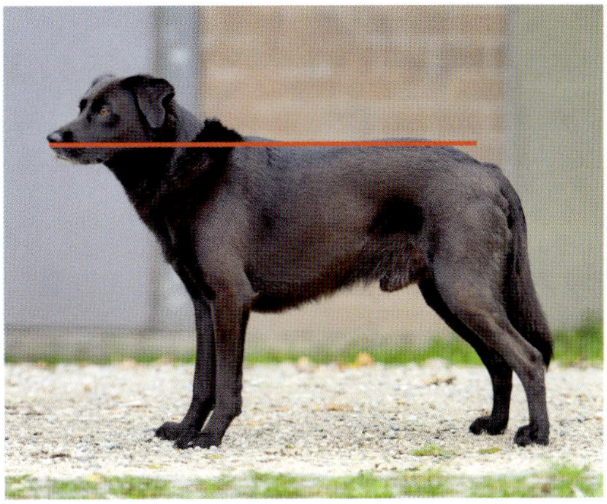

Abb. 2-2-13 | *Mischling*

Die 2. Balance-Linie (rot) verläuft nicht korrekt. Der Kopf sollte über der Linie stehen. Der Mischling scheint einen kurzen Hals zu haben, hat er jedoch nicht. Er hat einen Schafhals (Kapitel 3, Seite 66) und trägt ihn aus Stabilitätsgründen so.

Trainingsbilder für die 3. Balance-Linie und die Knie-Winkelung

Abb. 2-2-14 | *ACD (korrekt)*

Abb. 2-2-15 | *Chihuahua*

Abb. 2-2-16 | *DSH*

Bei einer korrekten 3. Balance-Linie stehen die beiden senkrecht gestellten Hintermittelfüße unmittelbar hinter dem Körper, das Lot fällt auf die Krallen. Beim Knie ist eine schöne Rundung sichtbar. Der ACD in Abb. 2-2-14 hat korrekt lange Hinterbeine mit guten Knie- und Sprunggelenk-Winkelungen.

Abb. 2-2-15 | *Chihuahua*

Abb. 2-2-16 | *Deutscher Schäferhund*

Abb. 2-2-15 Chihuahua: Die 3. Balance-Linie fällt hinter die Hintermittelfüße (rote senkrechte Linie). Die Hinterbeine sind sehr kurz und stehen aus Stabilitätsgründen unter dem Körper. Es sind fast keine Kniewinkelungen sichtbar (roter Pfeil) und die Sprunggelenke sind gekippt. Die Hinterbeine sind durchgedrückt und bewirken ein Ansteigen der oberen Linie (roter Pfeil und rote schräge Linie). So ist kaum Schub von hinten möglich und der Hund kann nur kurze, stelzende Schrittchen machen, die ihn schnell ermüden lassen.

Abb. 2-2-16 Deutscher Schäferhund: Ein schöner, sehr ausgewogen gebauter DSH mit einer vergleichsweise geraden Oberlinie. Und trotzdem ist die 3. Balance-Linie nicht ganz korrekt. Sie fällt vor die Krallen, der Hund hat zu lange Hinterbeine. In den meisten Fällen zeigen diese Hunde eine deutliche Knie-Rundung. In extremen Fällen haben zu lange Beine einen Einfluss auf die Oberlinie, die dadurch abfällt. Ein Hund mit überlangen Beinen steht weniger stabil, als wenn die 3. Balance-Linie korrekt auf die Krallen fallen würde.

Der erste, aber wichtigste Trainings-Schritt – Das Auge schulen

Abb. 2-2-17 a und b | *Ein Blick auf die Vorbrust genügt und wir sehen, dass der Hund rechts mit der gerundeten Vorbrust und der passenden 1. Balance-Linie eine besser gebaute Front hat.*

Ein kleiner Tipp

Beim kurzhaarigen Ausdauer-Traber genügt bereits ein Blick auf die Vorbrust: Hat er oder hat er nicht?

Nun heißt es: Das Auge schulen und üben, üben, üben. Mit den Balance-Linien und den zwei Rundungen haben Sie ein ebenso einfaches wie verblüffendes Hilfsmittel für eine erste Schnell-Analyse in der Hand. Sie werden erstaunt sein, wie rasch Sie Auffälligkeiten bei Hunden erkennen können.

Üben Sie, ziehen Sie die 3 Balance-Linien bei jeder sich bietenden Gelegenheit. Zuerst können Sie als Hilfsmittel einen Stab zur Hand nehmen, aber schon nach kurzer Zeit werden Sie sich die Linien vorstellen können. Auch Fotos und seitlich aufgenommene Standbilder sind ein optimales Anschauungsmaterial zur Schulung des Auges. Studieren Sie die Bilder sowohl von Ausstellungs-Siegern als auch von Vermittlungshunden, die in großer Zahl beispielsweise auf facebook zu sehen sind.

Ein Hund ohne gut sichtbare Vorbrust kann niemals eine gute Front haben, wie der Zwergpinscher auf Abb. 2-2-17a mit den roten Trainings-Markierungen:

- **Die Balance-Linie 1** geht durch den Hals anstatt durch den Widerrist.
- **Pfeil 1** zeigt auf die Falten am Widerrist, verursacht durch die steile Schulterblatt-Lage.
- **Pfeil 2** zeigt auf eine sehr kleine Brustbeinspitze ohne gerundete Vorbrust.
- **Pfeil 3** zeigt die Stelle, an der der Ellbogen platziert sein müsste.

Die mangelhafte Vorbrust wird verursacht durch die Stellung und Länge des Oberarms, wie es in Kapitel 5 ausführlich beschrieben wird.

In welcher Reihenfolge analysieren wir den Körperbau?

Es gibt verschiedene Möglichkeiten einen Hund zu analysieren. Es lohnt sich jedoch, systematisch vorzugehen. Wir arbeiten nach dem System der FCI-Standards, also exakt in der Reihenfolge, in der auch Ausstellungsrichter bei ihrer Beurteilung über einen Hund gehen:

1. Kopf/Hals
2. Körper (Rumpf)
3. Vorderhand (Vorhand oder Gliedmaßen vorne)
4. Hinterhand (Gliedmaßen hinten)
5. Gangwerk

Auf Abb. 2-2-18 sehen Sie diese »Funktionskreise« farblich unterschiedlich dargestellt. In den folgenden vier Kapiteln werden wir jeden Knochen dieser Abschnitte genau erklären. Das Kapitel Gangwerk finden Sie auf Seite 304.

Ein kleiner Hinweis: Auf den Doppelseiten befindet sich oben rechts ein Skelett-Icon mit einem orangefarbigen »Funktionskreis«. Damit sehen Sie auf einen Blick, welcher Körperteil beschrieben wird.

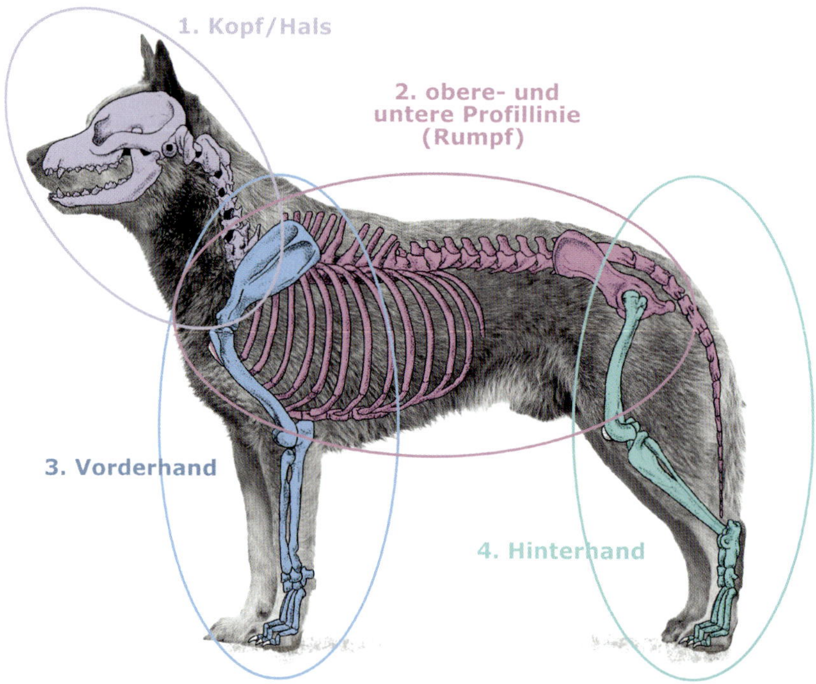

Abb. 2-2-18 | *Der Hund eingeteilt in seine vier strukturellen »Funktionskreise« oder Abschnitte. In den folgenden vier Kapiteln wird jeder »Kreis« ausführlich besprochen.*

Der Welpentest wird – mit wenigen Abweichungen – nach diesem bewährten Ablauf durchgeführt.

Auch das Kapitel »der Sporthund« (Seite 314) ist so aufgebaut.
Nach einer kurzen Übersicht ist auch dieses Kapitel in die vier »Funktionskreise« eingeteilt. Die problematischen Auswirkungen auf den Sporthund sind jeweils am Kapitelanfang in einem Kästchen erläutert.

Die Balance-Linien und die Rundungen sind die Basis und werden immer wieder ein Thema sein. Das Zusammenspiel der einzelnen Körperteile ist extrem faszinierend und komplex, darum werden Sie in den einzelnen Kapiteln auch auf Wiederholungen stoßen. Sie werden bald herausfinden, dass das Problem nicht nur dort liegt wo Sie eine Auffälligkeit entdecken, sondern noch viele weitere Körperteile im wahrsten Sinn des Wortes in Mitleidenschaft gezogen werden können.

Abb. 2-2-19 | *Basenji: Verschiedene Fronten im Vergleich, trainieren Sie Ihr Auge! Spätestens nach dem Kapitel 5 werden Sie die Zusammenhänge erkennen.*

Kapitel 3

Kopf und Hals

> Der Kopf
47 BOAS - das Brachycephale obstruktive Atemwegs-Syndrom
53 Die Augen
56 Die Nase
60 Zurück zum Funktionalen - FCI-Grundsatzerklärung
> Der Hals

DER KOPF

Der Kopf ist eines der wichtigsten Erkennungsmerkmale einer Rasse. Oft kennen nur die Züchter und Spezialzuchtrichter die rassetypischen Feinheiten.

Wir werden in diesem Kapitel nicht auf die unzähligen Varianten von Ohren-, Nasen-, Kiefer- und Augenformen eingehen, das würde den Umfang dieses Buches sprengen. Es ist uns jedoch wichtig aufzuzeigen, welche dramatischen Auswirkungen unsere »kreativen« Zuchtziele auf das Wohlbefinden unserer Hunde haben können. Je mehr wir die ursprüngliche und funktionelle Form verändern, desto mehr Probleme werden unsere Hunde haben.

Mittlerweile haben wir uns an den Anblick deformierter Hundeschädel gewöhnt. Offensichtlich fragen sich die wenigsten Richter, Welpenkäufer und Züchter, ob der Hund in seinem Körper ein glückliches Leben führen kann. Denken Sie daran:

Schönheit, die Leiden schafft, wird Qualzucht genannt.

Sie ist tierschutzrelevant.

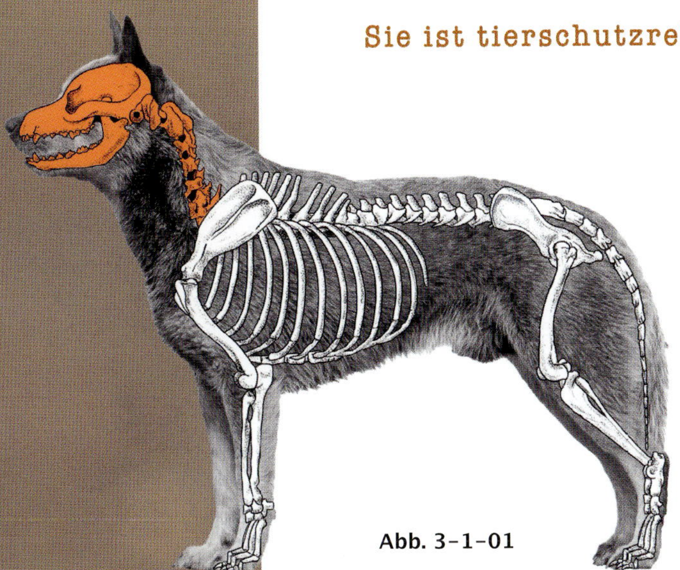

Abb. 3-1-01

Ein funktioneller Hundekopf sieht dem Schädel eines Wolfes ähnlich (Abb. 3-1-02). Der Fang hat die ungefähre Länge des Oberschädels. Der Stopp ist nur leicht ausgeprägt. Die mittelgroßen Augen sind seitlich leicht schräg eingesetzt und ermöglichen dem Hund ein weites Sichtfeld. Der Unterkiefer ist kräftig mit straffen Lefzen. Mit dieser Kopfform kann der Hund frei atmen und bei warmem Wetter die Temperatur ausgleichen. Er hat die besten Voraussetzungen, dass seine Augen, seine Nase und sein Gebiss voll funktionsfähig sind.

Abb. 3-1-02 | *Saarloos Wolfhund: Die funktionelle Urform des Kopfes.*

Ein funktioneller Kopf ist an folgenden Eigenschaften zu erkennen:

- Das Verhältnis von Oberschädel zur Fanglänge ist ca. 50 : 50
- Der Stop ist nicht allzu stark ausgeprägt
- Die Augen liegen gut geschützt in den Augenhöhlen (Augenstellung, Form und Farbe gemäß Standard)
- Das Auge ist offen und der größte Teil der Iris ist sichtbar
- Das Unterlid liegt satt am Auge an, um das Eindringen von Fremdkörpern in die Bindehaut zu verhindern
- Die Augen sind leuchtend klar und feucht, ohne Tränenspur im Augenwinkel
- Die Kiefer sind gleich lang
- Der Unterkiefer ist kräftig
- Der Nasenrücken weist keine Falten auf
- Die Zähne sind groß, regelmäßig eingesetzt und mit dem Gegenspieler gut verzahnt
- Die Lefzen sind satt anliegend
- Die Lippen sind geschlossen und bedecken die Zähne
- Der Nasenschwamm ist feucht und groß
- Die Nasenöffnungen sind offen und groß und werden nicht von Nasenfalten zusammengedrückt
- Die Lider und der Nasenschwamm sind voll pigmentiert

Abb. 3-1-03 | *Ein anschauliches Beispiel des menschlichen Eingreifens in die Funktionalität. Oder: Die Schönheit liegt im Auge des Betrachters.*

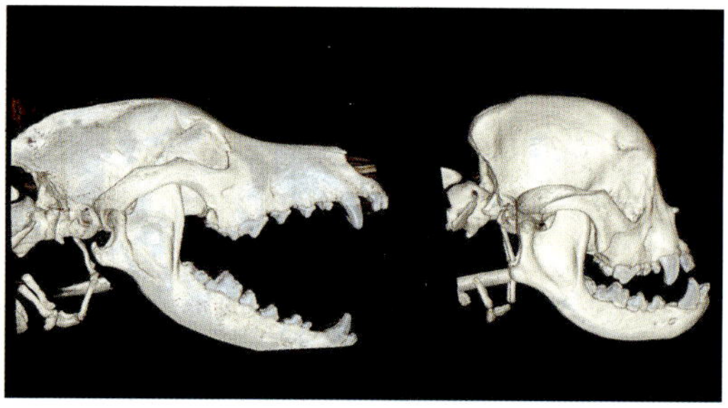

Abb. 3-1-04 | *Die Verformungen des Hundeschädels rechts sind eindrücklich. Haben wir das Recht, züchterisch so einzugreifen, dass wir invalide Hunde züchten, die kein artgerechtes Leben führen können?*

BOAS – das Brachycephale obstruktive Atemwegs-Syndrom

Leider ist bei vielen Rassen der Kopf so wichtig geworden, dass dem restlichen Körper keine große Bedeutung mehr beigemessen wird. Dadurch konnten sich viele Schwachstellen im Körper, vor allem in der Hinterhand, entwickeln.

Solche »Kopf-Rassen« haben in den meisten Fällen einen übertypisierten Kindchen-Schema-Schädel mit einer stark verkürzten Fanglänge. Ein brachycephaler Schädel (brachis = kurz, cephalus = Kopf) in Kombination mit einer angeborenen Stummelrute hat häufig eine ganze Reihe von körperlichen Problemen zur Folge, dazu gehören Wirbelveränderungen, eine schwache Hinterhand oder Geburtsprobleme.
Schon Walt Disney war sich der Wirkung seiner Kindchen-Schema-Figuren auf die Menschen bewusst: Ein im Verhältnis zum Körper großer, runder Kopf mit einer hohen Stirn, übergroße, runde Kulleraugen und ein Stupsnäschen lösen bei den Menschen automatisch Beschützerinstinkt und Brutpflegeverhalten aus. Wenn Leinwand-Figuren übertrieben dargestellt werden, ist das vollkommen harmlos. Wenn Züchter ihren Hunden die Nase wegzüchten, dann ist das ein Verbrechen an diesen Tieren. Hunde sind Nasentiere. Das Riechen ist für sie die wichtigste Sinneswahrnehmung überhaupt und wir können nicht einmal erahnen, wie sich die intensive Duft-Welt der Hunde anfühlt und auswirkt. Diese kurznasigen Babyface-Hunde leiden in den meisten Fällen an BOAS (Brachycephales obstruktives Atemwegs-Syndrom). Eine derartig extreme Züchtung hat eine Vielzahl an Problemen der oberen Atemwege zur Folge. Durch die viel zu engen Nasenlöcher, das verlängerte und verdickte Gaumensegel, die große Zunge sowie die Veränderungen an Luftröhre und Kehlkopf haben diese Hunde Mühe mit dem Atmen und Probleme bei der Regulation ihrer Körpertemperatur. Kurznasen-Hunde zeigen meistens schon bei der kleinsten Anstrengung ein röchelndes, rasselndes Atemgeräusch. Dieses »Schnarchen« und »Karcheln« ist weder ein zufriedenes Grunzen noch nette Kommunikation. Ein Atemgeräusch ist immer ein Zeichen dafür, dass die Luft nicht ungehindert in die Lungen fließen kann, also ein klares Indiz für beklemmende Atemnot.

Anfänglich wurden nur die Schädel der kleinen Schoßhunde züchterisch verändert, aber mittlerweile werden sogar die Kiefer von Gebrauchshunderassen (Rottweiler, Australian Cattle Dog) und Molossern (Neufundländer, Bernhardiner, Abb. 7-2-09) immer kürzer gezüchtet.

Abb. 3-1-05 | *Der Continental Bulldog mit der längeren Nase atmet frei. Der Frenchie rechts zeigt einen sehr gestressten Gesichtsausdruck, er bekommt hörbar ungenügend Luft.*

Veränderte Schädelformen

Derzeit sind nebst Frenchies vor allem »Hundezwerge« im Trend. Auch hier geht die Modeströmung leider in Richtung Übertypisierung. Kleinere Hunde haben nicht einfach nur kleinere Knochen, die »Verkleinerung« verläuft nicht proportional. Die »Miniaturisierung« hat ihren Preis, den der Hund bezahlt. Im Vergleich zu großen Hunden hat das Gehirn der Minis eine andere Form und es liegt eine andere Größenverteilung der Hirnregionen vor. Dies ist nur eine der Ursachen für verschiedene schwerwiegende Krankheitsbilder.

Ein bekanntes Beispiel ist die **Syringomyelie**. Mittlerweile ist dies nicht nur beim Cavalier King Charles-Spaniel, sondern bei vielen anderen Mini-Rassen ein erhebliches Problem. Die betroffenen Hunde fallen durch extreme Kratzattacken im Hals-Kopf-Bereich auf. Grund dafür ist der zu kleine Schädel. Teile des Kleinhirns benötigen mehr Platz als vorhanden ist und »verstopfen« sozusagen den Abflusskanal des Hirnwassers, das ständig neu gebildet wird.

Abb. 3-1-06 | *Wenn ein Cavalier King Charles-Spaniel einen zu kleinen Schädel in Relation zur Größe seines Gehirns hat, dann sind erhebliche Schmerzen die Folge. Wer je einen Syringomyelie-Hund schreien gehört hat, vergisst das nie mehr.*

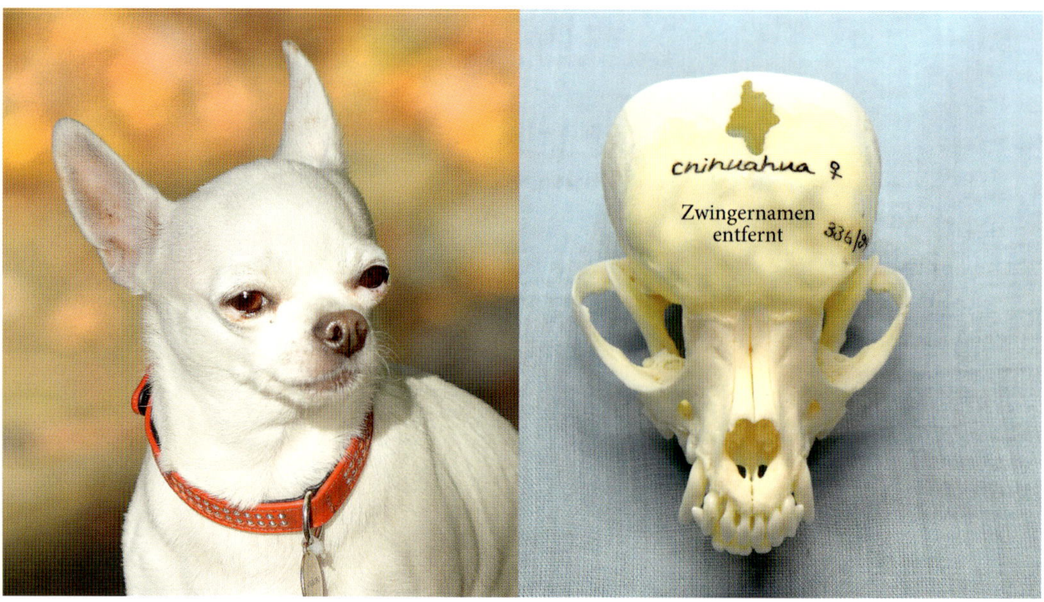

Abb. 3-1-07 | *Chihuahua: Klar erkennbar ist die große offene Fontanelle und die veränderte, zu flache Form der Augenhöhlen.*

Abb. 3-1-08 | *Die Augen dieses Chihuahua-Mix sind wesentlich besser geschützt und die Gefahr eines Augen-Prolapses (Vorfall) dadurch deutlich geringer.*

Der steigende Druck im Innern des Kopfes muss für die Hunde unerträglich schmerzhaft sein. Oft zeigen die Hunde auf der Seite, wo sie sich kratzen, eine verspannte und verkrümmte Wirbelsäule. Weitere Probleme bei verzwergten Hunden können sehr dünne und/oder nicht geschlossene Schädeldecken sein. Die Abb. 3-01-07 zeigt eine große, offene Fontanelle. Das Hirn ist durch die filigranen Knochen nicht ausreichend geschützt und dadurch verletzungsanfällig. Auch in diesem Fall kann es durch die nicht passende Schädel-Hirn-Form zu Problemen mit dem Abfluss der Hirnflüssigkeit kommen und es besteht die Gefahr zur Bildung eines Hydrocephalus (Wasserkopf).

Veränderte Kieferformen – Zahnschlussprobleme – Zahnstein

Bei den Schädeln der Abb. 3-1-09 sehen wir, wie sich bei einem verkürzten Oberkiefer der Unterkiefer nach oben biegt. Die unteren Schneidezähne stehen zu weit vorne, es bildet sich ein Vorbiss. Je kürzer die Nase, umso mehr muss sich der Unterkiefer nach oben biegen, um einen einigermaßen passenden Kieferschluss zu erreichen. Sehr oft stehen die Zähne nicht mehr schön in einer Reihen. Wenn die Kiefer gar nicht aufeinander passen, können die Zähne nicht korrekt verzahnt sein und die automatische Gebissreinigung, wie sie in einem gut verzahnten Scherengebiss mit einer aktiven Zungenbewegung funktioniert, wird erschwert.

Die Abb. 3-1-10 zeigt das Gebiss eines brachycephalen Hundes. Der Frenchie hat einen Vorbiss, seine Zähne stehen kreuz und quer und er leidet dadurch vermehrt an verhärteten Zahnbelägen. Diese Zahnfleisch- und Zahnhalteapparat-Entzündung kann nur mit einer professionellen Reinigung (in Narkose) beim Tierarzt behoben werden. Hunde mit ungleichen Kieferhälften sollten regelmäßig dem Tierarzt vorgestellt werden, denn Zahnbett-Entzündungen bewirken nicht nur einen unangenehmen Atem, auch das Immunsystem muss ständig arbeiten. Doppelt schlimm bei Hunden, die bereits am Brachycephalen Syndrom leiden.

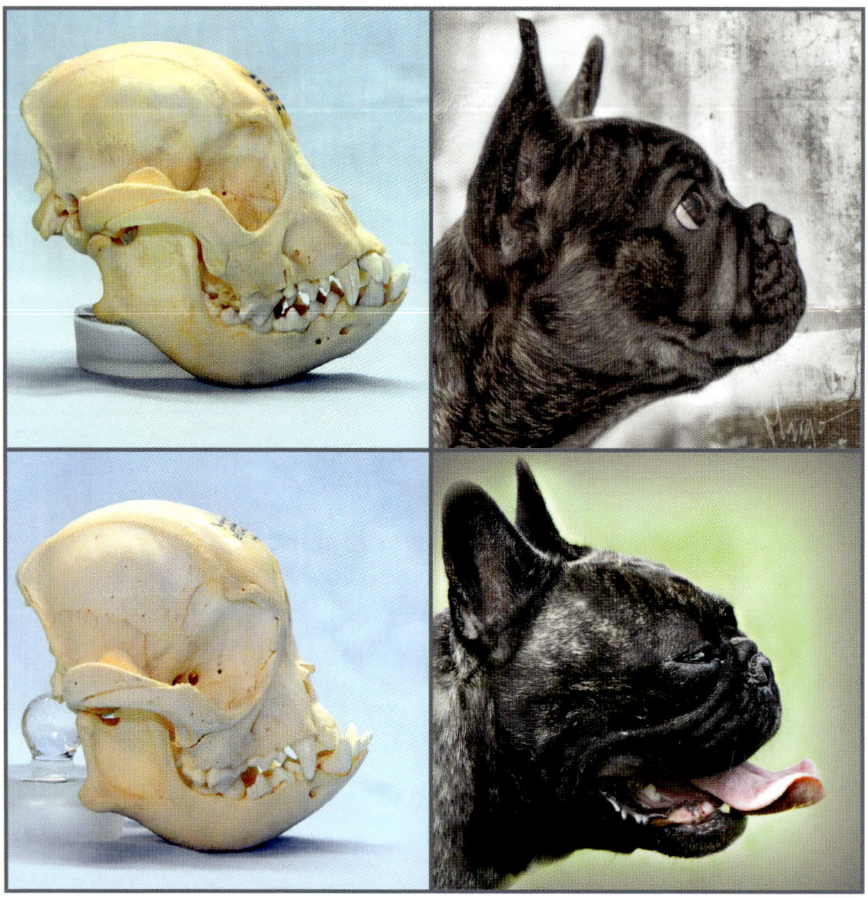

Abb. 3-1-09| *So ähnlich könnten Hunde mit diesen Schädeln aussehen. Hunde mit einem kurzen Nasenrücken haben sicher keine optimale, aber eine insgesamt bessere Lebensqualität als Hunde ganz ohne Nasenrücken. Hier zählt jeder Zentimeter.*

Abb. 3-1-10 | *Ein leider viel zu oft gesehener Zustand in der Mundhöhle eines kurznasigen Hundes. Die gelbbraunen Beläge sind Zahnstein voller Bakterien, die nur der spezialisierte Tierarzt entfernen kann.*

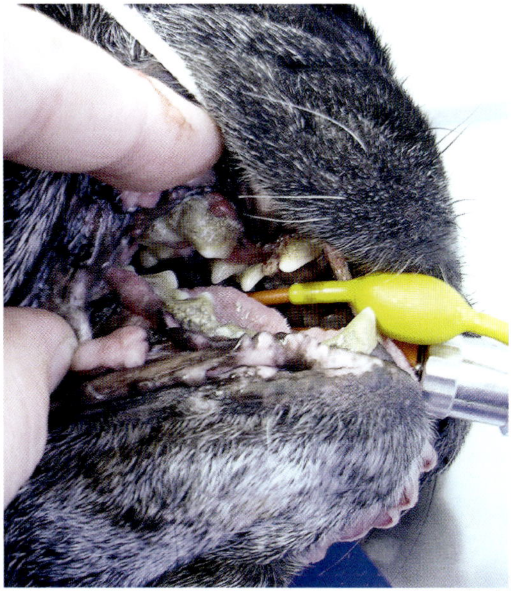

Kleine Hunde leiden übrigens sehr oft unter Zahnproblemen. Selbst bei einem normal langen Fang und passenden Kieferhälften scheint sich der Zahnhalteapparat der Kleinen schneller zu entzünden, so dass schon relativ jungen Tieren häufig mehrere Zähne gezogen werden müssen.
Bei vielen Rassen ist der Vorbiss ein gewünschtes Rassemerkmal. Gar nicht gern gesehen ist die umgekehrte Variante, bei der der Oberkiefer länger ist als der Unterkiefer. Ein Rückbiss, bei dem die unteren Schneidezähne weit hinter den oberen stehen, ist nicht erwünscht. Obwohl diese Hunde in der Regel keine Zuchtzulassung erhalten, tauchen in vielen Rassen immer mal wieder Rückbisse auf.

Das Problem beim Rückbiss ist, dass sehr oft die unteren Eckzähne (Fangzähne) in den Gaumen einbeißen, da der Unterkiefer zu schmal ist. Diese Hunde haben häufig tiefe Einbisswunden, in denen sich Bakterien und Futterreste ansammeln (Abb. 3-1-11).

Junghunde mit dieser falschen Kieferentwicklung sollten möglichst früh einem spezialisierten Tierarzt vorgestellt werden. Ein Ziehen der Welpen-Eckzähne, eine Zahnspange oder ein minimales Abschleifen der bleibenden Fangzähne sind gute Optionen. Selbstverständlich sollte mit diesen Hunden nicht gezüchtet werden. Der Erbgang ist noch nicht entschlüsselt, aber Gegenstand der Forschung.

Abb. 3-1-11 | *Ein Rückbiss mit einem schmalen Unterkiefer, bei dem die Fangzähne falsch verzahnt in den Gaumen stechen.*

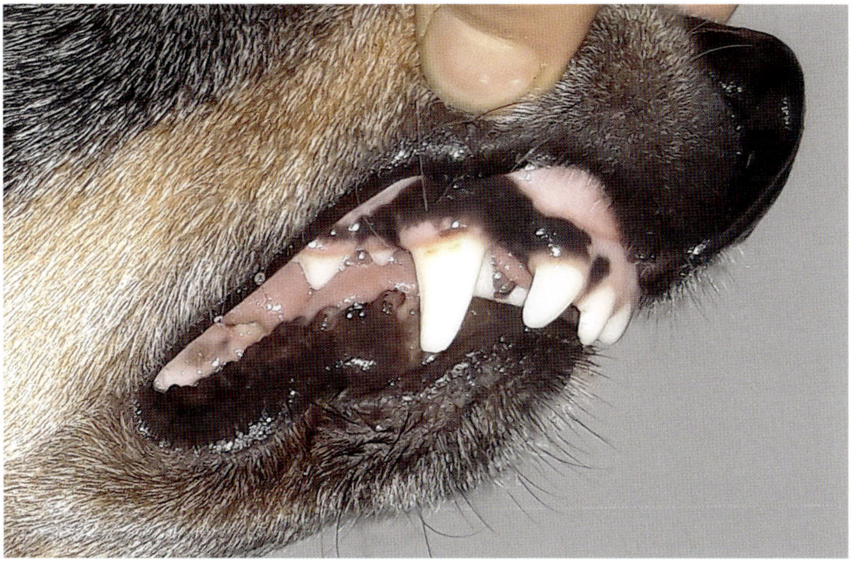

Schwache Unterkiefer

Bei vielen Rassen schleichen sich immer häufiger schwächere Unterkiefer ein. Die Fänge werden länger, die Unterkiefer dünner, schmaler und schwächer und damit auch anfälliger, bei einem Unfall zu brechen (Abb. 3-1-14). Ein korrekter, kräftiger Unterkiefer ist bei einem straffen Lefzenschluss von der Seite her gut sichtbar (Abb. 3-1-13).

Abb. 3-1-12 | *Die American Bulldog-Hündin Ginjin hat einen ausgewogenen, nicht übertypisierten Kopf mit einem passenden, kräftigen Unterkiefer.*

Abb. 3-1-13 | *Der Silken Windhound Papa hat einen kräftigen Unterkiefer, der von der Seite betrachtet gut sichtbar ist.*

Abb. 3-1-14 | *Ein sehr hübscher Kopf. Der Hund hat jedoch einen schwachen Unterkiefer. Das erkennt man daran, dass er von der Seite fast nicht sichtbar ist.*

Die Augen

Die Augen sollten möglichst gut geschützt im Knochenbett des Schädels verankert sein. Bei vielen züchterisch veränderten Köpfen sind die Augen zu einem Problem geworden, wie beispielsweise beim Chihuahua auf Abb. 3-1-07. Schon ein Griff in den Nacken kann zu einem Augen-Prolaps führen. Meistens können die herausgefallenen Augen beim Tierarzt wieder eingesetzt werden, aber die volle Sehkraft ist danach nicht immer garantiert. Wenn wir den Schädel der Abb. 3-1-07 betrachten, verstehen wir, warum die Augen derart gefährdet sind. Die Verzwergung und Verniedlichung hat einen Preis. Einen hohen Preis, den die Hunde mit eingeschränkter Lebensqualität bezahlen.
Ein mittelgroßes ovales oder mandelförmiges Auge hat die beste Form und schützt gut vor Fremdeinwirkung wie Kälte und Hitze. Bei großen, hervorstehenden Glubschaugen kann die Hornhaut dauernd gereizt werden, sei es durch Nasenfalten, Augenwimpern oder Fremdeinwirkung. Abb. 3-1-15 zeigt ein Auge, welches so geschädigt war, dass es entfernt werden musste.

Abb. 3-1-15 | *Dieser Französischen Bulldogge wurde wegen einer geschädigten und schmerzhaften Hornhaut ein Auge entfernt.*

Die Augenfarbe

Die Augenfarbe hat allen Mythen zum Trotz keinen Einfluss auf die Gesundheit – mit einer Ausnahme: Die blauen Augen beim Dalmatiner werden vermehrt mit der sensorineuralen Taubheit in Verbindung gebracht.

Viele Standards verlangen dunkelbraune Augen. Diese Vorliebe hat absolut nichts mit der Gesundheit zu tun, sondern nur mit dem menschlichen Schönheitsempfinden. Wölfe haben gelbliche Augen. Viele Huskies mit blauen Augen haben keine Probleme mit der Sonnenreflektion, auch nicht im Schnee.

Die blaue Augenfarbe ist nicht ausschließlich an die Merle-Farbe gebunden. Auch bei Rassen, bei denen das Merle-Gen nicht vorkommt, gibt es ab und zu ein oder zwei blaue Augen. Der Erbgang ist nicht entschlüsselt.

Abb. 3-1-16 | *Die Berger des Pyrénées-Hündin Ucielle hat aufgrund ihrer Fellfarbe das Merle-Gen im Erbgut, sie hat ein braunes und ein blaues Auge.*

Schwere Lefzen – Hängelider (Ektropium) und Lefzenekzeme

Der beste Schutz für das Auge ist ein gut schließendes Augenlid ohne störende Wimpern (Ektropium/Entropium), was jedoch nur möglich ist, wenn die Lefzen satt anliegen. Sobald ein Hund schwere Lefzen hat, kommt die Schwerkraft ins Spiel: Das Gewicht der Haut zieht Richtung Boden und der Lidschluss verändert sich. Das obere Augenlid wird heruntergezogen und im Extremfall sieht der Hund praktisch nichts mehr. Gleichzeitig öffnet sich der Lidschluss am Unterlid und das Auge ist nicht mehr geschützt (Abb. 3-1-17). Wir alle wissen, wie schmerzhaft nur das kleinste Staubkörnchen auf der Hornhaut ist.

Zu schwere Lefzen sind tierschutzrelevant (Abb. 3-1-18) und selbst die Standards der klassischen Lefzen-Hunde sind eindeutig: Beim Bloodhound werden zwar lange und schlaffe Lefzen verlangt, aber das Unterlid darf nur leicht lose sein. Etwas sichtbare Augenbindehaut ist zulässig. Selbst im Standard des Mastino Napoletano steht, dass die Hautfalten niemals die Augen verdecken dürfen.

Schwere Lefzen schränken nicht nur die Sicht ein, sie hindern den Hund auch an der innerartlichen Kommunikation. Ein Hund mit derart schweren Lefzen wie auf Abb. 3-1-18 wird dauernd nasse Lefzen haben und möglicherweise an einem chronischen Lefzenekzem leiden.

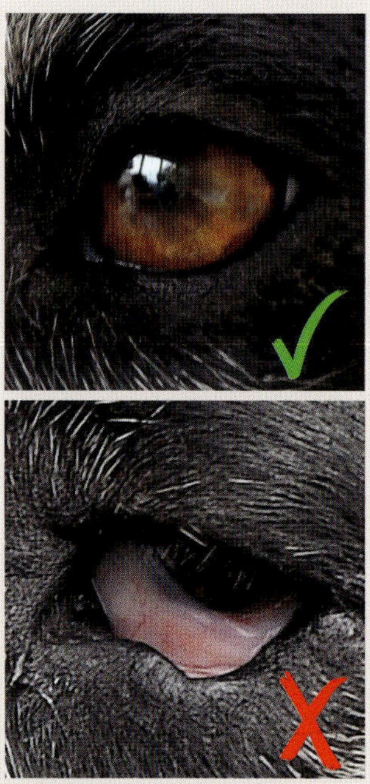

Abb. 3-1-17 | *Ein schön schließendes Augenlid im Vergleich zu einem Hängelid. Letzteres schränkt das Sichtfeld ein und hat eine chronische, schmerzhafte Bindehautentzündung zur Folge.*

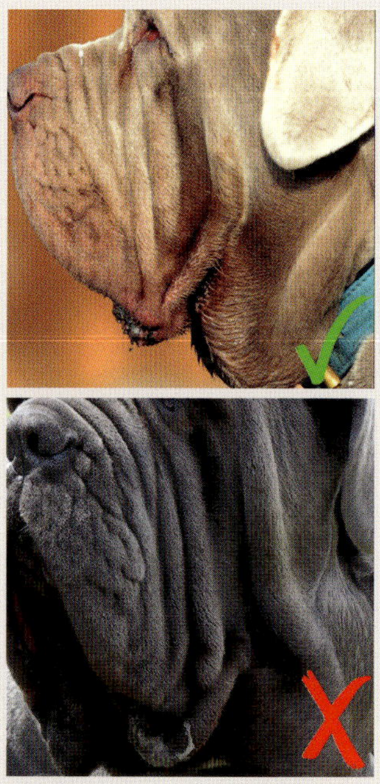

Abb. 3-1-18 | *Zu schwere Lefzen beeinträchtigen die Sicht und sind meistens in den Hautfalten entzündet (Lefzenekzem).*

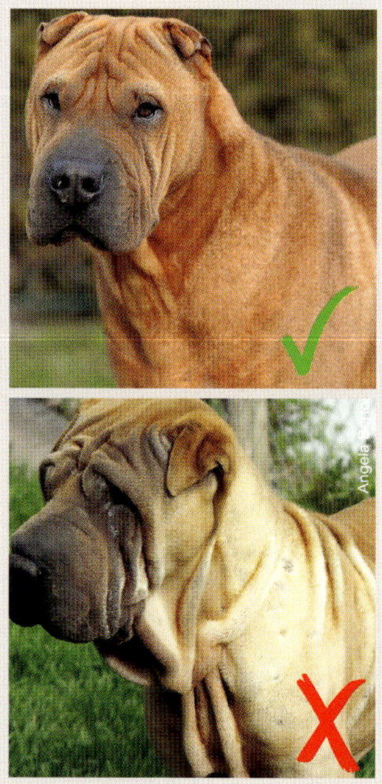

Abb. 3-1-19 | *Shar Pei: Zu viele Falten können im wahrsten Sinn des Wortes »ins Auge gehen«.*

Abb. 3-1-20 | *Auch diese Dogge hat durch ihre sehr schweren Lefzen ein eingeschränktes Sichtfeld. Durch das offene Unterlid ist die Bindehaut dauernd gereizt und entzündet.*

Abb. 3-1-21 | *Die gleiche Rasse mit weniger ausgeprägten und leichteren Lefzen. Der Hund hat ein intaktes Sichtfeld und einen korrekten Abschluss am unteren Lid (ohne Bindehautentzündung).*

Abb. 3-1-22 | *Zu viel Fell im Stirnbereich schränkt die Sicht ein und kann einen ängstlichen Hund zusätzlich verunsichern oder reaktiv machen.*

Bei ängstlichen Hunden kann ein eingeschränktes Gesichtsfeld ein verstärkender Faktor für deren Unsicherheit sein. Obwohl die Augen nicht so dominant sind wie beim Menschen, können schnelle und unerwartete Bewegungen die Verhaltensprobleme von unsicheren Hunden verstärken. Das gilt nicht nur für Hunde mit zu schweren Lefzen und Ohren, bei denen die Haut zu stark Richtung Boden gezogen wird, das betrifft auch Hunde mit zu vielen angezüchteten Falten im Stirnbereich oder mit zu viel Haar im Augenbereich.

Die Nase

Der Hund ist ein ausgesprochenes Nasentier. Damit sich dieses wichtigste Sinnesorgan voll entfalten kann, braucht die Nase eine gewisse Länge. In der Regel ist der Oberschädel (vom Hinterhauptbein zum Stop) und der Fang (vom Stop bis zur Nasenspitze) etwa gleich lang, wie bei der schönen Islandhündin Driwi auf Abb. 3-1-23.

Der Standard des Mops wurde 2010 geändert. Seither sind zusammengedrückte Nasen und starke Faltenbildung auf dem Nasenrücken inakzeptabel und sollten schwer bestraft werden. Augen oder Nase sollen niemals nachteilig beeinträchtigt oder von Falten auf dem Nasenrücken verdeckt sein. Schön wäre es, wenn diese neue Formulierung konsequent durchgesetzt würde, damit kein Mops mehr leiden muss, wie diese arme Kreatur auf Abb. 3-1-24.

Abb. 3-1-23 | *Die Islandhündin Driwi hat eine ausreichend lange und vor allem hervorragend funktionierende Nase, die sie gerne und gut bei der Sanitätshunde-Arbeit einsetzt.*

Abb. 3-1-24 | *Ein extrem brachycephaler Mops mit einer von Falten völlig zusammengedrückten, praktisch nicht existenten Nase.*

Die Nasenschwamm-Farben

Die Grundfarben der Nasenschwämme sind schwarz (Abb. 3-1-25) und braun (Abb. 3-1-26). Verschiedene Gene der Fellfarben können diese zwei Grundfarben in unterschiedlichen Nuancen aufhellen.

Nicht erwünscht sind jedoch ganz oder nur teilweise pigmentierte rosa Nasenschwämme. Auch Hunde können einen Sonnenbrand bekommen, wie beim Aussie mit der Merle-Färbung auf Abb. 3-1-28 gut zu sehen ist.

Abb. 3-1-25 | *Mischling Mozart hat einen schwarzen Nasenschwamm und schwarze Augenlider.*

Abb. 3-1-26 | *Kleiner Münsterländer: Braune Hunde (komplett ohne schwarzes Haar) haben aufgrund ihrer Farbgene immer leberfarbene Lider, leberfarbene Nasenschwämme und bernsteinfarbene Augen.*

Abb. 3-1-28 | *Pigmentzellen schützen vor Sonnenbrand. Der nicht pigmentierte rosarote Teil des Nasenschwammes ist durch die Sonne geschädigt.*

Abb. 3-1-27 | *Die Berger Blanc Suisse-Hündin links zeigt eine Wechselnase, die sich im Winter rosa und im Sommer dunkler färbt. Nicht zu verwechseln mit einem nicht pigmentierten Nasenschwamm.*

Die Nasenöffnungen

Große Nasenöffnungen sind mit das Wichtigste für einen Hund. Hunde sind vor allem Nasenatmer und können nicht schwitzen (mit Ausnahme von Schweißabsonderungen an den Pfoten). Sie benötigen daher für das freie Atmen, für die Thermoregulation und zum Riechen zwingend gut funktionierende Nasenöffnungen.

Kleine Nasenöffnungen bedeuten für den Hund einen lebenslangen Kampf, um genügend Sauerstoff aufnehmen zu können. Es sind jedoch nicht nur Kurznasen, bei denen zusätzlich schwere Hautfalten auf die Nase drücken, es gibt auch andere Rassen, die unter zu engen Nasenöffnungen leiden (Abb. 3-1-30).

Abb. 3-1-30 | *Shar Pei: Auch Hunde mit langen Nasen können viel zu kleine Nasenöffnungen haben. Damit verbunden sind Probleme mit dem Atmen und dem Temperaturausgleich.*

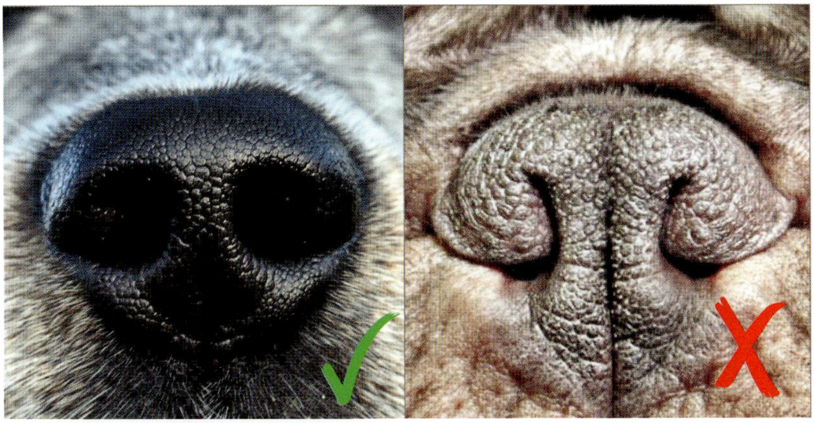

Abb. 3-1-29 | *Große Nasenöffnungen im Vergleich zu zusammengedrückten engen Nasenschlitzen eines Kurznasen-Hundes.*

Abb. 3-1-31 | *Vicky, ein operierter Frenchie. Sie hat seit ihrer Operation mehr Lebensqualität. Bei ihr wurden die Nasenlöcher vergrößert und das Gaumensegel gekürzt.*

Abb. 3-1-32 | *Ein leider nur zu typisches Bild von viel zu engen Nasenöffnungen bei einem »bullartigen« Hund. Im Standard der Bulldogge steht klar, dass die Nasenöffnungen groß sein müssen und zusammengedrückte Nasenlöcher schwer bestraft werden sollten.*

Zurück zum Funktionalen – FCI-Grundsatzerklärung

Abb. 3-1-33 |*Richter sollten realisieren, welch großen Einfluss sie auf die Zuchtentwicklung haben. Würde strikt nach der FCI-Grundsatzerklärung gerichtet, gäbe es mehr gesunde Hunde wie Colina, ein schönes Beispiel einer moderat gebauten Appenzeller Sennen-Hündin.*

Hunde mit einem kurzen Fang und/oder zu vielen Falten über der Nase können kein normales und vor allem kein glückliches Hundeleben führen, es fehlt ihnen schlicht der Sauerstoff dazu.
Leider werden viele Standards falsch ausgelegt und gewisse rassetypische Merkmale werden mehr und mehr übertypisiert. Mit der Zeit gewöhnt sich das Auge an solche Übertreibungen, was z.B. an Ausstellungen dazu führen kann, dass Hunde mit offensichtlich tierschutzwidrigen Fehlern prämiert und gesunde, freiatmende Hunde nicht in den vorderen Rängen platziert werden.

Ein funktionell gebauter Hund kann gut sehen, hören, riechen, kauen und die Temperatur ausgleichen. Alles andere läuft ganz klar unter Qualzucht. Es liegt in unserer Hand, das zu beachten und damit glückliche Hunde zu züchten.

Interessant ist der Versuch der FCI, ihre Richter dazu anzuhalten, die Gesundheitsaspekte höher zu werten als bisher, vor allem wenn es um die Vergabe des CAC oder des CACIB geht. Schön wäre es, wenn die folgende Grundsatzerklärung von ALLEN Richtern konsequent eingehalten würde mit dem Resultat, dass der Titel »Schönheits-Champion« auch einen wirklichen Wert beinhaltet und eine Bestätigung für einen rassetypischen und zugleich sehr korrekten, gesunden Körperbau ist.

Auszüge aus der FCI-Grundsatz-Erklärung für Ausstellungsrichter
(Helsinki, Oktober 2013)

Grundsatz: Hunde müssen fähig sein, ihre ursprüngliche Funktion zu erfüllen.

Die wichtigste Aufgabe des Richters ist, die Hunde nach dem Rasse-Standard zu analysieren, zu richten und zu prüfen, ob sie sich als zukünftige Zuchthunde eignen. Dem Richter muss die Tatsache bewusst sein, dass ein Rassehund mit übertriebenen Rassemerkmalen, die zu Gesundheits-, Verhaltens- und Bewegungsproblemen führen, vom Zuchtprogramm ausgeschlossen werden soll und demnach nie die Qualifikation »vorzüglich« bekommen darf. Übertreibungen im Aussehen und Fehler, welche einen Einfluss auf die Gesundheit des Hundes haben, sind schlimmer als ein kosmetisches Problem. Die Richter sind angehalten die Gesundheitsaspekte höher zu werten als bisher, vor allem wenn es um die Vergabe des CAC oder des CACIB geht.

Atmung

Alle Hunde sollten im Stand und in der Bewegung normal atmen können.

Speziell ist zu beachten:

- sehr laute Atemgeräusche
- sehr schmale, zusammengedrückte oder mit Hautfalten überdeckte Nasenlöcher

Augen

Alle Hunde sollten leuchtende und trockene Augen haben, ohne Anzeichen von Beschwerden.

Speziell ist zu beachten:

- sehr große und hervorstehende Augen
- lose und herabhängende Augenlider
- sichtbare Entzündung und/oder tränende Augen
- zu kleine und/oder zu tief eingesetzte Augen

Lose Haut

Alle Hunde sollten eine gesunde Haut haben, ohne Anzeichen von Beschwerden.

Speziell ist zu beachten:

- zu viele Falten und lose Haut, so dass Nase und/oder Augen mit Haut bedeckt sind
- zu viel lose Haut an Körper, Extremitäten und am Kopf

Übergewicht

In letzter Zeit gab es eine Zunahme von übergewichtigen Hunden. Im Show-Ring sind die Hunde wegen dem Übergewicht in der Atmung und in der Bewegung eingeschränkt. Wenn der Richter beim Abtasten die Rippen nicht fühlen kann, wenn die Lende nicht klar ersichtlich ist, oder wenn der Hund nicht uneingeschränkt atmen und sich bewegen kann, dann darf der Hund niemals mit »vorzüglich« bewertet werden.

Fell

Das Fell sollte niemals so üppig sein, dass es die Bewegung oder die Sicht des Hundes behindert.

Es ist von äußerster Wichtigkeit, dass alle Richter realisieren, dass sie einen großen Teil zu der Zuchtentwicklung und der Rassegesundheit beisteuern. Sie bilden oft die Basis (negativ wie positiv) für die Entwicklung innerhalb einer Rasse.

Hoffen wir, dass sich diese Grundsatzerklärung im vollen Wortlaut nicht als Papiertiger erweist. Die Umsetzung liegt bei den Ausstellungs-Richtern und verlangt unser Verständnis, wenn Pokale und Titel weniger werden, und dafür das Ausstellungswesen ehrlicher.

Aber auch die Züchter dürfen sich nicht vor der Verantwortung drücken. Züchterische Freiheit ist nur dann sinnvoll, wenn die Lebensqualität der Hunde nicht negativ beeinflusst wird.

Abb. 3-1-34 | *Hoffentlich findet eine Rückbesinnung zum Funktionalen statt, damit alle Hunde wieder frei atmen und das Leben genießen können, wie die beiden aufgeweckten, lustigen Wolfsspitze Dyna und Halona.*

DER HALS

Auf einen Blick:
Wenn der Kopf über der 2. Balance-Linie zu liegen kommt, ist der Hals genügend lang (Abb. 3-2-01). Eine nicht korrekt verlaufende Balance-Linie kann auf ein Problem in der Front hinweisen.

Es ist der Hals, der einen Hund edel oder eher plump erscheinen lässt. Der Kopf sollte etwas über der zweiten Balance-Linie stehen. Liegt er auf der Linie, oder führt diese sogar durch den Kopf, dann ist der Hals zu kurz, was wiederum ein Indikator dafür ist, dass bei der Front etwas nicht stimmt.

Die Halswirbelsäule setzt sich immer aus gleich vielen Wirbeln zusammen, ungeachtet, ob der Hund einen langen oder einen kurzen Hals hat, ob es ein Pekinese oder eine Dogge ist. Die Halswirbelsäule besteht aus sieben Wirbeln (C1 bis C7). Die wichtigsten Wirbel sind der große Atlas, der das Gewicht des Kopfes trägt, und der zweitgrößte Wirbel der Axis, der für das Drehen verantwortlich ist.

Normalerweise entspricht die Halslänge ungefähr der Kopflänge. Die obere Halslänge wird vom Hinterhauptbein bis zum Widerrist, die untere Länge vom Unterkiefer bis zum Schultergelenk gemessen.

Der ideale Hals

Der Hals wird in den verschiedenen Rasse-Standards unterschiedlich beschrieben, passend zur ursprünglichen Aufgabe und Funktion. Gedrungen gebaute Molosser haben oft einen kurzen und kräftigen Hals (Abb. 3-2-02 a) und elegante Galopper haben meist einen schlanken, langen, zum Kopf passenden Hals (Abb. 3-2-02 c). Der Hals des Trabers in der Mitte (Abb. 3-2-02 b) entspricht der caninen Norm.

Der Hals hat die Aufgabe, den Kopf zu tragen, er sollte sehr muskulös sein. Er wird vom Nacken zum Körper hin immer kräftiger und geht harmonisch in die Vorbrust sowie faltenlos in den Widerrist über, wie beim roten Australian Cattle Dog auf Abb. 3-2-05. Hätte er Falten am Widerrist, würden diese auf steile oder weit auseinanderstehende Schultern hinweisen. Oder ein Winkel beim Übergang in die Schultern und eine auffällige Muskulatur unten am Hals wären ein Zeichen für einen instabilen Schafhals (Abb. 3-2-16).

Bei den meisten Rassen wird ein trockener, muskulöser Hals verlangt. Lose, dicke Hautfalten im Bereich der Kehle sind selten erwünscht. Ausnahmen gibt es bei einigen Jagdhunderassen und beispielsweise bei der Englischen Bulldogge, in deren Standard eine Wamme beschrieben wird (Abb. 3-2-03).

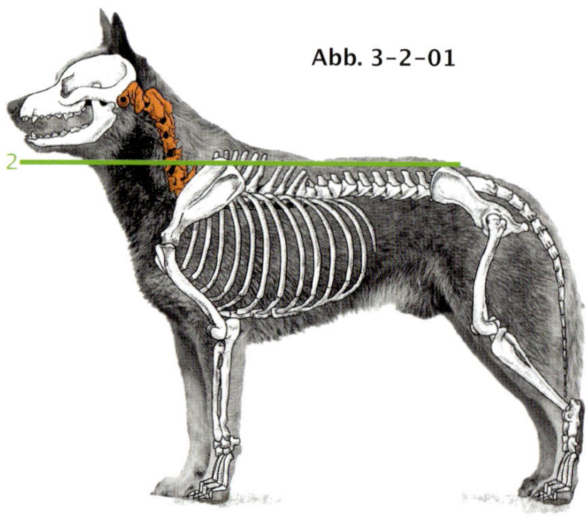

Abb. 3-2-01

Abb. 3-2-02 a-c | *Der Hals kann sehr variantenreich sein: dick, kurz, lang, dünn, gebogen, tief oder hoch getragen, je nachdem, wofür der Hund gezüchtet worden ist.*

Abb. 3-2-03 | *Links ein Amstaff mit einem trockenen Hals und rechts eine Englische Bulldogge mit einer vom Standard gewünschten Wamme.*

Abb. 3-2-04 | *ACD: Ein dünner, schwacher und etwas kurzer Hals mit einem nicht optimalen Übergang in die Vorbrust. Die Junghündin ist allerdings noch im Wachstum.*

Abb. 3-2-05 | *ACD: Ein kräftiger, sich verbreitender Hals in korrekter Länge und mit harmonischen Übergängen in Vorbrust und Widerrist.*

Der kurze Hals

Wenn der Kopf auf der Balance-Linie liegt oder diese sogar durch den Kopf führt (rote 2. Balance-Linie), dann hat der Hund einen zu kurzen Hals. Oft ist der Hals nicht kurz, er scheint nur so. Der Grund dafür könnte entweder ein steil gestelltes Schulterblatt oder ein Schafhals sein, letzterer ist eine nicht zu unterschätzende Schwachstelle, die in den meisten Rassen vorkommt. Die Nachteile einer steilen Schulter/Front werden in Kapitel 5 erläutert.
Ein kurzer Hals führt automatisch zu einer kürzeren Schrittlänge, weil der Hund immer nur unterhalb des Auges auffußen kann. Somit benötigt ein Hund mit einem kurzen Hals und trippelnden Schritten mehr Energie für die gleiche Strecke wie ein Hund mit einem korrekten Hals und einer guten Schrittlänge.

Abb. 3-2-06 | *Jamie scheint einen kurzen Hals zu haben, hat er jedoch nicht. Es ist seine Art, den überbeweglichen, wenig kräftigen Schafhals zu stabilisieren, wie auf Abb. 3-2-12 gut zu sehen ist.*

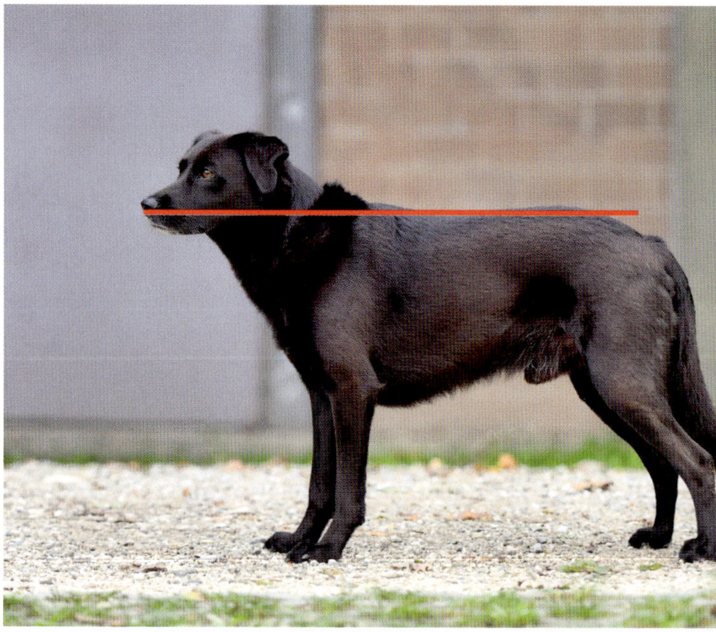

Abb. 3-2-07 | *Ein rassetypischer Spanischer Wasserhund mit einem eher kurzen Hals.*

Abb. 3-2-08 | *Working-Kelpie: Die Balance-Linien verlaufen nicht optimal. Durch den kurzen, nicht korrekt getragenen Hals wirkt der Hund unharmonisch.*

Abb. 3-2-09 und 3-2-10 | *Diese junge Working-Kelpie-Hündin hat einen korrekten und kräftigen Hals, im Trab zeigt sie eine raumgreifende Aktion.*

Beim Französischen Wasserhund Barbet sowie beim Spanischen und beim Portugiesischen Wasserhund beschreibt der Standard einen kurzen Hals (Abb. 3-2-07). Vermutlich wollten die Mitglieder der Standard-Kommission darauf hinweisen, dass ein zu langer Hals hinderlich für die Wasserarbeit ist. Die Beschreibung ist jedoch unglücklich gewählt, da ein kurzer Hals – hauptsächlich wegen dem negativen Einfluss auf die Schrittlänge – nicht funktionell ist.

Der Schafhals

Wird der Hals stabilisierend wie eine Säule über dem Körper getragen oder zwischen die Schulterblätter eingezogen, weist das oft auf einen überbeweglichen Schafhals hin.

Der Grund für einen Schafhals sind zu lange oder zu lose Bänder der Halswirbelsäule. Dieses Problem kommt in praktisch allen Rassen vor, jedoch gehäuft beim Pudel, Golden Retriever und Berner Sennenhund. Sehr oft erkennen wir einen Schafhals gleich zu Beginn der Hundeanalyse, wenn die Balance-Linien nicht korrekt verlaufen (Abb. 3-2-11 und 3-2-13).

Ein Schafhals ist für jeden Hund eine Belastung, weil er bei jedem Schritt seinen schwachen Hals stabilisieren muss. Viele Hunde haben aus diesem Grund verspannte Muskeln und Kopfschmerzen, ähnlich unseren Kopf-/Nackenschmerzen.
Der Hund hat zwei Möglichkeiten, seinen Schafhals zu stabilisieren:

Bei der ersten Variante wird der Hals zwischen die Schulterblätter eingezogen, wie es Schildkröten tun.

Wenn die 1. Balance-Linie (grün) korrekt ist, aber die 2. Balance-Linie (rot) durch den Kopf führt, ahnen wir bereits, dass der Grund für den kurzen Hals ein Schafhals sein könnte (Abb. 3-2-11).

Jamie, der liebenswerte Mischling aus Kreta, zeigt normalerweise die Körperhaltung wie auf Abb. 3-2-11. Nur in Spannung richtet er den Hals etwas auf, wie oben auf Abb. 3-2-06.
Jamie muss doppelt kompensieren, da er hinten instabile Sprunggelenke hat (Kapitel 6 Seite 178). Ein Zeichen für die kippbaren Sprunggelenke ist die aufgewölbte obere Linie.
Jamie weiß, dass er mit diesen Schwachstellen nicht gut schwimmen kann und meidet das Wasser.

Auch kann Jamie im Gegenstandsrevier nicht stöbern, da er nicht galoppieren und gleichzeitig die Nase tief halten kann. Er muss seinen schwachen Hals höher stabilisieren.

Abb. 3-2-11 und 3-2-12 | *Jamie stabilisiert seinen Schafhals, indem er ihn zwischen den Schulterblättern einzieht. Die 2. Balance-Linie (rot) verläuft nicht korrekt, weil der eigentlich normal lange Hals unnatürlich stabilisiert werden muss und deshalb kurz scheint. Der Test bestätigt einen Schafhals.*

Bei der zweiten Variante wird der schwache Hals durch eine säulenähnliche, extrem aufrechte Haltung stabilisiert.

Schauen wir uns den weißen Pudel auf Abb. 3-2-13 an. Wir sehen, dass die 1. Balance-Linie (rot) nicht korrekt verläuft. Seine Vorderbeine stehen unter dem Kopf, anstatt unter dem Widerrist.
Auch dieser Pudel hat einen Schafhals, allerdings einen etwas weniger ausgeprägten als Jamie, und er trägt seinen Hals zur Stabilisierung wie auf einer Säule.

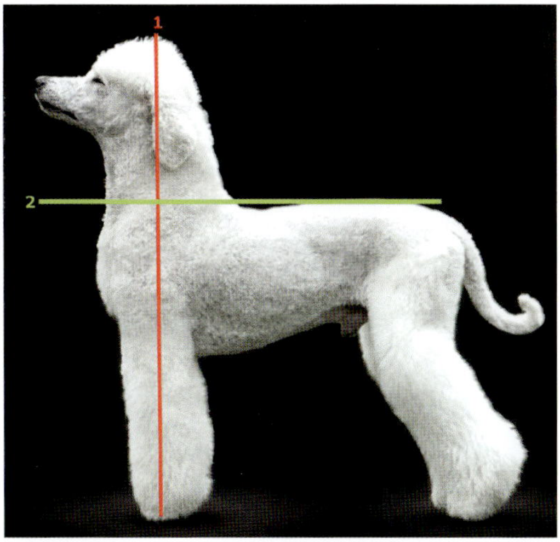

Abb. 3-2-13 | *Pudel: Der Rüde stabilisiert seinen Schafhals, indem er eine extrem aufrechte, säulenartige Haltung einnimmt. Die 1. Balance-Linie (rot) verläuft nicht korrekt.*

Der Schafhals-Test:

Prinzipiell lässt sich jeder Hals sanft dehnen. Wir möchten bei diesem Test kontrollieren, bis wohin wir den Hals mit einer überraschenden (aber sanften!) Bewegung nach oben/hinten biegen können. Am besten geht das, wenn der Hund entspannt steht. Dazu legen wir die eine Hand auf den Widerrist des Hundes und die andere Hand führt den Fang am Unterkiefer nach oben (Abb. 3-2-15). Bietet der Hund schnell Widerstand oder macht er eine seitliche Ausweichbewegung, stoppen wir umgehend, der Hals ist in Ordnung. Wenn der Hals überbeweglich ist und senkrecht nach oben und sogar darüber hinaus gebogen werden kann, dann spricht man von einem Schafhals.

Den Schweregrad eines Schafhalses teilen wir nach den Ziffern einer Uhr ein. Die 1. Balance-Linie steht unten bei 6 Uhr und oben bei 12 Uhr.

Ab 11 Uhr beginnt ein Schafhals und alles was über 12 Uhr hinausgeht, ist ein schwerer Schafhals (Abb. 3-2-15).

Abb. 3-2-14 | *Der Pudel hat einen Schafhals bei 12 Uhr.*

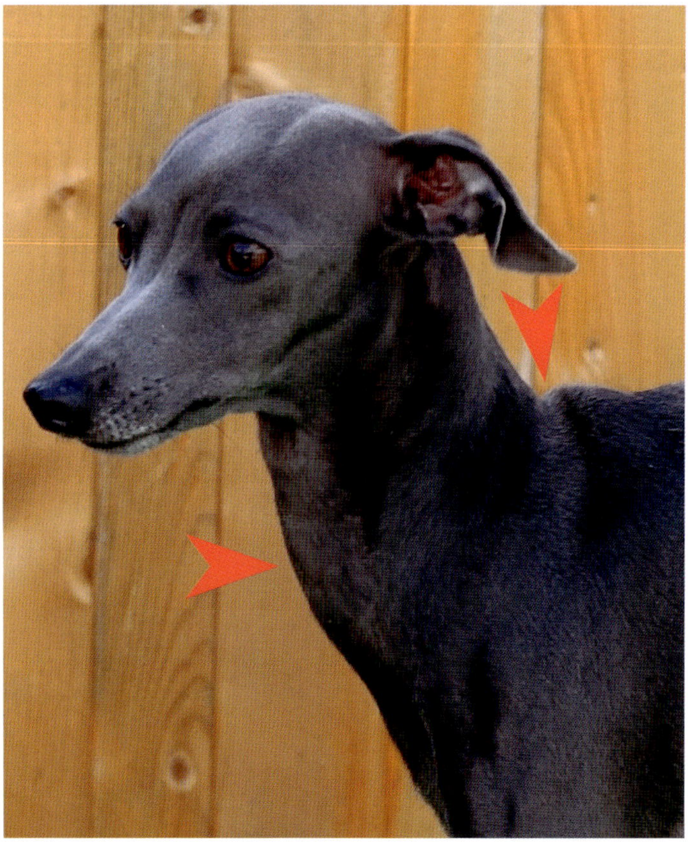

Abb. 3-2-15 | *Dieser Kleinpudel hat einen ausgeprägten Schafhals (14 Uhr). Er meidet das Wasser und schwimmt nicht. Oft haben Hunde mit Schafhals Probleme beim bodennahen Fährten oder beim Stöbern.*

Abb. 3-2-16 | *Die typischen Schafhals-Merkmale: Eine auffällige Zubildung von Muskeln (roter linker Pfeil) an der Halsunterseite. Oben, wo der Hals in den Widerrist übergeht, eine Winkelbildung (roter oberer Pfeil) anstelle eines fließenden Übergangs.*

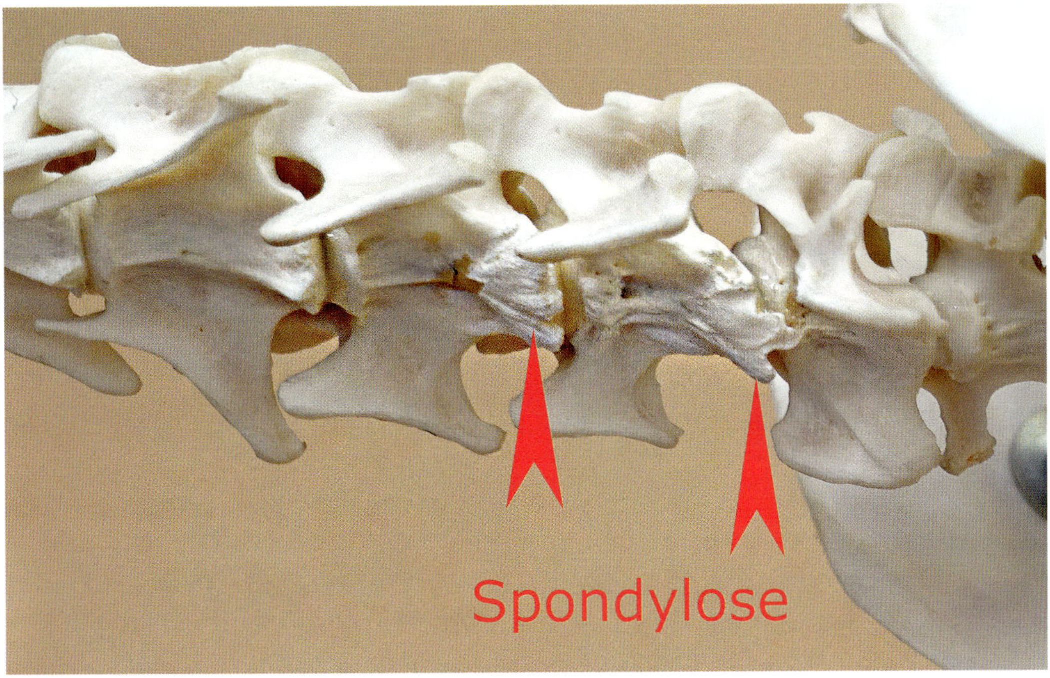

Abb. 3-2-17 | *An diesem Pudel-Skelett sind schmerzhafte degenerative Veränderungen (rote Pfeile) an der Halswirbelsäule erkennbar. Wie hat der Hund wohl den Kopf auf den Boden gesenkt?*

Einen Schafhals kann man bei kurzhaarigen Hunden oft ohne zu testen erkennen, bei langhaarigen Hunden brauchen wir dazu unsere Hände.
Ein normaler Hals zeigt eine schön ausgeprägte Muskulatur oben am Nacken, oft mit einem kleinen anmutigen Bogen (Abb. 3-2-05). Beim Schafhals haben sich stattdessen an der Halsunterseite zusätzliche Muskeln gebildet und der Übergang in den Widerrist ist nicht harmonisch fließend, sondern verläuft abrupt, in einem Winkel (Abb. 3-2-16).

Ein Schafhals ist immer instabil und somit eine ernstzunehmende Schwachstelle. Ist der Hund sonst gut gebaut, kann sein Körper einen leichten Schafhals kompensieren. Aber allein um seinen Kopf stabil halten zu können, muss der Hund mehr Kraft aufwenden.
Ein Schafhals in Kombination mit einer oder mehreren weiteren strukturellen Schwachstellen wird für den Hund zu einer echten Belastung.
Das könnte beispielsweise eine zu lange und schwache Lende sein oder Hüftdysplasie, luxierende Kniescheiben oder instabile Sprunggelenke.
Auch nicht sportlich geführte Familienhunde können wegen eines Schafhalses Probleme bekommen und an schmerzenden Muskelverspannungen oder Kopfschmerzen leiden.
Bei einem ausgeprägten Schafhals ist die Fehlbelastung sehr groß und der Körper kann schmerzhafte Spondylosen an der unteren Halswirbelsäule bilden, wie auf dem Skelett des Pudels (Abb. 3-2-17) gut zu sehen ist.

Übrigens ist im offiziellen Standard der Pudel unter dem Dachverband AKC (American Kennel Club) der Schafhals ausdrücklich als ein schwerer Fehler aufgeführt. Bei uns in Europa kennt ihn kaum jemand und doch ist er für jeden betroffenen Hund wie gesagt eine erhebliche Beeinträchtigung.

Alle Hunde, auch die Familienhunde, werden unter ihrem Schafhals leiden, es gibt allerdings eine Ausnahme: der Norwegische Lundehund. Er wurde gezüchtet, um zu klettern. Er ist in praktisch allen Gelenken überbeweglich, so auch im Hals. Erkennt ein Züchter oder ein Hundetrainer einen Schafhals, so ist der Besitzer des Hundes unbedingt darauf hinzuweisen, wie schlimm für diese Hunde korrigierende Leinenrucks sind. Bei einem stark ausgeprägten Schafhals ist ein gut sitzendes, die Schulterbewegung nicht einschränkendes Brustgeschirr einem Halsband vorzuziehen (Abb. 3-2-18).

Abb. 3-2-18 | *Silken Windsprite: Bei einem langen Hals oder einem Schafhals ist ein gut sitzendes Brustgeschirr empfehlenswert. Leinenrucke am Halsband sind für diese Hunde doppelt schädlich.*

Für Sporthunde ist ein instabiler Schafhals ein enormes Handicap. Vor allem im Agility, beim Schutzdienst und bei der Wasserarbeit hätte ein Hund mit einem ausgeprägten Schafhals viel mehr Mühe als ein Hund mit einem kräftigen Hals. Somit gehört ein Hund mit einem Schafhals weder in den Hundesport noch in die Zucht.

Abb. 3-2-20 | *Sayen, die aktive Portugiesische Wasserhündin in der Arbeitsschur, ist dank ihres kräftigen Halses eine außerordentlich gute Schwimmerin und Taucherin. Mit einem Schafhals könnte sie ihren Job unmöglich ausführen.*

Abb. 3-2-19 | *Der typische spritzende, ineffiziente Schwimmstil eines Hundes mit Schafhals. Wären zusätzlich noch seine Sprunggelenke instabil, würde er absinken.*

Der lange Hals

Wenn der Kopf sehr weit oberhalb der 2. Balance-Linie steht, oder wenn der Hals länger als der Kopf ist, sprechen wir von einem zu langen Hals. Ein zu langer Hals sieht zwar elegant aus, ist jedoch nicht erwünscht, da die Überlänge immer auf Kosten der Stabilität geht.

Je länger der Hals ist, umso schwächer sind die Halsmuskeln, was für keinen Sporthund ideal ist. Eine weitere Schwäche kommt hinzu, wenn sich der Hals-Durchmesser beim Übergang zum Widerrist und in den Brustbereich nicht verbreitert. Das sieht man häufig beim Dobermann.

Sei es im Agility, im Schutzdienst, beim jagdlichen Apportieren oder bei der Wasserarbeit, ein zu langer Hals ist eine nicht zu unterschätzende Schwachstelle, die den Hund einschränkt, und die er kompensieren muss. Die Aufgabe des Halses ist es, den Kopf zu tragen. Mit einem langen schwachen Hals muss der Hund mehr Kraft aufwenden, was sich wiederum in Stress auf seine Front und in Muskelverspannungen auswirkt.

Abb. 3-2-21 | *Dieser Foxterrier hat einen korrekt langen Hals. Er ist ungefähr so lang wie sein Kopf.*

Abb. 3-2-22 | *Der Hals dieses jungen Kurzhaar Foxterriers ist etwas länger, jedoch mit einem kräftigen, schönen Übergang in den Körper.*

Kapitel 4

Körper (Rumpf)

> Oberlinie

77 Widerrist

78 Rücken

79 Lende

83 Kruppe

85 Rute

88 Becken

> Untere Profil-Linie

91 Brustbeinspitze und Vorbrust

101 Brustkorb

112 Flanken

DIE OBERLINIE, DIE OBERE PROFIL-LINIE ODER DIE OBERE LINIE

Eine gute Oberlinie ist das Resultat von korrekten Vorder- und Hinterhandwinkelungen sowie von einem passenden Rücken-/Lenden-Verhältnis.

Die Oberlinie wird umgangssprachlich oft Rückenlinie genannt, was nicht ganz korrekt ist. Der Rücken ist nur der kleine Teil oberhalb des Brustkorbes, dort wo die Rippen entspringen.

Die Oberlinie setzt sich aus (Hals) Widerrist, Rücken, Lende, Kruppe und Rutenansatz zusammen. Je nach Rasse wird die obere Profil-Linie in den Standards unterschiedlich beschrieben. Beim Traber sollte die obere Linie mehr oder weniger gerade sein. Die Betonung liegt auf mehr oder weniger, denn die Wirbelsäule ist nicht gerade, sie ist in verschiedene Teile gegliedert und verläuft wie ein gestrecktes liegendes »S«.

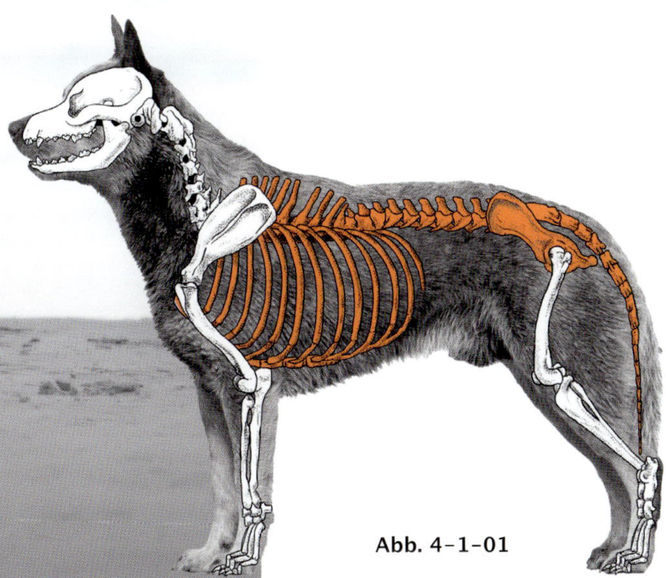

Abb. 4-1-01

Abb. 4-1-02 | *Bei diesem schlanken Junghund ist die natürliche Form der Wirbelsäule gut erkennbar. Beim grünen Pfeil wechseln die Dornfortsätze die Richtung.*

Die Ursache für Auffälligkeiten in der oberen Linie ist seltener in der Wirbelsäule selbst zu finden. Weiche Senkrücken (Abb. 4-1-04) lassen auf ein Problem bei der Vorderhand schließen, während aufgewölbte Oberlinien oft auf ein Hinterhand-Problem hinweisen, in den meisten Fällen auf instabile Sprunggelenke.

Eine aufgewölbte Oberlinie kann jedoch auch ganz andere Auslöser haben, beispielsweise Schmerzen im Bauchraum, eine teilweise versteifte Wirbelsäule (Abb. 4-1-06 und Abb. 4-1-09) oder das Cauda Equina-Syndrom (Abb. 4-1-05).

Auffälligkeiten in der Oberlinie können auch durch Probleme direkt in der Wirbelsäule entstehen. DISH (Diffuse Idiopathische Skelettale Hyperostose), auch bekannt als Bambuswirbelsäule beim Boxer, kommt bei sehr vielen Rassen vor.
Diese Erkrankung ist erblich und nicht dasselbe wie die Spondylose. Bei DISH verkalkt das untere Längsband (Abb. 4-1-07) bereits in jungen Jahren.

Abb. 4-1-03 | *Dieser Nackthund hat eine außergewöhnlich gerade Oberlinie.*

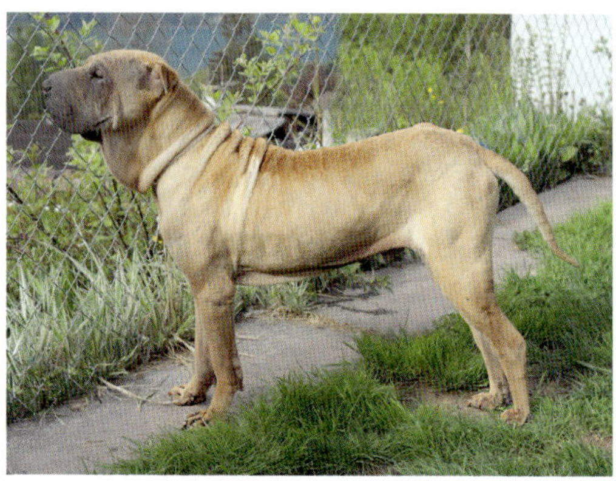

Abb. 4-1-04 | *Der Shar Pei hat eine steile Front mit mangelhaften Muskelverbindungen. Das ist die Ursache für diesen Senkrücken.*

Abb. 4-1-05 | *Schmerzen können ein Grund für eine aufgewölbte Oberlinie sein. Bei diesem Hund ist das Cauda Equina-Syndrom dafür verantwortlich.*

Abb. 4-1-06 | *Der 13 Jahre alte ACD Bourbon hat eine verkalkte, steife Wirbelsäule. Er leidet an DISH, auch bekannt als Boxer- oder Bambuswirbelsäule. In der Abb. 4-1-22 sehen wir ihn als jungen Hund mit einer noch flexiblen Wirbelsäule.*

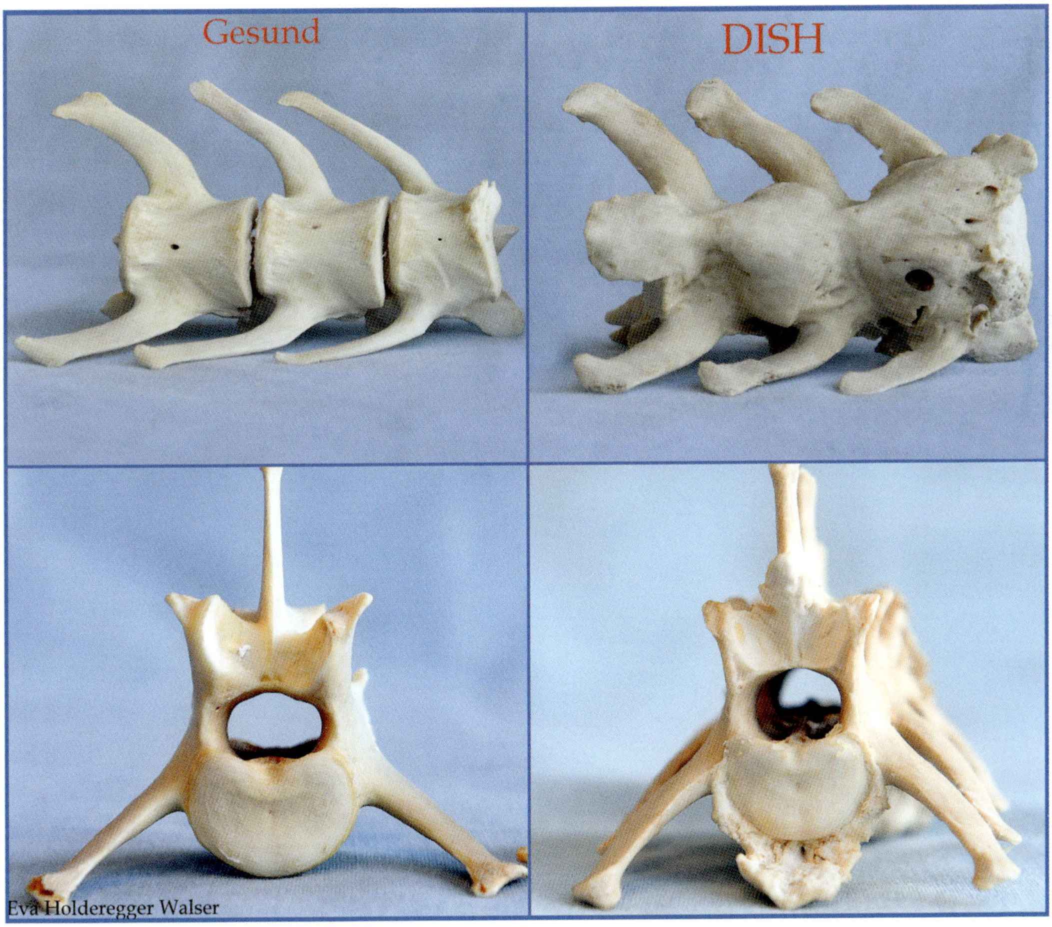

Abb. 4-1-07 | *Links sehen wir gesunde Wirbel, rechts ist das verkalkte Längsband unten an den Wirbeln gut zu erkennen. Übrigens sind dies die Wirbel von Bourbons Mutter, aufbewahrt in der Albert-Heim-Stiftung (kynologisch-wissenschaftliche Sammlung).*

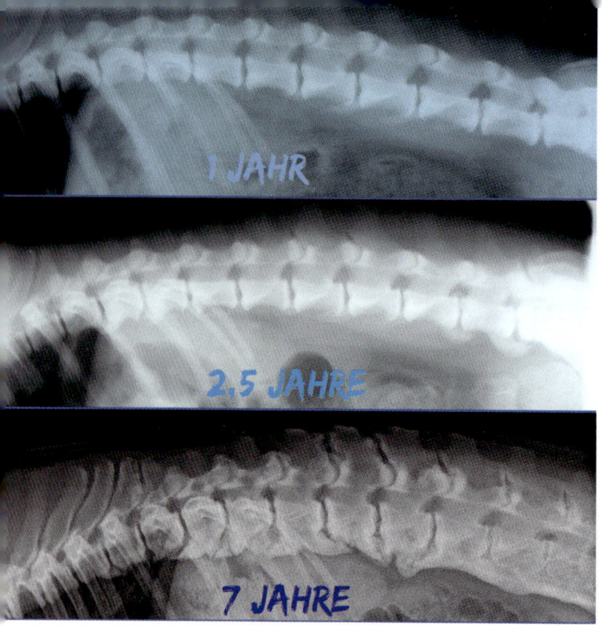

Abb. 4-1-08 | *Die Wirbelsäule von Bourbon war zum Zeitpunkt des HD-Röntgens mit 15 Monaten unauffällig, aber bereits mit 2,5 Jahren zeigte Bourbon ein Meideverhalten im Agility. Mit 7 Jahren war seine Lendenwirbelsäule steif.*

Abb. 4-1-09 | *Ein Frenchie mit einer nicht korrekten oberen Linie, verursacht durch Wirbelanomalien und spontan kippende Sprunggelenke.*

Auf dem Röntgenbild Abb. 4-1-08 sind die Zubildungen unterhalb der Wirbel und teilweise auch oberhalb (seltener) gut zu sehen. Bei fortschreitender DISH wird die Wirbelsäule immer unbeweglicher. Auffälligkeiten in der Oberlinie kann es auch bei Kurznasen-Rassen mit angeborener, missgebildeter Stummelrute geben. Hier sind es in der Regel Missbildungen der Wirbel und/oder kippbare Sprunggelenke, die zu unregelmäßiger Aufwölbung der Wirbelsäule führen können, wie beim Frenchie in Abb. 4-1-09.

Abb. 4-1-10 | *Hunde mit angeborenen verkrüppelten Stummelruten haben auch oft missgebildete Wirbel. Der rote Pfeil zeigt auf einen Keilwirbel an einer klassischen Stelle der Wirbelsäule. Der orange Pfeil weist auf den Stummel der verkümmerten Rute.*

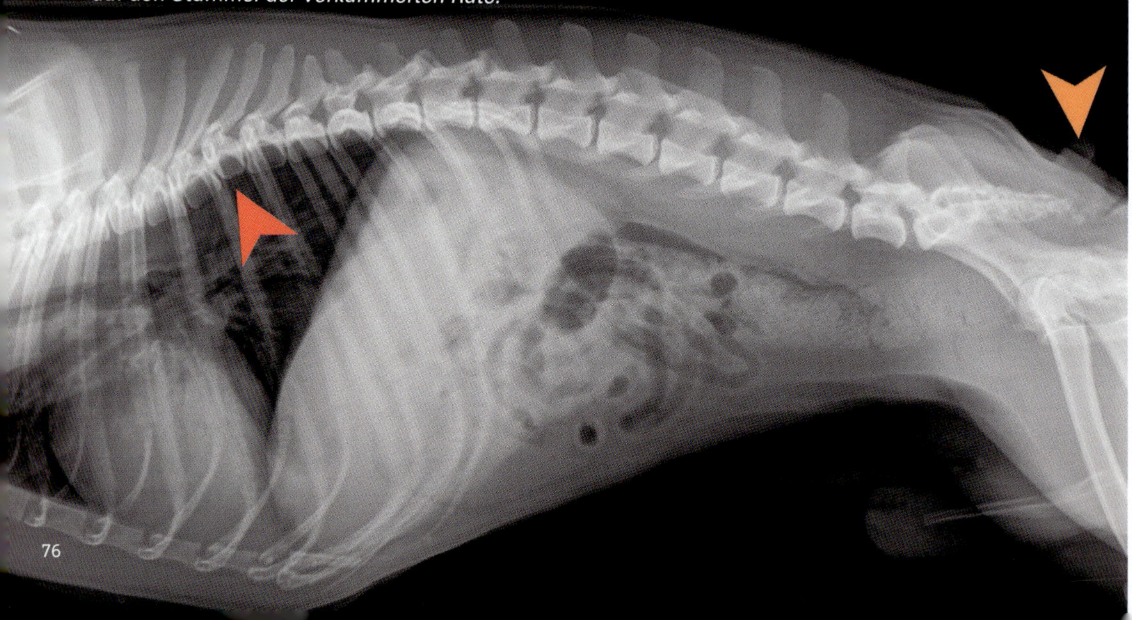

DER WIDERRIST

Der Hals sollte harmonisch und ohne Falten in den sichtbaren Widerrist übergehen. Der Widerrist befindet sich oberhalb der Schulterblattspitzen und ist normalerweise der höchste Punkt der Oberlinie. Am Widerrist wird die Höhe des Hundes gemessen (Stockmaß).

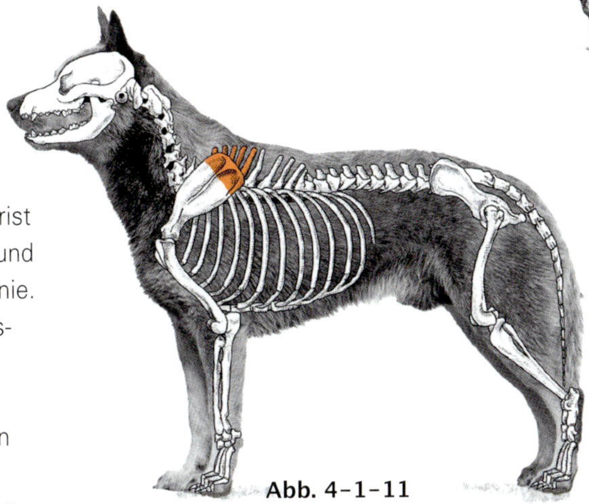

Abb. 4-1-11

Der Widerrist sollte gut sichtbar sein. Die langen Dornfortsätze der ersten Brustwirbel ermöglichen eine gute Anhaftung der Muskeln. Je mehr Muskeln in diesem Bereich vorhanden sind, desto stärker und funktioneller ist die Front. Darum wird in vielen Standards verlangt, dass der Widerrist höher ist als der Rücken.

Der zu flache Widerrist

Bei einem zu flachen Widerrist mündet der Hals ohne sichtbaren schrägen Übergang in den Rücken, wie es beim Nackthund in Abb. 4-1-12 sehr gut zu sehen ist. Der Grund für diesen Mangel sind die zu kurzen Dornfortsätze mit einer daraus resultierenden ungenügenden Muskel-Anhaftung. Eine weitere Ursache können zu kurze Schulterblätter mit einem zu großen Abstand zwischen den Schulterblattspitzen sein. Ein aktiver Sporthund mit einem flachen Widerrist ist gefährdet, eine Sehnenentzündung zu bekommen. Zusätzlich bewirkt der flache Widerrist einen verkürzten und vor allem weniger gut abgefederten Schritt.

Der zu hohe Widerrist

Auch ein zu hoher Widerrist ist nicht optimal, er wird normalerweise durch ein zu steiles Schulterblatt verursacht. Diese Problematik wird in Kapitel 5, Seiten 124 und 127 beschrieben.

Abb. 4-1-12 | *Eine Hündin mit guten Winkelungen, aber einem flachen Widerrist, sehr durchtrittigen Vordermittelfüßen, einer langen Lende und zu langen Hinterbeinen.*

DER RÜCKEN

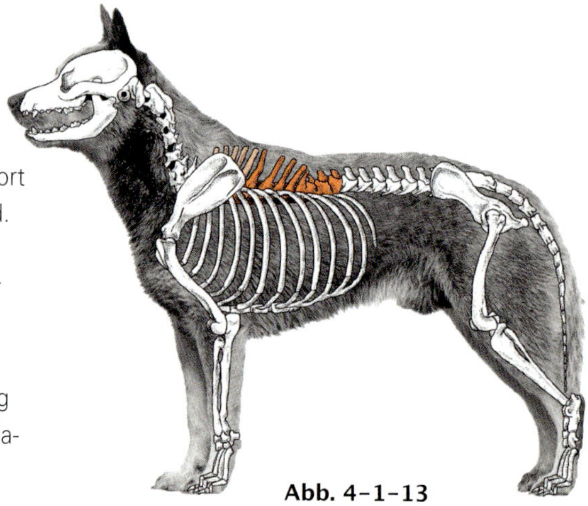

Abb. 4-1-13

Der Rücken ist der obere Teil des Brustkorbs, dort wo die Rippen an der Wirbelsäule befestigt sind. Es sind insgesamt 13 Brustwirbel mit je einem Rippenpaar. Die relativ langen Dornfortsätze der ersten 10 Wirbel sind nach hinten in Richtung Rute geneigt. Dann kommt Wirbel Nummer 11, mit einem kleinen Dornfortsatz, der die Richtung wechselt. Daher heißt er Wechselwirbel oder diaphragmatischer Wirbel.

Genau an dieser Stelle gibt es eine kleine Vertiefung, die bei sehr mageren oder untrainierten Hunden gut zu sehen ist (Abb. 4-1-14). Ist der Hund gut trainiert, ist diese Delle weniger offensichtlich. Auch bei wohlgenährten Hunden ist die Vertiefung weniger sichtbar.

Ab dem 12. Brustwirbel sind die Dornfortsätze in umgekehrter Richtung, zum Kopf hin geneigt. Die 13. Rippe ist nicht mit dem Brustbein verbunden. Sie ist nur etwa halb so lang wie die anderen Rippen und schwebt frei. Manchmal bildet sich gut fühlbar ein kleiner Haken am Ende, oft nur auf einer Seite.

Weitere Einzelheiten über den Brustkorb finden Sie auf Seite 101.

Abb. 4-1-14 | *Die Delle und die Falten hinter dem Schulterblatt (roter Pfeil) sind besonders gut erkennbar bei wenig trainierten Hunden und/oder Hunden mit steilen Schultern.*

DIE LENDE

Der Lendenbereich beginnt bei der letzten Rippe und endet beim Darmbein. Die 7 Wirbel der Lende sollten sehr kräftig sein und breite Querfortsätze haben, bei letzteren handelt es sich um verkümmerte Rippen.

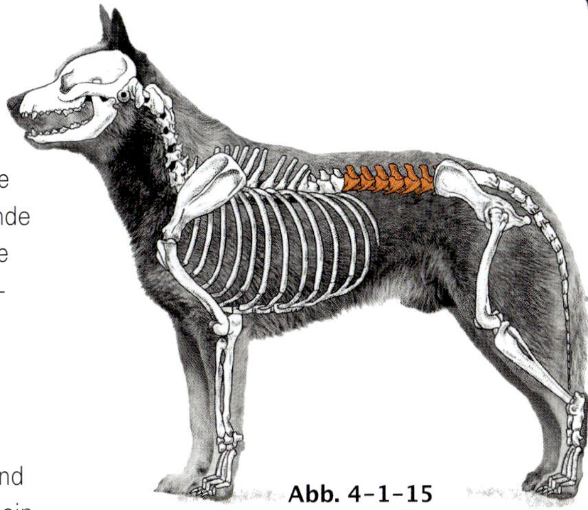

Abb. 4-1-15

Der Rippenkorb sollte ungefähr doppelt so lang sein wie die Lende. Bei einem mittelgroßen Hund kann man ganz einfach die Hand vor das Darmbein legen. Das Maß für eine ausreichend lange Lende ist ungefähr die Breite einer Hand.

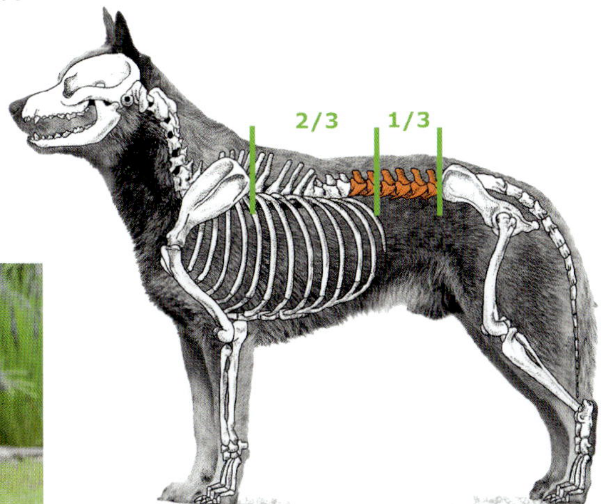

Abb. 4-1-16 | *Die Länge der Lende sollte ca. 1/3 und der Rippenkorb ca. 2/3 betragen (grüne Linien).*

Abb. 4-1-17 | *Der schnelle Lenden-Check: Die Norm beim mittelgroßen Hund ist eine Handbreite.*

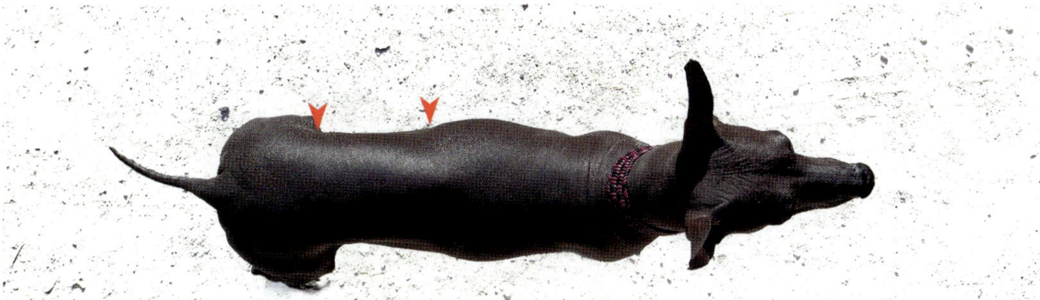

Abb. 4-1-18 | *Ein Beispiel für eine lange Lende (rote Pfeile). Bei Nackthunden ist sie gut erkennbar.*

Abb. 4-1-19 | *Die Fingerstellung für das genaue Messen der Lende in Relation zum Rippenkorb.*

Für eine genauere Messung nutzen wir beide Hände, den Zeigefinger der einen sowie den Zeigefinger und kleinen Finger der anderen Hand. Die übrigen Finger klappen wir ein. Mit dem einen Zeigefinger suchen wir das Ende des Schulterblattes, mit dem anderen die letzte Rippe und mit dem kleinen Finger dieser Hand das Darmbein, siehe die grünen Striche in der Abb. 4-1-16 und 4-1-19.

Der Abstand soll nun 1/3 Lende und 2/3 Rippenkorb ergeben, das entspricht der Norm.

Die Lende kann die Proportionen verändern

Wenn beispielsweise zwei Ausdauer-Traber einen ähnlich langen Brustkorb haben wie Blue in Abb. 4-1-21 und Bourbon in Abb. 4-1-22, dann ist es meistens die Lende, die die Länge des Hundes beeinflusst. Bourbon wirkt mit seiner kurzen Lende quadratisch, Blue mit seiner langen rechteckig.

Abb. 4-1-20 | *Nackthunde: Eine lange Lende in Kombination mit einer steilen Front kann den Hund sehr lang erscheinen lassen, im Gegensatz zum »kurzen« Rüden im Hintergrund.*

Abb. 4-1-21 | *ACD Blue erscheint mit seiner langen Lende rechteckig. Er hat unter dem Körper viel Platz für seine Beine und zeigt einen wunderschönen harmonischen und taktreinen Trab.*

Abb. 4-1-22 | *ACD Bourbon wirkt mit seiner kurzen Lende fast quadratisch. Ein »quadratischer« Hund muss vorne und hinten gleich gewinkelt sein, um taktrein traben zu können.*

Abb. 4-1-23 | *Ein Foxterrier mit einer kurzen Lende.*

Die lange Lende

Bei einem Ausdauer-Traber sollte die Lende nicht mehr als 1/3 der Rückenlänge ausmachen. Eine lange Lende ist weniger stabil. Vor allem im sportlichen Bereich fehlt den Hunden oft die Kraft, um sauber über Hindernisse zu springen. Auch hindert eine zu lange Lende den Hund daran, eng zu wenden. Eine lange Lende kann andere Schwachstellen sogar verstärken, wie beispielsweise kippbare Sprunggelenke oder einen Schafhals.

Die kurze Lende

Eine kurze Lende ist steifer und weniger flexibel. Einige Rassen werden immer kürzer gezüchtet, was sich negativ auf ihre seitliche Biegsamkeit auswirkt. Der Foxterrier in Abb. 4-1-23 hat eine sehr kurze Lende. Im Fuchsbau könnte solch ein Hund Mühe haben sich zu drehen um aus dem Bau herauszukommen.

Die gewölbte Lende

Bei den Ausdauer-Trabern ist eine relativ gerade oder nur leicht gebogene, aber kräftige Lendenpartie die Regel (Abb. 4-1-24). In einigen Standards wird jedoch eine gewölbte Lende verlangt, vor allem bei Windhunden (Abb. 4-1-25 a), oder ein Karpfenrücken bei Bulldoggen (Abb. 4-1-25 b). Der Bedlington Terrier sollte laut Standard einen natürlichen Bogen über der Lende haben (Abb. 4-1-25 c). Auch bei den abweichenden Standards sollte züchterisch nicht übertrieben werden, damit die Lende beweglich und stabil bleibt.

Abb. 4-1-24 | *Beim teilweise haarlosen Kelpie Taz sehen wir eine gut bemuskelte und sehr leicht gebogene Lende. Taz leidet an Farbmutantenalopezie (CDA) wie viele Hunde, bei denen wegen der verdünnten (dilute) Farben die Haare abbrechen.*

Abb. 4-1-25a | *Ein junger Langhaar Whippet (Silken Windsprite) mit dem gewünschten sanften Bogen über der Lende.*

Abb. 4-1-25b | *Diese Französische Bulldogge hat einen rassetypischen Karpfenrücken, der vom Widerrist zur Lende hin ansteigt.*

Abb. 4-1-25c | *Der Bedlington Terrier sollte laut Standard einen natürlichen Bogen über der Lende haben. Diese Aufwölbung ist bei diesem Hund sehr ausgeprägt.*

DIE KRUPPE

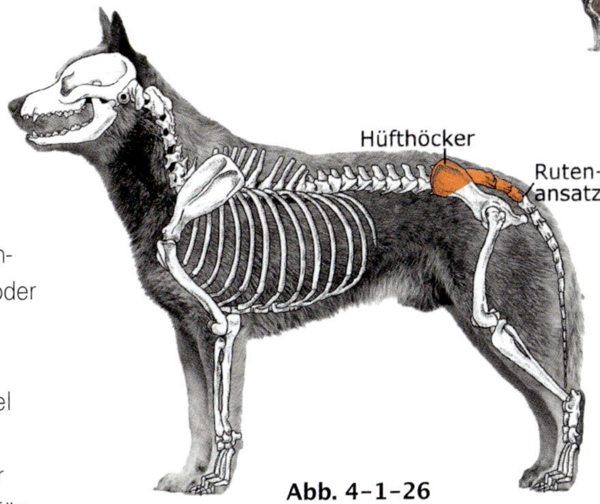

Abb. 4-1-26

Die Kruppe beginnt beim Darmbein und endet beim Rutenansatz.
Bei sehr schlanken Hunden können wir Darmbeinhöcker oder Hüfthöcker sehen, bei muskulösen oder gut genährten Hunden müssen wir sie ertasten.

Viele Standards verlangen kräftige Oberschenkel für einen kraftvollen Schub aus der Hinterhand. Gut bemuskelte Oberschenkel kann es aber nur geben, wenn die Hunde genügend Oberfläche für Muskel-Anhaftung haben. So haben Hunde mit einer kurzen Kruppe (Abb. 4-1-27) immer schmalere Oberschenkel als diejenigen mit einer etwas längeren (Abb. 4-1-28).

Abb. 4-1-27 | *Dieser American Staffordshire Terrier hat eine kurze Kruppe und für seinen kräftigen Körperbau etwas zu schmale Oberschenkel.*

Abb. 4-1-28 | *Dank seiner langen Kruppe hat Lagotto-Rüde Miro schön breite und kräftige Oberschenkel.*

Abb. 4-1-29 | *Ihr Körperbau wurde Ronja zum Verhängnis – sie ertrank, da ihr die Kraft in der Hinterhand fehlte.*

Hunde mit einem hohen Rutenansatz haben in der Regel auch eine kurze Kruppe und damit weniger bemuskelte Oberschenkel, wie die Frenchie-Hündin Ronja in Abb. 4-1-29. Ronja ist leider ertrunken. Sie liebte das Wasser, aber ihre schwache Hinterhand hatte nicht genügend Kraft, ihren schweren Körper beim Schwimmen waagerecht im Wasser zu halten, was zum Absinken führte.

Betrachten wir Ronjas auffälligen Körperbau etwas genauer: Gut gebaute Hunde sind vorne und hinten gleichermaßen gewinkelt, wie z.B. der Lagotto in der Abb. 4-1-28. Ronja hat zwar einen korrekten Brustkorb und eine recht gut gewinkelte Front, aber die Hinterhand passt überhaupt nicht zur Vorderhand. Ronja hat viel zu kurze und zu wenig gewinkelte Hinterbeine. Ihre Kruppe ist kurz, deshalb die schmalen und schwachen Oberschenkel.

Vergleichen wir auch die unterschiedlichen Schrittlängen vorne und hinten. Vorne hat Ronja einen guten Vortritt, hinten hingegen trippelt sie und hat keinen Schub. Es erstaunt nicht, dass sie keine gute Schwimmerin war.

Abb. 4-1-30 | *Aus dieser etwas anderen Perspektive sieht man eindrücklich die auffällig kurze Kruppe und die dünnen Oberschenkel – nach Abzug der Fransen am hinteren Oberschenkel.*

Abb. 4-1-31 | *Diese sehr schlanke Dogge hat eine steil abfallende Kruppe von guter Länge und dadurch korrekte Oberschenkel. Achtung: auch fett gefütterte Hunde haben mehr Oberschenkelumfang.*

DIE RUTE, Ansatz und Rutenhaltung

Der Rutenansatz steht im Zusammenhang mit der Neigung der Kruppe. Eine eher flache Kruppe ergibt einen höheren Rutenansatz (Abb. 4-1-33).

Hunde mit einem hohen Rutenansatz zeigen oft eine freudige Rutenhaltung, die im Show-Ring meist unerwünscht ist. Eine flache Kruppe und ein hoher Rutenansatz ermöglichen ein effektvolles »Auskicken« der Hinterbeine nach hinten. Diese übermäßige Bewegung ist verschwendete Energie und daher ein Fehler, der jedoch im Show-Ring oft prämiert wird, weil es spektakulär aussieht.

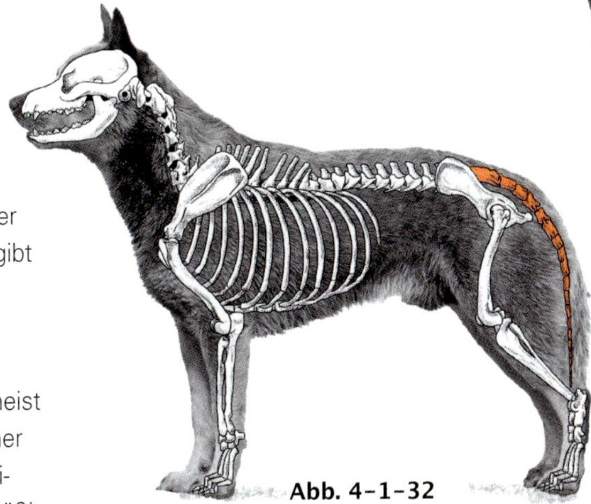

Abb. 4-1-32

Abb. 4-1-33 | *Dieser Working Kelpie hat eine sehr gerade Lendenwirbelsäule und eine flache, aber relativ lange Kruppe mit einem hohen Rutenansatz.*

Abb. 4-1-34 | *Bei diesem Working Kelpie mit seiner stark abfallenden Kruppe ist die Rute viel tiefer angesetzt.*

Hunde mit einer stark abfallenden Kruppe haben in der Regel eine tief angesetzte Rute (Abb. 4-1-34). Eine stark abfallende Kruppe kann dem Hund helfen, seine Hinterhand im Galopp gut unter den Körper zu bringen.
Im Trab können Hunde mit einer solchen Kruppe die Hinterbeine weniger gut nach hinten öffnen und durchstrecken.

Bei einer hoch getragenen Rute, wie sie beim Parson Russell Terrier Antares in Abb. 4-1-35 erkennbar ist, sieht man am Ansatz (grüner Pfeil) einen Winkel und stark ausgeprägte, »muskelbepackte« Sitzbeinhöcker (hellgrüner Pfeil).

Abb. 4-1-35 | *Hunde mit einer hoch getragenen Rute (grüner Pfeil) sollten muskulös ausgeprägte Sitzbeinhöcker (hellgrüner Pfeil) aufweisen.*

Abb. 4-1-36 | *Bei einer tief getragenen Rute bildet sich kurz vor dem Rutenansatz eine minimale Delle (Pfeil). Die Sitzbeinhöcker sind nicht markant ausgeprägt, die Oberschenkel sind unter der Rute gerade (grüner Strich), wie auch beim Lagotto in Abb. 4-1-28.*

Abb. 4-1-37 | *Einige Windhundrassen haben eine sehr stark abfallende Kruppe, kombiniert mit einer gewölbten Lende. Die Rutenhaltung ist für diese »Konstruktion« normal.*

Abb. 4-1-38 | *Der Flatcoated Retriever zeigt eine unnatürliche Rutenhaltung zur Seite. Infolge einer Wirbelmissbildung unmittelbar am Rutenansatz kann der Hund die Rute (Knickrute) nicht korrekt tragen.*

Abb. 4-1-39 | *Brachycephale Hunde haben oft eine angeborene (verkrüppelte) Stummelrute und damit direkt zusammenhängende Wirbelmissbildungen.*

Abb. 4-1-40 | *Eine wunderschöne Continental Bulldog-Hündin. Bei der Züchtung dieser neuen Rasse wurde speziell auf lange, gesunde Ruten selektiert. Das Resultat ist eine markante Verringerung von Wirbelmissbildungen.*

Bei einer tief getragenen Rute sind diese Muskeln nicht wichtig, deshalb sind die Sitzbeinhöcker auch nicht ausgeprägt, sondern eher flach. Bei einer solchen Rute bildet sich beim Ansatz kein Winkel, sondern es ist eine sanfte Kurve erkennbar (Abb. 4-1-36).

Knickruten kommen bei allen Rassen vor.
Der Knick wird durch eine Unregelmäßigkeit bei der Wirbelbildung verursacht. Die Welpen kommen mit dieser Anomalie zur Welt.
Es gibt verschiedene Formen, von einer ganz leichten Verdickung bis zu Missbildungen mehrerer Wirbel.

DAS BECKEN

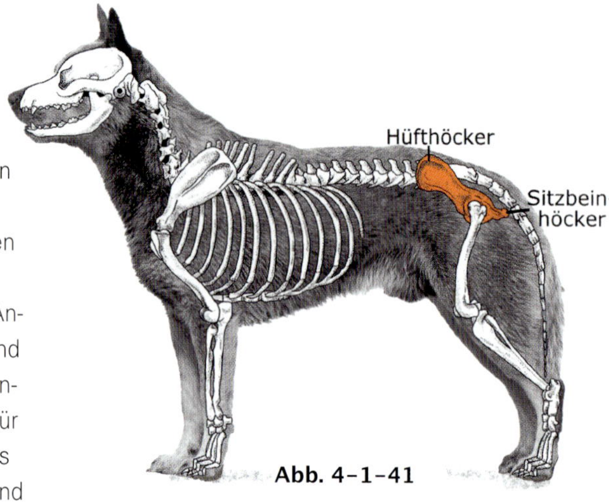

Abb. 4-1-41

Der Antrieb kommt von hinten, darum benötigen schnelle Hunde eine möglichst korrekt gebaute Hinterhand mit einer kräftigen, gut ausgebildeten Oberschenkelmuskulatur. Dies ist nur möglich, wenn es genügend Oberfläche für die Muskel-Anhaftung gibt, das heißt, die Länge der Kruppe und die Länge des Beckens haben einen direkten Einfluss auf die Bemuskelung der Oberschenkel. Für einen Sporthund, der viel Schub benötigt, ist das Becken sehr wichtig. Es sollte genügend lang und leicht abfallend sein.

Die Länge des Beckens

Zuerst suchen wir die Hüfthöcker, die sich im Anschluss an die Lende links und rechts der Wirbelsäule befinden. Diese prominenten Knochen kann man bei sehr mageren Hunden sehen. Tasten kann man sie meist bei allen Hunden ganz gut.

Nun suchen wir die Sitzbeinhöcker, sie sind der Ausgangspunkt für die 3. Balance-Linie. Bei kurzhaarigen Hunden mit hoch getragener Rute kann man sie sehen, bei langhaarigen Hunden heben wir die Rute an und ertasten unterhalb die beiden spitzen Knochen. Das sind die Sitzbeinhöcker.
Ein langes Hüftbein bietet viel Oberfläche für die Muskel-Anhaftung und ermöglicht dem Hund einen guten Schub. Je kürzer das Becken, desto weniger Befestigungsflächen gibt es für die Hinterhandmuskulatur, umso weniger Antrieb hat der Hund.

Die Neigung des Beckens

Für die Neigung des Beckens dürfen wir wieder unsere geduldigen Miniature Bullterrier analysieren. Es ist immer wieder spannend wie verschieden der Körperbau von Hunden derselben Rasse ist. Beide repräsentieren je einen unterschiedlichen Typ innerhalb ihrer Rasse. Aiko (Abb. 4-1-42) ist ein Bulli im steiler gebauten Terrier-Typ und Kisha (Abb. 4-1-43) ein Bulli im eleganten, besser gewinkelten Dalmatiner-Typ.

Wir haben den beiden Bullis grüne Punkte aufgeklebt: Oben vor der Rute auf dem Hüfthöcker, hinten unter der Rute auf dem Sitzbeinhöcker und beim Knie. Zusammen mit dem Sprunggelenk sehen wir die Hinterhand-Winkel, beschrieben in Kapitel 6, Seite 174.

Uns interessiert die Lage des Beckens: Wir suchen den Sitzbeinhöcker und ziehen eine gerade Linie durch den Körper (türkis). Dann ziehen wir eine 2. Linie durch den Hüfthöcker (hellblau) und messen den sich daraus ergebenden Winkel.

Die Neigung des Beckens ist rassespezifisch. Aber sämtliche Hunde sollten ein langes Becken haben, das ungefähr der Länge des Schulterblatts entspricht.

Dass die Lage des Beckens nicht unbedingt etwas mit dem Rutenansatz zu tun hat, sehen wir nun an den folgenden Bulli-Bildern.

Das Becken von Aiko (Abb. 4-1-42) ist relativ steil, wir messen einen Winkel von 34°. Die Kruppe (Hüfthöcker bis Rutenansatz) ist kurz und steil. Eine kurze Kruppe bewirkt schmale Oberschenkel und bietet nicht viel Fläche für Muskel-Anhaftung.

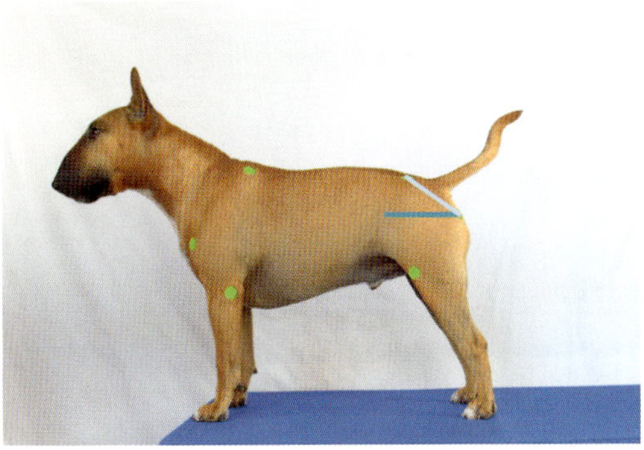

Abb. 4-1-42 | *Aiko hat ein kurzes Becken mit einer Neigung von 34°. Die Kruppe ist abfallend und kurz, der Rutenansatz ist hoch, die Oberschenkel sind schmal.*

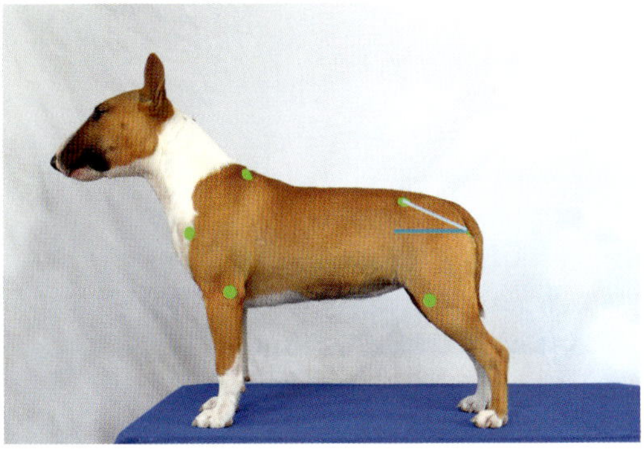

Abb. 4-1-43 | *Kisha hat ein schön langes Becken mit einer Neigung von 23°. Die Kruppe ist wenig abfallend und lang, der Rutenansatz harmonisch, die Oberschenkel breit.*

Im Vergleich zu Aiko zeigt Kisha (Abb. 4-1-43) ein weniger geneigtes Becken mit einem Winkel von 23°. Die Kruppe (Hüfthöcker bis Rutenansatz) ist lang und weniger gerundet, der Rutenansatz ist tiefer und harmonisch. Eine lange Kruppe bewirkt breite Oberschenkel und bietet viel Platz für Muskel-Anhaftung.
Interessant sind die Röntgenbilder der zwei unterschiedlich gebauten Hunde Paavo und Naava (Abb. 4-1-44 und 4-1-45).
An der oberen weißen Begrenzung kann man gut die Neigung der Kruppen erkennen, unterhalb die Lage des Beckens und den Rutenansatz.
Der rote Rüde Paavo ist der Sohn der blauen Hündin Naava.
Paavo hat eine kurze flache Kruppe, einen hohen Rutenansatz und, wenn man die langen Haare am hinteren Oberschenkel flachstreicht, auch relativ schmale Oberschenkel.
Auf dem Röntgenbild sehen wir ein eher flaches Becken mit einem stark ansteigenden Kreuzbein*. Der Hund trägt die Rute oft freudig (hoch über dem Rücken). Diese geringe Kruppenneigung hat Paavo von seinem Vater geerbt.

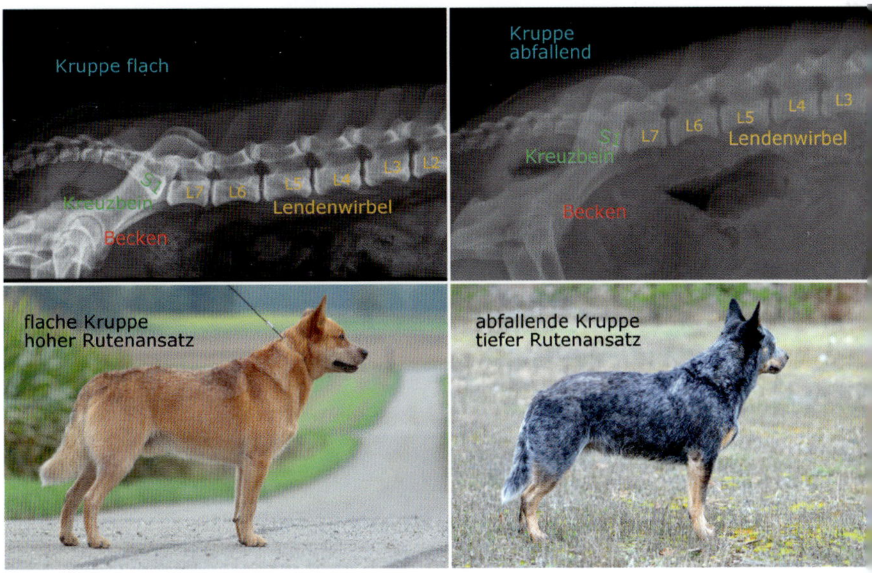

Abb. 4-1-44 und 4-1-45 | *Zwei Australische Cattle Dogs, Paavo und Naava. Vergleichen Sie deren Kruppen und die Neigung des Beckens auf den Röntgenbildern.*

*Das Kreuzbein befindet sich zwischen dem letzten Lenden- und dem ersten Rutenwirbel. Das Kreuzbein besteht aus drei Wirbeln, die zuerst knorpelig miteinander verbunden sind und bis zum Ende des Wachstums knöchern verschmelzen.

Naava hat eine lange, abfallende Kruppe, einen tiefen und harmonischen Rutenansatz und folgedessen kräftige Oberschenkel. Ihr Röntgenbild zeigt ein sehr steiles Becken und ein sanft ansteigendes Kreuzbein. Die Hündin trägt die Rute meistens eher tief.

Die Rundung des Beckens

Wir kontrollieren einen weiteren Aspekt des Beckens: die Rundung von hinten.

Abb. 4-1-46 zeigt uns ein extrem rundes Becken, wir nennen es die umgekehrte U-Form.

Das andere Extrem ist ein enges, spitzes Becken in A-Form (Abb. 4-1-47). Die meisten Hunde zeigen eine Mischform aus U und A.

Laut Pat Hastings ist es für Hündinnen mit einem schön gerundeten Becken einfacher zu gebären, als für jene mit einem engen, spitzen Becken wie in Abb. 4-1-47. Für eine Zuchthündin mit einem schmalen Becken in A-Form suchen wir einen Partner mit einem runden Becken, denn auch Rüden vererben ihre Beckenform.

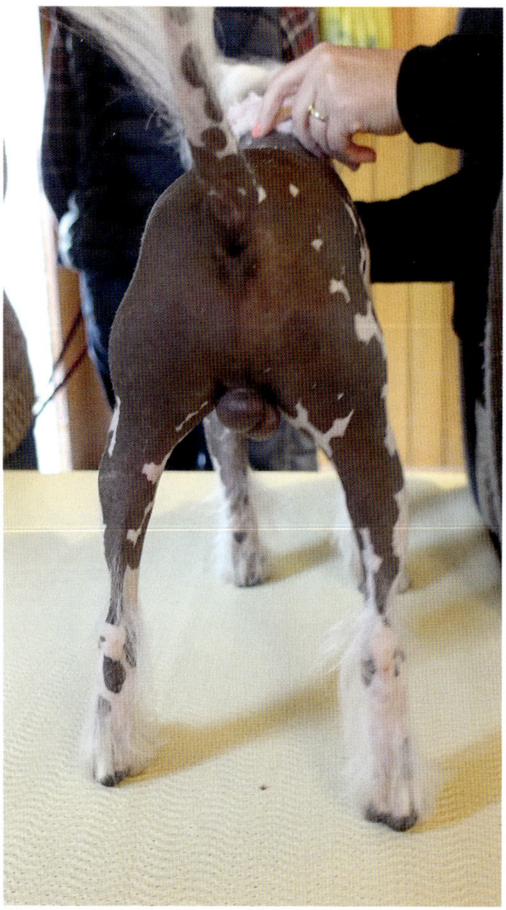

Abb. 4-1-46 | *Ein breites Becken in der bevorzugten umgekehrten U-Form.*

Abb. 4-1-47 | *Ein sehr schmales und spitz zulaufendes Becken in der weniger erwünschten A-Form.*

DIE UNTERE PROFIL-LINIE

Die Form des Brustkorbs ist matchentscheidend für eine gute Front und die Ausdauer. Ein Hund mit einem mangelhaft geformten Brustkorb wird niemals eine korrekte Vorderhand haben.

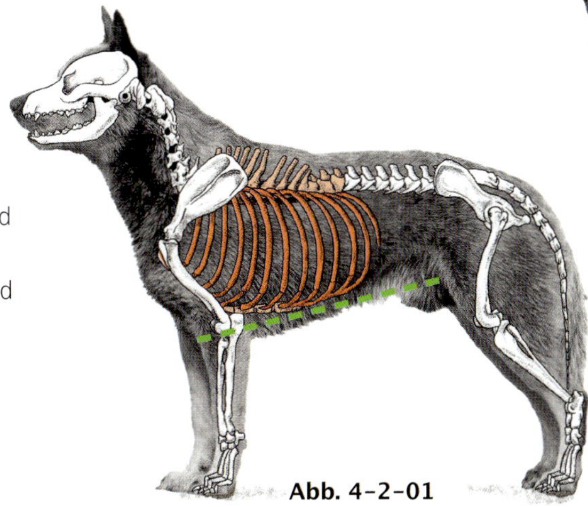

Abb. 4-2-01

DIE BRUSTBEINSPITZE UND DIE VORBRUST

Eine gut bemuskelte, leicht gerundete Vorbrust ist beim Ausdauer-Traber ausdrücklich erwünscht und das offensichtlichste Kennzeichen einer korrekten Front.
Als Vorbrust bezeichnen wir die sanfte Rundung vorne, von der Brustbeinspitze bis zum Bereich zwischen den Vorderbeinen (grüner Pfeil Abb. 4-2-02). Die Vorbrust ist von der Seite betrachtet nur sichtbar, wenn die Front korrekt gebaut ist, das heißt, wenn Schulter und Oberarm gut zurückliegen. Wenn die Winkelungen zu steil sind und die Front zu weit vorne ist, dann ist von der Seite keine Vorbrust sichtbar. So können wir auf einen Blick eine gute von einer mangelhaft gebauten Front unterscheiden.

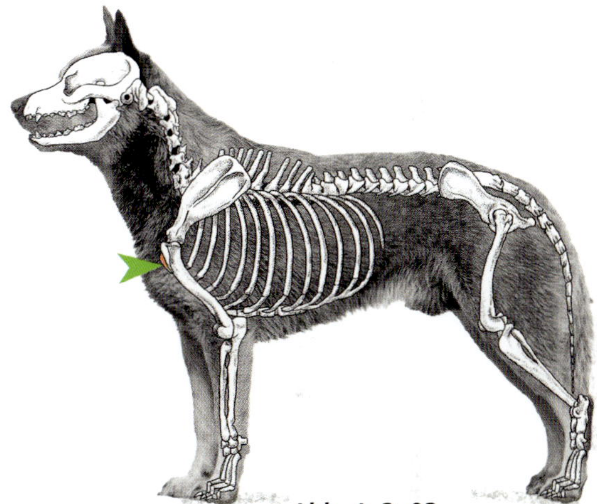

Abb. 4-2-02

Die Brustbeinspitze ist der vorderste Knochen des Brustkorbs und bildet den Anfang des Brustbeins mit Abschluss beim ersten Rippenpaar, siehe orange Spitze (Abb. 4-2-02). Dieser kleine, spitze Knochen soll gut tastbar sein und etwas weiter vorstehen als das Schultergelenk, das sich ungefähr auf der gleichen Höhe befindet.

In der Regel ist die Brustbeinspitze ein Referenzpunkt, den wir bei jedem Hund kontrollieren, auch wenn er einfach nur zu uns kommt, um sich streicheln zu lassen. Wenn unsere Finger (wir nehmen dazu Daumen, Zeige- und Mittelfinger) einen kräftigen Knochen spüren, dann freuen wir uns für den Hund, denn eine gut tastbare Brustbeinspitze bedeutet für ihn eine ausreichend große Fläche für die Anhaftung seiner unteren Hals- und der Oberarmmuskeln. Hunde mit einer kleinen Brustbeinspitze sind weniger gut bemuskelt. Dies ist vor allem beim Sporthund ein großer Nachteil, wie der Oberarm-Brustmuskulatur-Test zeigt (siehe Seite 141).

Die ideale Vorbrust

Wenn wir beim Ausdauer-Traber, von der Seite betrachtet, eine schön gerundete Vorbrust erkennen, dann können wir davon ausgehen, dass seine Front gut gebaut ist (Abb. 4-2-02). Diese Rundung ist nur sichtbar, wenn das Schulterblatt schräg gestellt ist und der Oberarm genügend zurückliegt. Der Oberarm kann jedoch nur gut zurückliegen, wenn der Brustkorb ausreichend tief ist, damit die Muskelverbindungen optimal sind. Ein bis zum Ellbogen reichender Brustkorb ermöglicht dem Oberarm eine stabile und gute Führung für eine effiziente Bewegung.

Eine gute Vorbrust hat auch einen großen Einfluss auf die Leistungsfähigkeit und die Ausdauer, denn in einem großen Brustraum haben die inneren Organe (Herz, Lunge) ausreichend Platz, um sich unter Belastung auszuweiten.

Abb. 4-2-03 | *Auch dieser kleine Russkiy Toy hat eine gut sichtbare Vorbrust mit einer markanten Brustbeinspitze. Der grüne Punkt markiert das Schultergelenk, der blaue Pfeil zeigt auf die Brustbeinspitze, die etwas weiter vorne steht.*

Die mangelhafte Vorbrust

Der bekannte Richter und Autor Robert W. Cole schrieb in »An Eye for a Dog«: »Wenn ich Shelties richte, versuche ich als erstes im dichten Fell die Vorbrust zu fühlen. Ist keine Vorbrust vorhanden, dann ist die Wahrscheinlichkeit groß, dass die Front nicht korrekt gebaut und die Bewegung mangelhaft ist. Meistens ist das Schulterblatt und/oder der Oberarm steil.«

Spielt bei einer Rasse das Fell eine übergeordnete Rolle, was sich dann auch auf Ausstellungen widerspiegelt, wurde und wird der Körperbau züchterisch sehr oft vernachlässigt. In Hundesalons machen geschickte Hände die Hunde so zurecht, dass Winkelungen und Vorbrust vorgetäuscht werden, auch wenn nichts davon vorhanden ist. Die Illusion weicht spätestens beim Tasten schnell der Ernüchterung. Die traurige Tatsache ist: Viele Hunde mit langem Fell haben oft einen mangelhaften Körperbau. Fell kaschiert ... Vorbrust und Brustbeinspitze sind nur beim kurzhaarigen Hund auf einen Blick sichtbar.

Hunde werden zum Ausstellungstermin hin aufgefüttert und setzen dadurch an der Vorbrust Fett an. Aus diesem Grund ist der Griff zwischen die Vorderbeine angesagt, so kann kontrolliert werden, ob die Vorbrust muskulös oder aber fett und schwabbelig ist. Eine gut ausgebildete, kräftige Brustmuskulatur ist ausgesprochen erwünscht, da sie zur Unterstützung der korrekten Vorderhand-Bewegung erforderlich ist.

In der Abb. 4-2-04 sehen wir ein Pudel-Skelett mit einer äußerst mangelhaften Front. Diese ungenügende Vorbrust ist das Resultat einer sehr steilen Schulter-Oberarm-Winkelung und eines schmächtigen und viel zu wenig tiefen Brustkorbs.

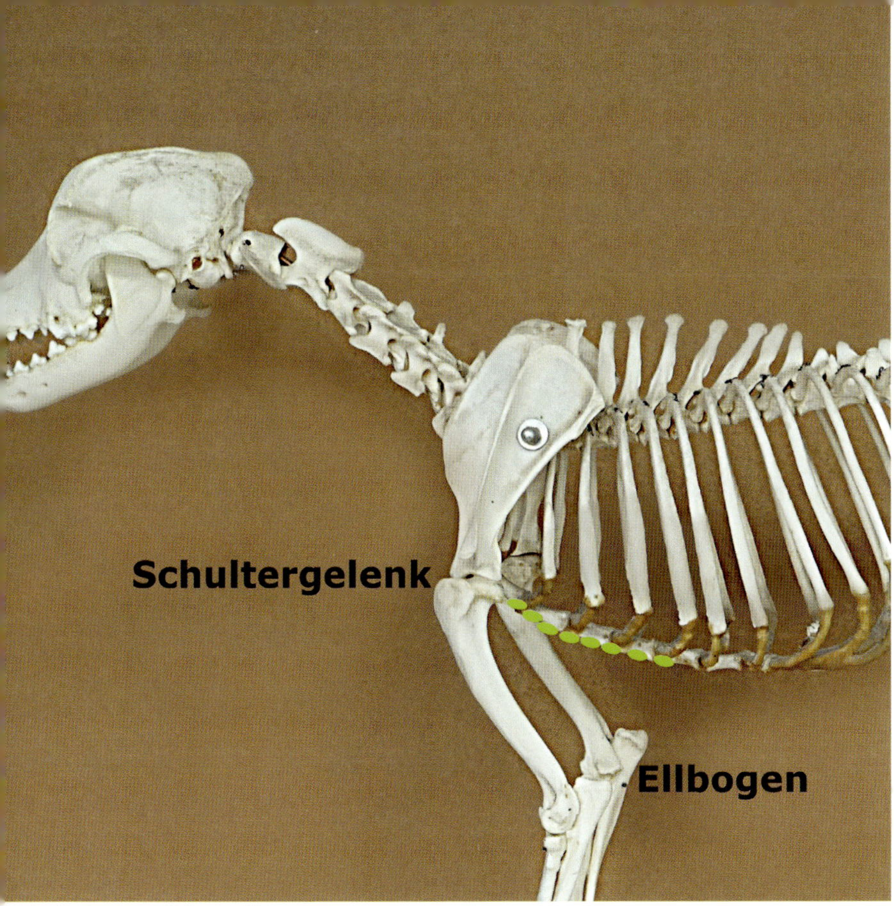

Abb. 4-2-04 | *Die grünen Punkte am Brustbein markieren die Andockstellen für die Oberarmmuskeln. Der mangelhafte Brustkorb ist zu wenig tief, das Brustbein sollte niemals auf der Höhe des Schultergelenks liegen, sondern beim Ellbogen.*

Das Bild des Skeletts zeigt deutlich, dass die Oberarme und Ellbogen durch die fehlende Vorbrust und die mangelnde Tiefe des Brustkorbs frei stehen. Im Vergleich zum idealen Skelett in der Abb. 4-2-02 sehen wir, dass die Brust nicht bis zum Ellbogen reicht und deshalb die Oberarme inklusive Ellbogen keinen Halt am Rippenkorb haben können und instabil sein müssen.

An den hellgrünen Markierungen befinden sich die Andockstellen der Brustmuskulatur, die mit dem Oberarm verbunden ist. Für einen stabilen Bewegungsablauf mit einem gut geführten Oberarm ist ein tiefer, zum Ellbogen reichender Brustkorb die Basis. Dies wird auch in den meisten Standards so beschrieben.

Das Skelett in der Abb. 4-2-04 zeigt eindrücklich, dass in einem schmächtigen Brustkorb wenig Platz für die inneren Organe (Herz, Lunge) vorhanden ist. Ein Hund mit diesem Gebäude, mit dieser mangelhaften Vorbrust, wird immer eine kräfteraubende, verschleißende Vorderhand-Bewegung zeigen und wenig Ausdauer haben.

Auf Ausstellungen trifft man ein paar wenige Rassen mit übertrieben viel Vorbrust. Hier scheint die Idee vorzuherrschen: Wenn genug gut ist, dann ist mehr besser. Dieser Gedankengang funktioniert in der Zucht nicht. Jede Übertreibung ist eine Abweichung von der Norm und nicht mehr funktionell für den Hund. Funktionell ist nur das Moderate, niemals das Übertriebene.

Abb. 4-2-05 und 4-2-06 | *Der braun-gescheckte Flinn zeigt eine schön gerundete Vorbrust (grüne Linie), während bei der weißen Lupita keine Vorbrust (rote Linie) sichtbar ist.*

Wir vergleichen die beiden Chihuahuas Flinn und Lupita:

Am braunen Flinn in Abb. 4-2-05 fällt die schön gerundete Vorbrust (grüne geschwungene Linie) auf. Sie ist zurückzuführen auf den gut zurückliegenden (allerdings kürzeren) Oberarm und den tiefen, weit nach hinten reichenden, funktionellen Brustkorb. Mit diesem geräumigen Brustkorb hat Flinn mehr Platz für Herz und Lunge und ist dadurch ausdauernder als Lupita. Der Oberarm ist gut bemuskelt, der Ellbogen steht satt am Körper. Der Hund zeigt eine gut geführte Oberarm-Bewegung.

Bei der weißen Lupita in Abb. 4-2-06 ist von der Seite betrachtet keine Vorbrust-Wölbung sichtbar. Die Ursache ist der steil stehende Oberarm und die mangelhafte Form ihres Brustkorbs. Funktionell wäre ein sanfter Anstieg des Brustbeins vorne bis zur Brustbeinspitze, wie bei Flinn (grüner Pfeil). Bei Lupita zeigt die rote steilere Linie einen starken Anstieg des Brustbeins. Auch nach hinten ist die Form nicht korrekt. Das Brustbein sollte weit nach hinten reichen und erst dann sanft ansteigen.

Bei Lupita sind zwei Schwachstellen sichtbar: zum einen der herzförmige Brustkorb, bei dem das untere Ende spitz zusammenläuft, anstatt in einer Rundung. Zum anderen das kurze Brustbein mit den zu steil ansteigenden Rippen. Dies ist ein sogenannter Heringsbauch (Seite 108), ein schmächtiger Brustkorb mit wenig Platz für die inneren Organe, was ein reduziertes Ausdauervermögen zur Folge hat.

Der Oberarm von Lupita ist mangelhaft zurückgelegt, das heißt er steht steil. Er ist zudem zu schlecht bemuskelt. Wir könnten ihn mit einer Hand umfassen. Der Ellbogen steht nicht satt am Körper und ist in der Bewegung auffallend lose, da der Oberarm nicht optimal geführt wird.

Glücklicherweise ist die kleine Lupita kein Sporthund, wo sie auf einen soliden Körperbau angewiesen wäre. Als geliebtes Schoßhündchen kann sie mit diesen Schwachstellen problemlos alt werden, vorausgesetzt, sie bleibt schlank und wird nicht überfordert.

Abb. 4-2-07 | *Dieser Kelpie besitzt eine für diese Rasse außergewöhnlich kräftige Vorbrust. Dafür verantwortlich sind der gut geformte Brustkorb und die schön zurückliegenden Oberarme.*

Abb. 4-2-08 | *Ein junger Kelpie mit einem noch nicht bis zum Ellbogen reichenden Brustkorb. Die Oberarme stehen für einen Ausdauer-Traber zu steil, weshalb die Vorbrust zu wenig gerundet ist.*

Abb. 4-2-09 | *Die meisten Galopper-Rassen sollen laut Standard einen steiler gestellten Oberarm haben, woraus sich nur eine minimale Vorbrust ergeben kann. Der Brustkorb sollte jedoch bei (fast) allen Sichtjägern bis auf die Höhe des Ellbogens reichen. Die Vorbrust dieses Langhaar-Whippets ist gut bemuskelt und für diese Rasse korrekt.*

Die ideale Brustbeinspitze

Die Brustbeinspitze ist der vorderste Knochen am Brustkorb und meist die Messstelle für die Körperlänge (gemessen bis zum Sitzbeinhöcker hinten).

Wenn bei einem Hund die Brustbeinspitze weiter herausragt als sein Schultergelenk (Abb. 4-2-03), dann hat der Hund Vorbrust. Beim Ausdauer-Traber ist eine leicht vorstehende und gut gerundete Vorbrust sehr erwünscht, einerseits sind die Oberarme durch mehr Muskelverbindungen stabiler und der gerundete Brustkorb hat wie gesagt mehr Platz für die wichtigen Organe.

Wenn wir die Brustbeinspitze bei einem Hund tasten, dann sollte er immer korrekt stehen – mit erhobenem Kopf und alle vier Pfoten gleichmäßig belastend. Wenn er mit den Vorderbeinen stemmt oder den Kopf nach unten nimmt, sinkt die Brustbeinspitze nach innen und gibt uns einen falschen Eindruck von deren Größe und Position.

Die Brustbeinspitze sollte in der Mitte des Körpers, auf Höhe des Schultergelenks liegen. Sie sollte etwas vorstehen, gut tastbar und von der Seite her sichtbar sein.
Die Lage der Brustbeinspitze hat Einfluss auf die Kopfhaltung und die Stellung der Vorderbeine, wie die folgenden Bilder zeigen:

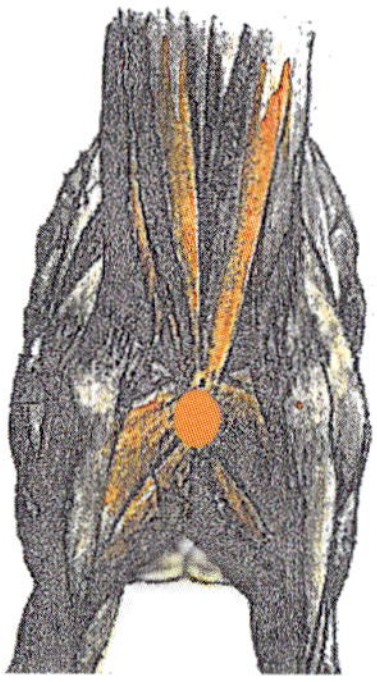

Abb. 4-2-10 a und b | *Die Brustbeinspitze (oranger Kreis) ist ein wichtiger Anhaftungspunkt für die unteren Halsmuskeln und die Oberarmmuskeln.*

Abb. 4-2-11 | *ACD: korrekt.*

Abb. 4-2-12 | *ACD: zu tief.*

Abb. 4-2-13 | *Dogge: zu hoch.*

Abb. 4-2-11 | *Bei der ACD-Hündin befindet sich die Brustbeinspitze auf der Mittellinie.*

In Abb. 4-2-11 ist die Brustbeinspitze korrekt in der Körpermitte (gestrichelte grüne Linie), sind Schulter und Oberarm gleich lang, die Äquidistanz stimmt und die Muskeln können effizient zusammenarbeiten, (Kapitel 5, Seite 115).

Beim Vergleich der beiden ACD fällt auf, dass der knapp einjährige ACD-Rüde in Abb. 4-2-12 stemmt. Das erkennt man an seinen Beinen, die nicht lotrecht unter dem Widerrist stehen. Stemmen ist ein Zeichen für einen kurzen Oberarm. Da sich die Brustbeinspitze unterhalb seiner Körpermitte befindet, kann die Äquidistanz nicht gegeben sein, das Zusammenspiel der Muskeln ist dadurch unharmonisch. Der Oberarm ist kürzer und steht zu weit vorne. Der tiefste Punkt des Brustkorbs (grüner Punkt) ist nicht vom Ellbogen verdeckt. Ein weiteres Zeichen ist die fehlende Vorbrust. Insgesamt betrachtet ist das keine optimale Front, was bereits mit 8 Wochen zu sehen war (Abb. 4-2-12 a).

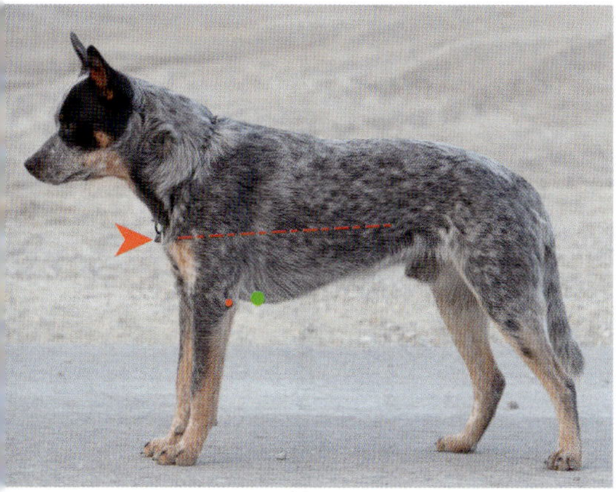

Abb. 4-2-12 | *Die Brustbeinspitze dieses ACD liegt tiefer, die rote Linie verläuft unterhalb der Körpermitte.*

Eine zu hoch angesetzte Brustbeinspitze und ein dadurch längerer Oberarm kommt selten bei Hunden vor. Bei der Dogge in Abb. 4-2-13 ist die große Brustbeinspitze gut erkennbar. Aber sie liegt nicht auf der Körpermittellinie, bedingt durch einen

Abb. 4-2-12a | *Derselbe ACD wie oben zeigte auch als Welpe mit 8 Wochen keine Vorbrust.*

Abb. 4-2-13 | *Die Brustbeinspitze (roter Pfeil) dieser jungen Dogge befindet sich oberhalb der Mittellinie.*

etwas längeren und steiler gestellten Oberarm und ein etwas kürzeres Schulterblatt. Die Äquidistanzen passen nicht mehr, das Zusammenspiel der Muskeln ist unharmonisch und verändert sichtbar die Kopfhaltung und die Stellung der Vorderbeine. Obwohl die Dogge eine gut sichtbare Vorbrust hat, geht die Balance-Linie 1 (rot) durch den Hals, anstatt durch den Widerrist.

Der ACD (Abb. 4-2-12) und die Dogge (Abb. 4-2-13) sind Junghunde, die noch nicht ausgewachsen sind. Der Brustkorb wird sich noch runden und die Vorderhand-Winkel werden sich sicher etwas verbessern. Allerdings wird sich die Lage der Brustbeinspitze nicht mehr groß verändern.

Die zu kleine Brustbeinspitze

Nur eine gut ausgebildete Brustbeinspitze bietet den Hals- und Oberarm-Muskeln ausreichend Oberfläche zur Anhaftung. Hunde mit einer kleinen Brustbeinspitze haben zu wenig Brustmuskulatur, was sich negativ auf die Oberarm-Bewegung, die Stabilität der Ellbogen und die Haltung des Halses auswirken kann.
Die Beschaffenheit der Brustbeinspitze steht in direktem Zusammenhang mit dem gesamten Rippenkorb. Die ersten 3–4 Rippenpaare vorne sollten sanft gerundet ansteigen, damit die Hals- und Oberarm-Muskeln gut anhaften können.

Galopper-Rassen haben wegen ihres eher steil gestellten Oberarms keine ausgeprägte Vorbrust. Es dürfen sich jedoch keine großen Einbuchtungen oberhalb der Brustbeinspitze bilden.

Die Vorbrust dieses Galgos in Abb. 4-2-14 hat sichtlich zu wenig Brustmuskeln und die instabilen Oberarme sind ungenügend mit dem schmächtigen, viel zu wenig tiefen Rippenkorb verbunden. Kein Wunder war seine Karriere auf der Rennbahn schnell zu Ende, denn ein Hund mit diesem Gebäude kann keine Ausdauer haben. Er landete in der Tierrettung, wie viele andere, die die Leistung nicht bringen.

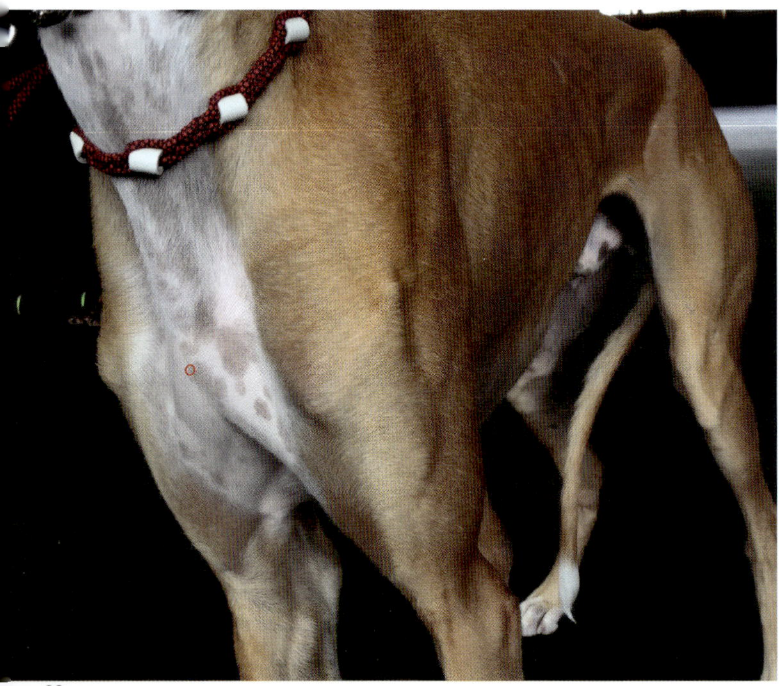

Abb. 4-2-14 | *Galgo: Eine extrem mangelhafte Vorbrust verursacht durch einen sehr schmächtigen, zu wenig tiefen Brustkorb.*

Die zu große Brustbeinspitze

Es gibt auch Hunde mit einer extrem großen, sichtbar zu ausgeprägten Brustbeinspitze (Abb. 4-2-15). Auch hier ist die Anhaftung der Muskeln nicht optimal und die Auswirkungen für diesen Hund sind ähnlich wie bei einer zu kleinen Brustbeinspitze.

Abb. 4-2-15 | *Dackel: Durch das unter Zug stehende Brustgeschirr ist die sehr große Brustbeinspitze besonders gut sichtbar.*

Abb. 4-2-16 | *Amerikanischer Dackel: Eine korrekte, in die Rundung eingebettete Brustbeinspitze.*

Der Oberarm-Brustmuskulatur-Test

Es gibt eine einfache Möglichkeit herauszufinden, wie stabil die Front des Hundes ist. Dies ist sehr wichtig für Hunde, die im Sport gefordert werden, vor allem im Agility oder Frisbee. Wenn der Hund gleichmäßig auf allen vier Pfoten steht, versuchen wir mit zwei Fingern, von vorne beim Ellbogen den Oberarm und damit das Vorderbein nach außen zu drücken. Ein Hund mit einer korrekten Brustbeinspitze und einem tiefen Brustkorb (bis zum Ellbogen) hat genügend Muskeln, um die Oberarme und den Hals stabil zu halten. Wenn es möglich ist, mit zwei Fingern den Oberarm und das ganze Bein nach außen zu bewegen, dann ist der Hund nur mit Vorsicht im Sport einzusetzen, die Verletzungsgefahr wäre groß.

Ein Sporthund ist auf eine stabile Front angewiesen, darum ist eine gut ausgebildete Brustbeinspitze mit einer großen Oberfläche für die Muskel-Anhaftung von äußerster Wichtigkeit. Hunde mit schlecht ausgebildeter Brust- und Hals-Muskulatur sind anfälliger für Verletzungen bei Landungen nach einem Sprung.

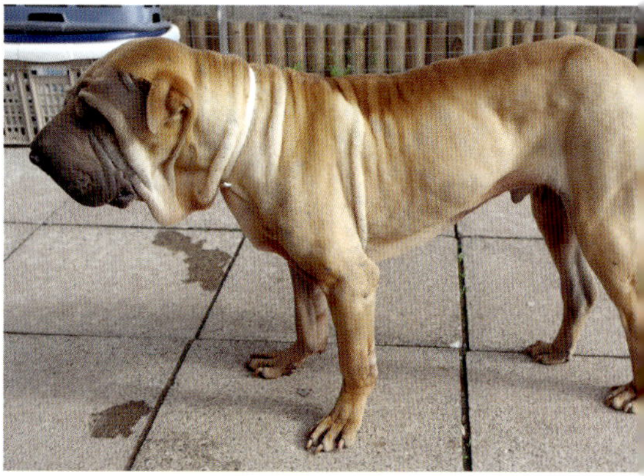

Abb. 4-2-17 | *Diesem bedauernswerten Shar Pei kann man allein mit der Kraft von zwei Fingern den Oberarm seitlich herausdrücken. Die Brustbeinspitze ist verschwindend klein und die Muskelverbindungen zu Hals und Oberarm sind mangelhaft.*

Abb. 4-2-18 | *Mit all diesen neuen Informationen können Sie sicher bereits einige Unterschiede in der Ausbildung der Vorbrust erkennen.*

DER BRUSTKORB

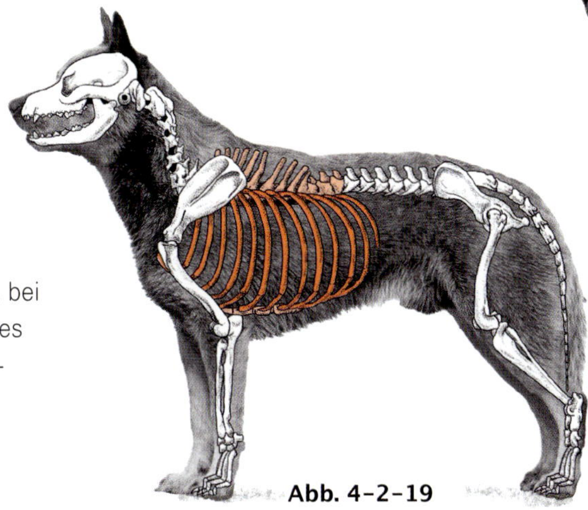

Abb. 4-2-19

Für die meisten Rassen wird ein tiefer, bis zum Ellbogen reichender Brustkorb verlangt.

Eine Ausnahme sind die niederläufigen Rassen, bei denen die Brust tiefer reicht. Der Querschnitt des Brustkorbs beschreibt ein Oval, das je nach Verwendungszweck der Rassen variieren kann.

Der ideale Brustkorb

Der ideale Brustkorb ist geräumig, um den inneren Organen genügend Platz und Schutz bieten zu können. Das ist die wichtigste Voraussetzung für jeden ausdauernden Hund.

Ein bis zum Ellbogen reichender und oval geformter Brustkorb mit einem in der unteren Begrenzung weit nach hinten reichenden (gut aufgerippten) Brustbein bietet den inneren Organen sowohl Platz als auch Schutz. Ein geräumiger Brustkorb hat einen nicht zu unterschätzenden Einfluss auf das Leistungs- und Durchhaltevermögen eines Hundes.

Hunde mit einem im Durchmesser schmächtigen, zu wenig tiefen und zu wenig weit nach hinten reichenden Brustkorb können niemals ein ausreichendes Lungenvolumen entfalten und sind daher weniger ausdauernd.

Der Brustkorb schützt die inneren Organe vor Stoßverletzungen.

Bei einem korrekt tiefen Brustkorb ist der Ellbogen dank der kräftigen Oberarm-Rumpf-Verbindung stabil geführt.

Abb. 4-2-20 | *Der Rippenkorb dieses Nackthundes ist geräumig, gut aufgerippt, das Verhältnis Knochen zu Knorpel stimmt.*

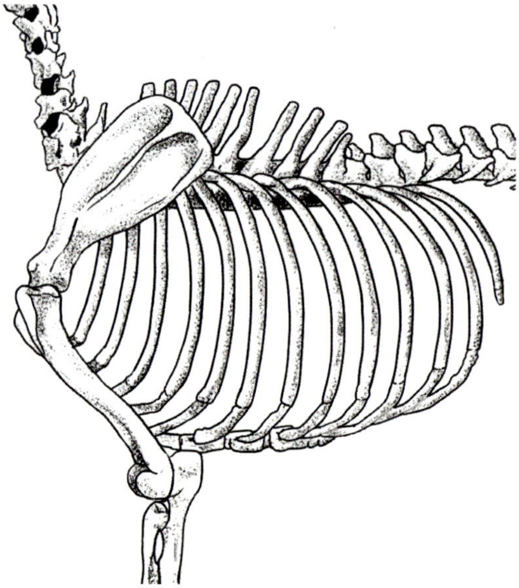

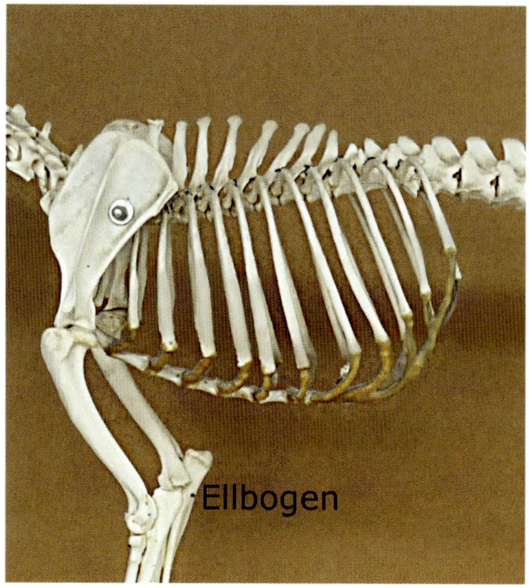

Abb. 4-2-21 | *Brustkorb-Vergleich: Das gezeichnete Skelett ist korrekt. Das echte Skelett zeigt einen viel zu wenig tiefen Brustkorb, der eigentlich bis zum Ellbogen reichen sollte. Gut zu erkennen ist der Knorpelanteil der Rippen unten und deren Verbindung zum Brustbein.*

Nackthunde sind unsere besten Analyse-Modelle. Abb. 4-2-20 zeigt den Übergang der Rippen vom oberen knöchernen Teil zum unteren knorpeligen Abschlussbogen. Im unteren Viertel des Brustkorbs bestehen die Rippen aus Knorpel. Das Oval verschmälert sich und die Rippen münden unten ins Brustbein (Abb. 4-2-21). Die Oberarme des Nackthundes können gut geführt entlang dieser korrekt geformten Rippenknorpel schwingen. Bei einer sehr tiefen oder sehr breiten Brust können sich die Ellbogen nicht frei am Körper entlang bewegen, da der Umfang beim knöchernen Teil der Rippen zu breit ist. In diesem Fall drehen die Hunde die Ellbogen aus, wie beispielsweise Englische Bulldoggen.

Die ideale Form ist ein nicht zu schmales Oval, bei Traber-Rassen etwas runder geformt als bei Galoppern. Bei den meisten Rassen sollten die Rippen oben an der Wirbelsäule gut gerundet sein, jedoch nicht tonnenförmig wirken. Wenn die Rippen leicht nach hinten gerichtet sind, können sie sich beim Einatmen besser weiten und das Volumen vergrößern.

Die verschieden gerundeten Brustkorb-Formen

Bei der Brustkorb-Rundung gibt es rassetypisch enorme Unterschiede, sie reichen von sehr schmal (flach) bis beinahe rund. Da die Oberarme seitlich des Brustkorbs stehen, können wir mit einem Blick auf den Abstand zwischen den Vorderbeinen Rückschlüsse auf die Form des Brustkorb-Ovals ziehen.

Die Vorderbeine des jungen Silken Windhounds (Abb. 4-2-22) stehen sehr nahe zusammen, sein Brustkorb-Oval ist entsprechend schmal. Auf dem Foto ist er noch flachrippig, fertig entwickelt zeigt er mehr Rundung. Als Vertreter der Geschwindigkeits-Formen hat er ein schmales Brustkorb-Oval, er ist leicht gebaut mit ovalen Röhrenknochen.
Der ACD (Abb. 4-2-23) steht vorne etwas breiter, was auf einen gut gerundeten, aber nicht tonnenförmigen Rippenkorb schließen lässt. Als Vertreter der Traber-Form (der caninen Norm) hat er ein mittleres Brustkorb-Oval und ist mittelschwer

Abb. 4-2-22 | *Der junge Silken Windhound mit einem schmalen Brustkorb.*

Abb. 4-2-23 | *Der ACD mit einem ovalen Brustkorb.*

Abb. 4-2-24 | *Der American Staffordshire Terrier mit einem runden Brustkorb.*

gebaut, mit leicht gerundeten Röhrenknochen. Der American Staffordshire Terrier (Abb. 4-2-24) mit seinem runden, beinahe tonnenförmigen Brustkorb kann nur breitbeinig stehen, mit viel Abstand zwischen den Vorderbeinen. Als Vertreter der Kraft-Formen hat er ein gut gerundetes Brustkorb-Oval. Er ist kräftig gebaut, mit beinahe runden Röhrenknochen.

Der mangelhaft geformte Brustkorb

Der Brustkorb kann folgende Mängel aufweisen:

- zu rundes, tonnenförmiges Oval (außer so im Standard vermerkt)
- zu schmales, flachrippiges Oval
- zu tief (außer so im Standard vermerkt)
- zu wenig tief (nicht bis auf Höhe des Ellbogen reichend)
- zu kurzes und zu stark ansteigendes Brustbein (Heringsbauch und Wespentaille)
- Herzform

Der tonnenförmige oder rundrippige Brustkorb

Runde, tonnenförmige Brustkörbe, wie wir sie bei den Kraft-Formen sehen, sind weniger dehnbar und die Hunde können weniger Volumen an Sauerstoff aufnehmen (Abb. 4-2-24). Zusätzlich sind die Vorderhand-Winkelungen bei übertrieben runden Rippen so verändert, dass sich der Hund nicht mehr effizient bewegen kann. Der Oberarm kann sich nicht ungehindert entlang des Rippenkorbs bewegen, dadurch wird das Schulterblatt leicht nach außen gedrückt. Die Pfoten werden nach innen gedrückt, ähnlich wie bei Hunden mit einer zu tiefen Brust. Diese unerwünschte Bewegung hat einen negativen Einfluss auf Schrittlänge und Geschwindigkeit.

Bei Hunden mit breiten, tonnenförmigen Brustkörben ist das Becken meist schmaler, wie beim Frenchie-Mix in Abb. 4-2-25. Kein Wunder ist die Kaiserschnittrate bei so gebauten Hunden auffallend höher. Die breitschultrigen Welpen haben Mühe, durch das schmale Becken der Hündin auf die Welt zu kommen.

Abb. 4-2-25 | *Hier sieht man einen rassetypischen breiten, tonnenförmigen Brustkorb eines Französischen-Bulldoggen-Mix mit einem schmalen Becken.*

Der schmale oder flachrippige Brustkorb

Bei einem flachrippigen Brustkorb sind die Rippen am Ansatz zur Wirbelsäule zu wenig gerundet (Abb. 4-2-27). Ein derartig schmaler Rippenkorb ist bei den meisten Rassen unerwünscht. Ausnahmen sind der Ibiza Podenco und der Bedlington Terrier. Bei diesen Rassen verlangt der Standard den flachrippigen Brustkorb, obwohl flache Rippen weniger Platz für Herz und Lunge bieten und einen negativen Einfluss auf das Ausdauervermögen haben.

Ein zu flachrippiger Brustkorb wäre auch für die Galopper ein Fehler, denn gerade die Windhunde brauchen ein großes Volumen für die Herz- und Lungentätigkeit. Galopper haben ein etwas geringeres Oval als die Ausdauer-Traber.

Einen flachrippigen Brustkorb erkennt man sofort an den sehr nahe beieinanderstehenden Vorderbeinen. Durch den Engstand ist der Hund instabil und behilft sich mit dem Auswärtsdrehen seiner Pfoten und dem Andrücken der Ellbogen, was die Belastungsachse seiner Front verändert (Abb. 4-2-27).

Auf beiden Bildern der Deutschen Schäferhunde ist der Stand der Vorderbeine offensichtlich. Der DSH mit dem korrekten, gut gerundeten Brustkorb wäre ein vom Körperbau geeigneter Diensthund, er steht und bewegt sich stabil und zeigt Ausdauer (Abb. 4-2-26). Der DSH mit den nahe beisammenstehenden Vorderbeinen hat einen zu schmalen, mangelhaften Brustkorb. Er wäre im Dienst und in schnellen Sportarten instabil und überfordert (Abb. 4-2-27).

Oft sind Hunde im Wachstum noch schmächtig und engbrüstig gebaut. Aus Stabilitätsgründen drücken sie die Ellbogen an den Brustkorb und drehen für einen sichereren Stand die Pfoten aus.

Abb. 4-2-26 | *DSH: Ein gut gerundeter Brustkorb mit einem korrekten, stabilen Stand der Vorderbeine.*

Abb. 4-2-27 | *DSH: Ein flachrippiger Brustkorb mit einem mangelhaften, instabilen Stand der Vorderbeine (angedrückte Ellbogen, ausgedrehte Pfoten).*

Schmalrippige Hunde stehen hinten gerne breit, das gibt ihnen zusätzliche Stabilität, die ihnen vorne fehlt. Ist der Brustkorb fertig ausgebildet und deutlicher gerundet, verbessert sich die Stellung der Vorderbeine.

Bei langhaarigen Hunden ist es oft schwierig, die Wölbung des Brustkorbes zu sehen. Wir können aber auf einen Blick den Abstand zwischen den Vorderbeinen erkennen. Wenn dieser Abstand bei einem mittelgroßen Hund ca. eine Hand breit beträgt und die Beine samt Pfoten korrekt und gerade stehen, dann stimmt auch der Brustkorb. Ein gutes Beispiel dafür ist der Kromfohrländer-Mix in Abb. 4-2-28. Seine Wurfschwester steht vorne eng aufgrund ihres flachrippigen Brustkorbs (Abb. 4-2-29).

Abb. 4-2-28 | *Ein gut geformter Brustkorb ermöglicht diesem Kromfohrländer-Mix einen normalen, stabilen Stand der Vorderbeine.*

Abb. 4-2-29 | *Aufgrund der engen Vorderbein-Stellung der Wurfschwester schließen wir trotz des langhaarigen Fells auf einen flachrippigen Brustkorb.*

Der zu tiefe Brustkorb

Mit ganz wenigen Ausnahmen ist eine tiefe Brust (tiefer als der Ellbogen) nur bei den niederläufigen Hunden erwünscht. Bei allen anderen Rassen ist ein zu tiefer Brustkorb fehlerhaft, weil der Oberarm nicht frei am unteren, knorpeligen Teil des Rippenkorbs entlang schwingen kann (Abb. 4-2-20). Beim tiefen Brustkorb reibt der Oberarm am knöchernen Teil der Rippen. Um Friktion zu vermeiden rotiert der Hund die Oberarme leicht nach außen, anstatt gerade und effizient nach vorne. Mit dieser Ausweichbewegung drehen die Pfoten nach innen, die Belastung verändert sich.

Der Clumber Spaniel in Abb. 4-2-30 ist ein klassisches Beispiel für eine unpräzise Standardformulierung und deren übertriebene Interpretation durch Richter und Züchter. Der Standard beschreibt kurze Beine und eine tiefe Brust, jedoch ohne konkreten näheren Angaben. Gleichzeitig steht im Standard: Der Clumber soll fest, gesund, und fähig sein, einen ganzen Tag auf dem Feld zu arbeiten. Die Problematik liegt nahe, dass bei Selektion auf tiefe Brust die Hunde mit der Zeit schwerer und schwerer werden. Es kommt ein weiteres Problem hinzu: Der Mensch gewöhnt sich in kurzer Zeit an solche Erscheinungsbilder und Übertypisierungen werden »normal«. Solche Hunde werden auf Ausstellungen prämiert, also muss die Rasse so sein. Aber könnte dieser Hund seinen Job einen ganzen Tag lang ausführen?
Zu viel Gewicht ist für jeden Körper eine zusätzliche und völlig unnötige Belastung.
Dieser Trend betrifft leider diverse Rassen, selbst Arbeitshunde, die eher schlank sein müssten für ihren Job. Ein Beispiel ist der Australian Cattle Dog: im Show-Ring gewinnen oft die kurzbeinigen Hunde, deren Brust bis zu den Unterarmen reicht.

Der zu wenig tiefe Brustkorb

In den meisten Standards wird eine Brustkorb-Tiefe bis zum Ellbogen gewünscht. Dafür gibt es mehrere gute Gründe:

Ein zu wenig tiefer Brustkorb

- Hat weniger Volumen, das heißt weniger Platz für die inneren Organe. Das reduziert die Ausdauer.
- Bietet eine geringere Fläche zur optimalen Muskel-Anhaftung.
- Vermindert die Stabilität des Oberarms.

Abb. 4-2-30 | *Ein schwerer Clumber Spaniel mit einer sehr tiefen Brust, wie er gerne an Ausstellungen prämiert wird.*

Brustkorb und Front sollten optisch wie aus einem Guss sein. Ein vom Schultergelenk her frei stehender Oberarm, den man mit einer Hand umfassen kann, ist nicht erwünscht. Solch ein Oberarm macht die ganze Front instabil und verletzungsanfällig.

Schauen wir uns den Koolie in Abb. 4-2-31 an und das Skelett dazu. Ein zu wenig tiefer Brustkorb geht fast immer in Kombination mit mehreren anderen Problemen einher: Die Schulter und/oder der Oberarm sind zu steil, deshalb fehlt die Vorbrust.

Ein Hund mit einem zu wenig tiefen Brustkorb kann niemals eine optimale, stabile Front haben. Das ist anatomisch nicht möglich, da die Front quasi über den Brustkorb »gestülpt« worden ist. Wenn die Basis (Brustkorb) nicht optimal ist, dann können weder Schulterblatt noch Oberarm richtig funktionieren, weil die muskuläre Verbindung mit dem Rumpf mangelhaft ist. Ein zu wenig tiefer Brustkorb in Kombination mit einer sehr steilen Front kann einen schwachen Senkrücken bewirken.

Hunde mit einem derart unausgewogenen Körperbau werden in den meisten Sportarten (außer der gelenkschonenden Nasenarbeit) überfordert sein, weniger Ausdauer haben und frühzeitig verschiedenste Verschleißerscheinungen zeigen.

Abb. 4-2-31 | *Die rote Linie zeigt die optimale Brustkorbtiefe an (auf Höhe der Ellbogen) und der Pfeil die fehlende Vorbrust.*

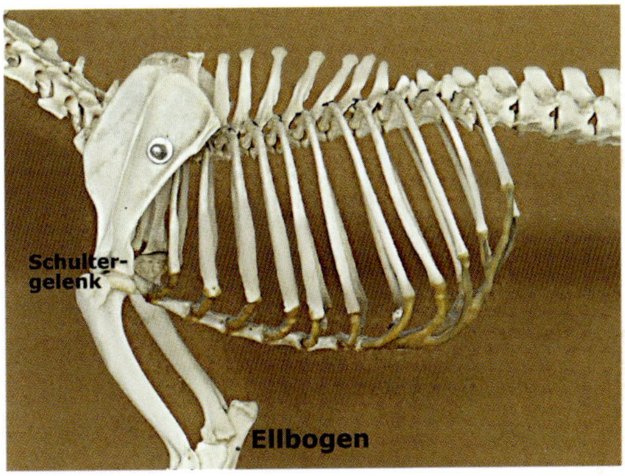

Abb. 4-2-32 | *Noch einmal das mangelhafte Skelett zum besseren Verständnis des zu wenig tiefen Brustkorbs und der daraus erfolgenden Probleme. (Dem Skelett fehlt die freie 13. Rippe.)*

Der herzförmige Brustkorb

Ein korrekter Brustkorb ist gleichmäßig oval, auch unten beim Brustbein. Der herzförmige Brustkorb ist im unteren Teil zu schmal und endet beim Brustbein in einem stumpfen Spitz. Dieser einer Keilform ähnelnde untere Teil der Rippen fühlt sich weicher und beweglicher an als ein korrekter Brustkorb. Der Grund dafür ist ein zu langer Knorpelanteil der Rippen (Abb. 4-2-41). Der knöcherne Anteil der Rippen ist zu kurz, dadurch ist die muskuläre Verbindung zum Oberarm nicht optimal, was eine lose Vorderhand-Bewegung zur Folge hat.

Der zu kurze Brustkorb, genannt Heringsbauch

In vielen Standards steht, dass der Hund »gut aufgerippt« sein soll. Gut aufgerippt heißt, dass das Brustbein nach dem Ellbogen möglichst weit nach hinten reicht und erst dann sanft ansteigt (Abb. 4-2-39). Ideal wäre ein Anteil 2/3 Rippenkorb zu 1/3 Lende.

Beim Heringsbauch steigt das Brustbein bereits kurz nach dem Ellbogen viel zu steil an. Ein Hund mit Heringsbauch wird nie das Leistungs- und Ausdauervermögen eines gut aufgerippten Hundes haben. Zudem sind seine Organe vor Stoßverletzungen weniger geschützt im Vergleich zu Hunden mit einem weit zurückreichenden, korrekten Brustkorb.

In den meisten Fällen haben Hunde mit einem zu kurzen Brustkorb eine zu lange Lende und eine lose, schwabbelige untere Bauchlinie, wie der weiße Chihuahua in Abb. 4-2-41. Mehr über das korrekte Verhältnis von Brustkorb und Lende lesen Sie auf Seite 79.

Abb. 4-2-33 | *Diese Bullterrier-Junghündin zeigt einen Heringsbauch. Ihr zu kurzes Brustbein endet beim roten Pfeil, die Rippen steigen steil an, die Lende ist zu lang, der Bauchraum zu groß und ungeschützt.*

Die Rippen der jungen Bullterrier-Hündin Kisha (Abb. 4-2-33) steigen sehr steil an, Herz und Lunge haben nur wenig Platz. Nach dem roten Pfeil beginnt schon der ungeschützte Bauchraum. Übrigens ist Kisha ein gutes Beispiel dafür, dass wir Junghunde im Wachstum nicht analysieren sollten. Wenige Monate später zeigte ihr Brustbein eine bessere Länge. Bei vielen Hunden, vor allem bei Hunden mit üppigem Fell, ist die Länge des Brustbeins nur durch Tasten zu erkennen.

Ein zu kurzer Brustkorb hat eine enorme Auswirkung auf das Leistungsvermögen des Hundes. Jeder Heringsbauch geht einher mit einer zu langen Lende, die auf Kosten der Stabilität und Flexibilität (seitliche Biegung) geht.

Die Wespentaille

Ähnlich wie der Heringsbauch ist auch die Wespentaille nichts, was ein guter Sporthund brauchen kann. Der Unterschied zum Heringsbauch ist das leicht längere Brustbein mit ebenfalls sehr steil ansteigenden Rippen. Auch die Wespentaille beeinträchtigt die Stabilität, die Ausdauer und die Elastizität der Schritte. Sie erhöht die Disposition für Rückenprobleme. Die Folgen einer Wespentaille sind jedoch weniger gravierend als die eines Heringsbauchs.

Auf dem Röntgenbild (Abb. 4-2-34) endet der korrekte Brustkorb bei der 13. Rippe, wie die grüne Linie zeigt. Die rote Linie zeigt den ungefähren Verlauf einer Wespentaille, bei der das Brustbein bis zur 9. Rippe normal verläuft. Ab da steigen die restlichen hinteren Rippen zu steil an. Für die inneren Organe bleibt viel weniger Platz und die Lende wird bedeutend länger. Eine Wespentaille macht den Hund insgesamt instabil.

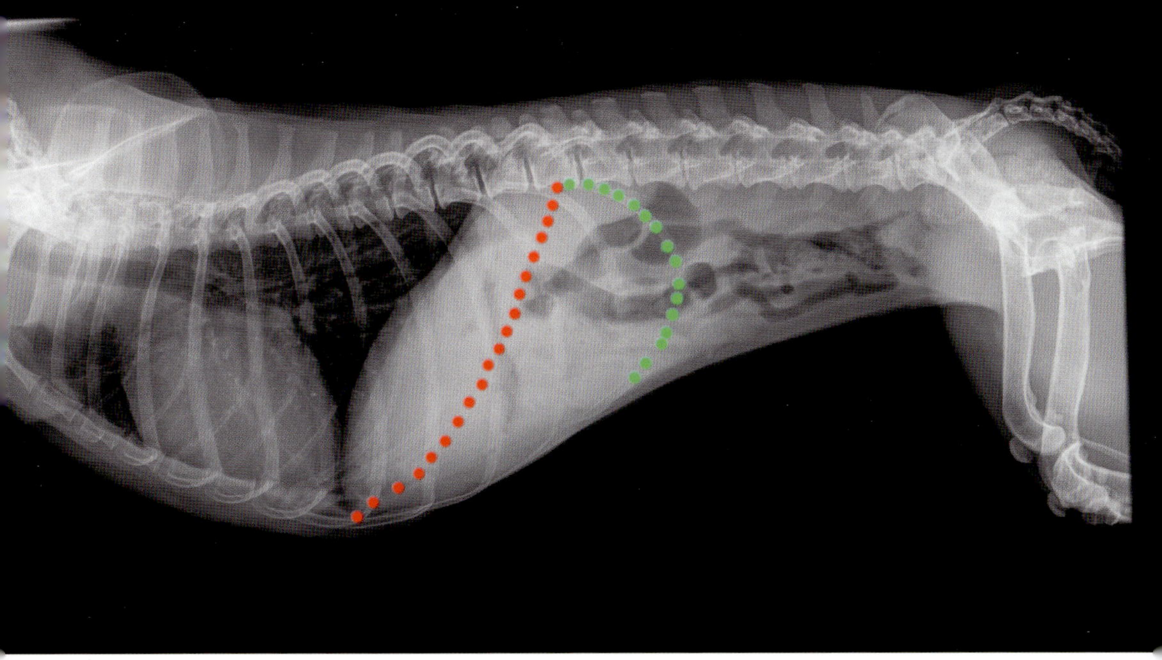

Abb. 4-2-34 | *Die grüne Linie zeigt den korrekt aufgerippten Brustkorb. Die rote Linie simuliert den Verlauf einer Wespentaille. Hier sieht man eindrücklich, wie viel weniger Platz für Herz (vorne) und Lunge bleiben und wie viel länger die Lende ausfällt.*

Die Brustkorb-Entwicklung

Der Brustkorb braucht bei vielen Rassen sehr lange, bis er endgültig ausgeformt ist, wie bei Missy, der ACD-Hündin in Abb. 4-2-35. Beim Welpentest mit 8 Wochen war Missys Brustkorb ein schönes Oval mit 4 Fingern Brustkorbbreite zwischen den Vorderbeinen. Im Wachstum war Missy lange Zeit hochbeinig, schmalrippig und schmächtig. Ihr Brustkorb war erst mit 3 Jahren fertig gerundet. Die eindrückliche Entwicklung vom ersten zum zweiten Bild hat innerhalb von einem knappen halben Jahr stattgefunden (Abb. 4-2-36).

Abb. 4-2-35 | *Missy im Alter von 2,5 Jahren mit schmalem Brustkorb.*

Abb. 4-2-36 | *Missy im Alter von 3 Jahren. Ihr Brustkorb ist nun fertig ausgebildet.*

Abb. 4-2-37 a und b | *Ein Blick auf die Vorbrust von Paavo: Mit dem Ausformen des Brustkorbes verbessern sich die Winkel und die Vorbrust wird deutlicher ausgeprägt.*

Wenn sich die Form des Brustkorbs entwickelt, dann beeinflusst dies auch die Winkelung der Vorderhand, wie in Abb. 4-2-37 b zu erkennen ist.

Auf dem ersten Bild ist ACD Paavo erst 12 Monaten alt. Das Längenwachstum ist abgeschlossen, aber der im Moment noch schmale Brustkorb wird sich weiter verändern und runder werden. Die Vorderhand-Winkel sind etwas steil, die Vorbrust ist wenig ausgeprägt.

In Abb. 4-2-37 b ist Paavo 3 Jahre alt und voll entwickelt. Sein Brustkorb ist nun fertig ausgeformt und gerundet, dadurch haben sich die Vorderhand-Winkel verbessert und seine Vorbrust ist jetzt gut sichtbar.

Wenig verändert haben sich bei Paavo die Hinterhand-Winkel; Knie- und Sprunggelenk waren mit einem Jahr moderat ausgeprägt und sind es auch mit 3 Jahren.

Übrigens kann sich auch das Stockmaß verändern. Wenn der Brustkorb fertig gerundet ist, verändern/verbessern sich die Schulter-Oberarm-Winkel und der Hund kann wieder etwas kleiner werden. Das ist interessant für Besitzer von Agility-Hunden, deren Größe wegen wenigen Millimetern im Grenzbereich von Medium und Large liegt. Hier lohnt es sich, in jedem Fall abzuwarten, bis die Hunde ausgewachsen sind. In einer tieferen Größenklasse starten zu können, schont die gesamte Körperstruktur.

Abb. 4-2-38 | *Auch im Sitzen lässt sich die Brustkorbform an der Stellung der Vorderbeine erkennen. Ein enger Abstand deutet auf einen noch schmalen, ein breiterer auf einen ausgeformten Brustkorb hin. Die Stellung der Pfoten ist ein Hinweis auf die Stellung der Ellbogen.*

Die Brustbeinlänge

Die Form der unteren Profil-Linie wird durch die Länge des Brustbeins, den Rippenbogen und den Bauch bestimmt. In vielen Rasse-Standards wird die untere Profil-Linie nicht erwähnt, sie kann aber durch die Beschreibung des Rippenkorbs und der Flanken abgeleitet werden. Der Ausdauer-Traber – die canine Norm – sollte einen gut gerundeten Brustkorb haben, der bis zum Ellbogen reicht. Das Brustbein sollte weit nach hinten reichen und in einem sehr sanften Bogen zur Lende hin ansteigen. Der Bauchraum sollte straff und nicht zu stark aufgezogen sein (Abb. 4-2-39).

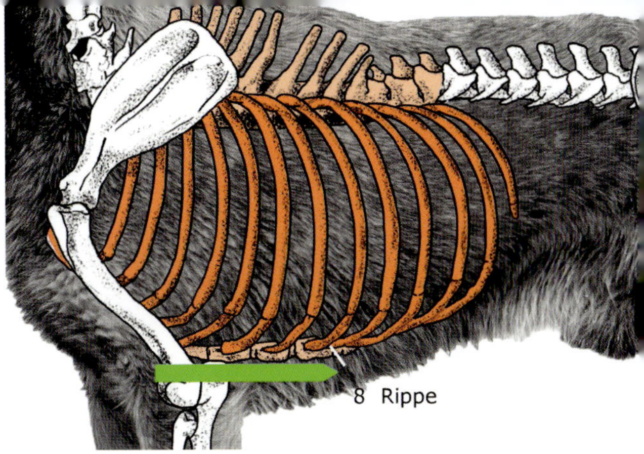

Abb. 4-2-39 | *Der funktionelle Brustkorb: ein weit nach hinten reichendes Brustbein (grüne Linie) mit einem korrekten, sanften Ansteigen der Rippen.*

Mit unseren Fingern messen wir die Länge des Brustbeins hinter dem Ellbogen. Bei einem mittelgroßen Hund sollte das gut ausgebildete Brustbein ungefähr 5–7 Fingerbreiten lang sein, und parallel zum Boden in Richtung Bauch verlaufen, wie die grüne Linie in Abb. 4-2-39 zeigt.

Wir tasten mit den Fingern hinter dem Ellbogen dem Brustbein entlang, bis wir eine große Delle mit der Kontur eines Dreiecks fühlen. Das ist die Stelle, wo der knorpelige Anteil der 9. Rippe beim Brustbein in die 8. Rippe einmündet und sich die Rippen aufteilen.

Die ersten 9 Rippen werden als echte Rippen bezeichnet. Die Rippen 10 bis 12 werden »falsche Rippen« genannt, da sie nur noch indirekt mit dem Brustbein verbunden sind.

Die 13. Rippe ist nicht mit dem Brustbein verbunden. Sie schwebt frei an der Brustwand und ist relativ gut tastbar. Die knorpelige Spitze dieser freien Rippe kann manchmal gut fühlbar nach außen gebogen sein, man spricht hier von einer Hackenrippe (Abb. 4-2-40 Zeichnung).

Normalerweise ist die untere Linie bei einem gut trainierten Hund mit Heringsbauch bereits kurz nach dem Ellbogen stark aufgezogen. Bei Hunden mit Heringsbauch und wenig trainierter Muskulatur steigt das kurze Brustbein stark an, die Bauchregion unterhalb der zu langen Lende ist schwab-

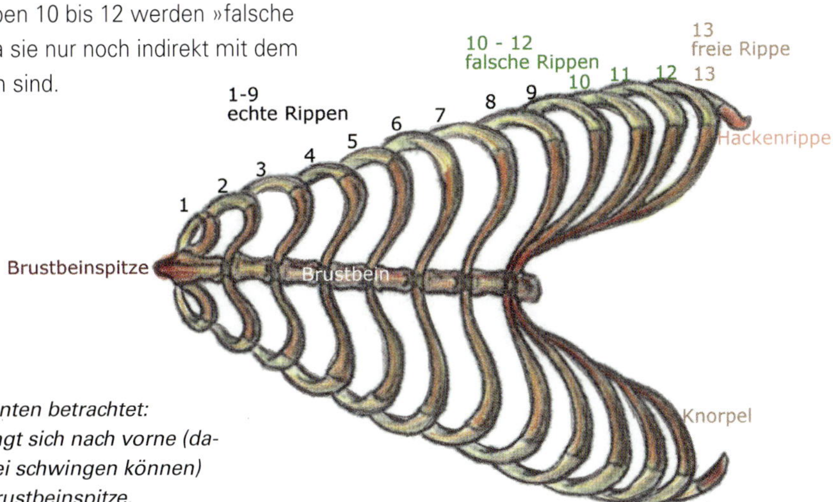

Abb. 4-2-40 | *Von unten betrachtet: Der Brustkorb verjüngt sich nach vorne (damit die Oberarme frei schwingen können) und endet mit der Brustbeinspitze.*

Abb. 4-2-41 | *Lupita, die Chihuahua-Hündin mit einem zu kurzen, herzförmigen und zu stark ansteigenden Brustbein (Heringsbauch).*

Abb. 4-2-42 | *Joy, ein Chihuahua-Mix mit einem korrekten und ausreichend langen Brustbein und einer schön straffen Bauchregion.*

belig, wie bei der Chihuahua-Hündin Lupita in Abb. 4-2-41. Bei den Chihuahuas ist laut Standard ein loser Bauch zwar zulässig, jedoch nicht erwünscht. Diese untere Linie wäre für einen Sporthund absolut unerwünscht, der Hund hätte wenig Ausdauer und Mühe mit engen Wendungen.

DIE FLANKEN

Die Flanken werden nur in wenigen Standards beschrieben. Meistens wird die untere Profil-Linie nicht erwähnt. Beim Boxer werden kurze und straffe Flanken, leicht aufgezogen, beschrieben. Beim ACD verlangt der Standard weit nach hinten reichende Rippen und tiefe Flanken.

Die unterschiedlichen unteren Profil-Linien bei Show- und Arbeitshunden

In vielen Rassen gibt es mittlerweile eine Show- und eine Arbeitslinie. Showhunde sind oft schwerer gebaut, mit einem zu tiefen Brustkorb (tiefer als Ellbogen), aber dafür mit extrem guten Winkelungen. Wenn diese gut gewinkelten Hunde im etwas längeren Rechteck stehen, ist ihre Trabaktion besser als bei den hochbeinigen, eher quadratischen Hunden.

Nehmen wir als Beispiel den beliebten Golden Retriever. In Abb. 4-2-45 sehen wir einen ausgewogenen und gut gewinkelten Show-Champion.

Abb. 4-2-43 | *Der sehr moderat gebaute Boxer Rasmus mit rassetypischen kurzen und straffen Flanken.*

Abb. 4-2-44 | *ACD Ulfi gut aufgerippt mit den rassetypischen tiefen Flanken.*

Abb. 4-2-45 | *Eine Goldie-Hündin mit dem auf europäischen Ausstellungen favorisierten, schweren Körperbau.*

Auffallend ist jedoch der zu tiefe Brustkorb. Im FCI-Standard wird ein tiefer Brustkorb verlangt. Tief ist leider ein typischer »Gummi-Begriff«, der einen immensen Interpretationsspielraum offenlässt. Ideal und funktional ist ein Brustkorb, der bis zum Ellbogen reicht, nicht tiefer.
Der Goldie wurde ursprünglich als Apportierhund für die Flintenjagd gezüchtet. Für die Ausübung dieses Jobs muss er schnell durch unwegsames Gebiet laufen und auch gut schwimmen können. Ein schwerer Körper wäre für diesen Job hinderlich.

In Abb. 4-2-46 sehen wir einen kanadischen Golden Retriever. Diese leicht gebaute Hündin sieht den frühen Gründer-Hunden von 1910 ähnlich. Der kanadische Standard verlangt einen Brustkorb bis zum Ellbogen. Eine klare Aussage, die verhindert, dass die Rasse zu schwer und zu kurzbeinig wird.

Der sehr selten auf Ausstellungen anzutreffende Curly Coated Retriever in Abb. 4-2-47 ist funktional gebaut. Wie im Standard gewünscht, mit einer tiefen, bis Ellenbogenhöhe reichenden Brust und einer leicht aufgezogenen unteren Profil-Linie.

An diesem Beispiel sehen wir ganz klar, dass ein korrekt formulierter Standard weniger Interpretationsspielraum zulässt und eine Rasse vor ungesunden Übertreibungen schützt. Leider sind viele Standards wenig sorgfältig formuliert und die untere Profil-Linie wird oft nicht beschrieben.

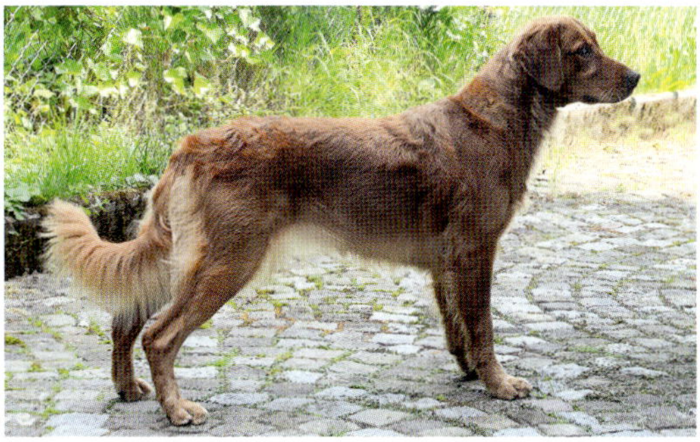

Abb. 4-2-46 | *Golden Retriever: Diese sportliche Import-Hündin ist nach kanadischem Standard korrekt gebaut: Brustkorb-Tiefe auf Ellbogenhöhe. Sie würde aber in Europa auf Ausstellungen nicht prämiert, weil sie zu leicht ist.*

Abb. 4-2-47 | *Der Curly Retriever hat einen klar formulierten Standard, der wenig Interpretationsspielraum zulässt. Er ist selten auf Ausstellungen anzutreffen und hat meist einen sehr funktionalen Körperbau.*

Abb. 4-2-48 | *Ein liebenswerter kleiner Mischling mit einem Hängebauch, hauptsächlich verursacht durch fehlende Muskeln und Übergewicht. Eine untere Profil-Linie ist nicht mehr zu erkennen.*

Kapitel 5

Die Vorderhand

> Die Vorderhand, ihre Balance-Linien und die Äquidistanz

120 Schulter

130 Oberarm

136 Ellbogen

144 Unterarm

146 Vordermittelfuß (VMF)

152 Vorderpfoten

Die Vorderhand auf einen Blick – ihre Balance-Linien und die Äquidistanz

Die Front ist am schwierigsten züchterisch zu verbessern, am schwierigsten zu erhalten und am schnellsten zu verlieren!

Korrekte Balance-Linien 1 und 2 sowie eine moderate Rundung im Bereich der Vorbrust (Pfeil) deuten auf eine gut gebaute Front hin (Abb. 5-1-01).

Eine gute Vorderhand ist immer eine Kombination aus einer schrägen Schulter, einem gut zurückliegenden Oberarm, einem schön oval geformten, genügend tiefen Brustkorb mit sanft gerundeter Vorbrust und einer kräftigen Brustbeinspitze.

Die Analyse der Vorderhand ist um einiges anspruchsvoller als die der Hinterhand. Leider trifft dies auch im züchterischen Bereich zu. Oft haben Hunde eine funktionelle Hinterhand, aber bei der Vorderhand haben sich über Generationen viele Schwachstellen eingeschlichen. Besonders bei Rassen mit viel Fell, bei denen vorhandene Probleme perfekt kaschiert werden können.

Der Unterschied zur Hinterhand ist, dass die Vorderbeine nicht über ein Gelenk mit dem Rumpf verbunden sind, sondern über ein faszinierendes Muskelsystem.

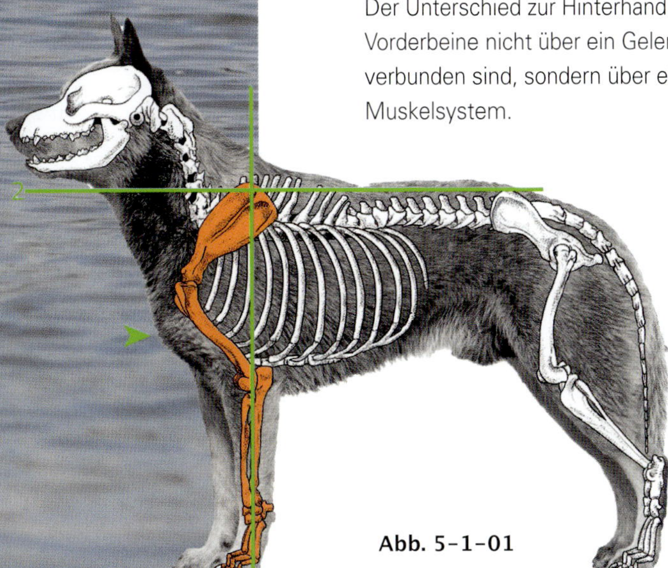

Abb. 5-1-01

Schlüsselfaktor der Vorderhand ist der Brustkorb. Beim korrekt gebauten Brustkorb sind die Ansatz- und Ursprungsstellen für die Muskeln am richtigen Ort.

Ein Hund mit einem mangelhaften Brustkorb kann niemals eine korrekte Front haben.

Wir befassen uns zuerst mit der Front des Ausdauer-Trabers. Die speziellen Fronten der Galopper finden Sie in Kapitel 7, Seite 214 und die einiger Terrier-Rassen in Kapitel 7, Seite 212.

Mit den Balance-Linien 1 und 2 erkennen wir auf einen Blick, ob die Front korrekt gebaut ist. Im besten Fall sehen wir folgendes Bild: (Abb. 5-1-01):

- **Balance-Linie 1** führt von der Pfote mittig durch das Bein hinauf und durch den Widerrist
  ‣ der Hals steht vor der Linie
- **Balance-Linie 2** führt entlang der Oberlinie nach vorne
  ‣ der ganze Kopf steht über der Linie
- **Rundung 1** von der Seite betrachtet ist eine moderat gerundete Vorbrust sichtbar

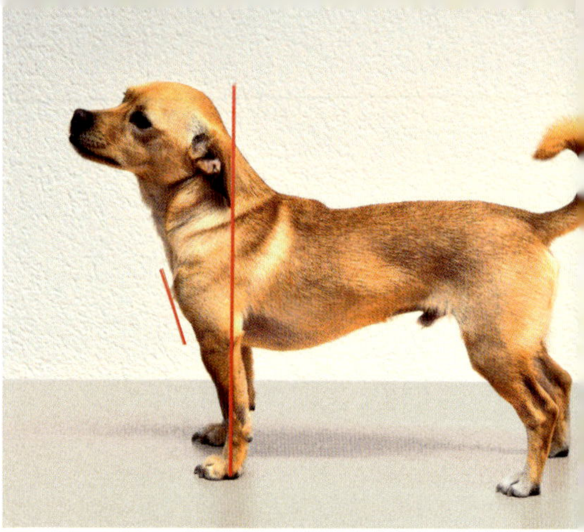

Abb. 5-1-02 | *Balance-Linie 1 und Vorbrust (rote schräge Linie) sind bei Spiky nicht korrekt. Der Grund ist der steil gestellte und kürzere Oberarm, die Linie kann nicht durch den Widerrist verlaufen.*

Balance-Linie 1

Optimal ist es, wenn die Vorderbeine unterhalb des Widerristes platziert sind, damit sie den schwersten Teil des Brustkorbs tragen können (und nicht Hals und Kopf). Bei einer korrekten Front wie in Abb. 5-1-01 führt die Balance-Linie 1 durch den Widerrist.

Bei Spiky, dem cleveren kleinen Mischling in Abb. 5-1-02, stehen die Vorderbeine zu weit vorne, beinahe unter dem Kopf, anstatt unter dem Widerrist. Dieser Fehler wird sofort ersichtlich beim Ziehen der Balance-Linie 1. Führt diese durch den Hals (anstatt durch den Widerrist) und es zeichnet sich von der Seite betrachtet keine sichtbar gerundete Vorbrust ab, dann ist die Front nicht optimal und sollte im Detail analysiert werden. In diesem Fall ist der zu weit vorne stehende Oberarm die Ursache. Dieser ist kürzer als das Schulterblatt und steil gestellt. Im Kapitel Oberarm und Ellbogen werden wir die mangelhaft gebaute Front von Spiky ausführlich erklären. Es kommen einige Fehler zusammen, deren Analyse sehr aufschlussreich ist.

Balance-Linie 2

Ist bei der Balance-Linie 2 der Kopf nicht vollständig über der Linie, hat der Hund einen kurzen Hals. Oft zeichnen sich am Widerrist Falten ab, wie bei Bongo, dem Continental Bulldog in Abb. 5-1-03. Die Gründe dafür sind die steile Lage der Schulterblätter und seine weit auseinanderstehenden Schulterblattspitzen. Im nächsten Kapitel werden wir Bongos Schulter/Front genauer betrachten.

Abb. 5-1-03 | *Continental Bulldogge Bongo: Die Balance-Linie 2 verläuft nicht korrekt, der Hals ist zu kurz. Zusätzlich fallen die Falten über dem Widerrist auf.*

Leicht gerundete Vorbrust

Die Vorbrust wurde zwar schon im vorherigen Kapitel ausführlich erklärt, da aber Brustkorb und Vorderhand-Winkelung Hand in Hand – oder Oberarm an Rumpf – gehen, folgt hier eine kurze Wiederholung:
Wenn wir von der Seite betrachtet eine moderat gerundete Vorbrust erkennen, dann können wir davon ausgehen, dass die Vorderhand-Winkel korrekt sind.

Ein Hund ohne Vorbrust hat eine steile Front. Der Grund dafür ist meist ein steiler und/oder kürzerer Oberarm. Es kann jedoch auch an einem steil gestellten Schulterblatt liegen, oder an einer Kombination von beidem.

Beim Cattledog in Abb. 5-1-04 ist nur ganz wenig Vorbrust sichtbar, seine Front ist zu steil aufgrund der Stellung seines Oberarms. Beim Cattledog in Abb. 5-1-05 sehen wir eine optimal gewinkelte Front mit einer schön schrägen Schulter, einem gut zurückliegenden Oberarm und einer wohlgeformten Vorbrust.

Abb. 5-1-04 | *Cattle Dog links: Eine steile Front mit wenig Vorbrust.*

Abb. 5-1-05 | *Cattle Dog rechts: Eine optimale Front mit einer schönen Vorbrust.*

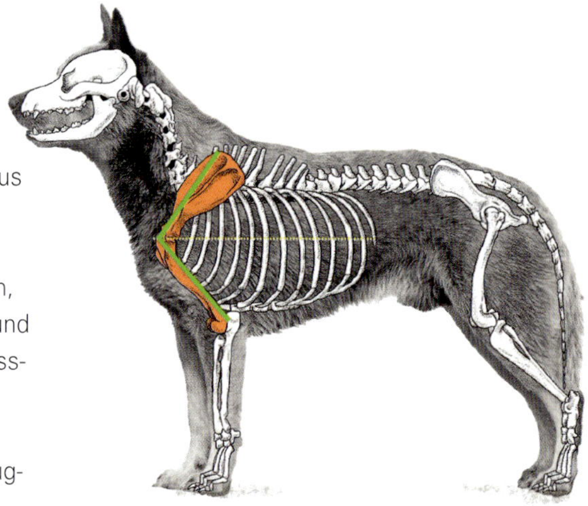

Abb. 5-1-06

Die Äquidistanz

Äquidistanz bedeutet gleiche Distanz (lat. Aequus = gleich).

Für eine optimale Zusammenarbeit der Muskeln, Sehnen und Bänder müssen das Schulterblatt und der Oberarm ungefähr gleich lang sein. Die Messpunkte für diese zwei Distanzen sind:

- Schulterblattspitze zum Schultergelenk (Buggelenk)
- Schultergelenk (Buggelenk) zur Delle im Ellbogengelenk (Abb. 5-1-06 grüne Linien)

Sind diese Distanzen gleich lang, ist dies ungeachtet der Winkelung positiv. Oft ist der Oberarm etwas kürzer, wobei schon ein bis zwei Zentimeter reichen, um die ganze Harmonie zu stören. Nur sehr selten ist das Schulterblatt kürzer als der Oberarm.
Wenn sich die Brustbeinspitze in der Mitte des Brustkorbs befindet, stimmt die Äquidistanz

Der Äquidistanz-Test

Es gibt eine einfache Möglichkeit herauszufinden, ob die Äquidistanz von Schulter und Oberarm stimmt, respektive beide gleich lang sind. Wir stehen seitlich neben dem Hund und suchen mit dem kleinen Finger unserer rechten Hand die Schulterblattspitze und mit dem Daumen das Schultergelenk. Nun lassen wir den Daumen auf dem Schultergelenk (Buggelenk) und führen den kleinen Finger im Bogen hinunter bis in die Delle im Ellbogen. Beide Abstände sollten gleich lang sein, um ein harmonisches Zusammenspiel der Muskeln zu ermöglichen.

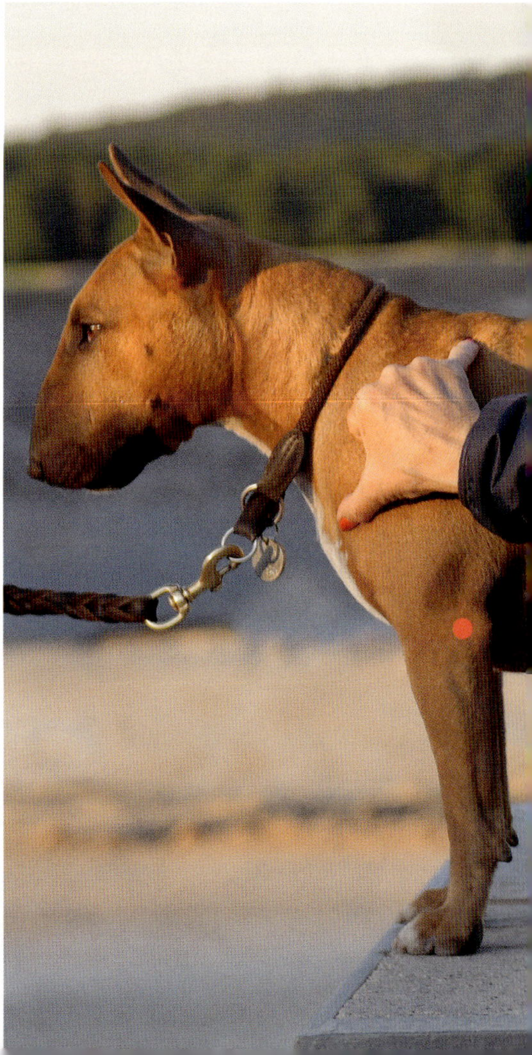

Die andere Mess-Variante ist, die Referenzpunkte Schulterblattspitze zum Schultergelenk und Schultergelenk zur Delle im Ellbogen mit fixierter Spannweite zwischen Daumen und kleinem Finger zu messen bzw. zu vergleichen, wie in Abb. 5-1-07 und 5-1-08 zu sehen. Der Oberarm des Bullterriers Aiko ist merklich kürzer.
Übrigens: Dieser kürzere Oberarm bewirkt vorne eine breitbeinige Fortbewegung, lesen Sie mehr darüber in Kapitel 10, Seite 311 (Gangwerk). Auch den lustigen, stürmischen Aiko werden wir wiederholt in anderen Kapiteln antreffen, an seinem kurzhaarigen Körper können wir wunderbar unser Auge schulen.

Die Äquidistanz können wir auch anhand der Lage der Brustbeinspitze kontrollieren. Wenn sich die Brustbeinspitze auf Höhe der waagerecht durch den Körper führenden Mittellinie befindet, haben Schulterblatt und Oberarm die gleiche Länge. Oft befindet sich die Brustbeinspitze jedoch etwas unterhalb der Mitte, was ein Hinweis auf einen kürzeren Oberarm ist.

Abb. 5-1-07 | *Bullterrier: Wir messen die Distanz von der Schulterblattspitze bis zum Schultergelenk.*

Abb. 5-1-08 | *Wir messen die Distanz vom Schultergelenk bis zur Delle im Ellbogengelenk und vergleichen.*

DIE SCHULTER

Die Lage und Länge des Schulterblatts ist entscheidend für die Schrittlänge

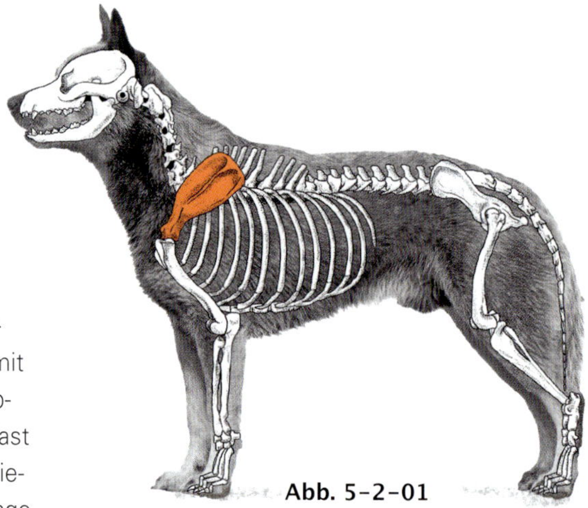

Abb. 5-2-01

Ein korrekt liegendes, schräges Schulterblatt ermöglicht dem Hund eine effiziente Bewegung mit einer optimalen Schrittlänge sowie eine gute Abfederung der Front. Aus diesem Grund wird in fast allen Rasse-Standards eine schräge, gut zurückliegende Schulter verlangt. Es ist schwierig, die Lage des Schulterblatts in der Bewegung zu erkennen. Die Bewegung des Schulterblatts ist jedoch mit jener des Unterarms gekoppelt, das heißt, die Neigung des Schulterblatts und des Unterarms sind beim Auffußen immer parallel. Wenn der Unterarm beim Auffußen weit ausgreift, dann können wir uns in der Parallele die Schräge des Schulterblatts vorstellen (Abb. 5-2-04 und Abb. 5-2-05).

Beim Ausschreiten hat ein gut gebauter Hund ungefähr auf der Höhe unterhalb des Auges Kontakt zum Boden. Je schräger die Schulter und je länger der Hals, umso längere Schritte kann der Hund machen. Achtung: Die Schrittlänge wird beim Auffußen mit Bodenkontakt gemessen (Abb. 5-2-03) und nicht beim Vorschwingen (Abb. 5-2-02).

Die ideale Schulter

Die ideale Schulter liegt möglichst schräg. In vielen Standards wird ein Winkel von 45° beschrieben, was jedoch kontrovers diskutiert wird, da an verschiedenen Stellen gemessen werden kann.
Ideal ist es, wenn die Schulter und der Oberarm gleich lang sind und einen identischen Winkel zur horizontalen Line bilden, dann ist das optimale Zusammenspiel der Muskeln garantiert.
Hunde mit schrägen Schultern können weiter ausschreiten als Hunde mit steilen.

Abb. 5-2-02 | *Hier sieht man das Ausgreifen des Vorderbeins von ACD Arco.*

Abb. 5-2-03 | *Arco zeigt den effektiven Bodenkontakt. Die Schrittlänge wird beim Auffußen gemessen.*

Abb. 5-2-04 und Abb. 5-2-05 | *Eine gute Schrittlänge im Vergleich zu einer eingeschränkten. Hund 2 hat (rassetypisch) eine deutlich kürzere Schrittlänge infolge seiner steileren Schulterlage, die gut in der Verlängerung des auffußenden Beins zu sehen ist.*

Die Schulterblattspitzen sollten nie den höchsten Punkt des Widerristes bilden. Ideal ist es, wenn die Spitzen etwas unterhalb der Dornfortsätze liegen. Sie sind dadurch besser geschützt und der Hund kann jeden seiner Schritte besser abfedern. Der Abstand der Schulterblattspitzen soll an seine ursprüngliche Arbeit angepasst sein.

In der Regel ist die Front-Winkelung in jedem Rasse-Standards beschrieben. Der Ausdauer-Traber sollte gut gewinkelt sein, damit er weite Strecken mühelos und mit möglichst wenig Energieaufwand im federnden Trab bewältigen kann.

Es gibt Ausnahmen bei jenen Rassen, die im Standard steilere Fronten beschreiben, beispielsweise bei den Galoppern, einigen Terrier- und Molosser-Rassen (Abb. 5-2-05). Generell gilt: Ein Hund mit einer steilen Schulter kann nur kürzere Schritte machen und ermüdet vergleichsweise schneller.

Wenn wir verstanden haben, dass nur eine gut zurückliegende Schulter lange Schritte und eine optimale Stoßdämpfung ermöglicht, dann sollte es für alle Züchter klar sein, dass auf eine möglichst schräge Schulter selektiert und gezüchtet werden sollte, egal in welcher Rasse.

Die Lagebestimmung des Schulterblatts

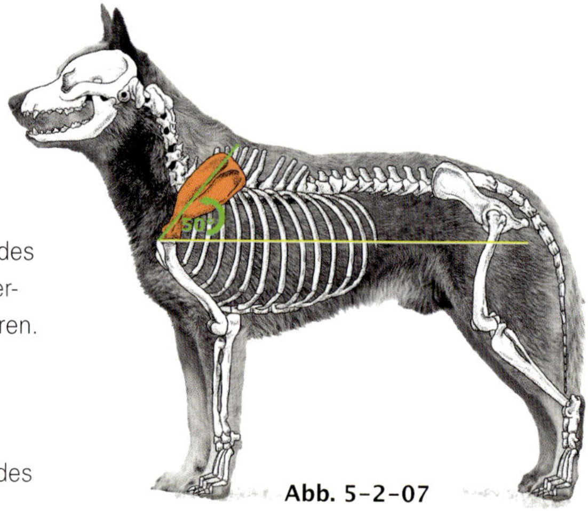

Abb. 5-2-07

Wir ziehen eine imaginäre Linie durch die Mitte des Körpers und versuchen, die Schräge des Schulterblatts in Referenz zu dieser Mittellinie zu definieren. Dazu gibt es verschiedene Messmöglichkeiten.

- Wir tasten und markieren mit dem Zeigefinger der einen Hand den höchsten Punkt des Schulterblatts und mit dem Zeigefinger der anderen Hand das Schultergelenk, zwischen den beiden Fingerspitzen verläuft das Schulterblatt, dessen Schräge erkennen wir in der Verbindung der beiden Punkte. Am besten zu sehen im Spiegel.

- Wir analysieren den Schulterwinkel und den Oberarm-Winkel immer gleichzeitig. Bei kurzhaarigen Hunden können wir farbige Papier-Punkte auf die Schulterblattspitze, das Schultergelenk und die Delle im Ellbogen kleben (Abb. 5-2-08). So sehen wir – ebenfalls am besten im Spiegel – den Verlauf der Schulter und ihre Länge im Vergleich zum Oberarm. Gleichzeitig kontrollieren wir die senkrechte Linie von Schulterblattspitze zum Ellbogen.

In Abb. 5-2-08 sehen wir Kisha, unser charmantes Mini-Bulli-Modell. Kisha ist erst 9 Monate alt, das Ergebnis in diesem Alter hat keine Aussagekraft für eine definitive Analyse. Anhand der grünen Punkte sehen wir, dass sie für ihr Alter schöne Winkelungen zeigt. Sie hat ein schräg liegendes Schulterblatt, ihr Oberarm ist ein klein wenig kürzer, liegt aber sehr gut zurück. Nun kontrollieren wir, ob die Linie vom Schulter-Punkt zum Ellbogen-Punkt senkrecht verläuft. Sie ist etwas verschoben, wegen des leicht kürzeren Oberarms. Kisha wird im Alter von 2–3 Jahren eine tadellose, wohlgerundete Vorbrust zeigen.

- Wir versuchen die Schulterblattgräte (auch Schulterblatt-Kamm genannt) zu ertasten und legen unseren Zeigefinger bündig entlang dieses Knochenkamms an (Abb. 5-2-09 c). Das kann bei gut bemuskelten Hunden recht schwierig sein. Dabei kann uns der in unserer Hand »eingebaute« 45°-Finger-Winkel helfen (Abb. 5-2-09 b). Wenn unser Daumen ziemlich horizontal zu liegen kommt, dann deutet dies auf eine gute, schräge Schulterblatt-Lage hin. Zeigt der Daumen schräg nach oben, ist das Schulterblatt steiler als ca. 45° zur waagerechten Mittellinie, also nicht optimal.

Die meisten Menschen haben in ihrer Hand zwei »eingebaute« Winkel. Am besten funktioniert das mit ausgestrecktem Arm und ohne mit dem Auge die Winkel der Finger zu beeinflussen. Wir strecken die Finger und drücken sie eng aneinander.

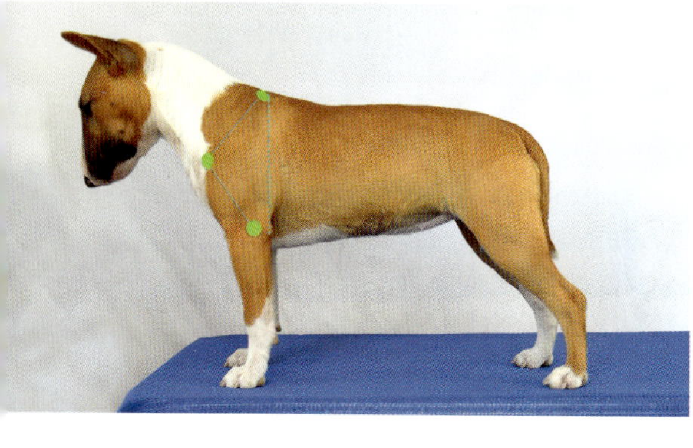

Abb. 5-2-08 | *Die nur 9 Monate alte Kisha zeigt bereits eine schöne Schulter-Winkelung.*

Dann spreizen wir den Daumen so gut es geht ab und lassen ihn anschließend leicht entspannen. In dieser entspannten Normalstellung bilden Daumen und Zeigefinger einen 90°-Winkel (Abb. 5-2-09 a). Wenn wir den Daumen nochmals entspannen, bildet sich automatisch ein 45°-Winkel (Abb. 5-2-09 b). Dieser sozusagen »eingebaute« 45°-Winkel ist ideal, um die Schräge der Schulterblätter zu messen (Abb. 5-2-09 c).

Versuchen Sie es, es klappt mit fast allen Händen. Schauen Sie erst auf die Finger, wenn die Handwinkel geformt sind!

In Abb. 5-2-10 liegt der Zeigefinger an der Gräte, die Hand in der 45°-Winkel-Position und der Daumen zeigt nur wenig nach oben. Wir betrachten die Lage des Daumens in Referenz zur blauen Mittellinie und sehen, dass die Seniorin Samira eine schön zurückliegende Schulter hat. Von der Seite betrachtet ist auch ihre Vorbrust sichtbar. Samira ist außerdem unser Vordermittelfuß- und Pfoten-Modell. Sie hat für ihre über 13 Jahre wunderschöne Pfoten. Zusammen mit der stabilen Front macht ihr die altersbedingt schwindende Muskulatur in der Hinterhand weniger Probleme.

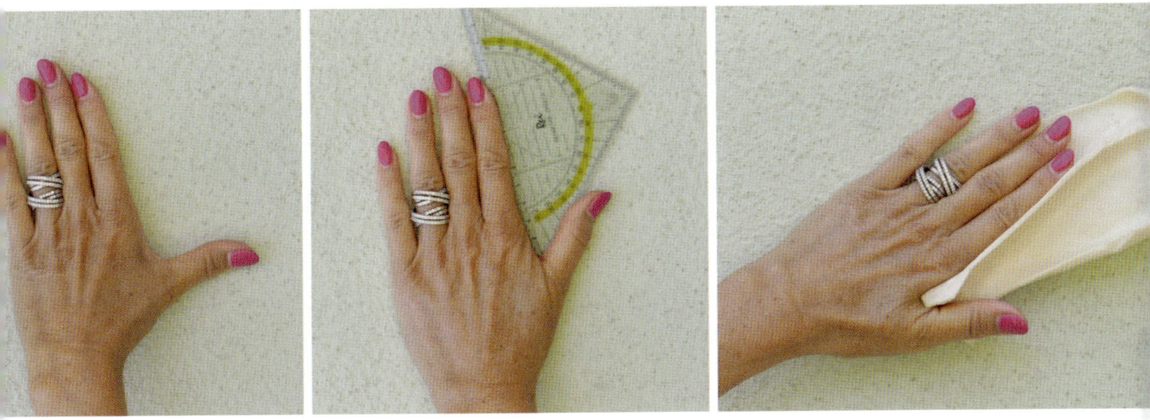

Abb. 5-2-09 a-c | *Wir formen den 90°-Winkel (a), dann den 45°-Winkel (b) und legen den Zeigefinger an die Gräte (c), dabei soll der Daumen waagerecht verlaufen. Je mehr der Daumen nach oben zeigt, umso steiler ist die Lage des Schulterblatts.*

Abb. 5-2-10 | *Der Daumen zeigt nur minimal nach oben, was auf eine gut zurückliegende Schulter schließen lässt.*

Abb. 5-2-11a und b | *Anordnung der Finger zum Messen der Winkel bei kleineren Hunden und Welpen: Mittelfinger und Ringfinger werden eingeklappt. Messpunkte sind: Daumenkuppe an der Spitze des Schulterblatts, Kuppe des Zeigefingers am Buggelenk, Kuppe des kleinen Fingers in der Delle des Ellbogens.*

- Genau wie bei den Welpen können wir bei einem kleinen Hund die Winkelmessung mit den Äquidistanz-Punkten bequem mit Daumen, Zeigefinger und kleinem Finger bestimmen (Abb. 5-2-11). Anhand der Fingerspitzen sehen wir eine gute Front, der Oberarm ist genausolang wie die Schulter und die Linie vom Daumen zum kleinen Finger verläuft senkrecht.

Bei einem kurzen und steil gestellten Oberarm würde sich die Spitze des kleinen Fingers weiter oben und weiter vorne befinden. Die Linie vom Daumen zum kleinen Finger wäre schräg, nicht senkrecht.

Zu steile Schultern

Steile Schultern sind bei keiner Rasse erwünscht.

Wenn der Kopf nicht über der 2. Balance-Linie liegt, und wenn wir am Übergang zum Widerrist Falten sehen, denken wir als erstes an eine steile Schulterblatt-Lage.

Am Widerrist sichtbare Falten deuten entweder auf steile Schulterblätter hin (Abb. 5-2-12) oder auf einen sehr weiten Abstand zwischen den Schulterblattspitzen.

Auch Bongo in Abb. 5-2-14 hat Falten über dem Widerrist. Auf den weiteren Bildern sehen wir, dass diese durch seine steilen Schultern und seine weit auseinanderstehenden Schulterblattspitzen verursacht werden.

Hunde mit steilen Schultern haben oft ein hartes und wenig stoßabsorbierendes Gangwerk, können nur kurze Schritte machen und ermüden deshalb schneller. Das heißt im Klartext, dass ein Hund mit einer steilen Schulter mehr Schritte für dieselbe Distanz machen muss wie einer mit einer funktionell schräg gelagerten Schulter. Außerdem kann er Belastungen und Stöße schlechter abfedern.
Steile Schultern verändern die Muskel-Anhaftung, vor allem wird die Hals- und Kopfhaltung negativ beeinflusst. Die Nachteile einer steilen Schulterblatt-Lage sind speziell für Arbeits- und Sporthunde groß. Hunde mit steilen Schultern haben Mühe,

Abb. 5-2-12 | *Ein junger Thai Ridgeback mit steilen Schultern und Falten am Übergang zum Widerrist.*

Abb. 5-2-13 | *Diese Berger des Pyrenées-Hündin ist fantastisch gebaut. Pyrrha kann dank ihrer gut zurückliegenden Schulterblätter mühelos über den hohen Schafzaun springen.*

ihre Vorderbeine unter dem Körper einzuklappen. Ist solch ein Hund im Agility-Sport aktiv, dann muss er höher springen, damit keine Stange fällt. Er braucht mehr Kraft, landet steiler und kann den Aufprall bei der Landung schlechter abfedern.

Zu weit auseinanderstehende Schulterblattspitzen

Zu weit auseinanderstehende Schulterblattspitzen sind die zweite Ursache für Falten über dem Widerrist (Abb. 5-2-14). Die Lage der Schulterblattspitzen sollte dem ursprünglichen Verwendungszweck der Rasse entsprechen. Rinder-Treibhunde müssen sich beispielsweise blitzschnell bewegen können, um das störrische Vieh in die Fessel zu zwicken (Abb. 5-2-23) und dem darauffolgenden Tritt auszuweichen. Sie wären mit eng stehenden Schulterblattspitzen schlecht bedient. Allerdings sollten Schulterblattspitzen auch nicht zu weit auseinanderstehen.
Wenn sie zu weit auseinanderstehen, wie bei Continental Bulldog Bongo, ist das unerwünscht (Abb. 5-2-14 - Abb. 5-2-16). Sie sind oft bei Hunden mit einem tonnenförmigen Brustkorb zu beobachten. Diese Hunde zeigen beim Gehen eine weite, von einer Seite zur anderen Seite rollende Rumpfbewegung, die ermüdend ist und zu überladenen Schultern führen kann. Bongo war infolge seiner chronisch gereizten Bizepssehne Dauerpatient in der Physio-Praxis.

Abb. 5-2-14 | *Der Übergang des Halses in den Widerrist von Continental Bulldog Bongo sollte harmonisch sein. Falten sind in diesem Bereich nicht erwünscht (roter Pfeil). Sie sind immer ein Zeichen für steile und/oder weit auseinanderstehende Schulterblätter.*

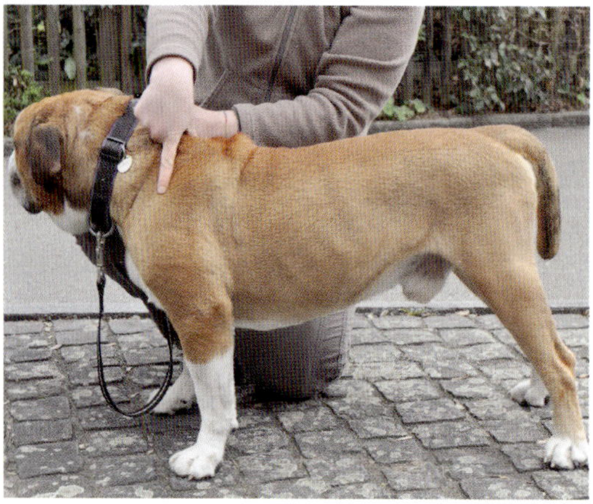

Abb. 5-2-15 | *Der Zeigefinger liegt an der Schulterblattgräte, um zu zeigen, dass das Schulterblatt sehr steil ist – daher die Faltenbildung.*

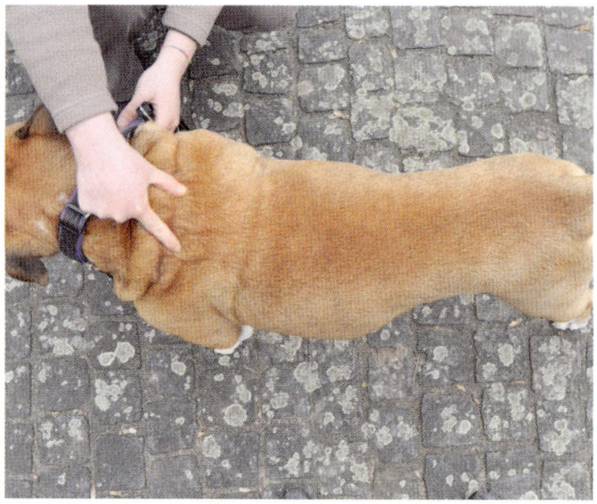

Abb. 5-2-16 | *Daumen und Zeigefinger berühren jeweils eine Schulterblattspitze. Der Abstand ist relativ weit, ein zusätzlicher Grund für die Faltenbildung.*

Interessant ist der Aufnahmewinkel von oben auf Bongo (Abb. 5-2-16). Man sieht, dass Bongo im Bereich des Schultergürtels breiter ist wie hinten an den Hüften. Normalerweise sind Hunde an beiden Stellen gleich breit, was für ihre Stabilität wichtig ist.

Bongo ist ein Conti der ersten Züchtungen, das heißt, er zeigt noch sehr viel vom Körperbau der Englischen Bulldogge. Die heutigen Continental Bulldogs haben meist einen ausgeglichenen Körperbau, wodurch die Kaiserschnittrate bei Hündinnen dieser Rasse gesunken ist. Bei den Englischen Bulldoggen verlangt der Standard ausdrücklich einen breiten Schulterbereich. Wen wundert es, dass die Welpen dieser Rasse überdurchschnittlich oft per Kaiserschnitt zur Welt kommen? Das Becken der Hündinnen ist einfach zu schmal für ihre breitschultrigen Welpen.

Überladene Schultern

Überladene Schultern entstehen dadurch, dass sich Muskeln unterhalb der Schulterblätter überdurchschnittlich stark ausbilden und dabei das Schulterblatt herausdrücken. Oft zu sehen bei Hunden mit einem tonnenförmigen Brustkorb. Die Schulterblattspitzen stehen bei ihnen weiter auseinander als normal, daher zeigen diese Hunde vorne oft ein »pfotenweites« Gangwerk, wobei der Körper beim Gehen von einer Seite zur anderen rollt.

Abb. 5-2-17 | *Überladene Schultern entstehen durch überdurchschnittlich viele Muskeln unter dem Schulterblatt.*

Zu hohe Schulterblattspitzen

Obwohl ein gut erkennbarer Widerrist gewünscht ist, sollten nicht die Schulterblattspitzen, sondern die ersten Dornfortsätze der Wirbelsäule den höchsten Punkt bilden. Funktionell ist, wenn die Schulterblattspitzen ein wenig unterhalb der Wirbelfortsätze liegen, gut geschützt in Muskeln eingebettet. In einigen wenigen Standards werden hohe Schulterblattspitzen gewünscht, beispielsweise bei der Dogge, dem Schnauzer und Deutschen Pinscher (Abb. 5-2-18). Ein hohes Schulterblatt bewirkt eine höhere Hals- und Kopfhaltung, die sich wiederum negativ auf die Schrittlänge und die Abfederung der Schritte auswirkt.

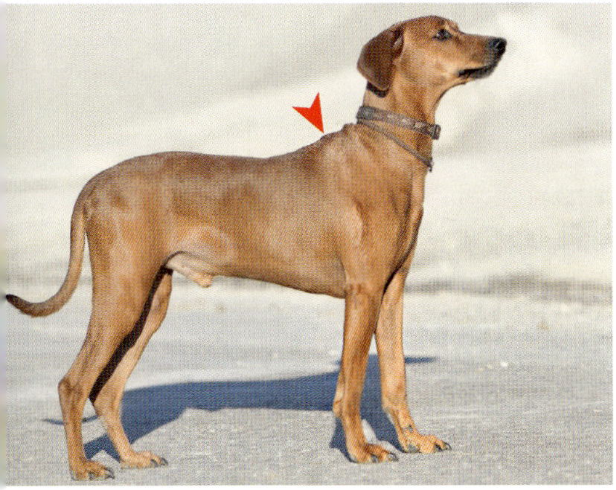

Abb. 5-2-18 | *Die hohen Schulterblattspitzen des Deutschen Pinschers sind gut erkennbar. Bei dieser Rasse wird im Standard verlangt, dass die Schulterblattspitzen die Dornfortsätze der Brustwirbel überragen.*

Abb. 5-2-19 | *Ein Brustgeschirr könnte die empfindlichen hohen Schulterblattspitzen der Berger des Pyrénées-Hündin Jouvèn verletzen. Scheuernde Druckstellen sind schmerzhaft.*

Achtung

Schlecht sitzende Brustgeschirre können bei Hunden mit hohen Schulterblattspitzen scheuern, Ödeme und Schmerzen verursachen (Fährtenhund, Blindenhund, Zughund).

Abb. 5-2-20 | *Viele Brustgeschirre schaden mehr als sie nützen. Ein breites Halsband kann keine Schulterblattspitzen verletzen und auch nicht die Ellbogen des Hundes herausdrücken, wie dieses Beispiel eines falsch sitzenden und viel zu engen Brustgeschirrs.*

Zu enge, nah zusammenstehende Schulterblattspitzen

Ob ein Hund problemlos vom Boden fressen kann, hängt mit der Lage seiner Schulterblattspitzen zusammen. Die Schulterblätter sind nicht statisch, je nach Kopfhaltung kommen die Spitzen näher zusammen oder verschieben sich weiter auseinander. Stellen Sie sich einen Japaner vor, der beim Verbeugen seine Fingerspitzen aneinanderlegt. Entsprechend verengen sich beim Absenken von Kopf und Hals die Schulterblattspitzen. Diese dürfen aber das Neigen des Kopfs bis auf den Boden nicht blockieren. Hunde mit sehr engen Schultern werden zum Absenken die Beine spreizen, wie eine Giraffe beim Wassertrinken (Abb. 5-2-21), oder sie machen eine Art Verbeugung, damit ihre Nasenspitze auf den Boden erreicht.

Enge, nah zusammenstehende Schulterblattspitzen bewirken, dass der Hund die Ellbogen andrückt und die Vordermittelfuß-Gelenke und Pfoten ausdreht. Dies gibt ihm eine bessere Stabilität. Er steht im sogenannten A-Stand, wie der Saarloos Wolfhund in Abb. 5-2-22. Obwohl der Saarloos-Standard leicht auswärts gedrehte Pfoten erlaubt, ist dieser Stand hier zu extrem.

Hunde mit engen Schulterblattspitzen drücken auch in der Bewegung die Ellbogen an, was dazu führt, dass sich Vordermittelfuß-Gelenke und Pfoten nach außen drehen. Dieser Körperbau ist nicht ideal für einen Suchhund, der seine Nase tief und über lange Zeit bodennah halten soll.

Abb. 5-2-21 | *Hunde mit sehr eng zusammenstehenden Schulterblattspitzen haben Mühe, mit gerade gestellten Beinen den Kopf auf den Boden abzusenken.*

Er passt auch nicht zu einem Sichtjäger, der seine bodennahe Beute im Galopp fangen soll. Genau wie Hunde mit steilen Schultern werden auch solche mit engen schneller Verschleißerscheinungen zeigen, vor allem dann, wenn sie regelmäßig Sprünge absolvieren müssen.

Und ganz zum Schluss: Bei mageren Hunden ist der Abstand der Schulterblätter ein anderer als bei fett gefütterten. Norit in Abb. 5-2-24 hat mindestens 10 kg Übergewicht. Dies ist der Grund für seine Ellbogenverletzung rechts und als Folgeschaden der Zusammenbruch der gegenüberliegenden linken Pfote.

Abb. 5-2-23 | *Blitzschnelles »Heelen« ist dem ACD nur dank gut zurückliegender und an den Spitzen nicht zu nahe zusammenstehender Schulterblätter möglich.*

Abb. 5-2-22 | *Der A-Stand ist fehlerhaft und deutet auf enge Schulterblattspitzen hin, verbunden mit einem sehr schmalen Brustkorb.*

Abb. 5-2-24 | *Norit sieht nicht mehr wie ein Cattle Dog aus, sondern eher wie ein »Fattle Dog«. Sein Übergewicht beeinflusst unter anderem Schultern und Vorbrust, es schlägt sich auf seine gesamte Körperstruktur nieder.*

Achtung

Halten Sie Ihre Hunde schlank. Jedes Kilo zu viel verstärkt die eventuellen körperlichen Schwachstellen. Schlanke und gut bemuskelte Hunde können in der Regel ein besseres Leben führen, selbst mit einem suboptimalen Körperbau.

DER OBERARM

Der Oberarm kann zu kurz oder zu lang sein, steil gestellt oder gut zurückliegen. Die Lage und die Bewegung des Oberarms wird stark durch die Form des Brustkorbs beeinflusst.

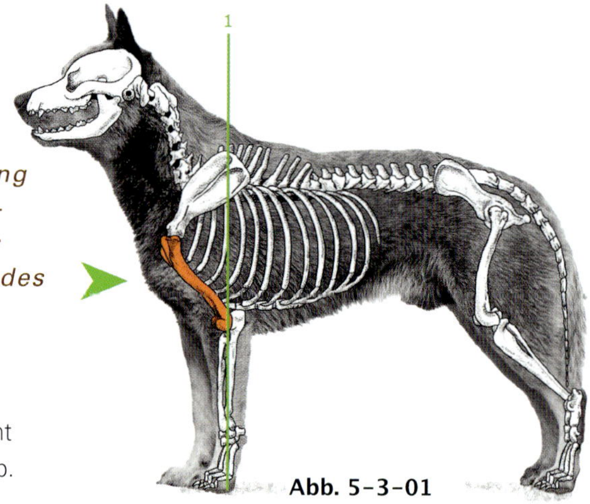

Abb. 5-3-01

Die Balance-Linie 1 verläuft korrekt und die Vorbrust (Pfeil) ist vorhanden. Infolgedessen stimmt die Oberarm-Stellung für die Traber-Rassen (Abb. 5-3-01).

Die Winkelbestimmung der Front ist eine Herausforderung. Aber es gibt einen einfachen Trick, wie wir beim Ausdauer-Traber eine gute Front auf einen Blick erkennen können. Schauen Sie auf die Vorbrust, denn nur ein korrekt gebauter Hund mit einem zurückliegenden Oberarm wird von der Seite betrachtet eine leicht gewölbte Vorbrust haben (Pfeil bei Abb. 5-3-01). Bei einem Hund mit einer steilen, mangelhaften Front sehen Sie keine Wölbung. Vergleichen Sie das mit der Akita-Hündin in Abb. 5-3-05.

Achtung

Bei den Galoppern und einigen Terrier-Rassen steht der Oberarm rassetypisch steiler und es ist kaum eine Vorbrust sichtbar.

Der ideale Oberarm

Der ideale Oberarm ist beim Ausdauer-Traber gut zurückliegend und etwa gleich lang wie das Schulterblatt. Diese Äquidistanz schafft die Grundvoraussetzung für ein optimales Zusammenarbeiten der Muskeln und ermöglicht dem Hund korrekte, energiesparende Bewegungsabläufe. Wir erkennen einen korrekten Oberarm an folgenden drei Punkten:

- Die gut sichtbare Vorbrust-Spitze befindet sich in der Mitte des Rumpfes (läge sie höher wäre der Oberarm zu lang, läge sie tiefer wäre der Oberarm zu kurz).
- Die 1. Balance-Linie verläuft korrekt durch den Widerrist (würde sie durch den Hals führen, wäre der Oberarm zu steil und/oder zu kurz).
- Bei einer optimalen Winkelung ist die Linie von der Schulterblattspitze zum Ellbogen senkrecht (würde die Linie schräg verlaufen, wäre entweder die Schulter oder der Oberarm zu steil oder kürzer).

In der Regel verläuft bei einem Hund mit einer ausreichend gerundeten Vorbrust auch die Balance-Linie 1 korrekt, nämlich durch den Widerrist wie in Abb. 5-3-01. Die 1. Balance-Linie führt durch das Vorderbein und zeigt uns, ob der Hund richtig steht. Steht er korrekt unter dem Widerrist, oder stehen seine Vorderbeine zu weit vorne, beinahe unter dem Hals oder sogar Kopf? Wenn die Beine nicht unter dem Widerrist stehen, sind dafür in fast allen Fällen ein steil gestellter und/oder zu kurzer Oberarm verantwortlich. Übrigens messen wir keine Knochen, sondern Distanzen, wie auf Seite 115 unter Äquidistanz beschrieben.

Wenn Oberarm und Schulter gleich lang und im gleichen Winkel zur horizontalen Linie stehen, dann stimmt auch die senkrechte Linie, wie die gelbe

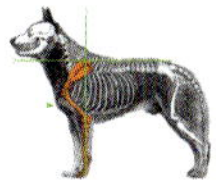

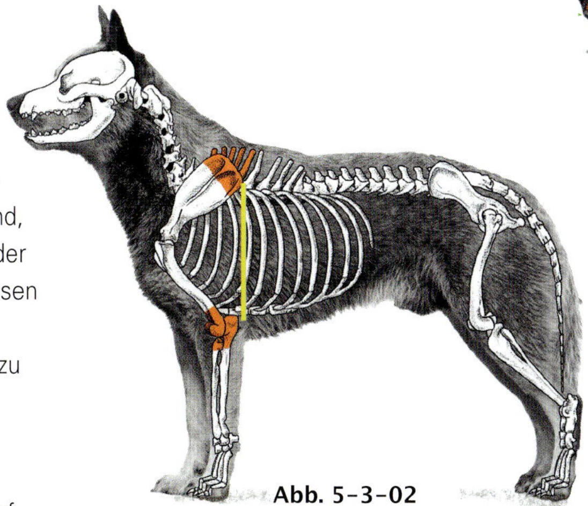

Linie in Abb. 5-3-02 zeigt. Aber Achtung, diese Linie kann auch senkrecht sein, wenn beispielsweise Schulter und Oberarm beide sehr steil sind, oder wenn das Schulterblatt lang und steil und der zu kurze Oberarm gut zurückgelegt ist. Wir müssen also immer differenziert hinschauen.
Beim Ausdauer-Traber muss deshalb zusätzlich zu der Senkrechten auch die Vorbrust gut sichtbar sein, erst dann kann die Front stimmen.

Abb. 5-3-02
Idealerweise liegt der Oberarm so weit zurück, dass der Ellbogen direkt unter dem Widerrist steht und die gelbe Linie senkrecht ist.

Bei einigen Fellfarben ist die senkrechte Linie auf einen Blick ersichtlich (Abb. 5-3-03). Beim DSH mit der guten Vorbrust sehen wir einen senkrechten hellen Fellstreifen. Bei Spiky, mit dem kurzen, steil gestellten Oberarm, ist dieser helle Streifen schräg. Wäre sein Oberarm länger und so gewinkelt, dass er den tiefsten Punkt des Brustbeins verdecken würde, hätte er auch eine gerade »Senkrechte«.

Eine Frage: Haben Sie die Balance-Linien bei den Hunden in Abb. 5-3-03 schon gezogen und Ausschau nach der Vorbrust gehalten? Interessant, nicht wahr, wie alles zusammenhängt und die Analyse mit den verschiedenen Kontrollpunkten die Schwachstellen (bei Spiky ist es der Oberarm) bestätigt.

Abb. 5-3-03 a und b | *Beim DSH ist der Oberarm gut zurückliegend, die Senkrechte passt (grüne Linie) und ist am hellen Fellstreifen gut zu erkennen. Bei Spiky sehen wir (bei der roten Linie) einen sehr schrägen hellen Streifen, der unseren Blick zum zu kurzen Oberarm lenkt.*

Verdeckt der Ellbogen den tiefsten Punkt des Brustkorbs, ist der Oberarm ideal gewinkelt. Ein gut zurückgelegter Oberarm geht in der Regel einher mit einem ausreichend tiefen Brustkorb. Nur dann stimmen die Muskelverbindungen. Ein bis zum Ellbogen reichender Brustkorb ermöglicht dem Oberarm eine stabile und gute Führung für eine effiziente Bewegung. Dieser korrekte Brustkorb hat zudem einen positiven Einfluss auf die Ausdauer des Hundes, da er genügend Platz für Herz und Lunge bietet.

Ein stabiler, korrekt bemuskelter Oberarm ist eine gute Basis für jeden Sporthund. Vor allem im Agility helfen diese kräftigen Oberarme, die teilweise harten Landungen oder den anspruchsvollen Bewegungsablauf im Slalom besser zu verkraften.

Die Lagebestimmung des Oberarms

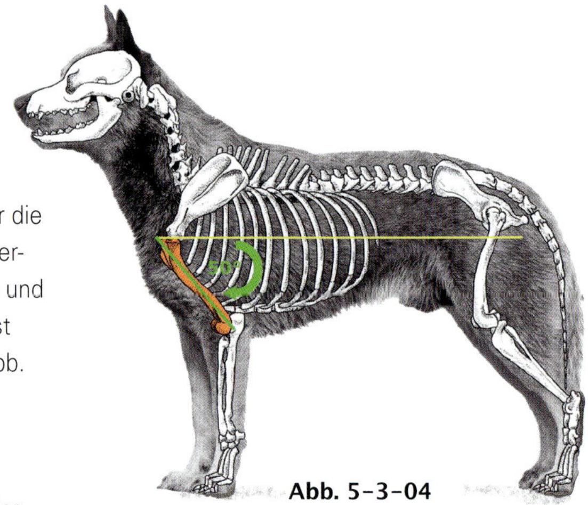

Abb. 5-3-04

Wie beim Schulterwinkel nehmen wir auch hier die Mittellinie als Referenz. Die Winkelung des Oberarms wird von dieser Mittellinie aus gemessen und auch da ist wie beim Schulterblatt ein möglichst guter Winkel von annähernd 45° erwünscht (Abb. 5-3-04).

Die Länge des Oberarms messen wir vom Schultergelenk bis zur Delle im Ellbogen. Um das Schultergelenk zu finden, können wir das Vorderbein leicht anheben. Ein korrekter Oberarm sollte ungefähr so lang sein wie das Schulterblatt.

Zur Kontrolle der Lage und der Länge des Oberarms gibt es verschiedene Möglichkeiten. Beim optimalen Oberarm können alle Fragen mit »Ja« beantwortet werden:

- Passt die 1. Balance-Linie?
- Ist von der Seite betrachetet eine gerundete Vorbrust sichtbar?
- Ist der tiefste Punkt des Brustkorbs durch den Ellbogen verdeckt?
- Steht der Ellbogen direkt unter dem Widerrist?
- Verläuft die Linie Schulterblatt zum Ellbogen senkrecht?

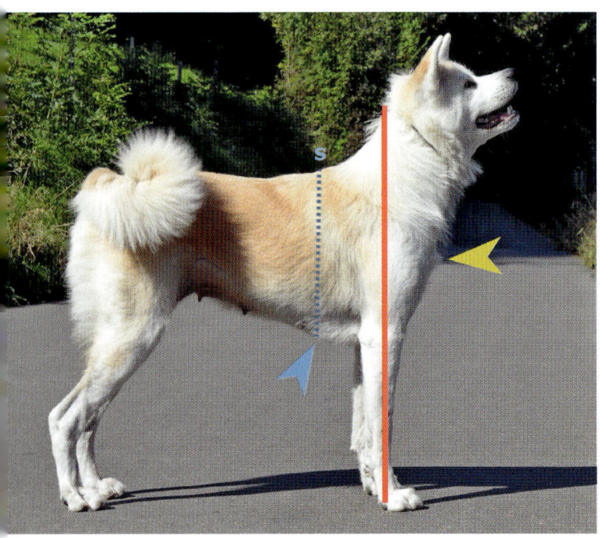

Betrachten wir nun die Akita-Hündin auf Abb. 5-3-05 und stellen uns dieselben Fragen, dann können wir keine der fünf Fragen mit »Ja« beantworten, denn:

- Die 1. Balance-Linie geht durch den Hals.
- Es ist keine Vorbrust ersichtlich.
- Der tiefste Punkt ist vom Ellbogen nicht verdeckt.
- Der Ellbogen steht nicht unter dem Widerrist.
- Die Linie Schulterblatt zum Ellbogen verläuft nicht senkrecht.

Der Oberarm der Akita-Hündin liegt zu wenig zurück, er steht zu weit vorne, ist zu steil gestellt, was alles zusammengenommen für eine steile Front verantwortlich ist.

Abb. 5-3-05 | *Eine Akita-Hündin mit einem schrägen Schulterblatt, jedoch mit einem steilen Oberarm. Der Ellbogen sollte beim blauen Pfeil unter dem Widerrist (S) stehen, stattdessen verläuft die 1. Balance-Linie (rot) durch den Hals, der Oberarm ist sehr steil.*

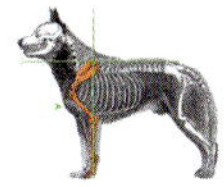

Der zu kurze Oberarm

Bei einem zu kurzen Oberarm kann die 1. Balance-Linie nicht optimal verlaufen. Die Linie führt durch den Hals, was nicht erwünscht ist (Abb. 5-3-06). Die Beine sollten unter dem Widerrist, dem schwersten Teil des Brustkorbs, stehen, nicht unter dem Hals. Bei einem kurzen, aber auch einem steil stehenden Oberarm ist von der Seite betrachtet wenig oder gar keine Vorbrust sichtbar.

Dr. Martin Fischer hat mit seinem Team an der Universität Jena den Mythos des zu kurzen Oberarms relativiert, die Abweichungen waren zwischen den verschiedenen Rassen sowie innerhalb der einzelnen Rassen sehr gering. Aber es reichen schon 1–2 cm Längenunterschied im Vergleich zum Schulterblatt und die erwünschte Äquidistanz ist nicht mehr gegeben (Abb. 5-3-06).
Es ist jedoch die Lage des Oberarms, die entscheidend ist.
Je steiler der Oberarm gestellt ist, desto weiter vorne befindet sich die Front und desto weniger Vorbrust ist von der Seite betrachtet sichtbar.

Aiko, der Mini Bullterrier in Abb. 5-3-06, hat einen kürzeren, aber recht gut zurückliegenden Oberarm. Dies ist sehr oft bei Rassen zu sehen, bei denen Terrier in den Ahnen zu finden sind. Allein diese kleine Distanz, die dem Oberarm fehlt, hat bereits eine sichtbare Auswirkung auf die Qualität der Front. Bei Kisha in Abb. 5-3-07 sehen wir, welch positiven Einfluss ein etwas längerer und gut zurück liegender Oberarm auf die Front hat.

Ein kurzer Oberarm kann einen großen Einfluss auf die Fortbewegung haben. Es gibt Hunde mit kurzen Oberarmen, die vorne breit laufen, andere überkreuzen, wieder andere laufen steppend und/ oder machen eine zusätzliche überflüssige Bewegung im Karpalgelenk.

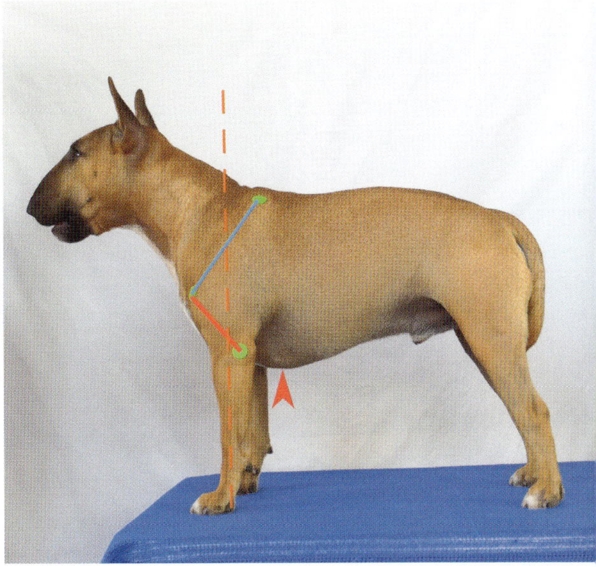

Abb. 5-3-06 | *Aiko: Der Oberarm (rote Linie) ist gut zurückgelegt, jedoch kürzer als das Schulterblatt (blaue Linie). Er sollte länger sein, damit der Ellbogen den tiefsten Punkt des Brustkorbes (roter Pfeil) verdecken kann.*

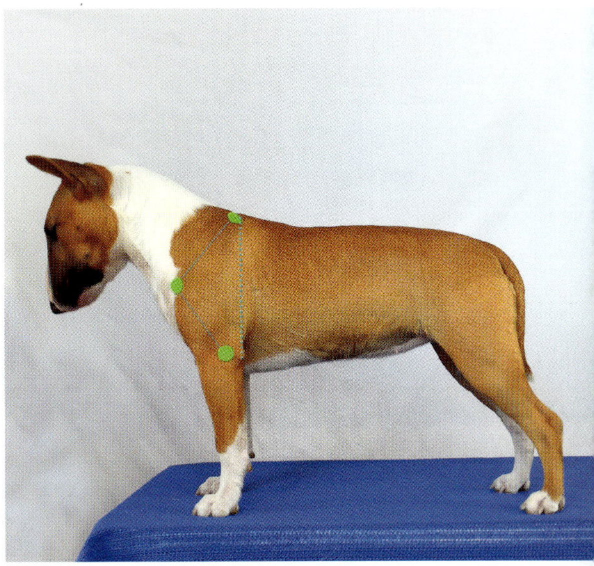

Abb. 5-3-07 | *Kisha: Die Äquidistanz stimmt, Oberarm und Schulterblatt sind ungefähr gleich lang, der tiefste Punkt des Brustkorbs ist verdeckt.*

Ein kurzer Oberarm beeinflusst die Nacken- und Kopfhaltung, weil die Brustbeinspitze – die Andockstelle für die Halsmuskulatur – tiefer liegt. Hunde mit kurzen Oberarmen haben die Tendenz, im Stehen zu stemmen und beim Traben die Vorderläufe höher zu schwingen, effektiv aber kleinere Schritte zu machen.

Abb. 5-3-08 | *Nochmals Spiky: Sein kurzer und steil gestellter Oberarm (violette Linie) bewirkt, dass die Front zu weit vorne steht und keine Vorbrust sichtbar ist. Der rote Pfeil zeigt die Stelle, an der Oberarm und Ellbogen stehen müssten.*

Der zu steil gestellte Oberarm

Bei einem gut gebauten Hund wirkt die Front harmonisch und wie aus einem Guss. Nicht so in Abb. 5-3-09, wo es aussieht, als wäre die Front über den Hund gestülpt worden und würde nicht zum Brustkorb gehören. Der Oberarm hat zwar annähernd die gleiche Länge wie das Schulterblatt, aber er steht viel zu weit vorne. Die Ursache dieser schwachen Front ist die mangelhafte Form des Rippenkorbs, wie in Kapitel 9 beschrieben.

Abb. 5-3-09 | *Der steile, instabile Oberarm dieses Pointers steht zu weit vorne und ist mangelhaft mit dem schmächtigen Brustkorb verbunden.*

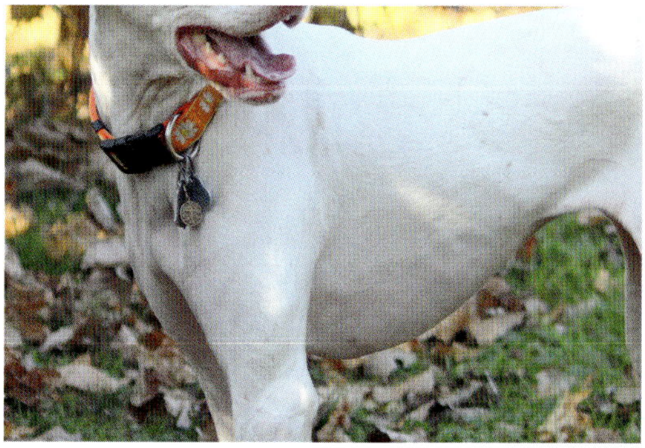

Ein korrekt geformter Rippenkorb reicht bis zum Ellbogen und seine Form sollte nicht flachrippig sein, sondern ein schönes Oval aufweisen. Diesem Rippenkorb mangelt es an Tiefe. Der Hund hat keine Möglichkeit, eine funktionelle Oberarm- und Halsmuskulatur auszubilden. Diesen Oberarm können wir mit einer Hand umfassen, was ein eindeutiges Zeichen dafür ist, dass der Hund instabil und dadurch verletzungsanfällig ist.

Der Oberarm sollte gut geführt sein und entlang der Rippen schwingen können. Diesem Hund wird es nicht nur an Stabilität, sondern auch an Ausdauer mangeln, denn dieser Brustkorb bietet den inneren Organen viel zu wenig Platz.

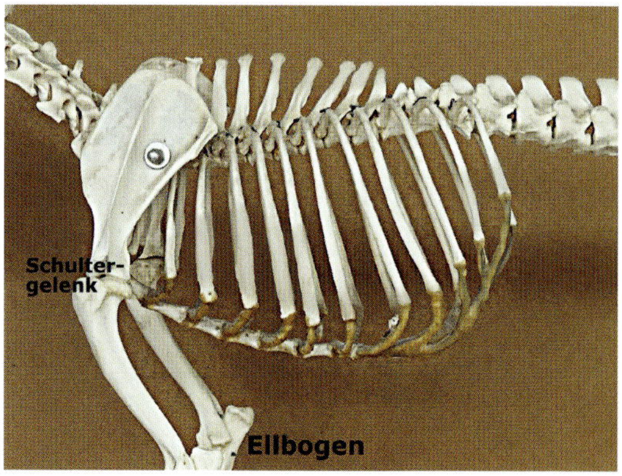

Abb. 5-3-10 | *Wenn wir derart frei stehende Oberarme mit der Hand umfassen können, ist das meistens wegen mangelhafter Bemuskelung und einem viel zu wenig tiefen oder zu flachrippigen Brustkorb der Fall. Dieser schmächtige Brustkorb reicht nur wenig tiefer als das Schultergelenk anstatt bis zu den Ellbogen.*

Abb. 5-3-11 | *Die Balance-Linie 1 geht bei der Dogge durch den Hals (rote Linie). Der zu lange Oberarm bewirkt eine stolze, aber nicht korrekte Nacken- und Kopfhaltung.*

Durch die ungenügend entwickelte Muskulatur hat der weiße Hund einen Senkrücken. Er wird eine sehr instabile Vorderhand-Bewegung zeigen und lose, verletzungsanfällige Ellbogen haben. Leider gibt es gerade im Agility-Sport viele Border Collies, die unter ihrem Fell aussehen wie der Pointer in Abb. 5-3-09. Jeder Hund mit einer solchen Front wird seine Sportkarriere früh beenden müssen, zu groß sind die Verschleißfolgen aufgrund seines Körperbaus.

Der zu lange Oberarm

Hunde mit kürzeren Oberarmen sind sehr verbreitet, längere Oberarme als das Schulterblatt hingegen sind seltener zu finden.

Als erstes fällt bei der Dogge auf Abb. 5-3-11 auf, dass die 1. Balance-Linie nicht korrekt verläuft. Sie führt durch den Hals, anstatt durch den Widerrist. Bei längeren Oberarmen ist meistens eine schöne Vorbrust zu sehen. So kommen längere Oberarme häufiger bei kurzhaarigen Rassen vor. Bei ihnen wird im Show-Ring ein größeres Augenmerk auf eine gute Vorbrust gelegt, anzuführen sind beispielsweise Doggen, Boxer oder Weimaraner.
Diese Hunde fallen besonders durch ihre stolze, aber leider nicht korrekte, Haltung auf.

Durch den längeren Oberarm stimmt die Äquidistanz nicht. Das Schultergelenk (roter Punkt) und die Brustbeinspitze befinden sich nicht in der Mitte des Körpers, sondern etwas höher.
Das Schulterblatt ist kürzer, was wiederum ein völlig anderes Zusammenspiel der Muskeln bewirkt. Jede Abweichung von der natürlichen Struktur wirkt sich in irgendeiner Art negativ aus.

DER ELLBOGEN

Die Ellbogen sollten weder im Stand noch in der Bewegung auffällig sein.

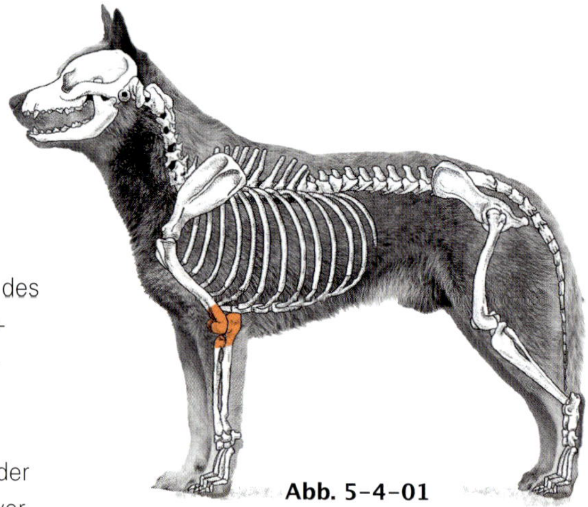

Abb. 5-4-01

Die Position des Ellbogens wird durch die Lage des Oberarms und die Form des Rippenkorbs beeinflusst. Der Ellbogen sollten auf Höhe des Brustbeins stehen, dessen tiefsten Punkt verdecken und weder ein- noch ausdrehen. Nicht korrekt stehende Ellbogen bewirken eine Abweichung der Belastungsachse, was zu einem frühen Gelenkverschleiß führen kann.

Der ideale Ellbogen

Bei den meisten Rassen verlangt der Standard, dass der Brustkorb bis auf die Höhe des Ellbogens reicht. Oft liest man auch, dass der Ellbogen den tiefsten Punkt des Brustkorbs verdecken soll. Dies ist eine passende Formulierung, um einen gut zurückliegenden Oberarm zu beschreiben. Ist der tiefste Punkt nicht verdeckt, ist der Oberarm zu kurz und/oder der Winkel zu steil (Abb. 5-4-05).

Wir können den Ellbogen nur in Kombination mit dem Oberarm und dem Brustkorb analysieren. Der Oberarm ist mit Muskeln am Brustkorb befestigt, die Muskeln sind jedoch nur so kräftig wie deren Anhaftungsflächen groß sind. Ein stabiler Oberarm respektive Ellbogen muss demzufolge gut bemuskelt und dem genügend tiefen Brustkorb entlanggeführt sein. Ein schmächtiger, zu wenig tiefer Brustkorb bietet weniger Oberflächen für eine optimale Muskelverbindung und ist mit ein Grund für eine lose Bewegung des Ellbogens. Ein lose stehender, überbeweglicher Ellbogen wie auf Abb. 5-3-09 ist viel verletzungsanfälliger als ein gut geführter Ellbogen.

Bei Hunden mit langem Fell sind die Ellbogen verdeckt. Glücklicherweise gibt es einen Trick: Schauen Sie sich die Stellung der Pfoten an!

Prüfen Sie es an sich selbst: Winkeln Sie die Ellbogen an und drücken Sie diese seitlich gegen Ihren Brustkorb – Unterarm, Hand und Finger werden leicht nach außen zeigen. Nun stellen Sie die Ellbogen etwas aus – Unterarm, Hand und Finger werden leicht nach innen zeigen.
Das Gleiche gilt beim Hund. Wenn Sie sich nun an der Zehenstellung des Hundes orientieren, dann wissen Sie, wie seine Ellbogen stehen:

- gerade Pfoten ‣ korrekt stehende Ellbogen
- leicht ausgedrehte Pfoten ‣ eingedrehte, angedrückte Ellbogen
- leicht eingedrehte Pfoten ‣ ausgedrehte, nach außen stehende Ellbogen

Noch ein Tipp: Wenn Sie sich die Pfoten anschauen, dann kontrollieren Sie gleichzeitig den Abstand der Vorderbeine und stellen sich dabei die Rundung des Brustkorbs vor. Der Sheltie in Abb. 5-4-02 steht genügend breit, der normale Abstand der Vorderbeine weist auf einen gut geformten Brustkorb hin. Seine Pfotenstellung lässt jedoch auf ausgedrehte Ellbogen schließen.

Abb. 5-4-02 | *Auf einen Blick können wir bei langhaarigen Hunden die Position der Ellbogen allein an der Pfotenstellung erkennen. Der Sheltie dreht die Pfoten leicht nach innen, was auf leicht ausgedrehte Ellbogen schließen lässt.*

Eingedrehte Ellbogen

Während des Wachstums stehen viele Hunde vorne eng, mit wenig Abstand zwischen den Vorderbeinen.

Der Grund dafür ist das noch nicht fertig ausgebildete Oval und der dadurch oft noch zu wenig tiefe Brustkorb. Um stabiler zu stehen drücken die Hunde die Ellbogen unter den Körper, was automatisch die Pfoten nach außen weisen lässt. Hunde, die vorne schmal sind, müssen hinten weit stehen, um ihre Stabilität zu verbessern (Abb. 5-4-03).

Mit etwas Glück weitet sich das Brustkorb-Oval während der Entwicklung und die Vorderbeine bekommen einen breiteren, stabilen Stand. Mehr dazu in Kapitel IV, Seite 109.

Abb. 5-4-03 | *Dieser ACD mit einem zu schmalen und zu wenig tiefen Brustkorb dreht die Ellbogen ein. Die Vorderpfoten zeigen nach außen und der Hund steht hinten zur Stabilisation weit.*

Abb. 5-4-04 | *Mischling Spiky: Ausgedrehte Ellbogen bewirken eine Fehlstellung in der Achse, die Beine stehen neben dem Körper (rote Linie).*

Ausgedrehte Ellbogen

Spiky, der pfiffige Mischling aus Spanien, ist ein perfektes Anschauungsmodell für die Komplexität der Front (Abb. 5-4-04 bis Abb. 5-4-06). Von vorne fallen zuerst seine ausgedrehten Ellbogen auf. Seine Vorderbeine stehen in keiner geraden Linie unter der Schulter, sondern etwas weiter außen, neben seinem Körper (rote Linie in Abb. 5-4-04). Die Pfoten zeigen leicht nach innen. Der Brustkorb deutet auf ein eher breites Oval hin.

Wir haben uns Spiky von vorne angesehen und wissen nun, dass seine Ellbogen nicht korrekt stehen. Wir schauen ihn uns anschließend von der Seite an. Das ist übrigens dasselbe Bild wie im vorherigen Kapitel. Es ist eine bewusste Wiederholung, denn die Front ist komplex und kann von verschiedenen Blickwinkeln aus analysiert werden.

Von der Seite betrachtet (Abb. 5-4-05) fällt uns an Spiky auf:

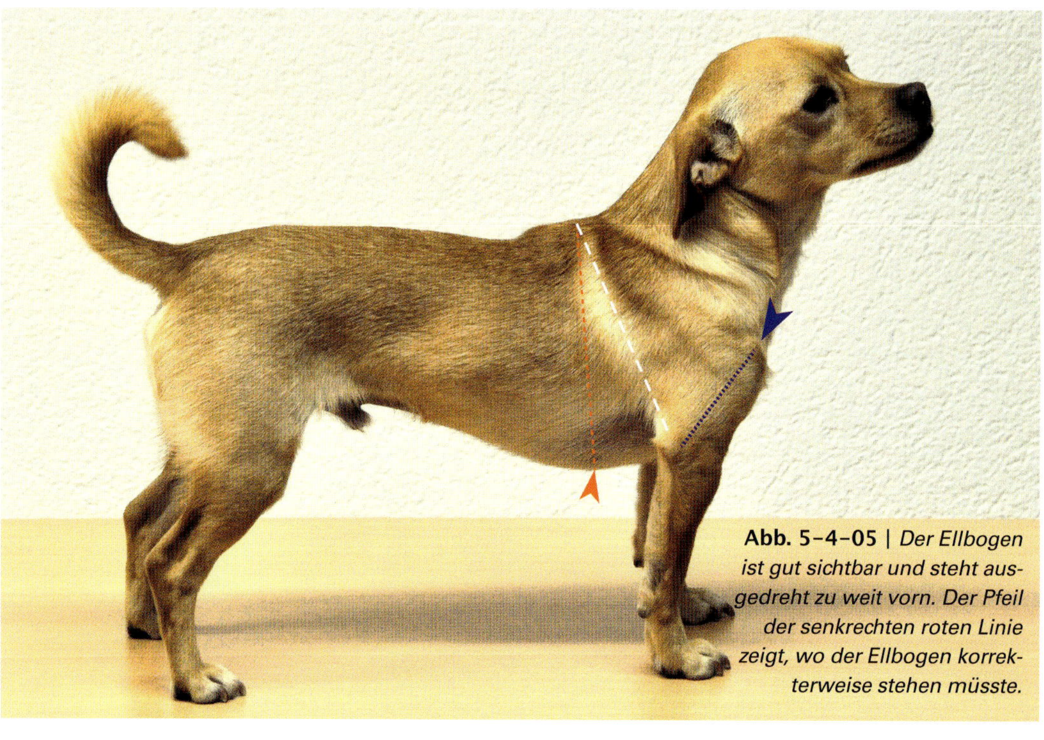

Abb. 5-4-05 | *Der Ellbogen ist gut sichtbar und steht ausgedreht zu weit vorn. Der Pfeil der senkrechten roten Linie zeigt, wo der Ellbogen korrekterweise stehen müsste.*

- Die 1. Balance Linie verläuft durch den Hals (anstatt durch den Widerrist).
- Es ist keine Vorbrust sichtbar.
- Der tiefste Punkt des Brustkorbs ist **nicht** vom Ellbogen bedeckt (roter Pfeil).
- Der schräg anstatt senkrecht verlaufende, aufgehellte Fellstreifen (weiße Linie) zeigt auf, dass der Ellbogen unter dem Hals anstatt unter dem Widerrist steht.
- Der Oberarm ist kürzer und zu steil gestellt (violette Linie).
- Die obere Linie ist nicht harmonisch.

Abb. 5-4-06 | *Spiky mit 13 Jahren, immer noch fit dank einem dem Körperbau angepassten Lebensstil. Altersbedingt hat er Muskeln abgebaut, auch unter den Schulterblättern. Dadurch sind die Ellbogen nun weniger stark ausgedreht.*

Ausgedrehte Ellbogen kommen oft bei Rassen mit einem runden, tonnenförmigen Brustkorb vor, beispielsweise bei Englischen Bulldoggen, und sind sehr verletzungsanfällig. Da der Ellbogen nicht mehr in der normalen Achse steht, wird sich jede Erschütterung im Ellbogen manifestieren. Sie kann weder vom Schultergelenk noch von der muskulären Halterung der Schulterblätter abgefedert werden. Wenn Hunde mit dieser Fehlstellung in einem körperverschleißenden Sport eingesetzt werden, ist die Gefahr eines frühzeitigen Karriereendes groß.

Lose Ellbogen

Stabile Ellbogen fallen in der Bewegung nicht auf, lockere schon. Hunde mit relativ lockeren Bändern und fehlender Führung am Brustkorb haben die Tendenz, die Ellbogen nach außen rotieren zu lassen. Diese Außenrotation können wir am besten sehen, wenn wir den Hund von uns weg traben lassen. Zusätzlich macht der Vordermittelfuß bei jedem Schritt eine Schlenkerbewegung nach außen, das Auffußen geschieht mit leicht eingedrehten Vorderpfoten.

Unser trauriges Anschauungsmodell für den losen Ellbogen ist Tschappeli (Abb. 5-4-07), ein liebenswürdiger »Notvermittlungs-Sharpei« aus Spanien. Die Liste von Tschappelis körperbaulichen Schwachstellen ist lang. Glücklicherweise waren seine Falten nicht derart übertypisiert, sodass er wenigstens sehen konnte. Kaum vorstellbar, ein Leben in diesem kaputten Körper mit zusätzlich noch durch Falten eingeschränktem Sichtfeld und zu kleinen Nasenlöchern (Abb. 3-1-30). Leider gibt es viele ähnliche Schicksale.

Abb. 5-4-07 | *Die Vorderbeine sollten von den Schultern bis zu den Pfoten eine gerade Linie bilden. Beim Sharpei Tschappeli fallen uns als erstes die ausgedrehten Ellbogen und die durchtrittigen, nicht korrekt unter dem Karpalgelenk stehenden Vordermittelfüße auf.*

Tschappeli ist durch seine Krankheit abgemagert und zu wenig bemuskelt (Abb. 5-4-07), wodurch seine körperbaulichen Probleme noch deutlicher zu sehen sind. Konzentrieren wir uns auf seine Front und die Ursachen für seine losen Ellbogen:

- Der Ellbogen fällt auf, er ist ausgedreht (Pfeil 1).
- Länge und Lage des Oberarms sind in Ordnung, aber der Oberarm kann mit einer Hand umfasst werden (ungenügende Muskelverbindungen).
- Der Brustkorb ist zu schmal und zu wenig tief (die Hautfalte unten täuscht einen tieferen Brustkorb vor).
- Die Brustbeinspitze ist zu klein und der vordere Brustkorb wenig gerundet.
- Die Vorderbeine stehen (von vorne gesehen) nicht gerade in einer Achse vom Schulterblatt zur Pfote.
- Der Vordermittelfuß ist sehr durchtrittig (Pfeil 2).
- Die Pfoten sind deutlich abgeflacht und für die bessere Stabilisation ausgedreht (Pfeil 3).

Es braucht keine weiteren Erklärungen. Bei diesem Brustkorb und den mangelnden muskulären Verbindungen kann der Ellbogen gar nicht anders als lose sein und sich lose bewegen.

Lose Ellbogen sind eine nicht zu unterschätzende Schwachstelle für Sporthunde, da diese Lockerheit zu einem verfrühten Gelenkverschleiß führen kann. Lose Ellbogen lassen sich bereits beim Welpentest erkennen.

Der Ellbogentest, drei Möglichkeiten

Es gibt drei Möglichkeiten, um die Ellbogen zu testen:

- Wo steht der Ellbogen, seitlich am Brustkorb oder vor dem Brustkorb?
- Wie gut ist die muskuläre Verbindung vom Oberarm zum Brustkorb?
- Lässt sich der Ellbogen gegen außen bewegen?

Ist die Verbindung kräftig und gut, bleibt der Ellbogen an seinem Platz. Ist die Verbindung schwach und lose, bewegt sich der Ellbogen gegen außen.
Die Ellbogen unseres Malinois-Mischlings (Abb. 5-4-09) lassen sich ohne Kraftaufwand zusammendrücken.

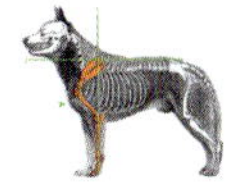

Test 1

Unsere Hand geht unter den Brustkorb und wir drücken mit dem kleinen Finger und dem Daumen die Ellbogen leicht zusammen. Bei einem sehr großen Hund nehmen wir beide Hände und drücken gleichzeitig mit beiden Zeige- und Mittelfingern. Ein gut gebauter Hund ist stabil, seine Ellbogen lassen sich keinen Millimeter bewegen, denn die Oberarme stehen gut geführt neben dem Rippenkorb. Es lassen sich nur Ellbogen zusammendrücken, die vor dem Körper stehen.

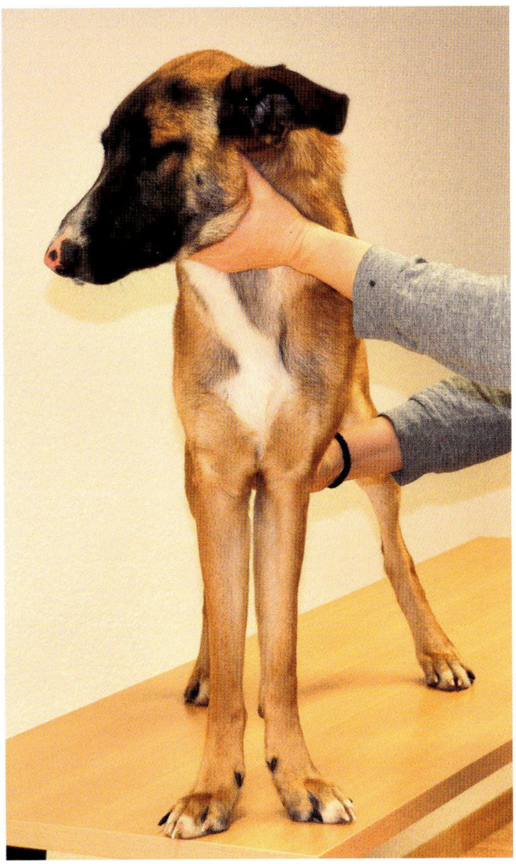

Abb. 5-4-09 | *Test 1: Wir umfassen die Ellbogen von hinten und versuchen sie zusammenzudrücken. Was hier gelingt, ist keinesfalls erwünscht.*

Der Grund dafür füllt eine ganze Mängelliste:

- Ein extrem schmaler und zu wenig tiefer Brustkorb
- Steile Schultern
- Steile Oberarme
- Ungenügende Muskelverbindung zum Rumpf
- Die viel zu kleine Brustbeinspitze mit zu wenig Oberfläche für die Anhaftung der Oberarm- und Halsmuskulatur

Die Kombination daraus führt zu einer in der Bewegung sehr losen und wenig stabilen Vorderhand mit sichtbarer Außenrotation der Ellbogen.

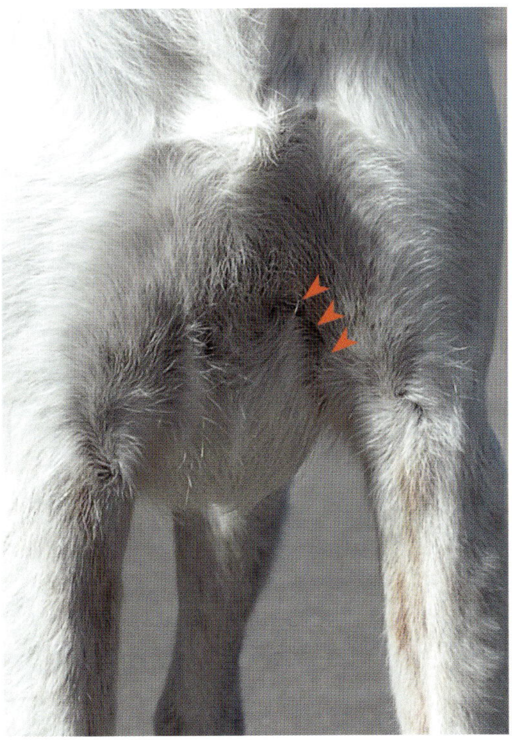

Abb. 5-4-10 | *Der Oberarm (drei rote Pfeile) steht vor dem Rippenkorb (anstatt daneben), die Bewegung im Ellbogen ist sehr lose.*

Test 2

Wir drücken mit der Hand seitlich auf das Schulterblatt des Hundes und beobachten, ob sich der Ellbogen darunter deutlich bewegen lässt. Tut er das, wird sich das in der Bewegung in Form von losen Ellbogen zeigen. Lose Ellbogen sieht man vor allem gut, wenn der Hund von uns weg oder auf uns zu trabt. (Wie es der Richter im Show-Ring verlangt.) Das ist mit ein Grund dafür, dass die Richter das Gangwerk nicht nur von der Seite, sondern auch von vorne und von hinten beurteilen. In Abb. 5-4-11 bewegt sich der Ellbogen der über 13-jährigen Mischlingshündin Samira kein bisschen. Dies ist sehr erfreulich, denn die Front hilft ihr, die altersbedingte Schwäche in der Hinterhand auszugleichen.

Abb. 5-4-11 | *Test 2: Mit Druck auf das Schulterblatt wird ein muskulär nicht gut eingebundener Ellbogen »herauspoppen«. Bei Samira bleibt der Ellbogen stabil (blauer Pfeil).*

Abb. 5-4-12 | *Test 3: Mit der Hand auf dem Widerrist wiegen wir den Körper hin und her. Hier prüfen wir das Gleiche wie im Test 2, nur auf eine andere Art. Unser Blick ist fokussiert auf die Ellbogenbewegung (blauer Pfeil).*

Test 3

Alternativ zu Test 2 können wir die Hand auf den Widerrist des Hundes legen und den Körper sanft hin und her wiegen. Unser prüfender Blick liegt wieder auf dem Ellbogengelenk. Bei einem optimal geformten Brustkorb, einer korrekten Oberarm-Stellung sowie guten Sehnen und Bändern bewegt sich das Ellbogengelenk nur minimal. Bei einer losen, schwachen Verbindung ist die Bewegung deutlich erkennbar, der Ellbogen »poppt« heraus. In diesem Fall sind die losen, verletzungsanfälligen Ellbogen auch in der Bewegung zu erkennen.

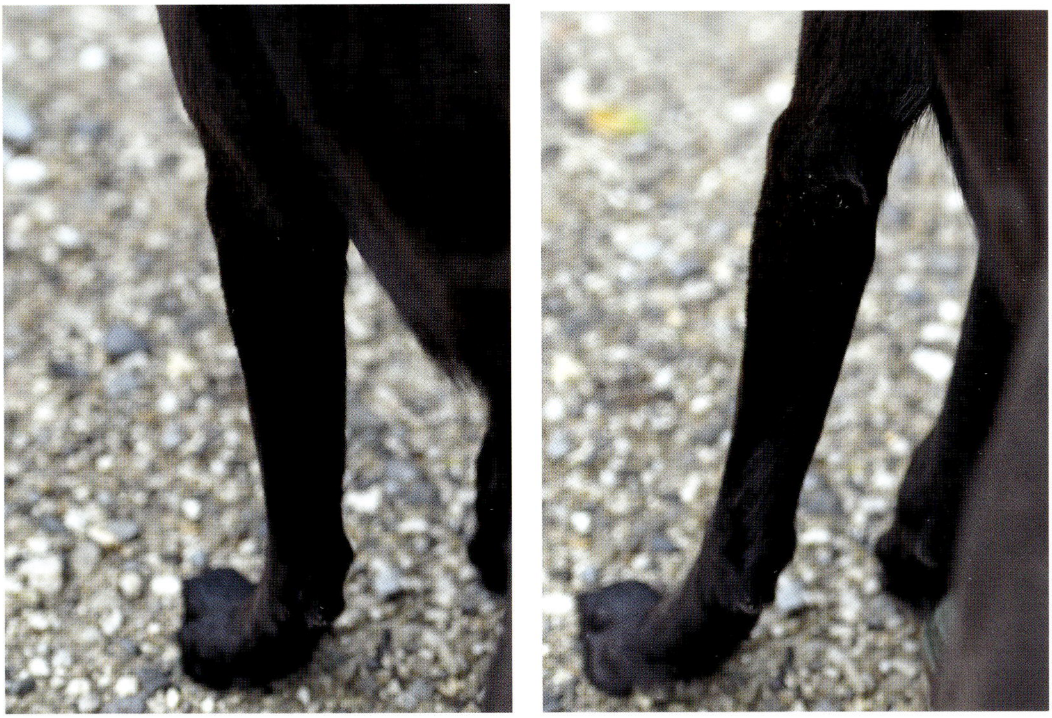

Abb. 5-4-13 a+b | *Die Bewegung des Oberarms und damit des Ellbogens gegen außen lässt auf eine ungenügend feste Muskelverbindung schließen.*

Abb. 5-4-14 | *Die Berger des Pyrénées-Hündin Amande steht vorne schmal und zum Ausgleich hinten breit. Hunde mit losen Ellbogen und schmalem Brustkorb sind in der Front weniger stabil. Für sie ist der Agility-Sport keine gute Wahl.*

Abb. 5-4-15 | *Gerade beim Springen muss der Ellbogen dieses Mischlings viel Körpergewicht abfedern und ist in Drehungen hohen Kräften ausgesetzt.*

DER UNTERARM

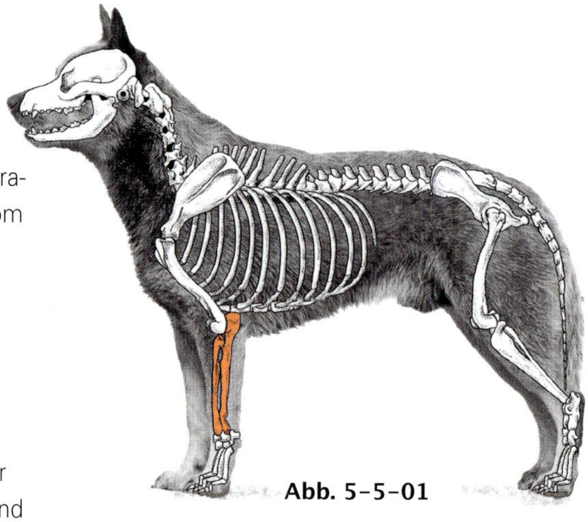

Abb. 5-5-01

Von vorne betrachtet sollten die Vorderbeine gerade und parallel stehen, in einer geraden Linie vom Schultergelenk bis zur Pfote. Das bedingt einen ohne Verkrümmungen gewachsenen Unterarm.

Die Länge des Unterarms im Verhältnis zum Oberarm kann je nach Rasse stark variieren. In der Regel haben Windhunde einen eher längeren Unterarm und kurzbeinige Hunde einen eher kürzeren als die Ausdauer-Traber, deren Ober- und Unterarm etwa gleich lang sein sollen. Auch der Knochenquerschnitt ist sehr variabel, Molosser haben eher starke, rund-ovale Knochen, Galopper eher feine, schmal-ovale.

Gebogene Unterarme treten hauptsächlich bei kurzbeinigen Rassen auf. Dafür verantwortlich ist ein »Kleinwuchs-Gen«, das sich problematisch auf die Beinachse und dadurch auf die Gewichtsverteilung auswirken kann. Lesen Sie mehr über Chondrodysplasie und Chondrodystrophie in Kapitel 8 auf Seite 223.

Ein Tipp für Aussteller:

Schauen Sie, dass Ihr Hund bei der Beurteilung im Ring den Kopf gerade nach vorne hält, dann stehen in der Regel auch die Vorderbeine gerade. Dreht der Hund den Kopf zu einer Seite, folgt auch das Bein.

Abb. 5-5-02 a–c | *Je nach dem ursprünglichen Verwendungszweck variiert die Länge der Unterarme beträchtlich (Cairn Terrier – Niederläufiger Hund, Australian Kelpie – Ausdauer-Traber, Silken Windsprite – Galopper).*

Abb. 5-5-03| *Der optimale Unterarm sollte gerade sein (grüne Linie) und von vorne gesehen mit dem Vordermittelfuß und der Pfote eine Linie bilden.*

DER VORDERMITTELFUSS (VMF)

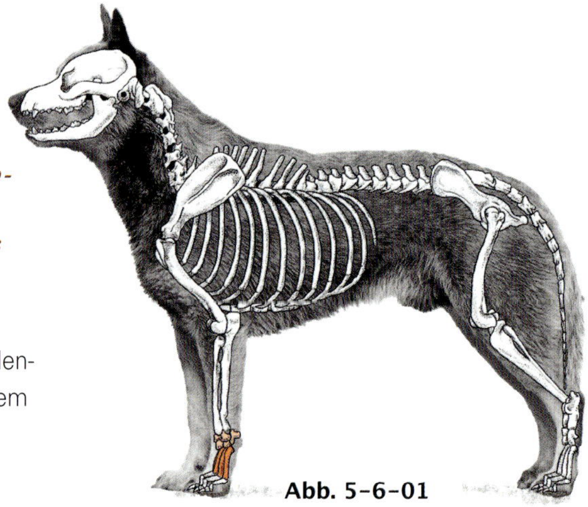

Abb. 5-6-01

Das Vorderfußwurzelgelenk (Karpalgelenk) wirkt zusammen mit dem leicht elastischen Vordermittelfuß (VMF) als Stoßdämpfer.

Das Vorderfußwurzelgelenk ist die komplexe gelenkige Verbindung zwischen dem Unterarm und dem Vordermittelfuß (VMF). Da die Front bedeutend mehr Gewicht zu tragen hat als die Hinterhand, muss sie so gebaut sein, dass sie die normalen Erschütterungen jedes Schrittes, vor allem aber starke Aufprallkräfte bei Landungen gut abfedern kann. Der VMF dient dabei als Stoßdämpfer. Für diese Aufgabe soll er von der Seite betrachtet leicht geneigt gestellt und nicht zu lang sein. Bei sehr hohen Geschwindigkeiten oder bei Landungen liegt der VMF flach auf dem Boden auf.

Unterhalb des Karpalgelenks befindet sich ein weiteres wichtiges Polster, das beim Abfedern unterstützend wirkt und Erschütterungen dämpfen hilft: es ist der Fußwurzelballen. Bei einem flach aufliegenden VMF hat der Hund die Möglichkeit, für mehr Bodenhaftung zusätzlich seine Daumenkralle einzusetzen (Abb. 5-6-02).

Abb. 5-6-02 | *Um harte Stöße und Drehungen abzufedern, können Hunde den gesamten VMF inklusive Fuß-Wurzelballen auf den Boden aufsetzen und mit der Daumenkralle zusätzlichen Halt am Boden finden.*

Abb. 5-6-03 | *ACD Xanadus funktioneller VMF bleibt von vorne betrachtet auch unter Belastung in einer Linie (grün) mit den anderen Gelenken.*

Der ideale Vordermittelfuß (VMF)

Für die Analyse betrachten wir den VMF von vorne und von der Seite.

Von vorne betrachtet bilden das Vorderfußwurzelgelenk, der Vordermittelfuß und die Pfote die Verlängerung des Unterarms und sollten absolut gerade stehen. Eine gerade Belastungsachse (grüne Linie in Abb. 5-6-03) ist optimal für die energiesparende und gelenkschonende Bewegung. Wir sehen den jungen Xanadu, unser Skelett-Modell.

Von der Seite betrachtet sollte der VMF leicht gewinkelt sein, ungefähr 20°, zur senkrechten Verlängerung des Unterarms (Abb. 5-6-05). Dies ermöglicht dem Hund, jeden Schritt optimal abzufedern, wobei die zusätzliche Voraussetzung dafür gut gepolsterte, aufgeknöchelte Pfoten und schrägliegende Schulterblätter sind.

Abb. 5-6-04 | *Von der Seite betrachtet: Ein kräftiger und moderat elastischer VMF in der Stemmphase.*

Bei einem leicht elastisch gestellten VMF ist in der Regel auch die Pfote schön aufgeknöchelt und gepolstert. Veränderungen der Pfoten sind meistens kombiniert mit der VMF-Stellung, das heißt, jede Fehlstellung ist in doppelter Hinsicht problematisch (Kapitel 5, Seite 154).

Abb. 5-6-05 | *Verschiedene Neigungswinkel des VMF. Der zu elastische VMF in der Mitte geht einher mit einer Abflachung der Pfote (roter Pfeil).*

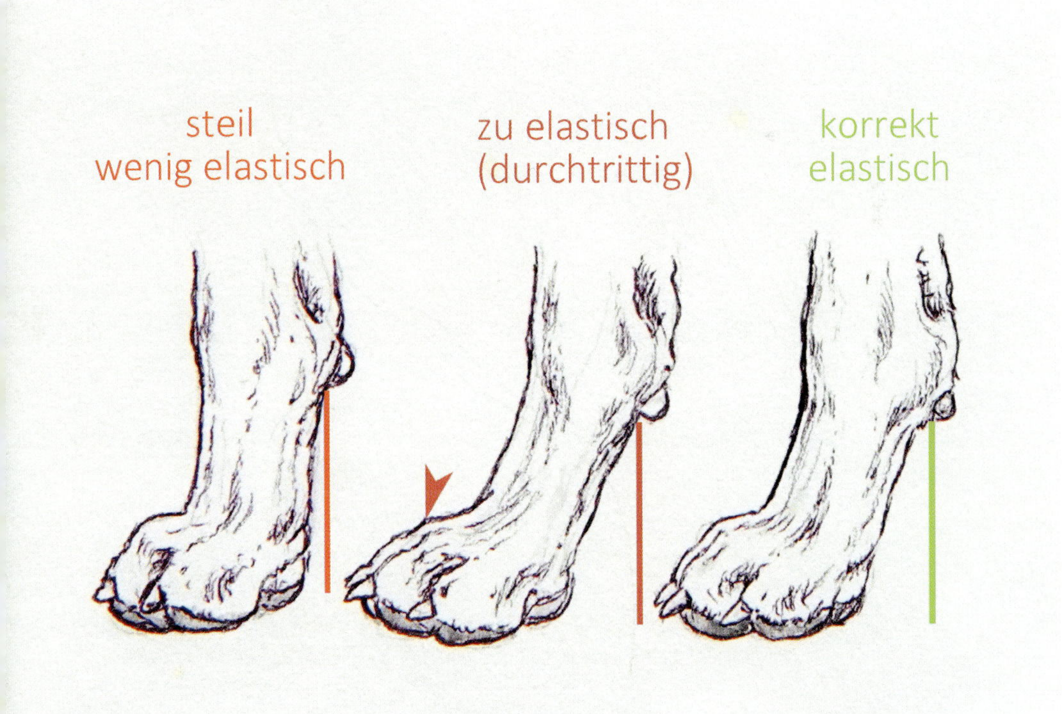

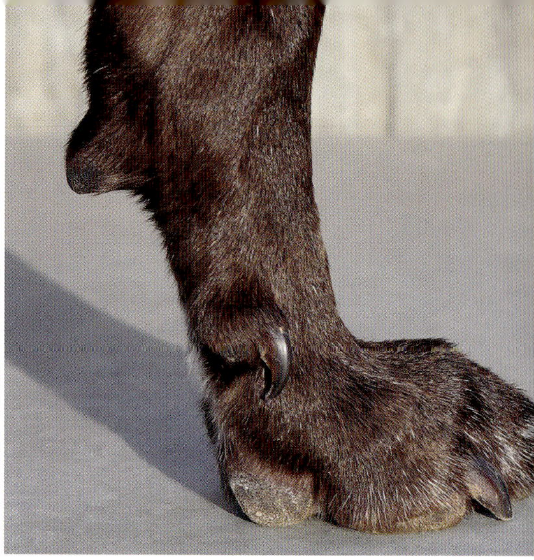

Der VMF sollte relativ kurz sein. Je länger er ist, umso schwerer wird er und es wird mehr Kraft benötigt, um das untere Ende des Beines zu bewegen. Somit wird ein Hund mit einem relativ kurzen VMF schneller sein und mehr Ausdauer und Sprungkraft haben.

Abb. 5-6-06 | *Der elastische Vordermittelfuß und die immer noch schön aufgeknöchelte und gepolsterte Pfote von Samira, einer über 13 Jahre alten Mischlings-Hündin.*

Der durchtrittige, zu elastische Vordermittelfuß

Jede von der Norm abweichende Stellung belastet den Körper. Wenn der VMF einen zu großen Winkel zum Unterarm zeigt, dann ist er durchtrittig (Abb. 5-6-07). Bei einer derartigen Überelastizität ist das Gesamtgewicht nicht auf die ganze Pfote inklusive aller Zehen verteilt, sondern es lastet hauptsächlich auf den großen Sohlenballen. Durch diese Fehlbelastung sind die Zehen abgeflacht und weniger aufgeknöchelt (Kapitel 5, Seite 154). Oft zeigen die Krallen bei abgeflachten Pfoten nicht Richtung Boden und können auf rutschigen Oberflächen keinen ausreichenden Halt bieten, was dem Hund zusätzlich Schwierigkeiten bereitet.

In vielen Fällen sind durchtrittige Hunde in schnellen Sportarten und vor allem im tiefen Boden überfordert, da ihr überelastischer VMF zu stark beansprucht wird und verletzungsanfällig ist.

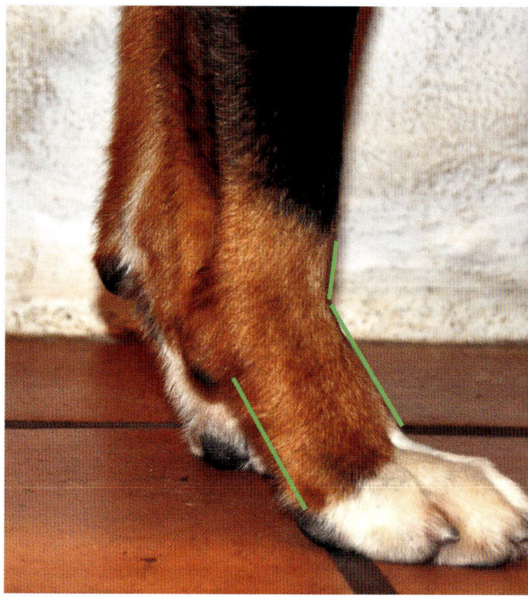

Abb. 5-6-07 | *Appenzeller Sennenhund: Ein sehr durchtrittiger Vordermittelfuß mit einer durch die falsche Gewichtsverlagerung abgeflachten Pfote. Der Hund ist leider nicht sporttauglich.*

Abb. 5-6-08 | *Beim Deutschen Schäferhund ist ein durchtrittiger VMF häufig anzutreffen, obwohl laut Standard ein zu schräg stehender Vordermittelfuß (mehr als 22°) die Gebrauchs-Eignung und die Ausdauerfähigkeit beeinträchtigt.*

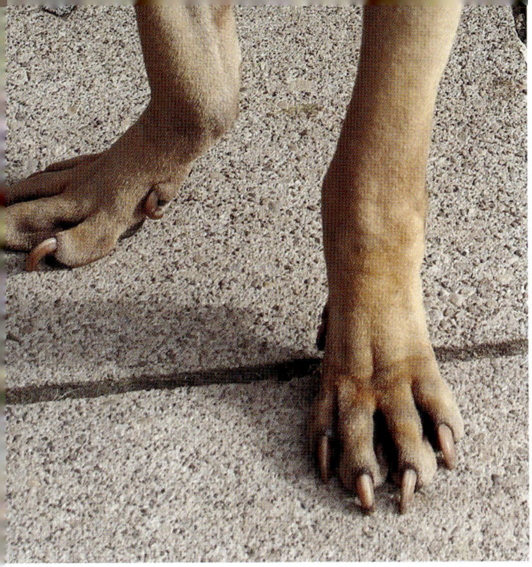

Abb. 5-6-09 | *Extrem durchtrittige VMF und gegen außen gedrehte, abgeflachte Pfoten. Die Daumenkralle ist zu lang, was mit ein Grund für Daumenkrallen-Verletzungen ist.*

Abb. 5-6-10 | *Chondrodysplastische Hunde zeigen nicht nur krumme Unterarme, sie weisen oft auch eine inkorrekte VMF- und Pfotenstellung auf, wie Mischling Felix.*

Der zu kurze und zu steile Vordermittelfuß

Bei den korrekt gebauten Traber-Rassen ist ein zu kurzer, steiler VMF nicht erwünscht, weil er sich negativ auf die Stoßdämpfung auswirkt.

Bei den Galopper- und einigen Terrier-Rassen wird jedoch im Standard ein eher steiler VMF beschrieben. Dies hat mit dem leicht vom Ausdauer-Traber abweichenden Körperbau zu tun, wie in Kapitel 8 beschrieben. Ein steiler VMF bewirkt einen etwas kürzeren Schritt, weil das Gelenk weniger elastisch ist. Zu wenig Elastizität bedeutet eine schlechtere Schock-Absorbierung und dadurch mehr Stress im VMF und in der Pfote. Speziell für Agility-Hunde ist ein leicht elastischer VMF sehr wichtig. Bei Hunden mit einem steilen VMF schlägt jede Landung in sämtliche Gelenke der Front. Bei derartigen Überbelastungen werden Hunde in dem Sport nicht alt.

Abb. 5-6-11 | *Ein steiler VMF (rote Linie) wird oft in Kombination mit einer steilen Front gesehen. Stöße und Aufprallkräfte werden in keinem der Gelenke gut abgefedert.*

Abb. 5-6-12 | *Ein junger Rhodesian Ridgeback im Wachstum mit einem momentan etwas langen Vordermittelfuß. Gut erkennbar sind hier die verdickten Wachstumsfugen bei Speiche und Elle, oberhalb des Karpalgelenks.*

Der zu lange Vordermittelfuß

Selten gibt es Hunde mit einem langen VMF (Abb. 5-6-12). Für das Anheben des längeren und dadurch auch schwereren Vordermittelfußes wird mehr Muskelkraft benötigt, was für den Hund ermüdender ist. Die Fortbewegung in tiefem Terrain wie Sand oder tiefer Einstreu in Sporthallen ist für diese Hunde sehr anstrengend und belastend für Sehnen und Bänder. In Kombination mit Durchtrittigkeit sind diese Hunde verletzungsanfälliger und für schnelle Sportarten nicht geeignet.

Abb. 5-6-13 | *Auch der korrekt gebaute, kräftige Vordermittelfuß ist vor allem im Sport enormen Belastungen ausgesetzt.*

Abb. 5-6-14 | *Luna genießt die schnellen Spurts durch das unebene Bachbett. Unglaublich, was ihre Vordermittelfüße aushalten und abfedern müssen.*

DIE VORDERPFOTEN

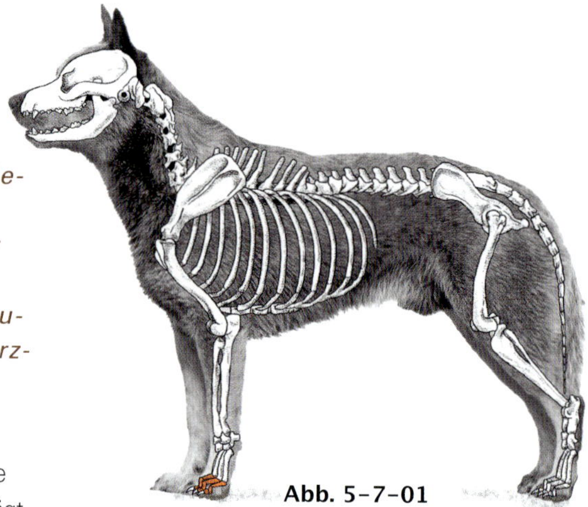
Abb. 5-7-01

Die Pfoten sind ein hochkomplexes Gefüge aus Knochen, Muskeln, Sehnen und Bändern. Einerseits sind sie sehr belastbar, anderseits als Folge von falscher Belastung oder Überbeanspruchung verletzungsanfällig und schmerzempfindlich.

Die Vorderpfoten sind immer etwas größer als die hinteren. Das macht auch Sinn, denn die Front trägt den Hals und den Kopf und dadurch mehr Gewicht als die Hinterhand. Der Hund ist so gebaut, dass er immer zuerst auf den Vorderpfoten landet, denn nur die Vorderbeine können einen Aufprall abfedern. Vorsicht beim Ball- oder Frisbeewerfen: Der Hund ist nicht gebaut, um auf den Hinterbeinen zu landen!

Im Galopp lastet das gesamte Körpergewicht auf einer einzigen Pfote. Bei Landungen mit Richtungswechseln wie im Agility, in extremen Kurven im Renngalopp oder bei schnellen Stopps wirken enorme Kräfte auf die Pfoten ein, die absorbiert werden müssen (Abb. 5-7-02).

Abb. 5-7-02 | *Bei schnellen Spurts, engen Wendungen und abrupten Stopps sind die Vorderpfoten enormen Belastungen ausgesetzt.*

Nicht nur für Sporthunde, für jeden Hund sind gesunde und gut gepflegte Pfoten wichtig, denn ohne funktionell gebaute Pfoten ist die Lebensqualität jedes Hundes drastisch eingeschränkt. Was nützt dem Hund der beste Körperbau, wenn die Pfoten mangelhaft sind und jeder Schritt schmerzt?

Leider wird den Pfoten generell viel zu wenig Beachtung geschenkt, was zur Folge hat, dass viele Rassen mittlerweile katastrophale Pfoten haben. Es ist traurig, wie viele ältere Hunde an schmerzhafter Zehenarthrose leiden. Bei jedem Schritt.

Die idealen Pfoten-Formen

Ob Hasen- oder Katzenpfoten, eine funktionelle Pfote erkennt man an gut aufgeknöchelten und satt aneinanderliegenden Zehen sowie an dick gepolsterten, widerstandsfähigen Ballen.

Die meisten Rasse-Standards verlangen gut gerundete Pfoten oder Katzenpfoten. Stellen Sie sich eine halbe Nuss vor, deren Form kommt einer Katzenpfote ziemlich nahe (Abb. 5-7-03).

Bei einigen Windhund-Rassen werden Hasenpfoten verlangt.

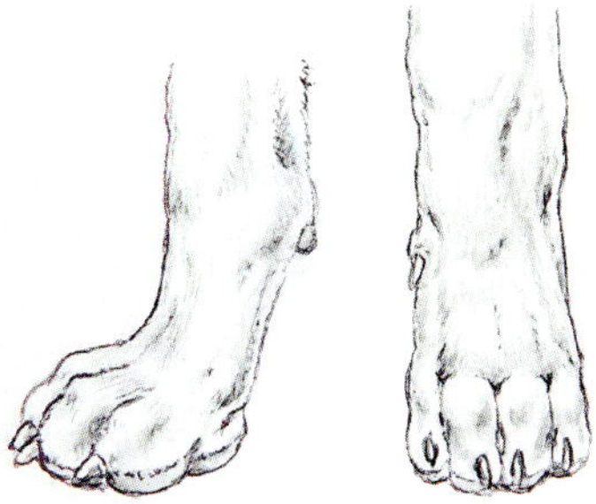

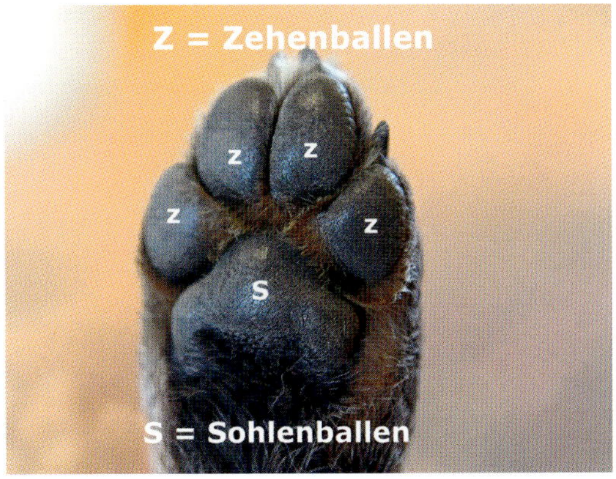

Abb. 5-7-03 a+b | *Die funktionelle Katzenpfote ist rundlich, mit gut aufgeknöchelten und dicht aneinanderliegenden Zehen. Die Krallen wachsen in Richtung Boden. Die Unterseite ist gut gepolstert mit großen, dicken, widerstandsfähigen Ballen.*

Die Form der Hasenpfote ist länglich, da die mittleren zwei Zehen etwas länger als die äußeren Zehen sind, was gut an der Hinterpfote des vorderen Saluki erkennbar ist (Abb. 5-7-04). Auch interessant zu sehen, wie der Vordermittelfuß bei der Landung Bodenkontakt hat und die Daumenkralle aktiv daran beteiligt ist (Abb. 5-7-05).

Die amerikanische Unsitte, den Show-Hunden die vorderen Daumenkrallen zu amputieren, ist barbarisch. Um die Verletzungsgefahr zu verringern reicht es, dass diese Krallen regelmäßig gekürzt werden (Abb. 5-6-09).

Der Hund sollte seine vier Zehenballen und den großen Sohlenballen gleichmäßig belasten, er soll auf allen Ballen stehen. Im Idealfall sind diese Ballen dick und gut gepolstert, ohne Zwischenräume, denn sie helfen die Erschütterungen in der Fortbewegung zu dämpfen. Je besser die Pfoten gepolstert sind, umso weniger ist es für Hunde ein Problem, in steinigem Terrain und/oder bei heißen Temperaturen unterwegs zu sein.

Jede einzelne Zehe sollte kräftig, flexibel und gut gepolstert sein, damit der Hund mit den kurzen Krallen einen guten Griff auf dem Boden hat, was vor allem für schnelle Wendungen und Stopps unerlässlich ist.

Nur aufgeknöchelte Zehen sind funktionell und voller Spannkraft. Ohne Spannkraft ist zusammen mit den übrigen Gelenken kein Katapulteffekt möglich.

Bei langhaarigen Hunden müssen wir zwingend die Zehen tasten. Unsere Finger sollen eine ausgeprägte obere Wölbung fühlen sowie eng aneinanderliegende Zehen.

Abb. 5-7-04 | *Windhunde haben generell eher längere Pfoten und benutzen ihre Daumenkrallen aktiv bei der Landung.*

Abb. 5-7-05 | *Interessant zu sehen, wie der Vordermittelfuß bei der Landung flach auf dem Boden aufliegt und wie sich alle fünf Zehen in den Sand krallen.*

Nicht korrekte Pfoten

Senk- oder Spreizpfoten

Jede Pfote, die nicht aufgeknöchelt und geschlossen ist, belastet den Hund. Senkpfoten, auch Spreizpfoten genannt, sind in vielen Fällen eine Kombination aus zu kleinen Zehenballen und einem zu durchtrittigen Vordermittelfuß. Solche Pfoten können auch von Verletzungen her stammen. Früher, als im Agility-Sport bei der A-Wand die Querlatten nicht abgerundet waren, sah man bei älteren Agility-Hunden viele, durch hunderte Micro-Verletzungen geschädigte, abgeflachte Pfoten.

Bei »Plattfüßen« ist die Gewichtsverteilung verändert. Der Hund belastet nicht mehr die gesamte Pfote, er entlastet die Zehen (vermutlich, weil sie schmerzen) und steht hauptsächlich auf dem großen Sohlenballen. Durch diese Fehlbelastung wird der Vordermittelfuß zu schräg gestellt, wie in Abb. 5-7-06 und Abb. 5-7-08 klar zu erkennen ist (der VMF-Winkel sollte nur ca. 20° betragen).

Somit hat sich die ganze funktionelle Belastungsachse verändert und der Hund muss im Stand sowie in der Bewegung andauernd kompensieren. Das Schmerzhafteste an diesen Pfoten ist wohl die Zehenarthrose oder die Sesambein- Absplitterungen.

Ein weiteres Problem bei extremen Senkpfoten sind die Krallen, die in die falsche Richtung (waagerecht oder in Richtung Himmel) wachsen und nicht mehr funktionell sind. Auf weichem, rutschigem Untergrund verhelfen Krallen zu einer gewissen Standfestigkeit. Die Hunde krallen sich im wahrsten Sinne des Wortes in den Untergrund. Auch die Daumenkralle der Vorderpfote gibt dem Hund Halt und Stabilität auf schwierigem Terrain.

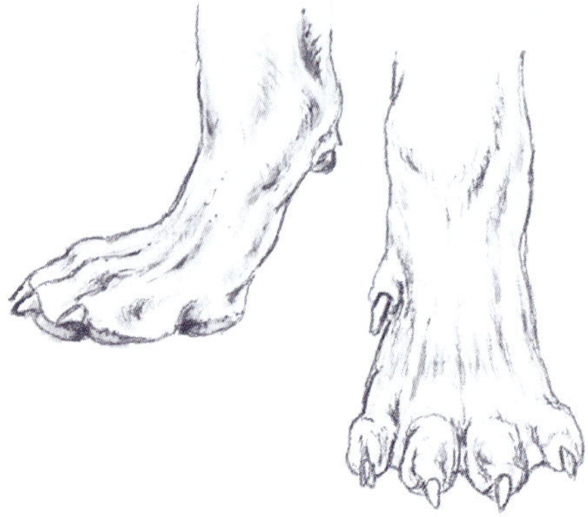

Abb. 5-7-06 | *So sehen unerwünschte flache Senkpfoten (Spreizpfoten) mit zu großen Abständen zwischen den Zehen aus. Durch die veränderte Gewichtsbelastung wird der Vordermittelfuß durchtrittig.*

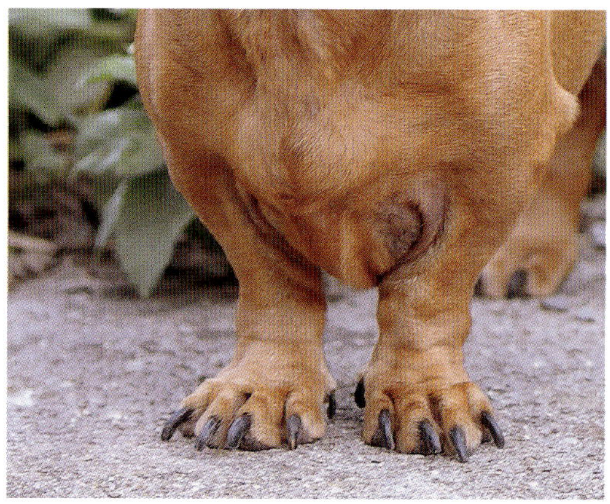

Abb. 5-7-07 | *Die flachen Zehen dieser Senkpfoten sind mangelhaft gepolstert.*

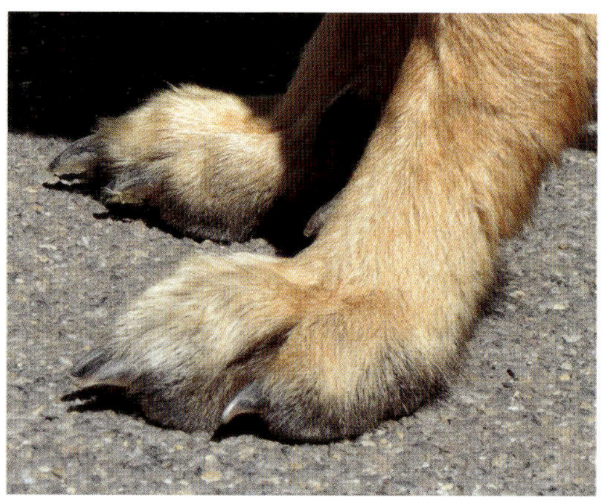

Abb. 5-7-08 | *Diese wenig aufgeknöchelten Zehen haben jegliche Spannkraft verloren. Die Neigung des Vordermittelfußes ist stark durchtrittig.*

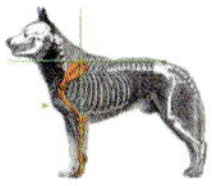

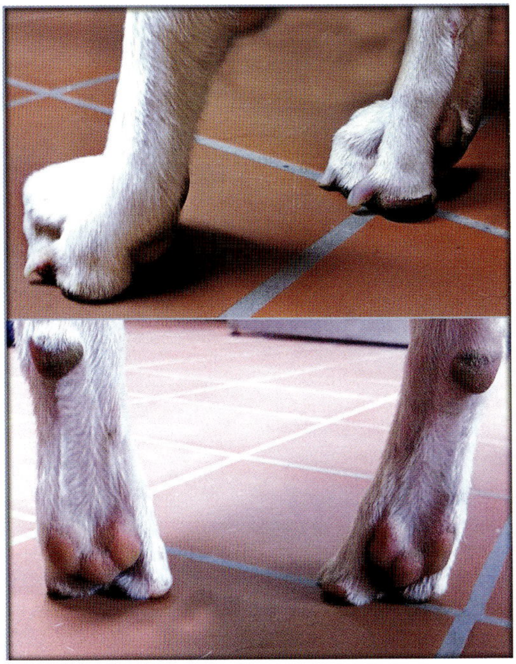

Abb. 5-7-09 | *Bei Stelz-Pfoten stehen die Hunde vorne auf den Zehenballen, der Sohlenballen steht unkorrekterweise in der Luft.*

Stelz-Pfotenstand

Eine Stelz-Pfote ist ein eher seltener Anblick. Der Hund steht und läuft auf den Zehenballen, der Sohlenballen steht in der Luft, wie in Abb. 5-7-09 gut zu sehen. Dadurch stehen diese Hunde sehr steil und die Pfoten können den Aufprall beim Laufen und bei Landungen nur schlecht absorbieren.

Roll-Ballen

Bei einer funktionellen Pfote sehen wir eng aneinanderliegende, gut aufgeknöchelte Zehen und kräftige Krallen, die Richtung Boden zeigen. Die Ballen sollten auf keinen Fall sichtbar sein, denn der Hund soll auf diesen Polstern stehen und seine vier Zehenballen und den Sohlenballen gleichmäßig belasten.

Roll-Ballen (Abb. 5-7-10), die vor allem bei den Hinterpfoten zu einem ernstzunehmenden Problem werden, werden in Kapitel 6, Seite 191 eingehend beschrieben.

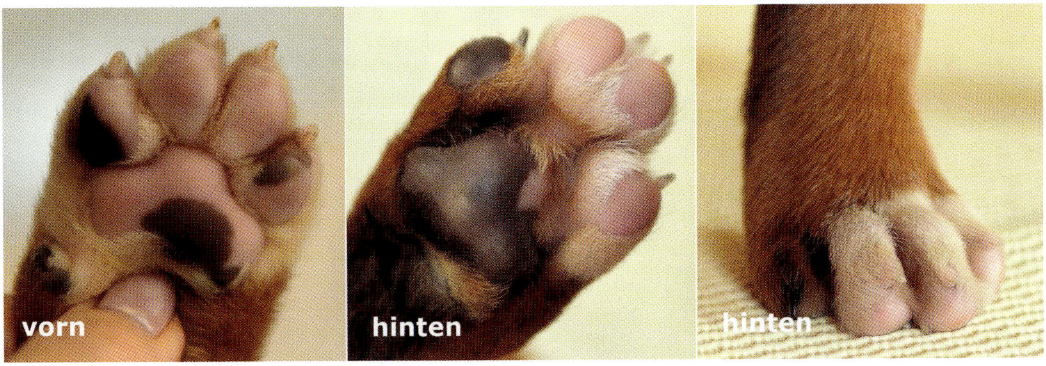

Abb. 5-7-10 | *Oft sehen wir vorne sehr gut gepolsterte Pfoten, jedoch hinten instabile Roll-Ballen mit zu kleinen Zehenballen und zu großen Zwischenräumen.*

Bei Roll-Ballen sind die Zehenballen von der Seite und von vorne sichtbar, sie sind »hochgerollt«, die Krallen zeigen geradeaus oder sogar Richtung Himmel. Der Hund verlagert sein Gewicht nach hinten und belastet hauptsächlich seine Sohlenballen. Die Ursache für Roll-Ballen liegt, wie wir nach Jahren endlich herausfinden konnten, in der mangelhaften Zehen-Polsterung. Sämtliche Hunde mit aufgerollten/aufgefächerten Zehenballen haben zu kleine Ballen mit großen Abständen zueinander. Meistens sind die Ballen der seitlichen Zehen zu klein, seltener auch die mittleren.

Zu kleine Ballen bedeuten große Zwischenräume zwischen den Ballen, das heißt die Zehen werden nicht mehr genügend gut von den Nachbarzehen gestützt. Durch diese fehlende Stütze sind die Zehen beweglicher und verletzungsanfälliger, die Ballen rollen, die Pfote ist instabil. Betroffene Hunde können schon früh an Schmerzen im Zehenbereich leiden. Damit beginnt der Teufelskreis. Der Hund hat keinen soliden Stand, weil seine Polster zu klein und die Zehen zu beweglich sind. Einerseits aus Stabilitätsgründen, andererseits um dem Schmerz auszuweichen, versuchen diese Hunde ihr Gewicht zu verlagern. Vorzugsweise auf den meistens gut gepolsterten Sohlenballen.
Durch die veränderte Belastungsachse flacht die Pfote noch mehr ab, die Zehen spreizen sich und die schmerzhafte Zehenarthrose ist vorprogrammiert. Wie jede Kompensationshaltung wirkt sich auch dieser veränderte Stand negativ auf den gesamten Bewegungsapparat aus und verstärkt andere strukturelle Probleme.

Abb. 5-7-11 | *Marleys Vorderpfoten – ein bis jetzt glücklicherweise recht seltener Anblick.*

Ohne gut geschlossene und aufgeknöchelte Zehen mit großen, satt aneinanderliegenden Polstern ist der Gang nicht mehr federnd und die Sprungkraft stark eingeschränkt.

Dass das Problem bereits in den Vorderpfoten angekommen ist, zeigt uns der 18 Monate junge Labrador-Rüde Marley (Abb. 5-7-11).
Marley »rollt« auf allen vier Pfoten durchs Leben, seine Krallen sind unnatürlich abgewetzt. Marleys Gangbild ist auffällig, was nicht überrascht, wenn man sieht, wie er auf seinen vier Pfoten steht.

Abb. 5-7-12 | *Marley hat auch hinten Roll-Pfoten und steht dementsprechend auf allen vier Pfoten instabil.*

Abb. 5-7-13 | *Gut gepolsterte Pfoten sind das Fundament für jeden Hund, im Stand wie in der Fortbewegung.*

Abb. 5-7-14 | *Diese schöne, satt gepolsterte Vorderpfote mit zusammengewachsenen mittleren Zehenballen gehört einer alten Jagdterrier-Hündin.*

Ballen, Polster

Die Pfotenunterseite sollte gut gepolstert mit widerstandsfähigen Ballen sein. Dicke, derbe Kissen mit wenig Abstand dazwischen sorgen für eine gute Abfederung wie auf Abb. 5-7-14.

Der Sohlenballen ist in den meisten Fällen gut ausgebildet, aber bei vielen Pfoten sind die Zehenballen nicht groß genug ausgebildet (Abb. 5-7-15). Zu kleine Zehenpolster sind nebst zu langen Krallen eine der Hauptursachen für deformierte Zehen. Je satter die Ballen aneinanderliegen, desto besser sind die einzelnen Zehenglieder gestützt und umso weniger wird der Hund im Alter eine Zehenarthrose entwickeln.

Abb. 5-7-15 a und b | *Wenig aufgeknöchelte Pfoten mit aufgespreizten Zehen lassen immer auf ungenügend gepolsterte Ballen mit zu großen Abständen schließen.*

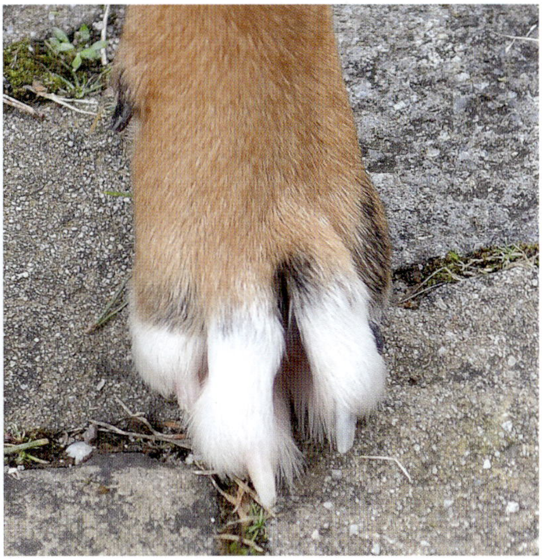

Krallen

Die Krallen einer funktionellen Pfote zeigen immer Richtung Boden. Die Krallen sollten nicht zu lang sein, das heißt sie dürfen keinen Bodenkontakt haben. Ideal ist die Länge, wenn wir unseren Fingernagel zwischen das Krallenende und den Boden schieben können.

Zu lange Krallen sind mit ein Grund für deformierte Zehen. Alle Krallen sollten deshalb regelmäßig kontrolliert werden. Auf rutschigem Gelände oder bei schnellen Richtungswechseln ist jeder Hund auf seine Krallen angewiesen. Sie bieten zusätzlichen Halt und ermöglichen eine bessere Bodenhaftung. Unregelmäßig abgeschliffene Krallen wie bei

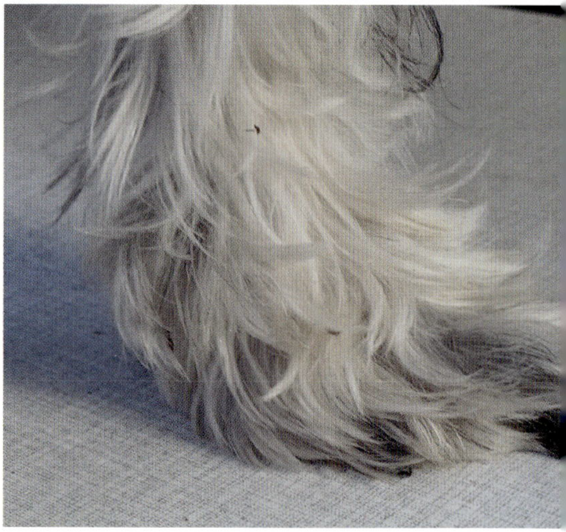

Abb. 5-7-16 | *Diese Krallen sind gut 2 mm zu lang. Krallen sollten keinen Bodenkontakt haben, sonst beginnen sie die Zehen zu deformieren.*

Abb. 5-7-17 | *Bongo: Unregelmäßig abgeschliffene Krallen sind immer ein Warnzeichen und ein Fall für einen Besuch beim Tierarzt.*

Bongo in Abb. 5-7-17 weisen auf einen schleifenden Gang hin. Der Conti-Bulldog Bongo litt an einer chronischen Bizeps-Sehnenentzündung.
Wir haben Bongo bereits bei der Erklärung der steilen und weit auseinanderstehenden Schultern kennengelernt. Hunde mit solch abgeschliffenen Krallen sollten baldmöglichst einem Spezialisten vorgestellt werden. Die Ursache kann eine strukturelle sein oder es kann unter Umständen ein neurologisches Problem zugrundeliegen (dies jedoch vermehrt bei den Hinterpfoten).

Auswirkung einer extremen Fehlbelastung

Gibt es im Körper eine Schwachstelle, dann kompensiert der Hund in erster Linie mit Muskelaufbau. Innerhalb der Pfoten ist dies nicht möglich, somit werden hier die Knochen, Sehnen und Bänder in Mitleidenschaft gezogen.

Hunde können auch durch Übergewicht und Fehlbelastungen »Plattfüße« bekommen, wie Norit, der Cattle Dog-Rüde auf Abb. 5-2-24, der ursprünglich wunderschöne Pfoten hatte. Nach einem Unfall mit Verletzung im Ellbogen rechts schonte er das Bein und überlastete die andere Seite, insbesondere die linke Pfote. Mit seinen 10 kg Übergewicht dauerte es nicht lange, bis die gesunde linke Pfote durch diese Überlastung »zusammenbrach« (Abb. 5-7-18).

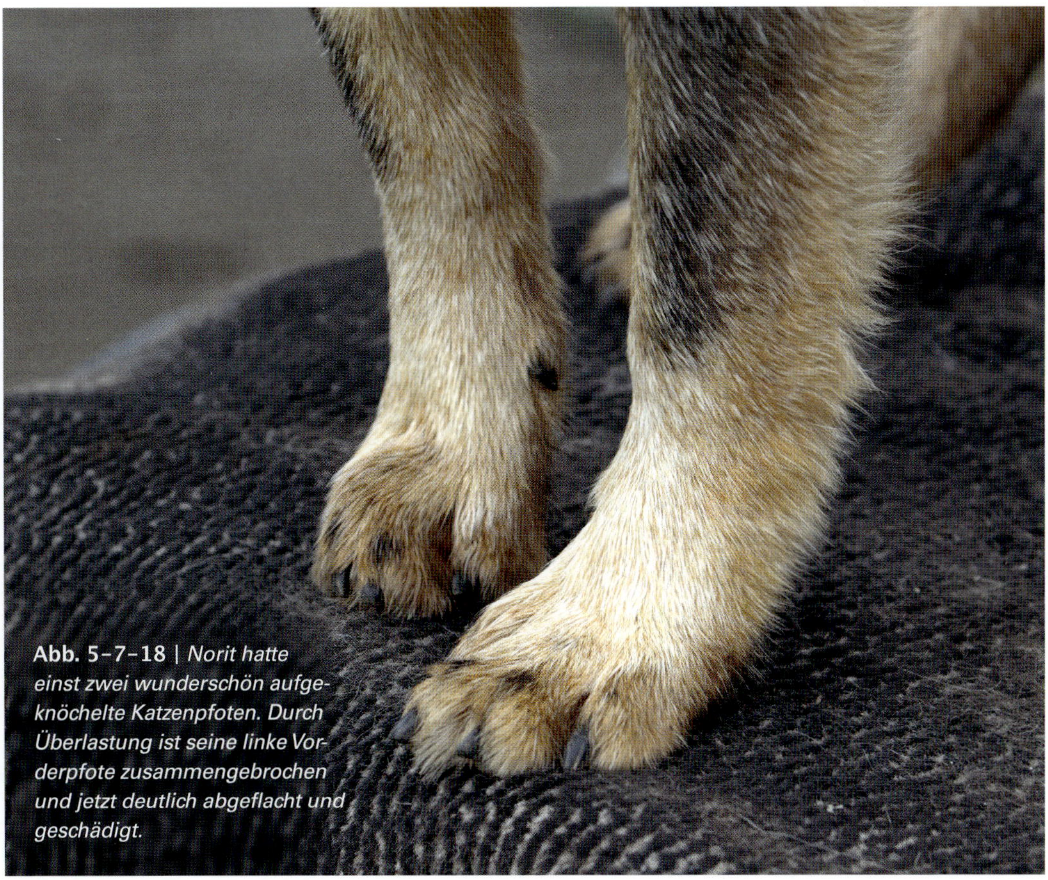

Abb. 5-7-18 | *Norit hatte einst zwei wunderschön aufgeknöchelte Katzenpfoten. Durch Überlastung ist seine linke Vorderpfote zusammengebrochen und jetzt deutlich abgeflacht und geschädigt.*

Kapitel 6

Die Hinterhand

> Die Hinterhand auf einen Blick – ihre Balance-Linie und die Äquidistanz

168 Oberschenkel

169 Unterschenkel

170 Knie

174 Sprunggelenk und Hintermittelfuß

188 Hinterpfoten

198 Mehr über die Hinterhand

Die Hinterhand auf einen Blick – ihre Balance-Linie und die Äquidistanz

Der Hinterhand-Antrieb ist entscheidend für Schnelligkeit, Wendigkeit, Ausdauer und das Springvermögen.

Die Beurteilung der Hinterhand ist im Vergleich zur Front sehr viel einfacher. Eine korrekte 3. Balance-Linie und ein leicht gerundetes Knie sind schnell erkennbar und sind die idealen Voraussetzungen für einen stabilen Stand, einen kraftvollen Schub und ein effizientes Gangwerk.

Der Hintermittelfuß sollte beim Ausdauer-Traber hinter dem Körper stehen. Im besten Fall sehen wir folgendes Bild wie in Abb. 6-1-01:

- Balance-Linie 3 führt vom Sitzbeinhöcker senkrecht zu den Krallen (Abb. 6-1-01 grüne Linie).
- Die Rundung am Knie ist von der Seite betrachtet gut sichtbar (Abb. 6-1-01 grüner Pfeil).

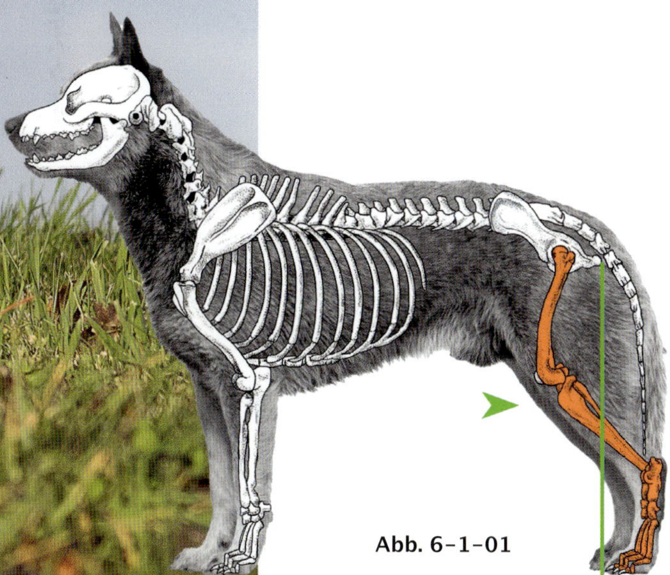

Abb. 6-1-01

Balance-Linie 3

Wir stellen sicher, dass der Hund korrekt steht und dabei alle vier Beine gleichmäßig belastet, insbesondere dass die Hintermittelfüße absolut senkrecht zum Boden stehen, damit beim Ziehen der 3. Balance-Linie kein verfälschtes Bild entsteht. Wenn sich ein Hund nicht von selbst korrekt hinstellt, dann positionieren wir seine Hinterbeine in die senkrechte Hintermittelfuß-Stellung. In wenigen Fällen geht das nicht. Es gibt unausgewogen gebaute Hunde, die nur ruhig stehen können, wenn sie ein oder beide Hinterbeine aus Stabilitätsgründen unter den Körper stellen. Hunde mit zu langen Hinterbeinen, wie z.B. Deutsche Schäferhunde, stellen gerne ein Bein unter den Körper (Abb. 6-1-11), weil sie anders nicht lange stehen können. Hunde mit kurzen Beinen, wie der Chihuahua Pfüdi in Abb. 6-1-02, stellen beide Beine unter den Körper.
Wenn der Hund korrekt steht, suchen wir die Sitzbeinhöcker, das sind wie bereits bekannt die beiden spitzen Knochen links und rechts unterhalb der Rute. Ab diesem Punkt wird übrigens die Länge des Hundes gemessen, entweder bis zur Brustbeinspitze oder bis zum Schultergelenk.
Vom Sitzbeinhöcker ziehen wir eine senkrechte Linie (am Anfang mit einem Stab, später von Auge) hinunter. Im Idealfall endet das Lot auf den Krallen (Abb. 6-1-01), nicht davor und nicht dahinter.

Chihuahua Pfüdi in Abb. 6-1-02 stellt beide Hinterbeine unter den Körper, im Gegensatz zu korrekt gebauten Hunden, die mit beiden Hintermittelfüßen hinter dem Körper stehen. Pfüdi nimmt eine Kompensationshaltung ein, diese ist der offensichtliche Hinweis auf eine Schwäche in der Hinterhand. Pfüdis einschränkende Schwachstellen werden in den Kapiteln Sprunggelenke und Hinterpfoten genauer betrachtet.

Abb. 6-1-02 | *Chihuahua Pfüdi stellt beide Hinterbeine unter den Körper (er steht unterständig). Nur so kann er sich mit seinen beiden spontan gekippten Sprunggelenken einigermaßen stabilisieren.*

Begriffserklärungen

Unterständig oder steil

So werden kurze, wenig gewinkelte Hinterbeine bezeichnet. Unser Beispiel ist der Akita-Mischling in Abb. 6-1-03. Die 3. Balance-Linie (rot) endet hinter den Pfoten anstatt auf den Krallen. Der Hund steht vor seinem natürlichen Stabilitätspunkt.

Abb. 6-1-03 | *Am Beispiel des Akita-Mischlings sehen wir kurze Hinterbeine: Die 3. Balance-Linie (rote Linie) fällt hinter die Pfoten, er ist unterständig und steil.*

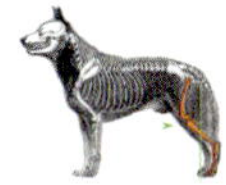

Abb. 6-1-04 | *Lange Hinterbeine: Die Balance-Linie fällt weit vor die Pfoten, der Hund ist rückständig und überwinkelt.*

Rückständig oder überwinkelt

So werden zu lange, stark gewinkelte Hinterbeine bezeichnet. Als Beispiel der DSH in Abb. 6-1-04. Die 3. Balance-Linie fällt nicht auf die Krallen, sondern vor die Pfoten. Der Hund steht hinter seinem natürlichen Stabilitätspunkt.

Die Rundung beim Knie

Beim Knie legen wir Wert auf eine schöne Rundung, das sieht man gut von der Seite. Ist das Knie schön gerundet ist das Sprunggelenk entsprechend gut gewinkelt. Hunde mit wenig sichtbaren Kniewinkeln (Abb. 6-1-05 c) haben (zu) kurze Hinterbeine.

Abb. 6-1-05 a-c | *Hund a zeigt ausgeprägte Knie- und Sprunggelenk-Winkel, Hund b ist moderat gewinkelt und bei Hund c sind fast keine Winkel erkennbar.*

Äquidistanz

Äquidistanz bedeutet gleiche Distanz (lat. Aequus = gleich).

Für eine optimale Zusammenarbeit der Muskeln, Sehnen und Bänder müssen Oberschenkel und Unterschenkel ungefähr gleich lang sein. Wir messen nicht die Knochen, sondern die Distanzen. Die Messpunkte für diese zwei Distanzen sind:

- Sitzbeinhöcker zum Knie (grüne Linie)
- Knie zum Sprunggelenk (grüne Linie)

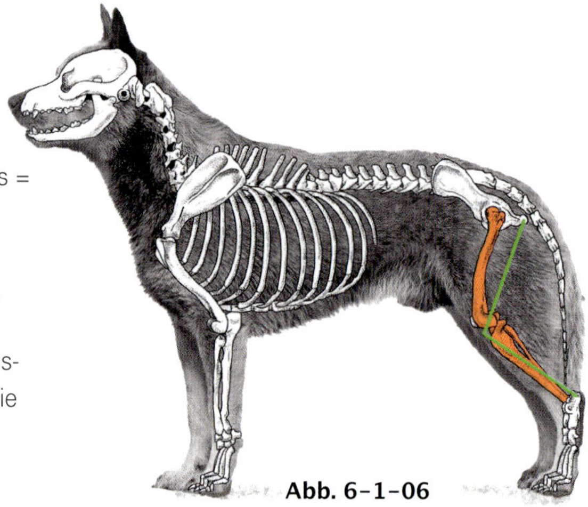

Abb. 6-1-06

Sind diese Linien gleich lang, ist dies ungeachtet der Winkelung positiv. Oftmals ist der Unterschenkel länger, es reichen schon ein bis zwei Zentimeter, um die ganze Harmonie zu stören. Nur sehr selten ist der Unterschenkel kürzer als der Oberschenkel.

Ein korrekt gebauter Ausdauer-Traber ist hinten und vorne ausgewogen gewinkelt. Gleichmäßige Winkelungen ermöglichen einen taktreinen und effizienten Trab, dank gleicher Schrittlängen.

Äquidistanz-Test

Das Messen der Hinterhand-Äquidistanz ist einfach. Wir suchen zuerst den Sitzbeinhöcker, auf den wir unseren Daumen legen. Jetzt umfassen wir mit der anderen Hand den Hintermittelfuß und führen ihn senkrecht nach oben. Die Äquidistanz ist gegeben, wenn das Sprunggelenk unter den Daumen passt und bündig auf der gleichen Linie wie der Sitzbeinhöcker ist.

Ist der Unterschenkel länger, steht das Sprunggelenk vor. In Abb. 6-1-08 ragt das Sprunggelenk ca. 1 cm über den Daumen hinaus, der Unterschenkel ist länger als der Oberschenkel. Wenn der Unterschenkel länger ist, sind die Hinterbeine meistens lang, sind überwinkelt und stehen instabil, das Zusammenspiel der Muskeln ist nicht harmonisch.

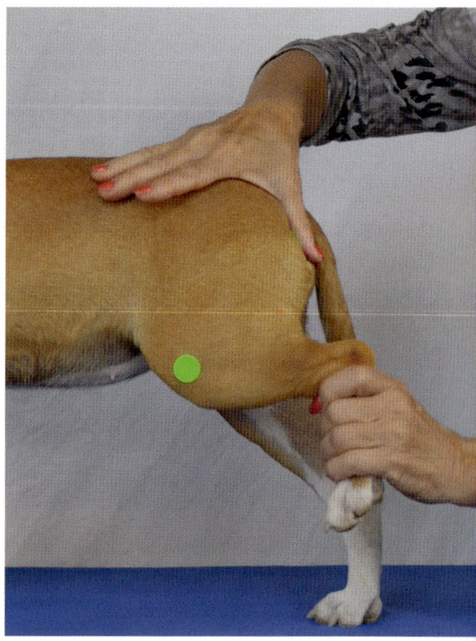

Abb. 6-1-07 | *Mit der einen Hand führen wir das Sprunggelenk senkrecht hoch Richtung Sitzbeinhöcker.*

Hinterbeine: Form folgt der Funktion

In der Regel ist die Hinterhand in den Rasse-Standards detailliert beschrieben. Je nach dem ursprünglichen Verwendungszweck brauchten die Hunde verschieden geformte Hinterbeine: Ein Dackel benötigt eine andere Hinterhand, um in den Bau zu kriechen, als ein schneller Galopper für die Jagd. Es fand in der Entwicklung auch eine Anpassung des Körperbaus an die Landschaft statt, in der die Hunde ihre Arbeit verrichten.

Die ursprüngliche Aufgabe des Berger de Pyrénées à face rase war es, im Vorgebirge der Pyrenäen große Schafherden zu hüten und zu kontrollieren. Ein geländegängiger Hund benötigt eine stabile, moderate Hinterhand, wie der ausgewogen gebaute Rüde Caillou in Abb. 6-1-09.

Abb. 6-1-09 | *Caillou, ein kurzhaariger Pyrenäen-Schafhütehund mit der rassetypisch stabilen, moderat gewinkelten Hinterhand für die Hütearbeit in hügeligem Gelände.*

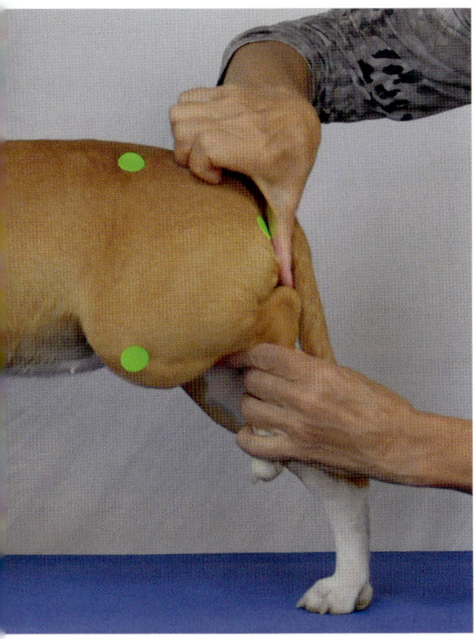

Abb. 6-1-08 | *Mit dem Daumen der anderen Hand am Sitzbeinhöcker kontrollieren wir, ob Ober- und Unterschenkel bündig und damit gleich lang sind. In diesem Fall ist der Unterschenkel etwas länger.*

Lange Hinterbeine

Wenn bei einem Hund die 3. Balance-Linie vor die Krallen fällt, hat der Hund zu lange Hinterbeine, in der Regel sind die Unterschenkel länger (Abb. 6-1-04). Hunde mit langen Hinterbeinen haben tendenziell eher eine abfallende Oberlinie.

Bei den meisten Rassen, einige Sichtjäger ausgenommen, sind zu lange Hinterbeine nicht erwünscht. Je weiter die Pfoten hinter der 3. Balance-Linie stehen, desto weniger stabil ist die Hinterhand.

Unverständlich, dass Show-Hunde oft dahingehend trainiert werden, die Hinterbeine weit hinter ihren Stabilitätspunkt zu stellen. Beim genauen Hinschauen fällt aber auf, dass viele Hunde dabei die Hinterpfoten nicht mehr korrekt belasten und nur noch auf den Zehenballen stehen, die Sohlenballen befinden sich in der Luft, beschrieben auf Seite 194.

Abb. 6-1-10 | *Ein seltener Schnappschuss: Deutlich zu erkennen, wie unwohl es dieser Deutschen Schäferhündin ist, wenn sie mit beiden Hinterbeinen parallel steht.*

Abb. 6-1-11 | *Die gleiche Hündin im typischen DSH-Dreieck-Stützstand. Die Oberlinie ist stärker abfallend, aber immer noch moderat im Vergleich zu vielen DSH-Ausstellungs-Champions.*

Einen DSH sieht man praktisch nie in korrektem Stand mit beiden Hinterbeinen parallel, die Hintermittelfüße senkrecht gestellt. Die Hinterbeine (insbesondere die Unterschenkel) sind in den meisten Fällen zu lang und demzufolge nicht stabil. Viele Hunde mit einer instabilen Hinterhand stellen sich in den Dreieck-Stützstand, wie die Deutsche Schäferhündin in Abb. 6-1-11, oder aber sie stehen kuhhessig.

Einen gut gebauten Hund erkennt man daran, dass er ruhig stehen kann, denn das Stillstehen ist schwieriger als in Bewegung zu sein. Er stellt sich selber korrekt hin und belastet gleichmäßig alle vier Pfoten. Hunde mit Schwachstellen werden an Shows vom Aussteller bewusst aufgebaut hingestellt, um Mängel zu kaschieren. Der versierte Richter beobachtet hingegen, ob sich der Hund nach dem Traben selber korrekt hinstellen kann.

Kurze Hinterbeine

Wenn bei einem Hund die 3. Balance-Linie durch die Pfoten geht oder wenn das Lot sogar hinter die Pfote fällt, hat der Hund zu kurze Beine (Abb. 6-1-03). Meistens sind dann Ober- und Unterschenkel zu kurz. Der Hund wird die Tendenz haben, seine Hinterbeine durchzustrecken, damit er stabiler steht. Das kann den Winkel des Beckens verändern und abflachen. Oft steht dadurch die Kruppe höher als der Widerrist. Hunde mit kurzen Beinen und einer wenig abfallenden Kruppe zeigen gerne eine »fröhliche«, im Show-Ring nicht immer erwünschte Rutenhaltung.

Es gibt jedoch einige Rassen, bei denen der Standard wenig Knie- und Sprunggelenk-Winkelungen vorschreibt, wie z.B. Appenzeller Sennenhund, Chow-Chow, Akita und einige spitzartige Rassen. Oft haben Hunde mit einer über dem Rücken getragenen Rute weniger Hinterhand-Winkelung und eine leicht ansteigende Oberlinie.

Hunde mit kurzen und wenig gewinkelten, steil stehenden Hinterbeinen zeigen einen eher steifen, kurzschrittigen Trab, wie es beim Chow-Chow (Abb. 6-1-12) im Standard beschrieben wird. Dort steht auch, dass die Sprunggelenke niemals nach vorne durchgedrückt sein dürfen. Interessanterweise sind kippbare Gelenke bei dieser Rasse bekannt, was in anderen Rassen leider nicht die Regel ist. Bei jeder anderen Rasse wie beim Chow-Chow wäre diese Hinterhand mangelhaft, weil zu kurze Beine mit wenig Winkelung nur ungenügend Schub erzeugen können. Dazu kommt, dass sich bei schweren Rassen das Risiko von Kreuzbandverletzungen drastisch erhöht.

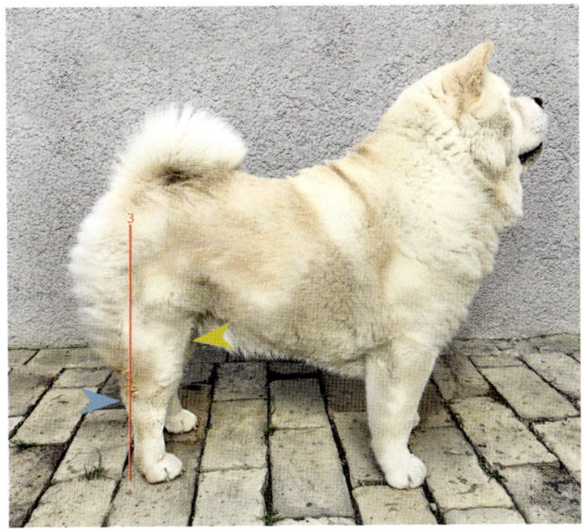

Abb. 6-1-12 | *Der Standard des Chow-Chows verlangt, dass der Fuß direkt unterhalb des Hüftgelenkes steht und das Knie (gelber Pfeil) nur wenig gewinkelt ist. Merke: Wenn das Knie wenig gewinkelt ist, dann ist auch das Sprunggelenk wenig gewinkelt (blauer Pfeil).*

Abb. 6-1-13 a und b | *Ein Spitz-Mischling mit kurzen Hinterbeinen und spontan gekippten Sprunggelenken. Durch die steile Hinterhand-Winkelung kann er hinten nur kürzere Schritte machen, vorne ist seine Aktion raumgreifender.*

DER OBERSCHENKEL

Für einen guten Schub benötigt der Hund eine möglichst kräftige Hinterhand mit einer gut ausgebildeten Oberschenkelmuskulatur. Diese ist nur möglich, wenn es im Skelett genügend Oberfläche für Muskel-Anhaftungen hat. Das heißt, die Länge der Kruppe und die Länge des Beckens haben einen direkten Einfluss auf die Bemuskelung der Oberschenkel.

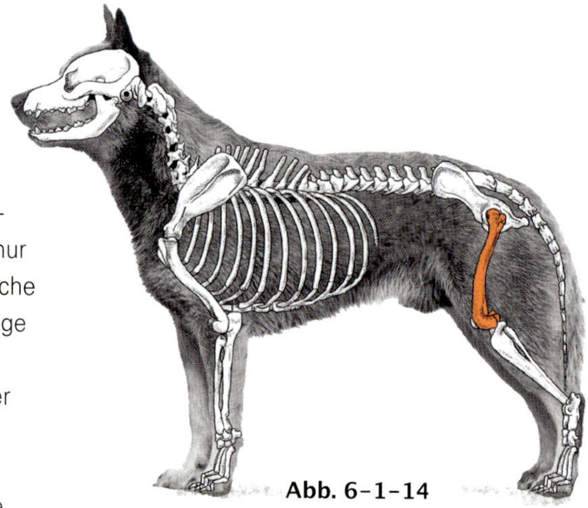

Abb. 6-1-14

Es gibt verschiedene Möglichkeiten zur Analyse der Oberschenkel: Bei kurzhaarigen Hunden sehen wir auf einen Blick, ob die Oberschenkel kräftig oder schmal sind. Bei langhaarigen Hunden müssen wir tasten:

- Weil die Kruppenlänge die Oberschenkelmuskulatur beeinflusst, suchen wir mit unseren Fingerspitzen einen der beiden Hüfthöcker und den Rutenansatz. Je größer die Distanz dazwischen ist, desto muskulöser sind die Oberschenkel.
- Wir definieren die Punkte Hüfthöcker, Sitzbeinhöcker und Knie. Nun erstellen wir eine rechteckige Verbindung durch die Punkte wie in Abb. 6-1-15 und Abb. 6-1-16. Je breiter das stehende Rechteck ist, desto besser bemuskelt und breiter sind auch die Oberschenkel.

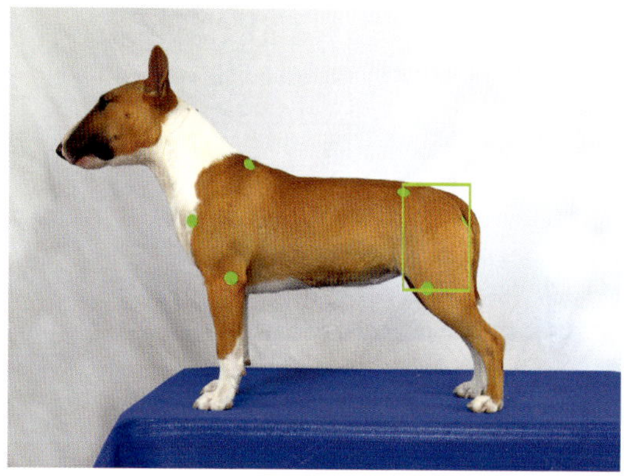

Abb. 6-1-15 | *Eine lange abfallende Kruppe mit einem harmonischen Rutenansatz. Die Oberschenkel sind von der Seite betrachtet breit (breites grünes Rechteck).*

Wir vergleichen wieder unsere beiden Mini-Bullis Kisha (Dalmatiner-Typ) und Aiko (Terrier-Typ), dieses Mal deren Oberschenkel:

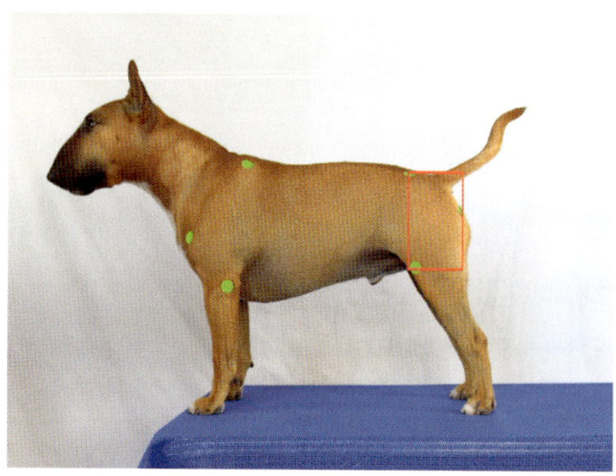

Abb. 6-1-16 | *Eine kurze Kruppe mit einem hohen Rutenansatz. Die Oberschenkel sind von der Seite betrachtet schmal (schmales rotes Rechteck). Aiko hat weniger gute Knie- und Sprunggelenk-Winkel als Kisha.*

DER UNTERSCHENKEL

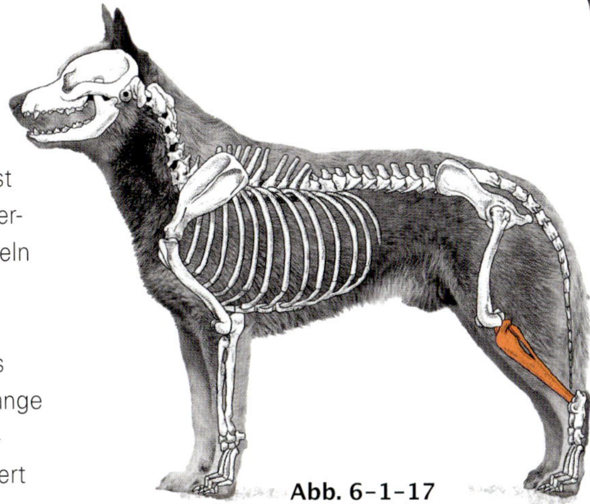

Abb. 6-1-17

Beim ausgewogen gebauten Ausdauer-Traber ist der Unterschenkel etwa gleich lang wie der Oberschenkel, die Äquidistanz stimmt und die Muskeln arbeiten harmonisch zusammen.

Nur ganz selten ist der Unterschenkel kürzer als der Oberschenkel. Hingegen sehen wir oft zu lange Unterschenkel bei Rassen, bei denen im Show-Ring lange und überwinkelte Hinterbeine prämiert werden.

In Abb. 6-1-18 sehen wir einen Königspudel auf dem Laufsteg mit sehr langen Hinterbeinen. Am linken Hinterbein ist sehr gut zu erkennen, dass der Unterschenkel länger ist als der Oberschenkel. Die Äquidistanz stimmt nicht, der Hund ist hinten sehr instabil (roter Pfeil beim Knie).

In der Hundezucht stimmt der Leitsatz »gut ist gut und mehr ist besser« nicht. Immer wenn wir versuchen, etwas gut Funktionierendes zu verbessern, laufen wir Gefahr, dass diese Veränderung mehr Schaden als Nutzen bringt. Was nützt es einem Hund, wenn er zu lange und zu stark gewinkelte Hinterbeine hat, die viel weniger stabil sind als korrekt gewinkelte (Abb. 6-1-18).

Überwinkelte Hunde können oftmals nicht mit senkrechten Hintermittelfüßen stehen, sie stehen aus Stabilitätsgründen kuhhessig. Alternativ nehmen die Hunde Gewicht nach vorne und stehen hinten nur auf zwei Zehen, anstatt auf der ganzen Pfote. Beide Kompensationshaltungen verändern die Belastungsachse in der Hinterhand, was in beiden Fällen Stress für die Gelenke bedeutet. Ein Hund mit zu langen Unterschenkeln fühlt sich in hügeligem Gelände nicht wohl.

Abb. 6-1-18 | *Der Königspudel hat zu lange, überwinkelte und sehr instabile Hinterbeine. Die Äquidistanz stimmt nicht, da der Unterschenkel sichtlich länger ist als er Oberschenkel.*

DAS KNIE

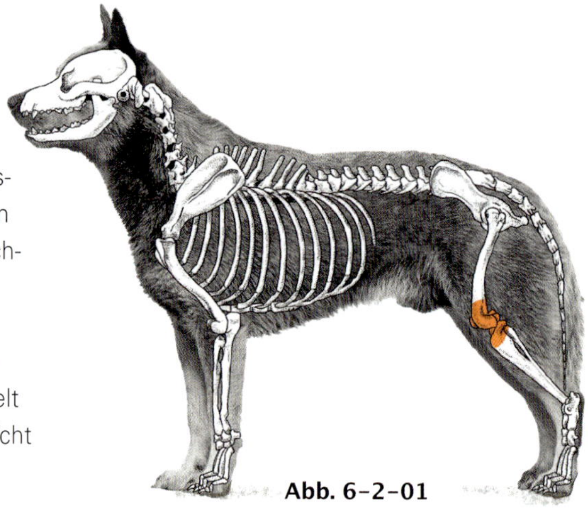
Abb. 6-2-01

Das Knie ist eines der fünf »Schnell-Erkennungsmerkmale« zur Bewertung des korrekt gebauten Ausdauer-Trabers, es sollte von der Seite betrachtet sichtbar gerundet sein.

Das Knie steht in direktem Zusammenhang mit dem Sprunggelenk. Wenn das Knie gut gewinkelt ist, dann ist es auch das Sprunggelenk. Es ist nicht möglich, ein korrekt gewinkeltes Knie zu haben und ein steiles Sprunggelenk, oder umgekehrt.

In Abb. 6-2-02 können wir beim Frenchie kaum eine Knie- und Sprunggelenk-Winkelung erkennen. Der Hund steht steil, hat relativ kurze Beine, die er durchstreckt, und eine ansteigende obere Linie (bei dieser Rasse wird ein vom Widerrist ansteigender Karpfenrücken verlangt).

Beim Goldie sehen wir sofort die gewünschte schöne Rundung beim Knie und ein dazu passendes, gut gewinkeltes Sprunggelenk. Die 3. Balance-Linie und die obere Linie sind korrekt.

Das ideale Knie

Das ideale Knie des Ausdauer-Trabers ist leicht gerundet, niemals übertrieben, auch niemals zu steil.

Für die Analyse der Hinterhand kontrollieren wir als erstes die Balance-Linie 3. Fällt die Linie vom Sitzbeinhöcker auf die Krallen?

Wenn die Linie korrekt verläuft und auf die Krallen fällt, schauen wir auf die Rundung des Knies, sie gibt uns einen Hinweis auf die Länge der Hinterbeine.

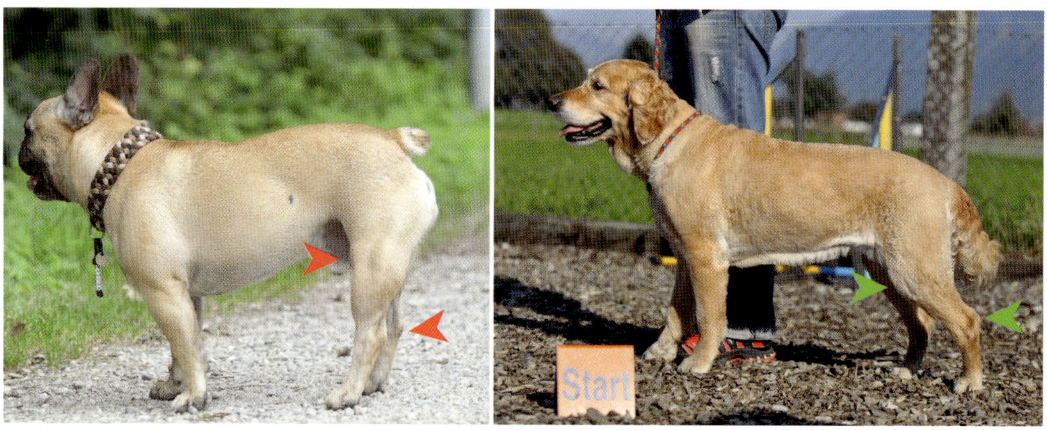

Abb. 6-2-02 | *Wenig gewinkelte Knie-/Sprunggelenke (rote Pfeile) bei der Französischen Bulldogge im Vergleich zu korrekt gewinkelten Hinterbeinen (grüne Pfeile) beim Golden Retriever.*

Achtung:

Der Hund sollte entspannt stehen, denn vor allem Rüden haben die Tendenz, bei Aufregung oder im Imponierverhalten die Gelenke durchzustrecken. Auch ausgebildete Sporthunde, die eine schnelle Stellungsänderung zeigen können, drücken beim »Steh« oft die Knie durch.

Abb. 6-2-03 | *Die Balance-Linie 3 fällt korrekt auf die Krallen, jedoch das Knie (roter Pfeil) ist wenig gerundet, die Hinterbeine sind etwas kurz.*

Ein nur wenig gerundetes Knie ist ein Hinweis für eher kürzere Hinterbeine, wie beim ACD in Abb. 6-2-03.

Die ACD-Hündin in Abb. 6-2-04 hat ein deutlich besser gerundetes Knie, was auf eine korrekte Länge der Hinterbeine schließen lässt.

Abb. 6-2-04 | *Die Balance-Linie 3 fällt korrekt auf die Krallen, das Knie ist gut gerundet (grüner Pfeil), die Hinterbeine haben eine ideale Länge.*

Abb. 6-2-05 | *Ein Dackel mit rassetypischen, fast rechtwinkligen Knien. Er wird für die Baujagd gezüchtet.*

Abb. 6-2-06 | *Ein kleiner Basset Griffon Vendéen mit rassetypisch wenig ausgeprägten Kniewinkeln. Er wird für die Büchsenjagd gezüchtet.*

Rassetypische Unterschiede

Beim Knie gibt es rassetypisch enorme Unterschiede, vom Dackel mit fast rechten Winkeln (Abb. 6-2-05) zum Chow-Chow, der so gut wie keine Kniewinkel zeigt (Abb. 6-1-12).

Der Dackel in Abb. 6-2-05 hat für seinen Verwendungszweck sehr gute, beinahe rechtwinklige Knie- und Sprunggelenke, er ist ideal gebaut für die Baujagd.
Der Kleine Basset Griffon Vendéen in Abb. 6-2-06 hat für seine Rasse korrekte, moderat gewinkelte Knie und Sprunggelenke. Er ist auf die Büchsenjagd spezialisiert und braucht laut Standard nur leicht gewinkelte Sprunggelenke, was ebenso leicht gewinkelte Kniegelenke nach sich zieht.

Die korrekte Knie-Stellung

Die korrekte Knie-Stellung zeigt leicht gegen innen, in Richtung Körpermitte. Knie, die nach außen zeigen, werden falsch belastet und sind verletzungsanfällig, wie beim behaarten Nackthund in Abb. 6-2-07.

Hunde mit ausdrehender Kniestellung zeigen ein nicht korrektes, wenig effizientes Gangwerk. Ihr Schub ist auffällig weniger kräftig und die veränderte Beinachse verursacht zusätzlichen Stress in allen Gelenken des Hinterbeins.

Ausgedrehte Knie sind ein enormes Handicap für einen Sporthund, der schnell wenden oder in unebenem Terrain laufen soll. Die falsche Gewichtsbelastung kann Knieprobleme wie Patella-Luxationen und die Gefahr für Kreuzbandrisse verstärken, vor allem dann, wenn der Hund groß und schwer ist und wenig Kniewinkel hat.

Abb. 6-2-07 | *Nach außen stehende Knie (roter Pfeil) sind immer verletzungsanfällig.*

Knie-Probleme: Kreuzbandriss und Kniescheiben-Luxation

Schwere Rassen sind in der Regel steiler gebaut, mit weniger Knie- und Sprunggelenkswinkel. Wenn die Beine jedoch wie Säulen aussehen und keine Knie-Rundung sichtbar ist, dann sind die Winkel definitiv zu steil (Abb. 6-2-08).

Es scheint, dass das Augenmerk auf Ausstellungen bei schweren Rassen vermehrt auf übermäßige Größe und übertypisierte Köpfe gelegt wird und den anderen Körperteilen wenig Beachtung zukommt. Molosser mit einer schwachen, mangelhaften Hinterhand und kippenden Sprunggelenken sind leider ein sehr häufiges Bild. Achten Sie darauf, wenn Sie Molossern begegnen. Große und vor allem (zu) schwere Hunde mit steiler Hinterhandwinkelung sind bedauerlicherweise überdurchschnittlich oft Kandidaten für Kreuzbandrisse. Eine Rückbesinnung auf die Funktionalität – moderate Größe und Winkelung – würde so manches Leid und viele hohe Tierarztrechnungen vermeiden.
Auch Frühkastraten sind vermehrt von Kreuzbandrissen betroffen. Werden die Hunde kastriert, bevor die Wachstumsfugen geschlossen sind, verändert der Eingriff in den Hormonhaushalt die Endgröße. Die Hunde werden größer mit weniger typischen Geschlechtsmerkmalen. Da die Wachstumsfugen bei früh kastrierten Hunden unterschiedlich und mit Verzögerung schließen, kann sich die Äquidistanz der Knochen und damit das harmonische Zusammenspiel der Muskeln verändern.

Abb. 6-2-09 | *Die kleine Chihuahua-Hündin hat kräftige und gut gewinkelte Hinterbeine und keine Anzeichen einer sich verschiebenden Kniescheibe.*

Abb. 6-2-08 | *Diese junge Dogge steht vorne und hinten sehr steil. Große, schwere Hunde, mit nicht optimal gebauten Hinterbeinen, sind häufiger anfällig für Kreuzbandrisse.*

Bei großen und/oder schweren Hunden sind Kreuzbandrisse ein Problem, bei kleinen Hunden ist es die luxierende Kniescheibe. Vor allem Kleinsthunde-Rassen sind davon betroffen. Bei der Patellaluxation verschiebt sich die Kniescheibe (meistens) gegen innen, und die Hunde zeigen das typische Überhüpfen mit einem oder beiden Hinterbeinen. Wir kontrollieren die Beweglichkeit der Kniescheibe nicht selber, das ist die Aufgabe des Tierarztes. Eine kuhhessige Hinterbeinstellung mit einem gegen außen stehenden Knie kann zusätzlich einen negativen Einfluss auf die Kniescheiben ausüben.

Bei vielen kleinen Hunden sehen wir zusätzlich zur Kniescheiben-Problematik generell schwache Hinterbeine mit wenig Winkelungen, oft mit zusätzlich kippenden Sprunggelenken. Eine verheerende Kombination.

Abb. 6-2-10 | *Hier erkennt man eindrücklich die sichtbare Belastung auf Knie und Sprunggelenk dieses Silken Windsprites.*

DAS SPRUNGGELENK UND DER HINTERMITTELFUSS

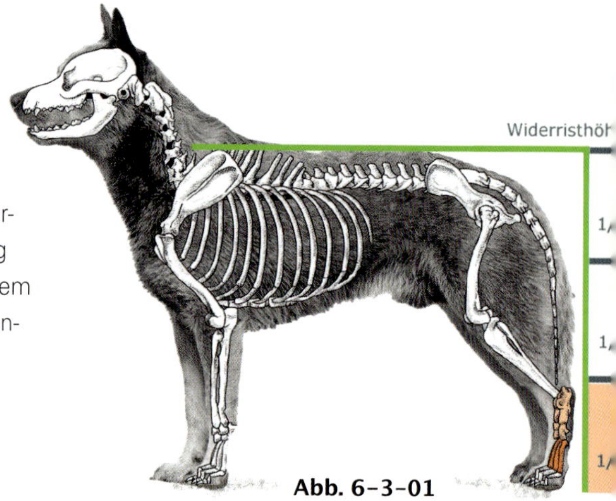

Abb. 6-3-01

Das Sprunggelenk ist der »Eckpfeiler« der Hinterhand und sollte sehr stabil sein, ohne Bewegung nach vorne, nach innen oder nach außen. Vor allem Sporthunde sind auf stabile, kräftige Sprunggelenke angewiesen.

Das ideale Sprunggelenk

Die Höhe und vor allem die Winkelung der Sprunggelenke können je nach Rasse stark variieren. Die idealen Sprunggelenke des Ausdauer-Trabers sind gut gewinkelt und ihre Höhe beträgt ungefähr ein Drittel der Widerristhöhe (Abb. 6-3-01).

Von der Seite betrachtet stehen die Hintermittelfüße hinter dem Körper, stabil und gerade gestellt, weder ein- noch ausgedreht. Eine moderate Winkelung ist auch an diesem Gelenk am funktionalsten, da übertriebene Winkelung immer auf Kosten der Stabilität geht.

Hunde mit wenig Kniewinkelung werden auch wenig gewinkelte Sprunggelenke haben. Merke: Je mehr Kniewinkel, umso mehr Sprunggelenkswinkel.

Wir betrachten Xanadu, das Modell für unser Skelett, in Abb. 6-3-02. Es zeigt ihn völlig frei und ausbalanciert stehend, seine kräftigen Hinterbeine hat er korrekt hinter seinem Körper platziert und die gut gewinkelten, genügend tiefstehenden Sprunggelenke sind stabil. Ein Hund mit instabilen Sprunggelenken würde Mühe haben, sich selber so korrekt hinzustellen.

Abb. 6-3-02 | *Xanadu hat genügend tief stehende, gut gewinkelte und stabile Sprunggelenke, sie sind der Grundstein für eine gute Hinterhand.*

Abb. 6-3-03 | *Diese aktive und am Schlitten ausdauernde Samojeden-Hündin zeigt ein schön gewinkeltes und recht tief stehendes Sprunggelenk.*

Abb. 6-3-04 | *Ein sehr fitter und geländegängiger Chihuahua-Mix mit einem eher hohen (> 1/3) und wenig gewinkelten Sprunggelenk.*

Abb. 6-3-05 | *Ein Dackel mit dem im Standard verlangten kräftigen, sehnigen und trockenen Sprunggelenk, das in fast rechtem Winkel steht. Dasselbe gilt für sein Kniegelenk.*

Ein verbreitetes Problem: Instabile Sprunggelenke

Dysplastische Hüften, Kreuzbandrisse oder Patellaluxationen, alles ist bekannt und gefürchtet. Vom Sprunggelenk jedoch ist selten die Rede, obwohl gerade dieses Gelenk der Eckstein des Hinterbeins ist. Sind die Sprunggelenke nicht kräftig, sondern weich, ist das ganze Bein instabil und Knie sowie Hüfte werden überbelastet.

Schwache, instabile Sprunggelenke sehen wir bereits beim Welpentest. Wenn diese Schwäche schon im Alter von 8 Wochen auffällt, dann wird sie auch bleiben.

Waren aber die Sprunggelenke beim Welpentest stabil und kippen irgendwann während des Wachstums, dann besteht die Hoffnung, dass sie beim erwachsenen Hund wieder stabil sind.

Mit drei einfachen Tests können wir herausfinden, ob die Sprunggelenke auf alle drei Seiten – gegen vorne, gegen innen und gegen außen – stabil sind.

Das instabile, nach vorne kippbare Sprunggelenk

Schwache, überbewegliche und gegen vorne kippbare oder spontan kippende Sprunggelenke kommen in allen Rassen vor. Eine leicht zunehmende Tendenz ist jedoch bei den sogenannten »Kopf-Rassen« zu sehen, bei denen auf Ausstellungen das Hauptaugenmerk auf die Bewertung (Übertypisierung) des Kopfes gelegt und der Hinterhand wenig Beachtung geschenkt wird.

Eine leicht aufgewölbte Oberlinie ist sehr oft ein Hinweis auf instabile sowie spontan kippende Sprunggelenke. Hunde mit instabilen Sprunggelenken versuchen die Schwäche zu kompensieren, indem sie mehr Gewicht nach vorne verlagern und dabei die obere Linie aufkrümmen. Damit entlasten sie das schwache Hinterbein oder beide schwachen Hinterbeine. Oft sehen wir bei einem einseitig kippbaren Sprunggelenk eine diagonale Gewichtsverlagerung. Hat der Hund hinten rechts ein schwaches Sprunggelenk, belastet er vorne links mehr und wird mit der Zeit Anzeichen von Überbelastung zeigen. Leider werden instabile Sprunggelenke zu wenig beachtet und immer noch nicht als das Problem erkannt, das es ist. Ein Beispiel für unerkannte instabile Sprunggelenke ist die Rottweiler-Hündin Sanjana (Abb. 6-3-06), die immer wieder lahmte. Kein Tierarzt konnte die Ursache finden. Sanjana war eine begeisterte und talentierte Sport-Hündin, die es liebte mit ihrem Besitzer zu arbeiten. Mit 6 Jahren, auf dem Zenit ihrer Leistungsfähigkeit, musste sie aus dem Sport genommen werden. Ihr Körper konnte das instabile linke Sprunggelenk, einhergehend mit einer amputierten Zehe, nicht mehr kompensieren.

Instabilität im Sprunggelenk zeigt sich in verschiedenen Schweregraden:

- das Gelenk ist auf Druck instabil, kippt aber sofort in die Normalstellung zurück
- das Gelenk ist auf Druck instabil und bleibt in der gekippten Position
- das Gelenk kippt spontan nach vorn und bleibt gekippt
- das instabile Gelenk kippt spontan nach vorn und zusätzlich auch gegen außen

Wenn nur eines der Sprunggelenke weich ist und auf leichten Druck nach vorne kippt, aber bei nachlassendem Druck sofort in die normale Position zurück kippt, dann ist das ein weniger schwerwiegendes Problem. In so einem Fall belastet der Hund vermehrt das starke Hinterbein und kann die Schwäche in der Regel ganz gut ausgleichen.

Abb. 6-3-06 | *Die Sportkarriere der Rottweiler-Hündin Sanjana endete leider viel zu früh infolge ihres kippbaren Sprunggelenks links.*

Abb. 6-3-07 | *Ein caniner »Schmerzpatient« mit links und rechts (rote Pfeile) spontan kippenden Sprunggelenken und Zehenarthrose in allen vier Pfoten.*

Immer vorausgesetzt, dass nicht noch andere Schwachstellen hinzukommen, wie z.B. ein Schafhals oder eine zu lange Lende.

Normalerweise reagieren Agility-Hunde, die ein weiches, kippbares Sprunggelenk haben, indem sie den Galopp so einteilen, dass sie mit dem stabilen Bein vor dem Hindernis abspringen. Problematisch wird es spätestens, wenn beide Gelenke betroffen sind. Hunde mit einem einseitig instabilen Sprunggelenk können schlecht geradeaus schwimmen, weil das schwache Sprunggelenk nicht die gleiche Kraft aufbringen kann wie das andere.

Eine wirklich gravierende Schwachstelle ist ein spontanes nach vorne Kippen ohne äußere Einwirkung. Ein Hund mit derart beidseitig spontan kippenden Sprunggelenken gehört weder in den Sport noch in die Zucht. Er könnte die Anforderungen im Sport nicht erfüllen und es wäre auch unverantwortlich, die Schwäche in die Zucht weiterzugeben. Hunde geben alles für uns und dies so lange, bis ihr Körper nicht mehr mithalten kann und sie zusammenbrechen. Das dürfen wir unseren Hunden nicht antun. Kippbare Sprunggelenke sind schon mit 8 Wochen leicht zu testen, also gerade noch rechtzeitig, um betroffene Welpen anstelle in den Hundesport in ein Familienheim zu platzieren, wo sie nicht überfordert werden.

Ein Beispiel: Pfüdi, der kleine Chihuahua in Abb. 6-3-07 leidet beidseitig an spontan kippenden Sprunggelenken. Zusätzlich sind seine Pfoten hinten wie vorne abgeflacht, gespreizt und ganz schlecht gepolstert. Weil er in der Hinterhand so instabil ist, versucht er mehr Gewicht nach vorne zu verlagern, zu sehen an der aufgezogenen Oberlinie. Vorne hat er jedoch Zehenarthrosen und mit Sicherheit schmerzt ihn jedes Gramm, das er auf diesen »Plattfüßen« tragen muss. Pfüdis Verhalten erinnert an jenes eines menschlichen Schmerzpatienten. Er ist asozial und zurückgezogen. Um sich einen großen Freiraum zu schaffen keift er alle anderen Hunde an. Am liebsten ist er zuhause bei seiner zum Glück verständnisvollen Besitzerin. Auch kleine Gesellschaftshunde haben das Anrecht darauf, gut gebaut zu sein. Ein anhängliches Schoßhündchen zu sein ist nur möglich wenn der Körper gut funktioniert und nichts schmerzt.

Zusätzlich zur aufgekrümmten oberen Linie gibt es ein weiteres typisches Erkennungsmerkmal für ein spontan gekipptes Sprunggelenk: Es ist der kleine optische »Klumpfuß« auf Abb. 6-3-09. Nur wenn der Hund eine Spreizpfote oder Senkpfote hat, sieht man keinen Klumpfuß. Eine flache Pfote bleibt immer flach, auch bei einem durchgedrückten Sprunggelenk, wie in Abb. 6-3-07 beim Chihuahua zu sehen.

Kurznasige Hunde mit angeborener Stummelrute leiden zusätzlich oft an deformierten Wirbeln (Keilwirbel, Schmetterlingswirbel, Blockwirbel), wie der Frenchie in Abb.6-3-08. In Kombination mit zwei schwachen, spontan kippenden Sprunggelenken und mangelhaft gepolsterten Pfoten ist das nicht nur schmerzhaft, es ist verheerend. Oft kommt noch eine permanente Atemnot hinzu.

Die größte Einschränkung haben jedoch fassbeinige Hunde mit zwei spontan kippbaren Sprunggelenken, wie der Boston Terrier in Abb. 6-3-18. Bei ihm sind die Beine nach vorne durchgedrückt und knicken gleichzeitig gegen außen. Diese Hunde können nicht stillstehen, entweder setzen sie sich oder sie sind in Bewegung, dann jedoch praktisch nie im Trab.

Abb. 6-3-08 | *Spontan gekippte Sprunggelenke in Kombination mit einer angeborenen deformierten Wirbelsäule bedeuten eine große Einschränkung für jeden lebenslustigen Hund.*

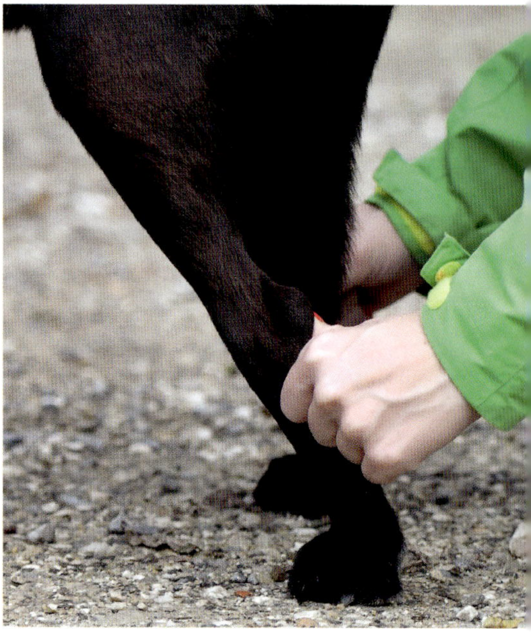

Abb. 6-3-09 | *Sprunggelenk-Test 1: Mit sanftem Druck lassen sich beide Sprunggelenke von Jamie nach vorne drücken. Gut erkennbar bilden nun Unterschenkel und Hintermittelfuß eine gerade Linie. Die Pfote wirkt optisch kürzer, wie ein »Klumpfuß«.*

Test 1: Sprunggelenke instabil nach vorne

Wir testen die Stabilität des Sprunggelenks, indem wir gleichzeitig mit dem Daumen der rechten und der linken Hand sanften Druck gegen vorne auf die Sprunggelenke ausüben. Wichtig ist es, dass der Hund alle vier Pfoten gleichmäßig belastet. Sind die Sprunggelenke stabil, können wir sie nicht nach vorne drücken, außer mit Gewalt, was wir niemals tun.

Sind die Sprunggelenke einseitig oder beidseitig instabil, dann fühlt sich das Gelenk weich an, eventuell kippt der ganze Hintermittelfuß nach vorne und bildet (von der Seite betrachtet) mit dem Unterschenkel zusammen eine Linie (Abb. 6-3-09).

Sehr oft können Hunde mit kippbaren Sprunggelenken nicht gut schwimmen, sie spritzen mit den Vorderläufen und es fehlt ihnen in der Hinterhand die Kraft, um sich waagerecht im Wasser zu halten (Abb. 6-3-11). In Kombination mit einem Schafhals fühlen sie sich noch unsicherer und meiden unter Umständen gänzlich das Wasser. Das ist keine gute Ausgangslage für einen Wasserrettungshund.

Kippbare Sprunggelenke werden für jeden Sporthund früher oder später zum Problem. Das Tragische an dieser Schwachstelle ist, dass sie meistens vom Besitzer nicht erkannt wird, der Hund wird ausgeschimpft, wenn er Hürden touchiert und beim Agility Stangen wirft. Wenn dann in der logischen Folge mit dem Hund die Sprünge vermehrt trainiert werden, erhöht sich die Belastung auf seine Sprunggelenke, ganz ohne den gewünschten Erfolg bringen zu können. IGP- oder Agility-Hunde mit der beschriebenen Schwäche entwickeln auch einen anderen Sprungstil, da sie sich nicht auf die Kraft aus der Hinterhand verlassen können. Sie drücken vermehrt mit der Front ab, was diese zusätzlich belastet und gleichzeitig im Absprung mehr Stress auf die instabilen Sprunggelenke ausübt. Kennen Sie die »Sternengucker«? Das sind Hunde, die in der Unterordnung unnatürlich steil zum Hundeführer hochschauen, die Vorderbeine extrem hoch werfen und damit viel Belastung auf den hinteren Teil der Wirbelsäule und die Hinterhand verlagern. Aus diesem Grund laufen sie hinten unnatürlich tief (Kapitel 6, Seite 325). Für einen Hund mit instabilen Sprunggelenken ist das eine Qual. Sporthunde mit einer Sprunggelenk-Schwäche haben oft Verspannungen und Schmerzen im lumbosakralen Bereich. Die Gefahr, dass die so erfolgreich gestartete Sportkarriere ein abruptes Ende nimmt, ist leider groß.

Aus diesen Gründen gehört ein Welpe, der beim Welpentest mit 8 Wochen kippbare Sprunggelenke zeigt, keinesfalls in ein ambitioniertes Sportler-Zuhause. Zu diesem Zeitpunkt können wir noch die Weichen stellen, so dass der Welpe als Familienhund glücklich werden kann und sich nicht im Hundesport verschleißen muss.

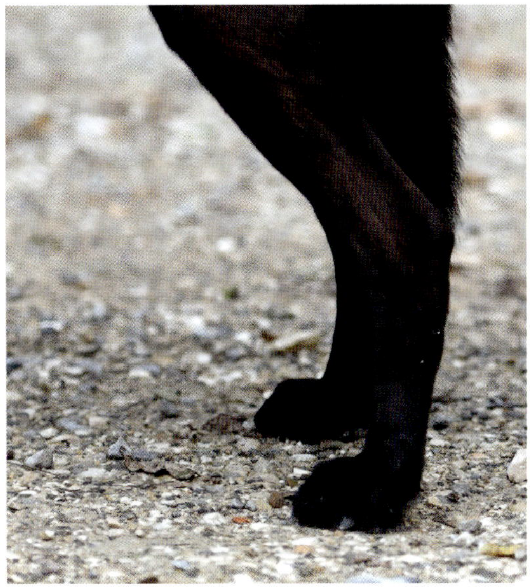

Abb. 6-3-10 | *Das Sprunggelenk moderat gewinkelt in der normalen Position, mit fast senkrecht gestelltem Hintermittelfuß.*

Der Hundekörper kann eine Schwachstelle allein meistens ausgleichen. Problematischer wird es, wenn der Hund mehrere Schwachstellen hat.
Ein sehr interessantes Beispiel ist Jamie, den wir bereits im Kapitel 3, Seite 66 kennengelernt haben. Jamie hat einen Schafhals. Er hat aber auch beidseitig kippbare Sprunggelenke (Abb. 6-3-09). Glücklicherweise kippen diese nur auf Druck und nicht spontan. In Abb. 6-3-12 sehen wir, dass sich Jamies obere Linie auffällig aufwölbt. Dies ist ein klassisches Zeichen für instabile Sprunggelenke.

Wenn wir nun zusätzlich beobachten, dass Jamie vorne durchtrittig steht und auch seine Ellbogen lose sind, dann wird uns bewusst, dass es sich hier um einen überbeweglichen Hund handeln muss. Wir sehen glücklicherweise selten derart überbewegliche Hunde, außer unter den Norwegi-

schen Lundehunden, die überbeweglich gezüchtet worden sind.
Die meisten Hunde haben entweder einen Schafhals, instabile Sprunggelenke oder Durchtrittigkeit, aber selten eine Kombination daraus. Eine solche Häufung von Schwachstellen kann problematisch werden. Glücklicherweise ist Jamie ein intelligenter und geliebter Familienhund. Er hat Spaß auf dem Hundeplatz, wo er gute Leistungen in IGBH-Prüfungen zeigt. Leider würde er es nicht schaffen, die Schweizer Begleithundeprüfung 2 zu bestehen, sein überbeweglicher Hals hindert ihn beim Fährten und Stöbern im Gegenstandsrevier.

Übrigens, Jamie meidet das Wasser, er schwimmt nicht, denn er weiß instinktiv, dass er ertrinken würde.

Abb. 6-3-11 | *Hunde mit einer zu wenig kräftigen Hinterhand können sich nicht waagerecht im Wasser halten. Im schlimmsten Fall ertrinken sie.*

Abb. 6-3-12 | *Auffallend ist die aufgewölbte obere Linie in der Lendenregion, eine oft gesehene Folge von kippbaren Sprunggelenken.*

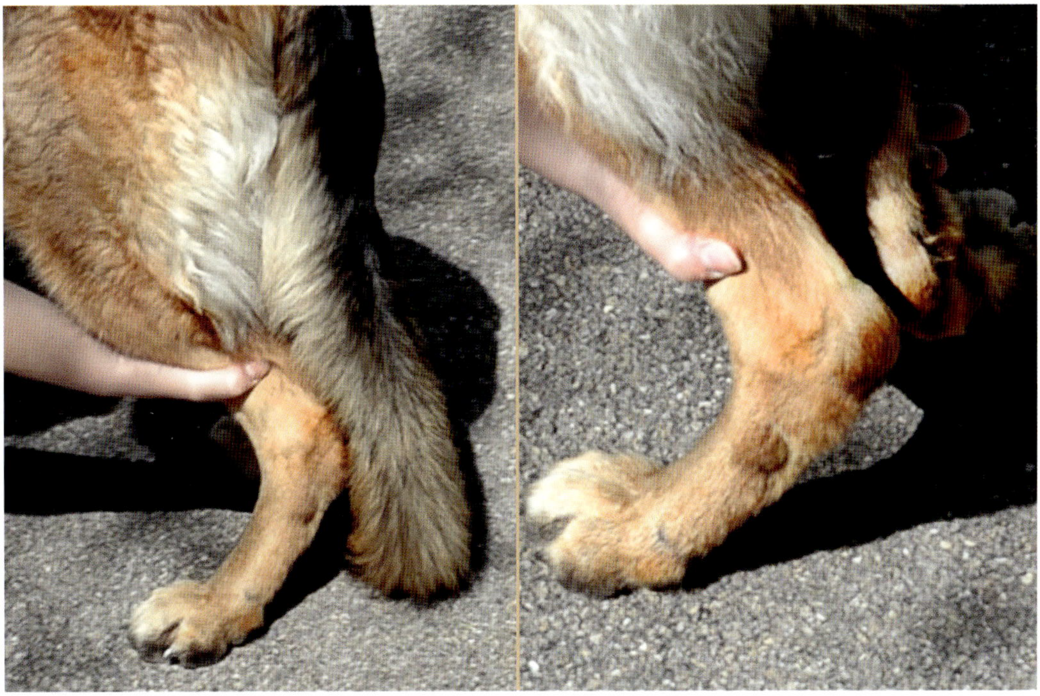

Abb. 6-3-13 | *Bei langen Beinen und/oder kuhhessigem Stand lassen sich die Sprunggelenke ganz leicht mit zwei Fingern zusammendrücken.*

Test 2: Sprunggelenke instabil gegen innen

Wir testen die Stabilität der Sprunggelenke, indem wir mit zwei Fingern gleichzeitig sanft gegen innen drücken (Abb.6-3-13). Ein Hund mit kräftigen Sprunggelenken wird stehen wie ein Fels, wir können die Sprunggelenke nicht gegeneinander bewegen.

In der Regel sind Hunde mit zu langen Beinen und/oder kuhhessigem Stand gegen innen instabil, wie der DSH in Abb. 6-3-13. Beim kuhhessigen Stand ist die Muskelmasse an der Innenseite deutlich mehr ausgebildet als an der Außenseite.

Nova in Abb. 6-3-13 ist eine treue, anhängliche DS-Hündin mit den heute rassetypischen langen Hinterbeinen. Sie kann ihren Hintermittelfuß nicht senkrecht unter das Sprunggelenk stellen, dazu sind ihre Beine zu lang und zu instabil. Aus Stabilitätsgründen platziert sie ihre Pfoten unter den Körper und steht leicht kuhhessig.

Wenn wir Novas Sprunggelenke testen, lassen sich diese mit nur zwei Fingern zusammendrücken (Abb. 6-3-13). Kräftige Sprunggelenke sollten diesem sanften Druck problemlos standhalten und dabei fest und stabil sein.

Nova hat nicht nur instabile Hinterbeine, auch ihr Brustkorb ist zu schmalrippig. Dadurch stehen die Vorderbeine eng, was wiederum ihre Stabilität einschränkt.
Somit ist Nova vorne und hinten instabil und mangelhaft gebaut. Um ihren relativ großen Körper

zu stabilisieren, dreht sie nicht nur hinten, sondern auch vorne die Pfoten aus, wie in Abb. 6-3-15 gut zu erkennen ist. Dazu kommt der durchtrittige Vordermittelfuß mit den abgeflachten Pfoten ohne Spannkraft.

Nova hat das Glück, ein auf ihren Körperbau angepasstes Leben führen zu dürfen. Wäre Nova als Welpe für eine Diensthunde-Karriere ausgewählt worden, wäre sie mit diesen zahlreichen Schwachstellen längst nicht mehr im Dienst.

Der Deutsche Schäferhund (DSH) ist wohl die Rasse, bei der züchterisch die Hinterbeine am meisten verändert worden sind. Ursprünglich war der DSH ein ausgeglichen gebauter Ausdauer-Traber mit einer horizontalen oberen Linie, ähnlich dem heutigen Malinois. Mittlerweile sind vor allem bei der Hochzucht (Show-Linie) die Beine zu lang, speziell die Unterschenkel. Die Äquidistanz stimmt nicht. Die stark überwinkelten, rückständigen Hinterbeinen bewirken eine extrem abfallende obere Linie, obwohl laut Standard die Kruppe nicht mehr als ca. 23° zur Horizontalen abfallen sollte.
Der DSH-Standard beschreibt tatsächlich auch funktionale Sprunggelenke:

»Die Sprunggelenke sind kräftig ausgebildet und fest, der Hintermittelfuß steht senkrecht unter dem Sprunggelenk.«

Leider sind in der Tat die wenigsten DSH in der Lage, beide Hintermittelfüße senkrecht unter das Sprunggelenk zu stellen und ruhig stehen zu bleiben (Abb. 6-3-15). Der DSH war einst ein legendärer Gebrauchshund mit einem kräftigen, gesunden Körperbau. Warum sind so viele Züchter getrieben vom Gedanken, die Rasse verbessern zu wollen?

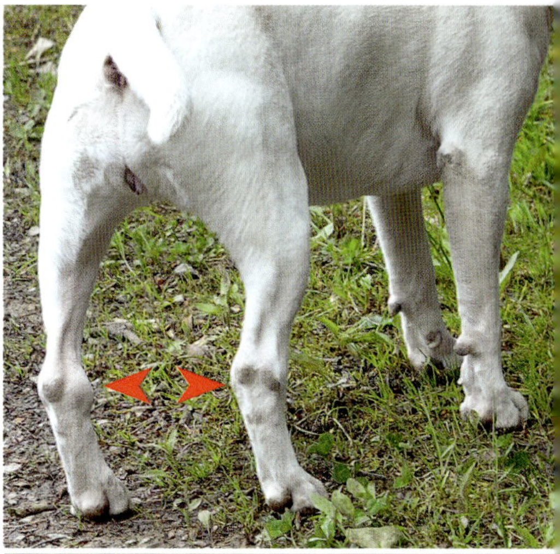

Abb. 6-3-16 | *Auch bei der o-beinigen Rosetta (rote Pfeile) ist die Belastungsachse verändert. Das Sprunggelenk rotiert gegen außen.*

Abb. 6-3-15 | *Nova hat wie fast alle DSH zu lange Hinterbeine. Mit senkrecht gestellten Hintermittelfüßen könnte sie nur kurze Zeit stehen. Aus Stabilitätsgründen ist ihr Stand leicht kuhhessig.*

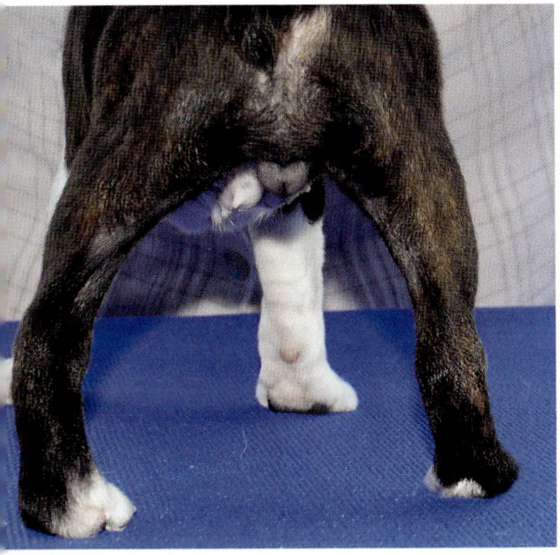

Abb. 6-3-17 | *Boston Terrier mit O-Beinen von hinten betrachtet: Bei leichtem Druck auf die Innenseite des linken Sprunggelenks rotiert das Sprunggelenk gegen außen und die Pfote dreht einwärts.*

Test 3: Sprunggelenke instabil gegen außen

Wir testen die Stabilität der Sprunggelenke, indem wir mit zwei Fingern gleichzeitig sanft gegen außen drücken. Ein Hund mit kräftigen Sprunggelenken wird stehen wie ein Fels, wir können die Sprunggelenke nicht auseinanderdrücken.

Sind die Sprunggelenke weich gegen außen, steht und läuft der Hund mit ausgedrehten Sprunggelenken und eingedrehten Pfoten, abhängig davon, wie stark der Hund o-beinig ist. Der Hund hat auf der Bein-Außenseite mehr Muskelmasse. Gegenteilig ist es beim kuhhessigen Stand, da hat der Hund mehr Muskelmasse auf der Bein-Innenseite.

Warum gewinnen Hunde an Ausstellungen, die nicht nach dem Standard gezüchtet worden sind? Warum bleiben wir nicht beim Moderaten und Funktionalen? Züchterische Übertreibungen erweisen sich immer als Bumerang, denn wenn wir an einem Rädchen drehen, funktioniert das ganze Uhrwerk nicht mehr richtig.

Bei fassbeinigen Hunden rotiert das Sprunggelenk in der Bewegung gegen außen und die Belastungsachse des Beins wird verändert, wie in Abb. 6-3-16 beim Bullterrier Rosetta mit den verdickten Sprunggelenken deutlich zu sehen ist.

Lassen sich die Sprunggelenke auseinanderdrücken, verstärken wir den fassbeinigen (Synonym für o-beinig) Stand und machen ihn noch instabiler. In Abb. 6-3-17 haben wir sehr sanft auf das Sprunggelenk des linken Beins des Boston Terriers gedrückt. Der Druck gegen außen bewirkt eine Rotation des Sprunggelenks gegen außen und ein Eindrehen der Pfoten gegen innen.

Wenn fassbeinige Hunde zusätzlich noch kippbare Sprunggelenke haben, dann ist ihre Hinterhand komplett instabil. Diese Hunde kippen seitlich weg wie der Boston Terrier in Abb. 6-3-18. Hunde mit solch instabiler Hinterhand können nicht ruhig stehen und auch nicht gleichmäßig alle vier Pfoten belasten. Ruhig still stehen funktioniert nur mit einem ausgewogenen Körperbau. Das zeigt sich bereits im Welpengarten, wo die in der Hinterhand instabilen Welpen auffallend schnell unterwegs sind, rennen, hoppeln, aber kaum länger stillstehen.

Auch beim fassbeinigen Stand ist die Gefahr einer Überbelastung und eines zu frühen Zusammenbrechens groß. Infolgedessen gehören auch diese Hunde keinesfalls in den Sport.

Abb. 6-3-18 | *Die schlimmste Kombination: O-Beine kombiniert mit spontan kippbaren Sprunggelenken (rote Pfeile). Die Hündin kann nur mit Mühe stillstehen.*

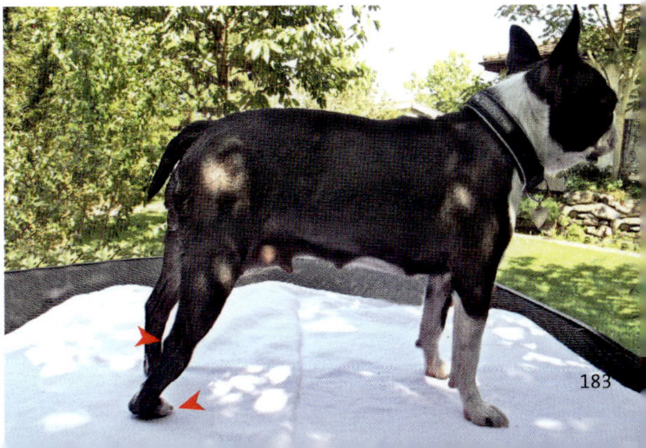

Muskelmasse Oberschenkel und Beckenschiefstand

Abb. 6-3-19 | *Wir tasten mit geschlossenen Augen und versuchen zu spüren, ob die Muskelmasse links und rechts sowie innen und außen gleich gut entwickelt ist.*

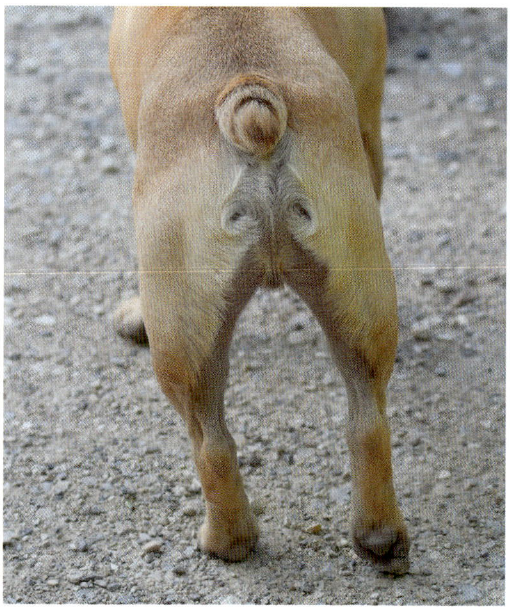

Abb. 6-3-20 | *Der linke Oberschenkel ist deutlich mehr bemuskelt. Es ist wichtig und lohnt sich, nach der Ursache zu suchen.*

Test Muskelmasse Oberschenkel und Beckenschiefstand

Nachdem wir die Stabilität der Sprunggelenke getestet haben, kontrollieren wir die Muskelmasse an beiden Hinterbeinen. Vielleicht ist uns eine Schwachstelle an den Sprunggelenken aufgefallen und wir möchten kontrollieren, ob auch das Tasten und Vergleichen der Muskelmasse die Auffälligkeit bestätigt.

Dazu lassen wir den Hund korrekt stehen, mit Gewicht auf allen vier Pfoten. Wir stellen uns hinter den Hund. Am besten schließen wir die Augen und stellen uns ein auf die Information, die uns unsere Finger geben.

Wie in Abb. 6-3-19 umfassen wir jeden Schenkel mit einer Hand, Innenseite mit den Daumen, Außenseite mit den restlichen Fingern, wir streichen gleichzeitig vom Oberschenkel zum Unterschenkel:

- Ist die Muskelmasse am linken und am rechten Bein gleich?
- Ist die Muskelmasse innen gleich wie außen?

Eine auffallende Muskelzubildung hat immer eine Ursache, denn wenn immer möglich kompensiert der Körper Schwachstellen durch Muskelaufbau.

Spüren oder sehen wir eine auffällige Zubildung wie in Abb. 6-3-20, versuchen wir die Ursache zu finden. Der Frenchie hat links deutlich mehr Muskeln wie rechts. Wir kontrollieren, ob das Sprunggelenk rechts kippbar ist. Wir schauen uns auch die Pfoten an, ob uns etwas auffällt. Bei einseitig abgeschliffenen Krallen denken wir an ein neurologisches Problem (von der Wirbelsäule herrührend). Wir kontrollieren den Stellreflex, indem wir die Pfote anheben, beugen, gebogen auf den Boden stellen und beobachten, wie schnell der Hund die Normalstellung einnimmt. Dauert diese Selbstkorrektur zu lange, sollte der Hund einem Tierarzt vorgestellt werden.

Gleichzeitig kontrollieren wir, ob die beiden Sitzbeinhöcker auf gleicher Höhe sind und die Kruppe gleichmäßig ist. Ist dies nicht der Fall, ist das Becken schief und ein Fall für den Therapeuten.

Der ideale Stand der Hinterbeine

Bei einem korrekt gebauten Hund stehen die Hinterbeine, von hinten betrachtet, senkrecht zum Boden. Pfoten, Sprunggelenke, Knie und Hüften stehen in einer Belastungsachse (grüne Linie Abb. 6-3-21), mit gleichbleibendem Abstand. Die Hinterpfoten sind ganz minimal ausgedreht, die Knie anliegend.

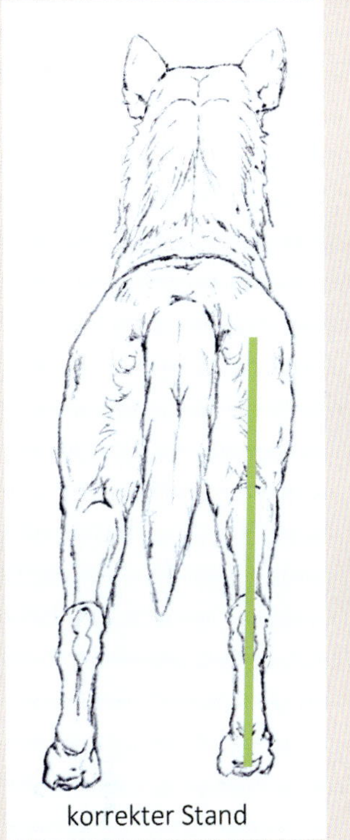

Abb. 6-3-21 | *Ein korrekter Stand: Pfote, Sprunggelenk, Knie und Hüfte liegen auf der gleichen Linie (grün). Der Brustkorb ist korrekt gerundet.*

Mangelhafter Stand der Hinterbeine

Abb. 6-3-22 | *Ein enger Stand ist weniger stabil. Meistens stehen flachrippige Hunde eng, die Belastungsachse ist jedoch gerade.*

Abb. 6-3-23 | *Beim breiten Stand hat der Hund meist einen eher runden Brustkorb, oder er ist vorne so schmal gebaut, dass er die Beine hinten aus Stabilitätsgründen weit auseinanderstellt. Hier ist bereits die natürliche Belastungsachse verschoben, die Pfoten stehen weiter auseinander als die Hüfte breit ist. Die Belastung der einzelnen Gelenke erhöht sich.*

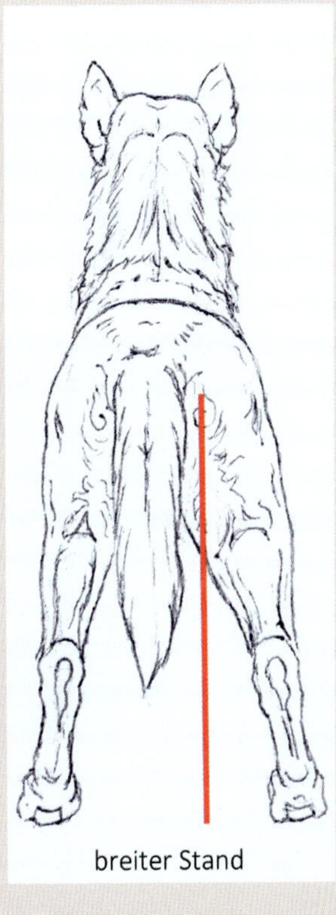

Abb. 6-3-24 | *Der kuhhessige oder x-beinige Stand ist für den Hund belastend. Die Sprunggelenke zeigen gegen innen, Pfoten und Knie drehen gegen außen. In den meisten Fällen steht ein Hund mit überlangen Beinen kuhhessig und instabil. An der Innenseite des Oberschenkels sind die Muskeln ausgeprägter. Die Belastungsachse ist nicht mehr gegeben, jedes einzelne Gelenk im Hinterbein wird falsch belastet.*

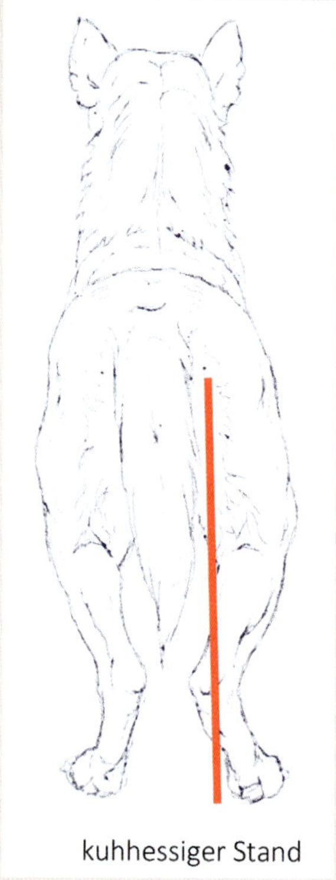

Abb. 6-3-25 | *Der fassbeinige oder o-beinige Stand ist für den Hund belastend, vor allem in Kombination mit lockeren, kippbaren Sprunggelenken. Die Sprunggelenke zeigen gegen außen, die Pfoten zeigen gegen innen. Fassbeinige Hunde haben ausgeprägte Muskeln an der Außenseite der Oberschenkel. Die Belastungsachse ist nicht mehr gegeben, jedes einzelne Gelenk im Hinterbein wird falsch belastet.*

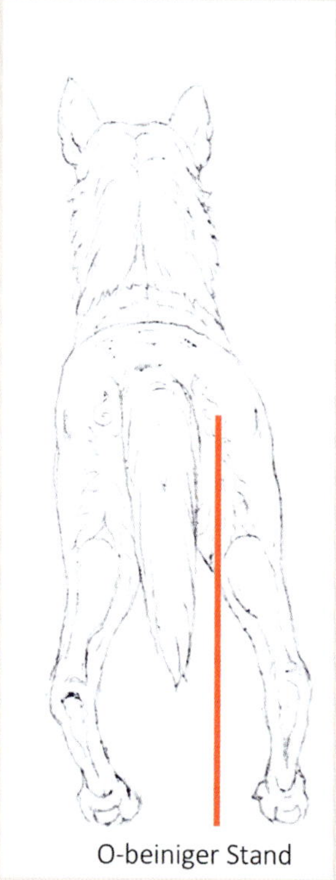

Hunde mit doppelten oder störenden Afterkrallen können aufgrund derer einen kuhhessigen Stand einnehmen (Abb. 6-3-26).

Sehr selten sehen wir gleichzeitig leicht gebogene Hintermittelfüße, sogenannte Säbelbeine (Kapitel 8, Seite 259).

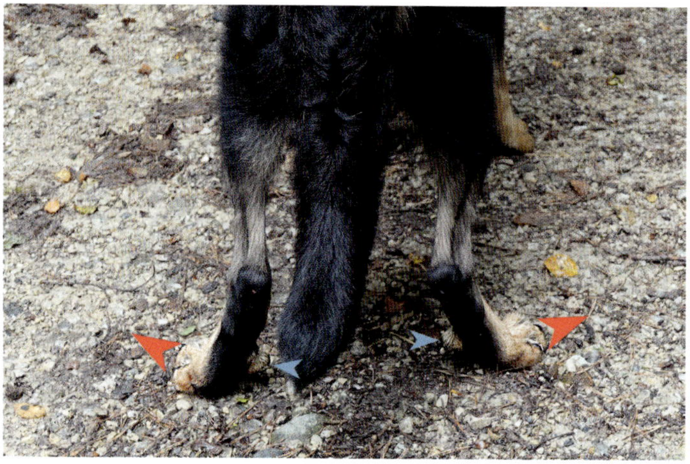

Abb. 6-3-26 | *Hunde mit Afterkrallen (blaue Pfeile) stehen oft kuhhessig, weil diese – in diesem Fall Doppelkrallen – die normale Bewegung stören.*

Stabilität Hinterhand

Die Hinterhand sollte kräftig und vor allem stabil sein. Der Schub kommt von hinten. Ein Hund mit einer instabilen Hinterhand (Schwäche in den Sprunggelenken) wird niemals so schnell und so ausdauernd sein, wie ein Hund mit einer korrekten Hinterhand, denn für jeden Schritt, für jede Wendung, für jeden Sprung ist der Hund auf eine kraftvolle Hinterhand angewiesen.

Am stabilsten ist eine moderat gewinkelte Hinterhand. Sehr lange, rückständige Hinterbeine sind bedeutend weniger stabil.

Im Standard der Deutschen Schäferhunde steht ein großartiger Satz:

»Jede Neigung zur Überwinkelung der Hinterhand mindert die Festigkeit und die Ausdauer und damit die Gebrauchstüchtigkeit.«

Test Stabilität der Hinterhand

Es gibt einen sehr einfachen Test, um die Standfestigkeit zu überprüfen: Wir schubsen den Hund auf der Höhe seiner Hüfte von einer Seite zur andern. Ein korrekt gebauter Hund steht stabil, einer mit Schwachstellen taumelt. Und ein Hund mit derart instabilen Sprunggelenken, wie der Boston Terrier in Abb. 6-3-18, knickt beim Schubsen mit der Hinterhand seitlich ein.

Abb. 6-3-27 | *Nicht alle Molosser sind so gut gebaut und standfest wie Martok, der Cimarron Uruguayo.*

DIE HINTEREN PFOTEN

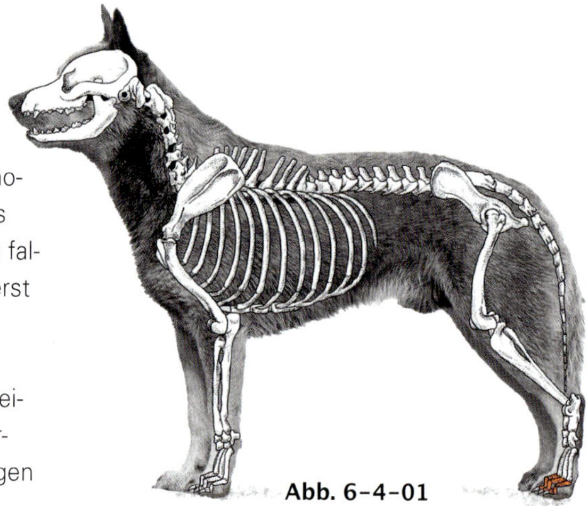

Abb. 6-4-01

Die Pfote ist ein hochkomplexes Gefüge aus Knochen, Muskeln, Sehnen und Bändern. Einerseits sind sie sehr belastbar, anderseits als Folge von falscher Belastung oder Überbeanspruchung äußerst verletzungsanfällig und schmerzempfindlich.

Die hinteren Pfoten sind etwas schmaler und kleiner als die vorderen. Das macht Sinn, da die vorderen Pfoten mehr Gewicht (Hals und Kopf) tragen und stärkere Aufprallkräfte abfedern müssen.

Nicht nur für Sporthunde, für jeden Hund sind gesunde und gut gepflegte Pfoten wichtig, denn ohne funktionell gebaute Pfoten ist die Lebensqualität jedes Hundes drastisch eingeschränkt. Was nützt dem Hund der beste Körperbau, wenn die Pfoten mangelhaft sind und jeder Schritt schmerzt?

Abb. 6-4-02 | *Der Berger des Pyrénées Puck hat gut gepolsterte, aufgeknöchelte Pfoten, die den Schub aus der Hinterhand federnd auf den Boden bringen und für eine optimale Sprungkraft sorgen.*

Die vergessenen oder vernachlässigten Pfoten

Über die vielen Jahre, in denen wir Welpentests und Seminare durchführten, wurde für uns das Thema »Pfoten« immer zentraler. Viel zu oft mussten wir erkennen, dass mit den Pfoten etwas schiefläuft. Schleichend degenerieren Zehenballen, es verändert sich die Gewichtsverteilung auf die Pfoten, Ballen rollen auf. Es ist ein Prozess im Gang, der weitgehend unbeachtet und zu Lasten der Hunde läuft, die umgekehrt im Alltag und im Sport immer höheren Ansprüchen gerecht werden müssen.
Es bleibt die Hoffnung, dass mit der Lektüre dieses Buchs die Hundebesitzer, Züchter, Richter, Trainer und Hundesportler den Pfoten mehr Beachtung schenken. Ein instabiler Stand, falsche Belastung, mangelhafte Polsterung, daraus entstandene Schmerzen, alles wirkt sich auf das physische und psychische Wohlbefinden aus, ohne dass sich unsere Hunde beklagen könnten. Schmerzhafte Zehen-Arthrose, bei jedem Schritt, darf nicht zu den »normalen« Altersbeschwerden gehören. Wir tragen die Verantwortung, dass unsere Hunde schmerzfrei auf guten Pfoten durchs Leben gehen dürfen.

Die idealen Pfotenformen

Ob Hasen- oder Katzenpfoten, eine funktionelle Pfote erkennt man an den gut aufgeknöchelten und satt aneinanderliegenden Zehen sowie an den dick gepolsterten, widerstandsfähigen Ballen.

In den meisten Standards werden gut aufgeknöchelte Katzen- oder runde Pfoten verlangt. Je schwerer der Hund gebaut ist, umso wichtiger ist es, dass die Pfoten gut aufgeknöchelt und gepolstert sind.

Bei grazilen Hunden, vor allem bei den Galoppern, werden im Standard oft Hasenpfoten verlangt. Die Hasenpfote ist verletzungsanfälliger, sie ist durch die zwei längeren Mittelzehen etwas weniger gut aufgeknöchelt und oft weniger gut gepolstert.

Der Hund sollte seine vier Zehenballen und den großen Sohlenballen gleichmäßig belasten, das heißt, er soll auf den Ballen stehen. Im Idealfall sind diese Ballen dick und gut gepolstert, ohne Zwischenräume, denn sie helfen die Erschütterungen in der Fortbewegung zu dämpfen. Je besser die Pfoten gepolstert sind, umso weniger ist es für Hunde ein Problem, in steinigem Terrain und/oder bei heißen Temperaturen unterwegs zu sein (Abb. 6-4-05).

Jede einzelne Zehe sollte kräftig, flexibel und gut gepolstert sein, damit der Hund mit den kurzen Krallen einen guten Griff auf dem Boden hat, was vor allem für schnelle Wendungen und Stopps unerlässlich ist. Nur aufgeknöchelte Zehen sind funktionell und voller Spannkraft. Ohne Spannkraft ist zusammen mit den übrigen Gelenken kein Katapulteffekt möglich.
Bei langhaarigen Hunden müssen wir zwingend die Zehen tasten. Unsere Finger sollen eine ausgeprägte Wölbung spüren sowie eng aneinanderliegende Zehen.
Um die Polsterung zu begutachten kontrollieren wir die Ballen, indem wir den Hintermittelfuß locker anheben, ohne mit den Händen die Pfote zu beeinflussen. Der Sohlenballen sowie die vier Zehenballen sollen möglichst groß und gut gepolstert sein, mit einem kleinen Abstand zwischen den Zehen und dem Sohlenballen (Abb. 6-4-03). Dicht beieinanderliegende, gut gepolsterte Ballen zusammen mit aufgeknöchelten Zehen sind die beste Voraussetzung für eine gute Abfederung, einen korrekten Stand und ein Leben ohne schmerzende Pfoten.

Abb. 6-4-03 | *Ein selten schöner Anblick: Große, derbe Polster mit wenig Abstand zwischen den einzelnen Zehen- und zum großen Sohlenballen. Die Krallen sind kurz.*

Abb. 6-4-04 | *Die Bulli-Hündin Kisha läuft bestens abfedernd auf großen, dicken Polstern. Die Krallen sind kurz.*

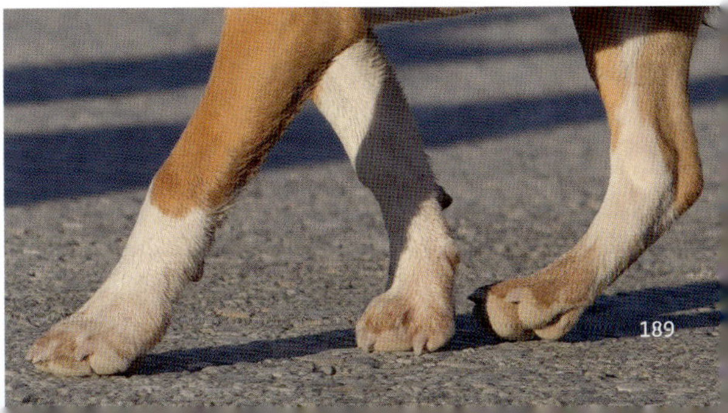

Abb. 6-4-05 | *In der Nahaufnahme ist die vorzügliche Polsterung von Kishas Pfoten gut zu erkennen.*

Nicht korrekte Pfoten

Senk-/Spreizpfoten

Jede Pfote, die nicht aufgeknöchelt und geschlossen ist, belastet den Hund. Senk- oder Spreizpfoten sind in vielen Fällen eine Kombination aus zu kleinen Zehenballen und einem zu durchtrittigen Vordermittelfuß. Solche Pfoten können auch von Verletzungen stammen. Früher, als im Agility-Sport bei der A-Wand die Querlatten nicht abgerundet waren, sah man bei älteren Agility-Hunden viele durch hunderte Micro-Verletzungen geschädigte, abgeflachte Pfoten.

Bei Senkpfoten ist die Gewichtsverteilung verändert. Der Hund belastet nicht mehr die ganze Pfote, er entlastet die Zehen (vermutlich, weil sie schmerzen) und steht hauptsächlich auf dem großen Sohlenballen.
Somit hat sich die ganze funktionelle Belastungsachse verändert und der Hund muss im Stand sowie in der Bewegung dauernd kompensieren.

Ein weiteres Problem bei extremen Senkpfoten sind die Krallen, die in die falsche Richtung (zum Himmel) wachsen und nicht mehr funktionell sind. Auf weichem, rutschigem Untergrund verhelfen Krallen zu einer gewissen Standfestigkeit. Die Hunde krallen sich im wahrsten Sinn des Wortes in den Untergrund ein.

Ein weiteres eindrückliches Beispiel für mangelhafte Pfoten ist Pfüdi, der kleine Chihuahua in Abb. 6-4-06. Seine vier Pfoten sind komplett abgeflacht. Er leidet auch unter spontan kippbaren, gänzlich instabilen Sprunggelenken. Normalerweise verlagern Hunde mit dieser Instabilität das Gewicht nach vorne (immer gut ersichtlich an der aufgewölbten oberen Linie), um diese Schwachstelle so gut es geht auszugleichen. Nun ist Pfüdi vorne im Vordermittelfuß komplett durchtrittig und er hat Senkfüße mit zusätzlich leichten Roll-Ballen. Wie will er da etwas ausgleichen, wenn sein Körper überall schmerzt? Für uns ist Pfüdi ein außergewöhnlich lehrreiches Anschauungsmodell. Für Pfüdi selbst ist es jedoch eine Katastrophe. Er muss bei jedem Schritt Schmerzen ertragen, deshalb wurde aus ihm ein auf alles ausgesprochen unsicher reagierender Hund, der versucht, sich alle Hunde und Menschen vom Leib zu halten. Genau wie menschliche Schmerzpatienten werden auch Hunde asozial – das ist doppelt schlimm für einen Rassevertreter, der als Gesellschaftshund gezüchtet wurde!

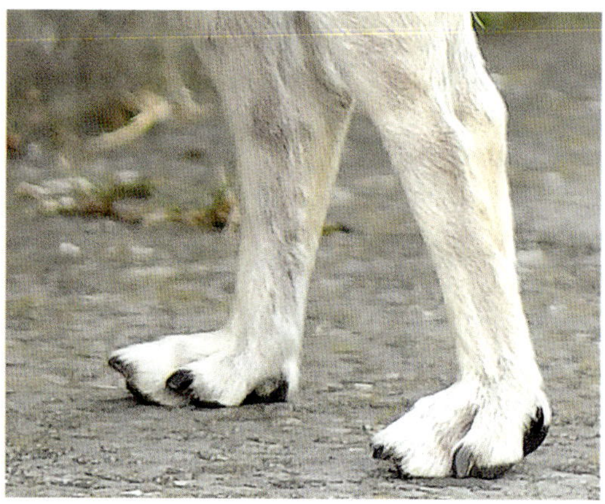

Abb. 6-4-06 und Abb. 6-4-07 | *Der bedauernswerte Chihuahua Pfüdi hat hinten und vorne abgeflachte Pfoten, durchtrittige Vordermittelfüße und beidseitig spontan kippbare Sprunggelenke, die Zehen-Ballen rollen sich etwas auf.*

Natürlich interessiert uns, wie die Gewicht tragenden Pfoten von Pfüdi von unten aussehen. Fotos von unten durch eine Glasplatte aufgenommen brachten keine guten Resultate. Es lag nahe, einen Versuch auf dem Flachbett-Scanner zu machen. Das Ergebnis war qualitativ erstaunlich: Die Spreizpfote offenbarte, dass die seitlichen Zehenballen kleiner sind, die mittleren Zehenballen sich auffächern, die Abstände zwischen den Zehen und zum Sohlenballen viel zu groß sind.

Abb. 6-4-08 | *Pfüdis instabile Spreizpfote von unten gescannt. Im Vergleich zur korrekten Pfote in Abb.6-4-03 sind die aufgefächerten Zehen gut zu erkennen, wie auch die verkleinerten seitlichen Zehenballen und die großen Abstände zwischen allen Ballen.*

Roll-Ballen – ein zunehmendes Problem bei vielen Rassen

Bei einer funktionellen Pfote sehen wir eng aneinanderliegende, gut aufgeknöchelte Zehen und kräftige Krallen, die Richtung Boden zeigen. Die Ballen sollten auf keinen Fall sichtbar sein, denn der Hund steht auf diesen Polstern und belastet seine vier Zehenballen und den Sohlenballen gleichmäßig.

Bei Roll-Ballen (Abb. 6-4-09) sind beim stehenden Hund die Zehenballen von der Seite und von vorne sichtbar, sie sind »hochgerollt«, die Nägel zeigen geradeaus oder sogar Richtung Himmel. Der Hund verlagert sein Gewicht und belastet hauptsächlich seinen Sohlenballen.

Die Ursache für Roll-Ballen liegt, wie wir nach Jahren endlich herausfinden konnten, in der mangelhaften Zehen-Polsterung. Sämtliche Hunde mit aufgerollten/aufgefächerten Zehenballen haben verkleinerte Ballen. Meistens sind die Ballen der seitlichen Zehen kleiner, seltener auch die mittleren.

Zu kleine Ballen bedeuten größere Abstände, das heißt die Zehen sind nicht mehr genügend gut von den Nachbar-Zehen gestützt. Durch diesen fehlenden Halt sind die Zehen beweglicher und verletzungsanfälliger. Die betroffenen Hunde können schon jung an Schmerzen im Zehenbereich leiden. Und dann beginnt der Teufelskreis.

Abb. 6-4-09 | *Die aufgerollte Hinterpfote eines Australian Shepherds, der sich natürlich so hinstellt und die Zehenballen dauernd aufrollt.*

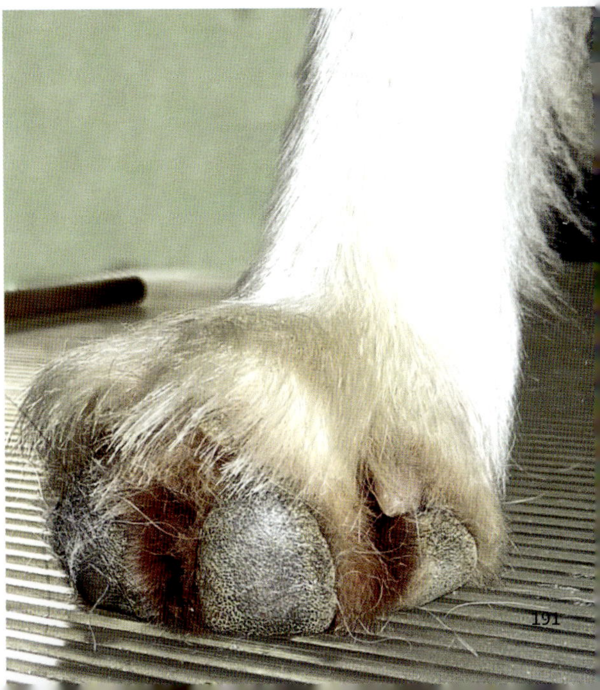

Der Hund hat keinen soliden Stand, weil seine Polster zu klein und die Zehen zu beweglich sind (das ist schon erkennbar beim Welpentest!).
Er versucht einerseits aus Stabilitätsgründen, andererseits, um dem Schmerz auszuweichen, sein Gewicht zu verlagern, vorzugsweise auf den meistens gut gepolsterten Sohlenballen. Durch die veränderte Belastungsachse flacht die Pfote noch mehr ab, die Zehen spreizen sich und die schmerzhafte Zehenarthrose ist vorprogrammiert. Wie jede Kompensations-Haltung wirkt sich auch dieser veränderte Stand negativ auf den gesamten Körper aus und verstärkt andere strukturelle Probleme.

Ohne gut geschlossene und aufgeknöchelte Zehen mit großen, satt aneinander liegenden Polstern ist der Gang nicht mehr federnd und die Sprungkraft stark eingeschränkt.

Es gibt einen einfachen Test, um bei allen Hunden, auch schon beim Welpen, die Qualität der Ballen zu prüfen:

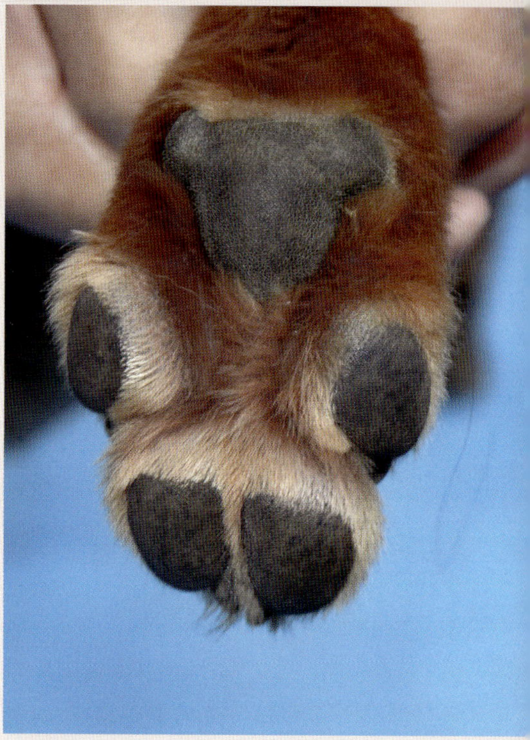

Abb. 6-4-10 | *Die sehr mangelhafte Hinterpfote eines Golden Retrievers, der runde Katzenpfoten haben sollte.*

Roll-Ballen Test

Wir testen die hintere Pfote, indem wir den Gewicht tragenden Hintermittelfuß mit der Hand umfassen und sanft nach hinten ziehen (Abb. 6-4-11). Eine gut gepolsterte und aufgeknöchelte Pfote ist stabil und wird weder ihren Stand noch ihre Form verändern. Bei Roll-Ballen hingegen kann die Pfote nach hinten verschoben (gerollt) werden, in extremen Fällen spüren wir dabei eine Klick-Bewegung, gleichzeitig fächern vorne die Zehenballen auf. Die Ballen werden von vorne und von der Seite sichtbar. Schieben wir die Pfote zurück, 'klickt' die Pfote in die korrekte Position zurück.

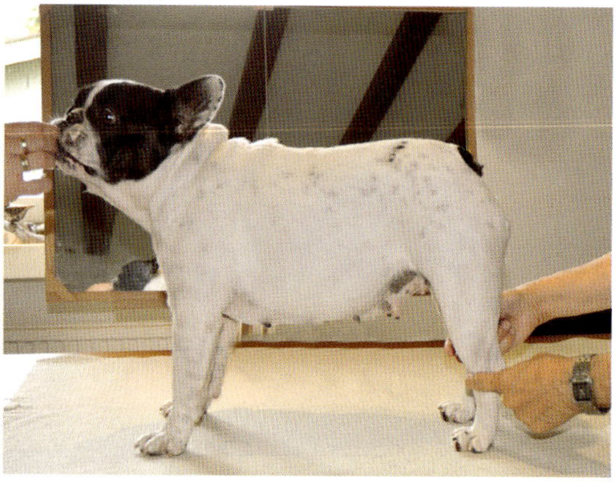

Abb. 6-4-11 | *Roll-Ballen-Test: mit 2 Fingern Hintermittelfuß leicht nach hinten ziehen. Wenn die Ballen wie bei Vicky sichtbar werden, hat der Hund Roll-Ballen.*

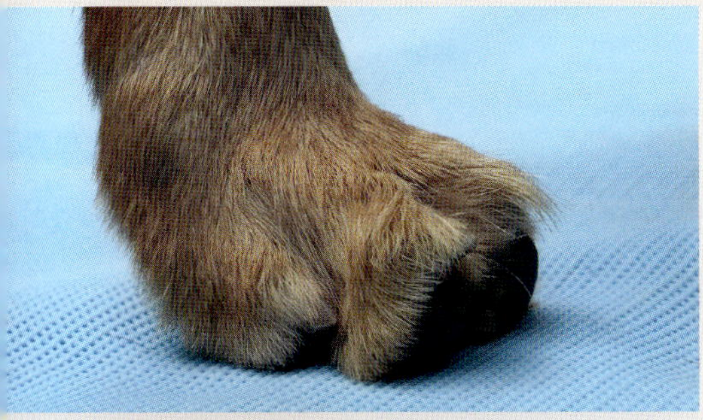

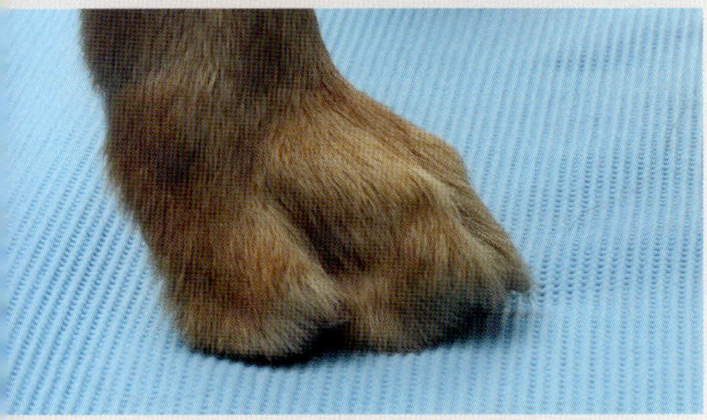

Im Stand rollen sich die beiden vorderen Zehenballen spontan auf (Bild 2) und der Hund zeigt eine völlig falsche Belastung der Hinterhand. Auf Bild 3 haben wir die Pfote mit etwas Druck von hinten in die »richtige« Position gebracht, sobald der Druck weg war, rollte die Pfote in die Position von Bild 2 zurück.

Diese Verschiebungen geschehen im Alltag bei jedem Schritt auf jedem Terrain, von uns völlig unbemerkt. Nur wenn wir es wissen, können wir uns auch vorstellen, was die Pfoten dabei aushalten müssen und wie unsicher sich der Hund dabei fühlt. Krallen, die nicht auf den Boden zeigen, geben dem Hund weniger Halt auf rutschigem Terrain, sie nützen sich in der Bewegung nicht ab und müssen manuell gekürzt werden. Derartige Auffälligkeiten müssten auch die Züchter dazu bringen, sich die Ballen sehr genau anzuschauen und in ihrem Zuchtprogramm darauf zu achten, dass ihre Hündin mit verkleinerten oder bereits Roll-Ballen nicht von einem Rüden mit dem gleichen Problem gedeckt wird.

Beizufügen ist, dass dieses Pfoten-Problem am ehesten in Physiotherapien und Hundesalons erkannt wird, wo den Pfoten besondere Beachtung geschenkt wird. Die Verantwortung für die Erhaltung von guten Ballen liegt jedoch beim Züchter.

Roll-Ballen in Kombination mit gekippten Sprunggelenken

Bei den zurzeit sehr beliebten Französischen Bulldoggen sehen wir leider oft aufgerollte Zehenballen in Kombination mit einem oder sogar zwei gekippten Sprunggelenken. Wenn die für ihre Größe relativ schwer gebauten Hunde nicht auf den dafür vorgesehenen Polstern stehen, sondern mit eingeknickten Sprunggelenken das ganze Gewicht auf die Sohlenballen verlagern und die Zehenballen aufrollen, kann das massive Probleme nach sich ziehen. Man stelle sich die Kombination mit weiteren schweren Einschränkungen vor, wie mit einer verkrüppelten Wirbelsäule (Stummelruten) und/oder Atemwegsproblemen (Kurznasen).

In Abb. 6-4-11 testet Doris die Qualität der Ballen von Vicky, dem Frenchie-Mädchen. Vicky hatte das beste und bezauberndste Temperament, aber ihr Körper war eine einzige Tragödie und ihre Zweitbesitzer hatten für ihre Behandlung eine Menge Geld ausgegeben: Sie ließen Vickys Nasenlöcher chirurgisch vergrößern. In zwei Operationen wurde ihr Gaumensegel verkleinert. Mehrere kleine Tumore wurden bei ihr entfernt sowie chronische Entzündungen an Ohren und Pfoten und eine Lebensmittelallergie behandelt.

Leider litt Vicky nicht nur an massiven Atemproblemen, sie konnte auch weder beschwerdefrei laufen noch stehen. Vicky hatte beidseitig spontan kippende Sprunggelenke und Roll-Ballen (Abb. 6-4-11 bis 6-4-13), was bei einem so schweren Hund

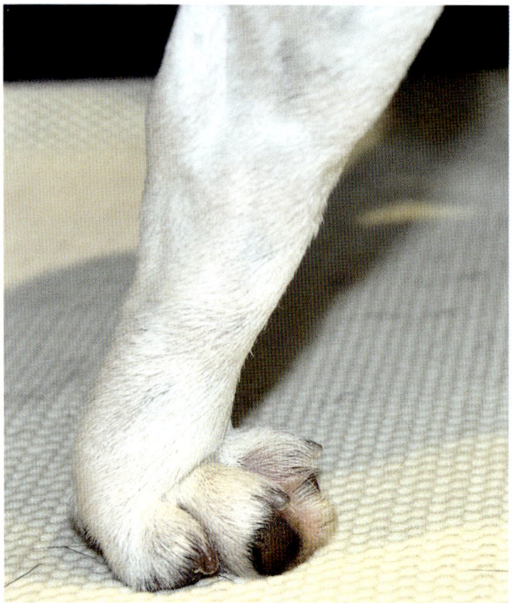

Abb. 6-4-12 | *Roll-Ballen und gleichzeitig spontan kippende Sprunggelenke, eine für den Hund äußerst unangenehme und strukturell verheerende Kombination.*

Abb. 6-4-13 | *Auch bei Vicky liegt der Grund für die Roll-Ballen in zu kleinen Zehenballen mit zu großen Abständen sowohl zueinander als auch zum Hauptballen.*

ein echtes Problem darstellt. Vicky lebte vorher bei einem Züchter und hatte sehr jung mehrere Würfe. Sie wurde dann aus Mitleid aus der Zucht herausgekauft. Ist es wirklich nötig, dass Hunde mit so einem »Qualzucht-Körper« ihre Gene weitergeben müssen? Vicky ist relativ jung gestorben und wird schmerzlich vermisst.

Nicht korrekte Pfoten-Belastung

Bei Roll-Ballen verlagert der Hund sein Gewicht auf den Sohlenballen. Dabei fächern sich die Zehen auf und tragen wenig bis kein Gewicht. Es gibt auch das Gegenteil: Hunde, die nur auf den Zehenballen stehen, der Sohlenballen steht in der Luft. In extremen Fällen steht der Hund sogar nur mit zwei Zehen auf dem Boden, auch seine beiden seitlichen Zehen tragen kein Gewicht. Ein Beispiel dafür ist der sonst sehr schön gebaute Cairn Terrier Merlin in Abb. 6-4-14.

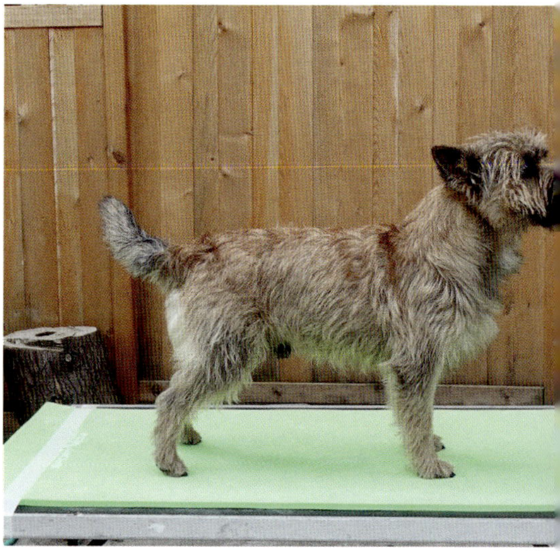

Abb. 6-4-14 | *Merlin, der charmante Cairn-Terrier, steht auf den ersten Blick wunderschön ausbalanciert. Auf den zweiten Blick sehen wir, dass er hinten nur auf den beiden mittleren Zehenballen steht.*

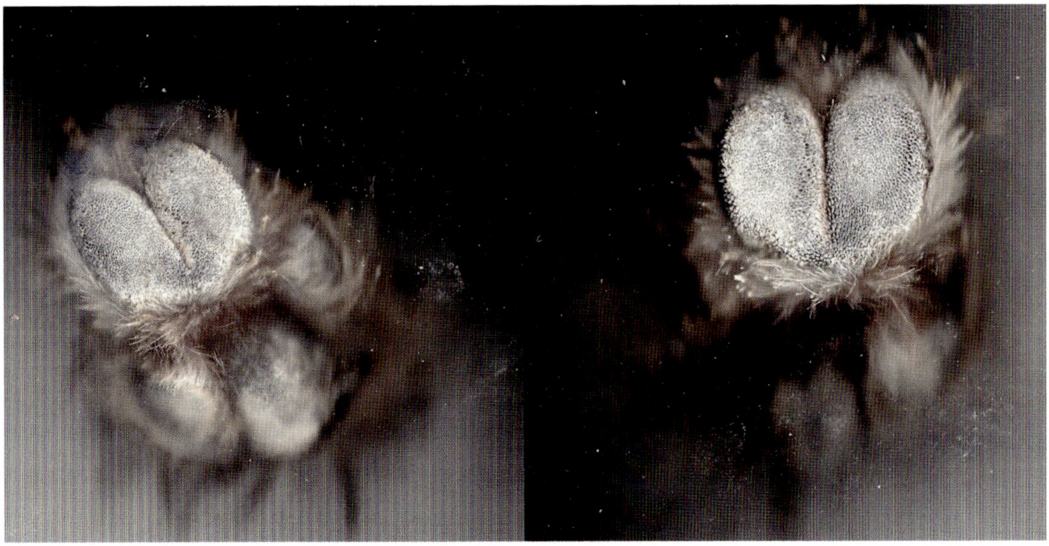

Abb. 6-4-15 | *Es hatte sich bewährt, dass wir neben unserer Fotoausrüstung auch unseren Scanner zum Seminar mitgenommen hatten. Das ist das Scanner-Bild von Merlins Hinterpfoten, dem Cairn Terrier in Abb. 6-4-14. Er steht hinten tatsächlich nur auf den mittleren beiden Zehen.*

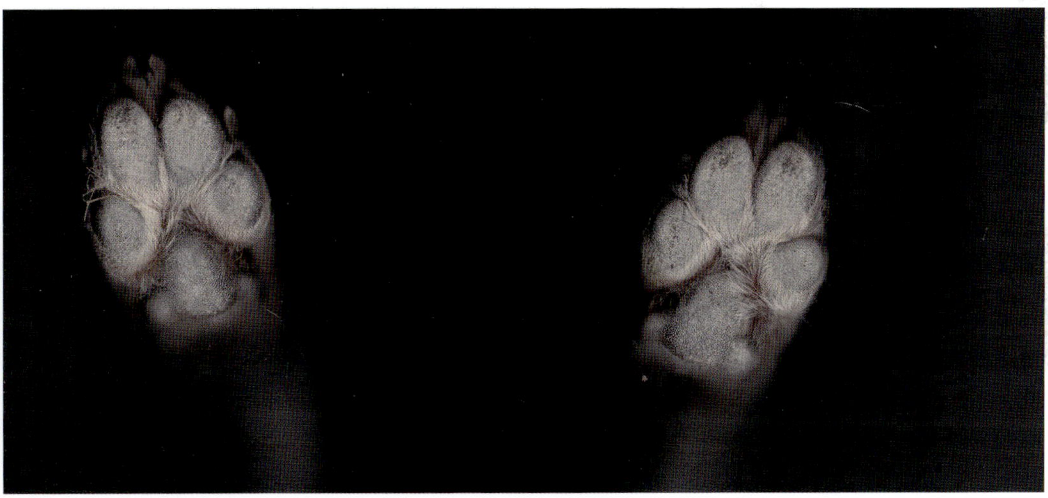

Abb. 6-4-16 | *Als Vergleich dazu sieht man auf diesem Scanner-Bild die korrekt belasteten Pfoten eines Windspiels.*

Wir haben festgestellt, dass einige Cairn Terrier, die jedoch nicht miteinander verwandt sind, diesen Stand einnehmen, und wir sind natürlich dankbar, dass wir hier Merlin ausführlich dokumentieren dürfen.
Eine weitere Möglichkeit ist, Hunde auf eine Memory Foam-Matte zu stellen und den Pfotenabdruck – der dann mit der Zeit wieder verschwindet – zu fotografieren. Cairn Terrier Merlin (Abb. 6-4-17) steht auf der grünen Memory Foam-Matte und die Abdrücke zeigen im wahrsten Sinne des Wortes »eindrücklich«, wie er das Gewicht seiner Hinterhand trägt, abgestützt allein auf die vorderen zwei Zehenballen.

Diese Matten eignen sich auch ideal, um zu sehen, ob die Hunde alle vier Pfoten gleichmäßig belasten oder an welcher Stelle sie allenfalls entlasten.

Oftmals stehen Hunde mit einer überwinkelten, zu langen Hinterhand auf den Zehen, oder auch Hunde, die auf »Show Stacker« für Ausstellungen (über)trainiert werden. Weder das eine noch das andere trifft auf diesen Cairn Terrier zu.

Abb. 6-4-17 | *Auf der Memory Foam-Matte hat Merlin diesen Abdruck hinterlassen. Er stand hinten nur je auf den vorderen beiden Zehen.*

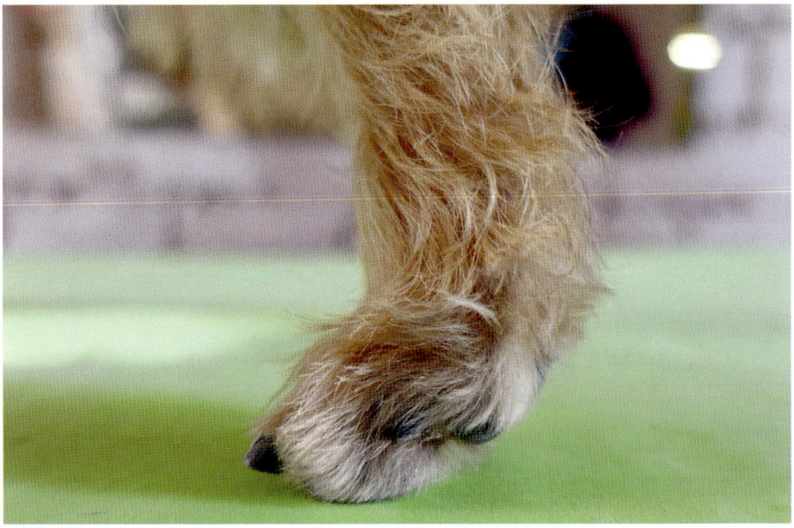

Abb. 6-4-18 | *Merlins belastete Hinterpfote von der Seite betrachtet. Seine äußeren Zehen sind verkürzt und tragen kein Gewicht. Diese Stellung verändert maßgeblich die Belastung und die Stabilität der Hinterhand.*

Krallen

Auch bei der Hinterpfote gilt es, die Krallen kurz zu halten, denn lange Krallen können die Stellung der Zehen verändern und mit der Zeit komplett deformieren. Wenn der Hund normal steht, dann sollten wir einen Fingernagel unter seine Krallen schieben können. Wenn das nicht geht, ist Pedicure angesagt.

Unregelmäßig abgelaufene Krallen sind gerade bei den Hinterpfoten ein Warnzeichen. Hunde mit Problemen im hinteren Teil der Wirbelsäule lassen gerne die Pfoten schleifen. In so einem Fall ist es ratsam, schnellstmöglich einen Tierarzt aufzusuchen, es könnte ein neurologisches Problem vorliegen.

Für den Sporthund sind gesunde Pfoten die Basis. Der Hund kann den gefälligsten Körperbau haben, wenn die Pfotenstellung nicht korrekt ist, dann wird die ganze Biomechanik verändert. Ob Blindenhund, Polizeihund, Agility-Crack oder einfach nur lieber Familienhund, sie alle leiden, wenn die Pfoten nicht gut gebaut sind oder fehlbelastet werden, spätestens im letzten Drittel ihres Lebens.

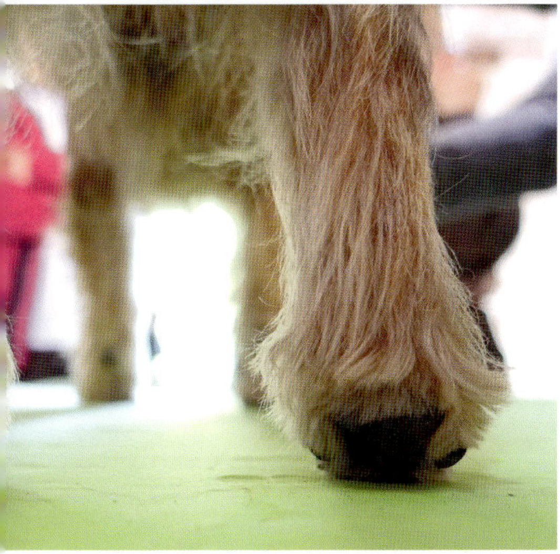

Abb. 6-4-19 | *Merlins Stand von hinten fotografiert. Auch aus dieser Perspektive sehen wir, dass er nur die vorderen beiden Zehen belastet, der Rest der Pfote (die äußeren zwei Zehen und der ganze Sohlenballen) steht in der Luft.*

Abb. 6-4-20 | *Ein oft gesehenes Bild im Hundesalon: Zu lange Krallen können die Zehen deformieren, lassen Sie es nicht soweit kommen.*

MEHR ÜBER DIE HINTERHAND

Abb. 6-5-01 | *Hunde sind nicht gebaut, um auf der Hinterhand zu landen, dieser Sprung endet nicht gut!*

Hinterhand-Landungen sind absolut zu vermeiden!

Seien Sie vorsichtig mit Bällewerfen, Hunde sollten auf der Vorderhand landen und niemals auf der Hinterhand. Die optimale Front ist gut bemuskelt und kann dank schräg liegenden Schulterblättern, gut zurückliegenden Oberarmen, elastischen Vordermittelfüßen sowie gut gepolsterten Pfoten Erschütterungen problemlos aushalten und harte Landungen bis zu einem gewissen Maß abfedern (Abb. 6-5-03).

Die Hinterhand ist nicht für Landungen konzipiert. Der Aufprall-Schock kann nicht ausreichend von den Muskeln absorbiert werden, sondern geht direkt in die Gelenke. In den Abb. 6-5-01 und 6-5-02 sehen wir einen Podenco, der auf der Hinterhand landet. Gerade bei einem instabilen Sprunggelenk sind solche Stürze keine Seltenheit.

Darüber sollten Sie sich bewusst sein: Die Hinterhand des Hundes ist für seinen »Antrieb« gebaut und nicht für Landungen. Wenn wir »Motivations-Gegenstände« werfen, können wir das richtig oder falsch machen. Mit wiederholten, ungeschickten (z.B. Frisbee-) Würfen können wir großen Schaden anrichten.

Abb. 6-5-02 | *Es kann sein, dass der Ibiza Podenco instabile Sprunggelenke hat, sein Sturz bei der Landung spricht dafür.*

Abb. 6-5-03 | *Nur eine korrekt gewinkelte, optimal bemuskelte Front ermöglicht eine gute Dämpfung der Aufprall-Energie. Landungen auf der Hinterhand sind schädlich, die Erschütterungen enden immer in den Gelenken.*

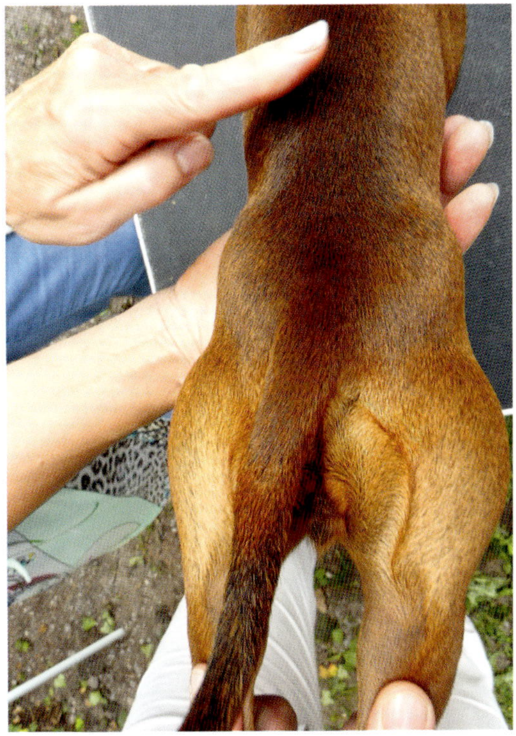

Abb. 6-5-04 | *Auffallend ist der Muskelaufbau im rechten Oberschenkel dieses an sich athletischen Hundes, dessen Körper die Schwäche im linken Sprunggelenk mit Muskeln kompensiert.*

Einseitiger Muskelaufbau hat immer einen Grund

Ein auffälliger, vor allem einseitiger Muskelaufbau ist immer die Folge einer kompensierenden Haltung.

In Abb. 6-5-04 sehen wir einen Hund, der enorm schnell unterwegs ist, jedoch nicht korrekt stehen kann, da er unter beidseits kippbaren Sprunggelenken leidet. Da das linke Bein schneller kippt und schwächer ist, belastet der Hund sein rechtes Bein stärker, deutlich sichtbar am überdimensionierten Muskelaufbau auf dieser Seite. Durch die Kompensation haben sich auch an der Lende übermäßig viele Muskeln gebildet, der Hund zeigt eine aufgezogene Oberlinie. Hinter einer ungleichmäßigen Bemuskelung steckt immer ein Grund. Versuchen Sie immer die Ursache dafür herauszufinden.

Abb. 6-5-05 | *Falco vor der Operation: Wenn Hunde diese Sitzposition zeigen, ist ein Tierarztbesuch angesagt.*

Auffallende Sitzposition – Femurkopfnekrosen bei kleinen Hunden

Eine auffällige Sitzposition, wie wir sie bei Falco in Abb. 6-5-05 sehen ist ein Grund, den Tierarzt zu konsultieren. Der Patterdale Terrier gehört zu den niederläufigen Terriern. Kleine Rassen können im Wachstum an einer aseptischen Femurkopfnekrose (Calvé-Legg-Perthes-Erkrankung) leiden. Bei dieser Krankheit deformiert sich der Oberschenkelkopf und es entsteht bereits bei Junghunden eine schwere und schmerzhafte Hüftdysplasie (Abb. 6-5-06). Falcos Besitzerin wunderte sich über seine eigenartige Sitzposition, das Knie am Boden, den Hintermittelfuß nach hinten gestreckt und die Pfoten gegen oben sichtbar (rote Pfeile).

Nach der Diagnose wurde Falco sofort operiert, Oberschenkelkopf und Schenkelhals wurden entfernt (Femurkopfresektion), neues Bindegewebe hält und stützt heute seinen restlichen Oberschenkel im Hüftbereich. Dank der Operation ist Falco schmerzfrei und er genießt wilde und schnelle Hundespiele. Übrigens, sitzen kann er heute noch so!

Abb. 6-5-07 | *Patterdale Terrier Falco ist wieder flott unterwegs. Zum Glück erkannte seine Besitzerin frühzeitig, dass mit seiner Hinterhand etwas nicht in Ordnung war.*

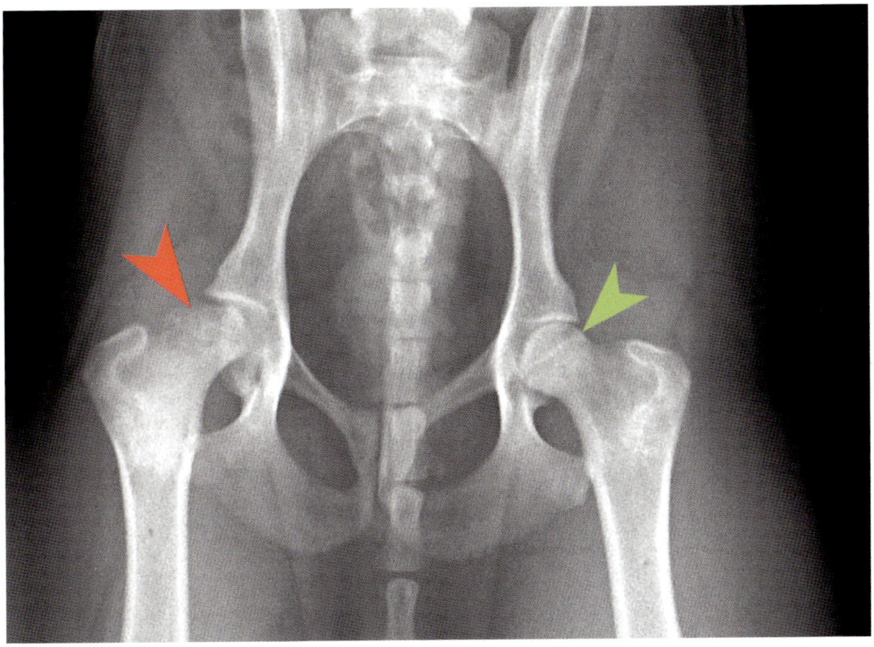

Abb. 6-5-06 | *Der rote Pfeil zeigt auf den absterbenden Oberschenkelknochenkopf. Auf der anderen Seite ist Falkos Hüfte völlig in Ordnung (grüner Pfeil).*

Kapitel 7

Andere Körperformen als der Ausdauer-Traber

> Andere Körperformen

204 Molosser

211 Terrier

214 Windhunde

221 Niederläufige Hunde

Andere Körperformen

Die wohl aufwendigste Aufgabe im Tagesablauf unserer Vorfahren war die Nahrungsmittelbeschaffung. Was lag da näher, als die vielseitig talentierten Hunde in diese Aufgabe miteinzubeziehen?

Wann genau die Domestizierung des Hundes begonnen hat, weiß niemand, dazu liegen zu unterschiedliche Zahlen vor. Dieser für die Menschheit große Schritt liegt sicher gute 10.000 Jahre zurück. Zuerst waren die Hunde wertvolle Helfer auf der Jagd, später nach dem Sesshaftwerden wurden sie als Hütehunde eingesetzt. Mit der Zeit und den immer spezialisierteren Aufgaben veränderten sich das Verhalten und der Körperbau der Hunde. Daher der Ausdruck »form follows function« oder auf Deutsch »der Körper richtet sich nach der Funktion«.

Die Selektion der Hunde war hart. Entsprachen die Hunde den Anforderungen, durften sie sich vermehren, sonst landeten sie mit Sicherheit im Kochtopf. Hunde mit einem nicht optimalen Körperbau verletzten sich öfter, was in der damaligen Zeit den sicheren Tod bedeuten konnte. Somit betrieben unsere Vorfahren eine reine Zucht auf Leistung, die Schönheit war unbedeutend. Die wenigsten Menschen hatten genügend zu essen, um »nutzlose Mäuler« zu füttern.

Wir durften von unseren direkten Vorfahren eine unglaubliche Vielfalt an Rassen mit verschiedenen Körperformen übernehmen.
Die Einteilung dieser Rassen ist uneinheitlich. Selbst der größte internationale kynologische Dachverband FCI (Fédération Cynologique Internationale) teilt die Rassen in andere Gruppen und Sektionen ein, als die großen englischsprachigen Kennel Clubs aus England, Kanada und den USA.

Wir stellen Ihnen ein paar Körperformen mit den größten Unterschieden zum Ausdauer-Traber vor, nämlich die schwer gebauten Molosser, ein paar

Terrier-Rassen mit einem steil gestellten, kürzeren Oberarm, die leicht gebauten Sichtjäger, die Galopper und zum Schluss die niederläufigen Hunde mit den verkürzten Extremitäten.

Sie haben sich bereits viel Wissen über die »canine Norm« – den Ausdauer-Traber – angeeignet. So wird es für Sie ein Leichtes sein, die unterschiedlichen Standardformulierungen auf weitere Körperformen zu übertragen. Arbeiten Sie auch hier mit den Balance-Linien und schauen Sie auf die Rundung bei der Vorbrust und dem Knie. So werden Sie am schnellsten auf die Unterschiede aufmerksam. Selbstverständlich ist auch der Welpentest auf sämtliche weiteren Körperformen anwendbar und gibt aussagekräftige Resultate über die Biomechanik des Hundes schon im zarten Alter von 8 Wochen.

Denken Sie immer daran: Schönheit liegt im Auge des Betrachters. »Schönheit« sollte jedoch den Hunden stets ein beschwerdefreies Leben ermöglichen.

MOLOSSER

Nachdem der Körperbau der Ausdauer-Traber – die bewährte canine Norm – umfassend erklärt wurde, folgen nun die offensichtlichsten Abweichungen im Körperbau der Molosser. Für diese schwer gebauten, kräftigen Hunde gibt es verschiedene Bezeichnungen, sie werden auch doggenartige Hunde, Kraftformen oder Mastiffs genannt. Molosser sind nicht nur groß und schwer, wie die meisten Herdenschutzhunde und Doggen, nein, die FCI zählt auch kleine Begleithunde zu den doggenartigen Hunden, wie die Französische Bulldogge, den Boston Terrier und den Mops.

Große molossoide Hunde begleiten die Menschen schon seit der Antike und sie wurden ursprünglich als Schutz-, Kriegs-, Zug- und Wachhunde gezüchtet, zu sehen auf alten Abbildungen (Abb. 7-2-02). Überlieferungen zufolge schätzten bereits die alten Griechen und die Römer diese mutigen, schweren und massigen Hunde. So sollen Alexander der Große und Cäsar stets Molosser-Hunde bei ihren Feldzügen mitgeführt haben.

Abb. 7-2-01 | *Ginjin, eine ausgewogen gebaute und sportliche American Bulldog-Hündin.*

Für seine ursprüngliche Funktion musste der Molosser etwas darstellen, Eindruck erwecken und etwas massiger und kräftiger gebaut sein als ein Ausdauer-Traber. Um aber die weiten Strecken mit dem Heer bewältigen zu können, mussten sie trotzdem funktionell gebaut sein, was heute leider nicht mehr bei allen Molosser-Rassen der Fall ist.

Mit wenigen Ausnahmen werden Molosser-Rassen kaum mehr sportlich geführt, und den Besitzern selbst fällt ein mangelhafter Körperbau ihres Hundes oft nicht auf. Selbst das rasselnde Atemgeräusch bei blockierten Atemwegen vieler Kurznasen empfinden Besitzer als rassetypisch, teils sogar charmant.

Die offensichtlichsten Unterschiede der Molosser zum Ausdauer-Traber

Im Vergleich zu den Traber-Rassen ist der Kopf bei den Kraftform-Rassen bedeutend mächtiger, der Fang jedoch meist kürzer und breiter. Die Röhrenknochen der Beine und auch der Brustkorb sind im

Abb. 7-2-02 | *Kräftige, Doggen ähnliche Hunde begleiten die Menschen seit vielen Jahrhunderten, wie hier die Verzierung in der Kathedrale von Verona zeigt.*

Querschnitt runder als bei den Ausdauer-Trabern. Bei vielen Molosser-Rassen ist die Hinterhand zu wenig stabil gebaut, was gerade für schwere Rassen nicht ideal ist und im Alter ein echtes Problem darstellen kann. Tatsächlich werden zahlreiche Molosser viel zu jung eingeschläfert, weil sie es nicht mehr schaffen, alleine auf die Beine zu kommen.

Im Vergleich zum Bild des moderat gebauten Ausdauer-Trabers sehen wir diese Unterschiede sehr gut. Der ACD und der Staffordshire Terrier in Abb. 7-2-03 sind etwa gleich groß. Die American Staffordshire Terrier-Hündin Ellie, die zu den bullartigen Terriern gehört, sieht so aus wie es in ihrem Standard beschrieben ist: »untersetzt und gedrungen und nicht langbeinig oder leicht gebaut.«

Ellies Kopf ist viel breiter, mit einem stark ausgeprägten Jochbogen und einem kräftigen, aber relativ kurzen Fang. Weil ihr Kopf kurz ist, hat sie auch einen kürzeren Hals, der wiederum sehr kräftig sein muss, weil er den breiten, schweren Kopf zu tragen hat. Ein schwerer Kopf und ein kurzer Hals wirken untersetzt und gedrungen, genau wie es bei dieser Rasse gewünscht wird.
Im Vergleich zu Pippa hat Ellie auch viel kräftigere und rundere Röhrenknochen und einen runderen Brustkorb, der allerdings gute drei Jahre bis zur fertigen Ausformung benötigte.

Abb. 7-2-03 | *Ein Vergleich der schwerer gebauten American Staffordshire Terrier-Hündin Ellie mit der moderaten Ausdauer-Traber-Hündin Pippa der Rasse ACD.*

Die Übertypisierung der ohnehin schon mächtigen Molosser-Köpfe

Heutzutage sind viele molossoide Hunde stark übertypisiert, da auf Ausstellungen leider ein zu großes Augenmerk auf markante Köpfe gelegt wird. Bei vielen Rassen scheint eine Verkürzung des Fangs und/oder ein übermäßiger Lefzen-Behang im Trend zu sein.

Ginjin (Abb. 7-2-01), die schöne American Bulldog-Hündin, ist korrekt und ohne Übertypisierung gebaut. Ginjin hat gut geschlossene Augenlider und keine Falten auf dem Fang. Sie kann frei atmen.

Abb. 7-2-04 | *Dieser Mastino Napoletano sieht infolge seines übertrieben schweren Lefzen-Behangs kaum aus den Augen.*

Das ermöglicht ihr, sich auch im Sommer freudig und ausdauernd zu bewegen. Die Rasse American Bulldog ist nicht FCI-anerkannt und somit auch weniger gefährdet, Opfer eines Ausstellungs-Modetrends zu werden.

Die Haut des Mastino Napoletanos wird als »dick, reichlich und locker« beschrieben. Am Kopf soll sie zahlreiche Falten und Runzeln bilden, jedoch

Abb. 7-2-05 | *Eine schöne, eher leicht gebaute Dogge mit dem im Standard gewünschten erkennbaren Lefzenwinkel und gut anliegenden Augenlidern.*

Abb. 7-2-06 | *Ein Bild aus der Albert-Heim-Stiftung: So gesund sahen früher die kleinen Bulldoggenartigen Hunde aus, mit einem genügend langen Fang ohne Faltenbildung und mit offenen Nasenlöchern.*

niemals so übertrieben, dass sie das Wohl und die Gesundheit des Hundes gefährden. Bei so tiefen Falten wie beim Hund in Abb. 7-2-04 ist eine Hautfaltendermatitis unvermeidbar. Zudem ziehen die schweren Lefzen die Augenlider so stark nach unten, dass der Hund keine freie Sicht mehr hat und an chronischer schmerzhafter Bindehautentzündung leidet.

Da die kleinsten doggenartigen Hunderassen (Frenchies, Mops und Boston Terrier) nur selten im

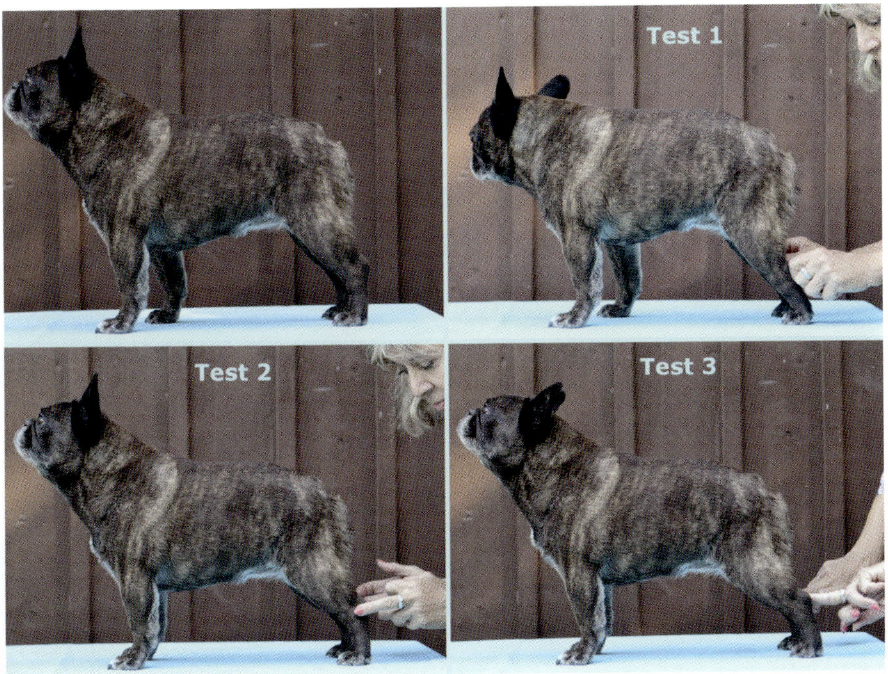

Abb. 7-2-07 | *Die Stabilität der Sprunggelenke von Dolly zeigt bei den Tests 1 und 3 (nach vorne und nach außen) eine große Instabilität.*

Sport anzutreffen sind, fällt es den Besitzern auch nicht auf, wenn der Körper dieser liebenswürdigen Begleithunde immer zahlreichere Schwachstellen aufweist, wie das verbreitete Brachycephale Syndrom (mehr darüber im Kapitel 3, Seite 47).

Diese kleinen Hunde sind pfiffig und intelligent. Wie alle anderen Hunde wären sie für sportliche Betätigungen zu begeistern, wenn es ihr »moderner« übertypisierter Körperbau denn zulassen würde. Was der Kopf möchte, das lässt die fast weggezüchtete Nase nicht zu, auch nicht die kaum noch existierende Mini-Rute, wie folgende traurige Geschichte zeigt.

Das frühzeitige Ende einer erfolgreich gestarteten Sportkarriere

Dollys Geschichte: In den meisten Fällen kann ein Hund mit der Zeit eine anatomische Schwachstelle kompensieren. Wenn sich aber die Schwachstellen kumulieren und der Hund dazu noch schwer gebaut ist, kann das schnell zu einem frühen Zusammenbruch führen.

Dolly ist eine charmante, äußerst intelligente Französische Bulldogge. Sie ist glücklich, wenn Frauchen etwas mit ihr unternimmt, im Team wurden sie sogar Landesmeister im Agility A2. Aber leider endete Dollys Agility-Karriere ganz abrupt auf dem Höhepunkt, mit gerade mal 5 Jahren! Dolly hat missgebildete Wirbel, wie so viele Hunde mit angeborenen Stummelruten. Nicht genug: Dolly leidet zusätzlich an beidseitig spontan kippenden und nach außen instabilen Sprunggelenken (Abb. 7-2-07), weshalb sie Gewicht von der Hinterhand in den Rücken verlagerte. Das führte zu einer noch stärker belasteten Wirbelsäule.

Dolly ist rassetypisch schwer gebaut, die Kombination aus Wirbelanomalie, instabilen Sprunggelenken und sehr schmalen, wenig bemuskelten Oberschenkeln (infolge der sehr kurzen Kruppe) führten zum Bandscheibenvorfall. Nach der Operation war Dolly wieder erfolgreich in ROB und Obedience unterwegs.

Im Alter von 11 Jahre baute Dolly enorm an Muskeln ab. Ihre Hinterhand wurde alterstypisch schwächer (Abb. 7-2-08). Sie verlagerte beim Gehen noch mehr Gewicht auf ihre Vorderhand, wodurch ihr Vordermittelfuß immer durchtrittiger wurde. Traurig ist, dass Dolly – im Kopf immer noch fit – so gerne mehr arbeiten würde und nicht mehr kann.

Anmerkung zu Dolly: Sie ist bereits operiert. Ihre Nasenlöcher wurden erweitert und das Gaumensegel gekürzt. Dolly bekommt nun wenigsten genügend Luft, aber ihr Körper ist leider das traurige Ergebnis eines fragwürdigen modernen Zuchtziels.

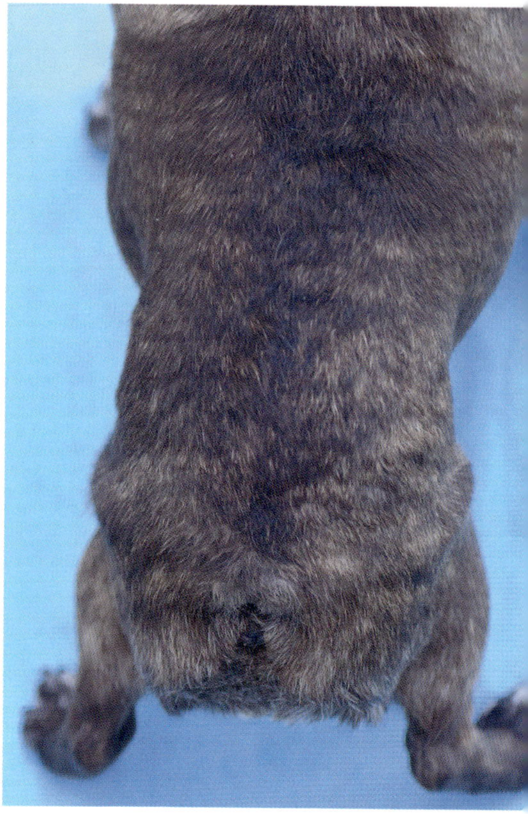

Abb. 7-2-08 | *Dolly baut in der Hinterhand immer mehr Muskeln ab und belastet dadurch die Vorhand zusätzlich.*

Bei vielen der großen Molosser-Rassen wurden der Kopf und die Größe verändert

Der in der Schweiz wohl bekannteste und beliebteste Molosser, Vorfahre der Schweizer Sennenhunde, ist der Bernhardiner Barry. Er lebte im Hospiz auf dem Großen St. Bernhard und soll über 40 Menschenleben gerettet haben, teilweise sogar aus Lawinen. Barrys ausgestopfter Körper ist im Naturhistorischen Museum in Bern ausgestellt. Auch sein Original-Schädel ist zu sehen. Barry hatte einen sehr funktionalen, langen Fang und seitlich eingesetzte Augen mit gut schließenden Lidrändern. In Abb. 7-2-09 unten ist deutlich zu erkennen, dass beim modernen Bernhardiner der Schädel Richtung »Kindchen-Schema« tendiert. Der Fang ist deutlich kürzer, die Kieferform verändert, der Stop fast senkrecht und die Augen frontal platziert, wodurch das Gesichtsfeld verkleinert wird.

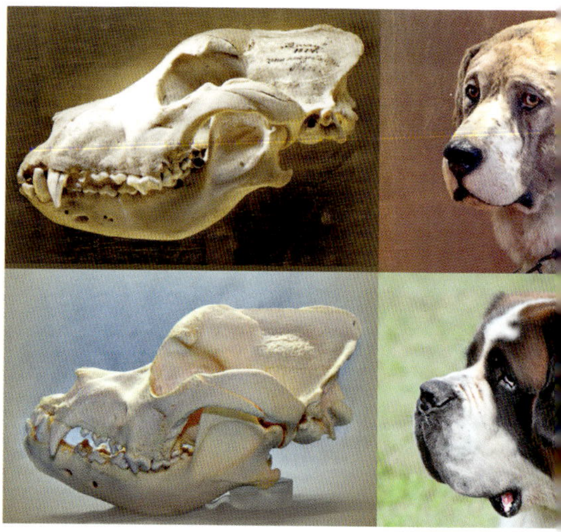

Abb. 7-2-09 | *Der Original Schädel von Barry, dem Ur-Bernhardiner, im Vergleich zu einem heutigen »Kindchen-Schema«-Ausstellungschampion.*

Abb. 7-2-10 | *Barry, der korrekt gebaute original präparierte Ur-Bernhardiner (14-jährig), hat nicht mehr viel gemeinsam mit der heutigen Rasse.*

Abb. 7-2-11 | *Eine ältere, aber sehr harmonisch gebaute Landseer-Hündin mit sehr schönen Hinterhandwinkelungen, die ihre Wasserarbeit über alles liebt.*

Diese Ausführungen rechtfertigen die Frage, aus welchem Grund robuste Arbeitshunde züchterisch so verändert werden, dass sie ihren ursprünglichen Job nicht mehr ausführen können.

Wenn beim Anblick eines süßen Kurznasen-Kopfes das Binde-Hormon Oxytocin geradezu sprudelt, vergessen wir, dass dies für den Hund in vielen Fällen eine Qual ist. Lesen Sie mehr über das Brachycephale Syndrom in Kapitel 3, Seite 47.

Barry war ein erfreulich korrekt gebauter Hund. Sein Brustkorb reichte knapp zu den Ellbogen und seine kräftigen Beine waren ausreichend lang für die Arbeit im Tiefschnee. Seine lange Kruppe ermöglichte eine gute Bemuskelung, die sich in seinen breiten Oberschenkeln zeigt, wie in Abb. 7-2-10 gut zu erkennen ist. Übrigens ist das Fässchen ein Mythos – es hätte Barry bei seiner wichtigen Rettungsarbeit nur behindert.

Im Vergleich zu Barry wurde beim heutigen Bernhardiner nicht nur der Schädel züchterisch verändert, auch die Größe und die Beschaffenheit des Fells sind nicht mehr gleich.

Leider sind die Nachkommen der größten caninen Bergretter-Legende heutzutage nicht mehr in der Lage, ihren Job auszuführen. Sie sind zu groß und zu massig gezüchtet mit vergleichsweise kürzeren Beinen. Ihr Fell ist lang und für die Arbeit im Schnee ungeeignet. Leichtere und wendigere Rassen haben den Bernhardiner bei der Lawinen- und Bergrettung abgelöst.

Barry lebte von 1800–1814. Er hat ein Alter erreicht, von dem die heutigen Bernhardiner-Besitzer nur träumen können. Die Zucht auf Übergröße fordert ihren Preis.

Glücklicherweise gibt es immer noch Molosser-Rassen, die züchterisch wenig verändert worden sind. Unter der FCI-Einteilung der molossoiden Berghunde finden wir Landseer, Hovawarte, Leonberger und viele Herdenschutzhunde, die zwar schwer, aber immer noch recht funktionell gebaut sind. Leider fallen die ebenfalls zu dieser Gruppe gehörenden Neufundländer auf Ausstellungen teilweise durch einen zu mächtigen Kopf mit einem viel zu abrupten Stop und zu schweren Lefzen auf.

Oft gesehen – eine mangelhafte Hinterhand

Bei »Kopf-Rassen« wird dem übrigen Körperbau zu wenig Bedeutung beigemessen. Viele dieser zu schweren Kraftform-Hunde haben eine mangelhafte Hinterhand mit zu schmalen Oberschenkeln sowie zu steilen Knie-Winkelungen. Sie sind daher überdurchschnittlich oft Kandidaten für beidseitige Kreuzband-Operationen.

Hunde mit einer steilen Hinterhandwinkelung stehen stabiler als solche, deren Hinterhand überwinkelt und zu weit nach hinten gestellt ist. Aber auch hier ist alles eine Frage des Maßes, moderate Knie- und Sprunggelenk-Winkel garantieren mehr Kraft und Schub von hinten.

Abb. 7-2-12 | *Dieser attraktive Molosser-Mix hat eine steile, säulenartige Hinterhand mit geringer Knie- und Sprunggelenk-Winkelung.*

Lange Ruten ohne Knick bedeuten weniger Wirbelprobleme

Es gibt Molosser-Rassen, die mittlerweile in einem dermaßen kranken Körper leben müssen, dass sie unfähig sind, sich ohne menschliche Hilfe fortzupflanzen oder natürlich zu gebären.
Das klassische Beispiel ist die Englische Bulldogge (EB), zunehmend auch die Französische Bulldogge und der Mops.

Die bekannte ehemalige EB-Züchterin und Rasse-Monographie-Autorin Imelda Angehrn wollte keine kranken Welpen züchten und startete im Jahre 2001 ein vom Schweizerischen Dachverband SKG unterstütztes Kreuzungsprogramm: EB x Old English Bulldogge (OEB).

Abb. 7-2-14 | *Ein Continental Bulldog mit langer Rute und längerem Fang, der sich in seinem harmonisch gebauten Körper wohlfühlen darf.*

Abb. 7-2-13 | *Die Kreuzungszucht hat sich gelohnt. Dieser Continental Bulldog ist ein moderat gebauter Molosser und kann auch bei anhaltendem raschem Lauftempo geräuschlos atmen.*

Der OEB ist eine nicht FCI-anerkannte, relativ junge amerikanische Rasse mit einem sportlichen, leichteren Körperbau, einem längeren Fang mit weniger Falten und geringerem Vorbiss sowie einer langen Rute.

Der Continental Bulldog wird seit beinahe 20 Jahren gezüchtet und das Resultat kann sich sehen lassen, wie der Rassevertreter in Abb. 7-2-14 zeigt. Dank dem ausgezeichnet formulierten Standard sollten keine Übertypisierungen mehr möglich sein. Es wird verlangt, dass dieser mittelgroße, athletisch gebaute Hund auch bei raschem Trab oder Galopp geräuschlos atmet. Ist es nicht tragisch, dass eine Selbstverständlichkeit wie freies Atmen im Standard erwähnt werden muss?

Auf die Frage nach ihrem »Conti-Rezept«, antwortete Imelda Angehrn: »Lange und gesunde Ruten haben einen direkten Einfluss auf die Länge des Fangs, ich achte auf eine Wirbelsäule ohne missgebildete Wirbel. Ein längerer Fang bedeutet weniger Faltenbildung und freieres Atmen.« Imelda Angehrn behielt ausschließlich natürlich geborene Hunde in ihrem Zuchtprogramm und konnte dadurch die extrem hohe Kaiserschnitt-Rate der EB auf ein normales Niveau senken.

Das Beispiel von Imelda Angehrn zeigt auf, dass es möglich ist, eine »an die Wand gefahrene« Rasse auf einen guten, gesunden Weg zurückzubringen, allerdings mit einem immensen zeitlichen Aufwand und riesigen Kosten. Ein Zurück-zu-gesunden-Rassen kann nicht Einzelkämpfern überlassen werden, es braucht ein Umdenken bei den höchsten internationalen Dachorganisationen, die das Wohl der Hunde neu definieren und durch Förderung von langfristigen Zuchtprogrammen wieder herstellen müssen.

TERRIER

Nachdem der Körperbau der Traber-Rassen – die bewährte canine Norm – umfassend erklärt wurde, wenden wir uns den sechs speziellen Terrier-Rassen zu.

Es gibt weltweit über 30 verschiedene Terrier-Rassen, mit enorm unterschiedlichen Erscheinungsformen, vom kleinen Yorkshire Terrier bis zum riesigen Russischen Schwarzen Terrier. Die FCI unterteilt sie in Zwerg-, hochläufige, niederläufige und bullartige Terrier.

Leider haben viele Terrier-Rassen einen sehr vage formulierten Standard, der einen großen Interpretationsspielraum zulässt. Es wird praktisch überall ein gut zurückliegendes Schulterblatt gewünscht (was Sinn macht), hingegen wird die Lage des Oberarms in Relation zum Schulterblatt nur selten beschrieben.

Abb. 7-3-01 | *Die Terrier-Front mit dem steil gestellten kurzen Oberarm und dem wenig elastischen Vordermittelfuß im Vergleich zu* **Abb. 7-3-02**, *dem Ausdauer-Traber.*

Die sechs Terrier-Rassen mit der »Terrier-Front« und dem »Terrier-Trab«

Bei den nachfolgend aufgeführten sechs Terrier-Rassen finden wir eine sehr spezielle Beschreibung des Gangwerks: »Vorder- und Hinterläufe bewegen sich geradeaus und parallel zueinander vorwärts.« Teilweise wird noch präzisiert, dass auch in der Bewegung die Pfoten denselben Abstand wie die Ellbogen haben sollen.

- Airedale Terrier
- Drahthaar Foxterrier
- Glatthaar Foxterrier
- Irish Terrier
- Lakeland Terrier
- Welsh Terrier

Der in diesen Standards gewünschte »Terrier-Trab« wäre für einen Ausdauer-Traber mit einer korrekt gebauten Front fehlerhaft und ein Hinweis auf einen zu kurzen und steil gestellten Oberarm. Der Terrier, der vorne parallel mit gleichbleibendem Abstand trabt, verlagert sein Gewicht bei jedem Schritt von der einen Seite auf die andere. Dieser Bewegungsablauf benötigt mehr Energie und bedeutet auch mehr Stress für die Gelenke.

Abb. 7-3-03 | *Im Gegensatz zum Ausdauer-Traber, der eine sichtbare Vorbrust und einen genügend zurückliegenden Oberarm hat, soll der Irish Terrier vorne steil stehen. Die 1. Balance-Linie geht folglich durch den Hals und ist kein Fehler.*

Wenn ein Ausdauer-Traber eine korrekte Front mit einem genügend langen und gut zurückliegenden Oberarm hat, dann kann er im Unterschied zu den sechs Terrier-Rassen vorne nicht parallel laufen. Mit zunehmender Geschwindigkeit verändern Vertreter der Traber-Rassen den Abstand ihrer Pfoten, die immer näher zusammenkommen, indem sie zur Mittellinie hin konvergieren (Abb. 7-3-04).

Die Unterschiede der Terrier-Front zur Ausdauer-Traber-Front

Einige der kleineren Terrier-Rassen sind Bauhunde. Übrigens nennt man den Dachsbau auf Französisch »le terrier du blaireau«. Erdhunde wurden für die Arbeit im Bau gezüchtet und nicht, um lange Distanzen mit möglichst wenig Energieverbrauch zurückzulegen. Folge dessen haben diese Hunde auch einen anderen Körperbau – die Form richtet sich nach der Funktion.

Abb. 7-3-04 | *Bei Hunden mit einem genügend langen und gut zurückliegenden Oberarm kommen die Pfoten mit zunehmender Trab-Geschwindigkeit näher zusammen (grüne Abstandsmarkierungen).*

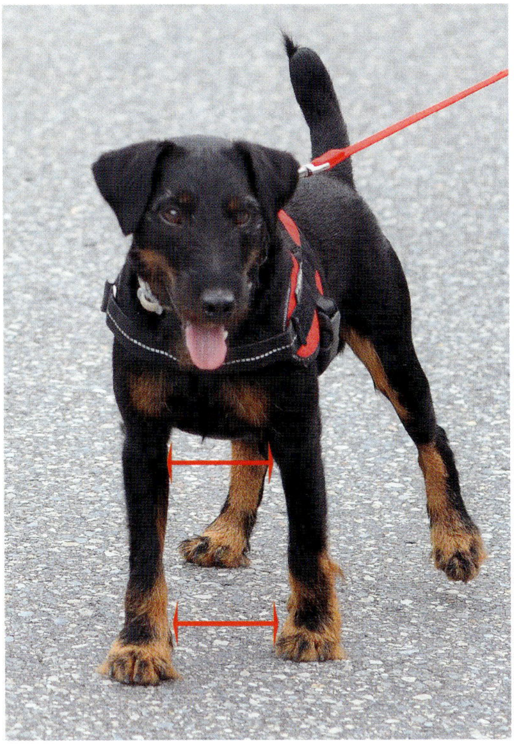

Abb. 7-3-05 | *Bei allen Hunden mit kurzen, steil gestellten Oberarmen ist der Abstand der Pfoten in der Bewegung gleich groß wie im Stand (rote Abstandsmarkierungen).*

Abb. 7-3-06 | *Warum der Airedale Terrier einen kurzen und steil gestellten Oberarm braucht, wird wohl ein Rätsel bleiben.*

Abb. 7-3-07 | *Beim Drahthaar Foxterrier ist der kürzere und steil gestellte Oberarm gut zu erkennen, auch am Stemmen der Vorderbeine.*

Abb. 7-3-08 | *Es scheint ein gewisser Modetrend zu sein, den Glatthaar Foxterrier bei Ausstellungen auf diese Weise aufzubauen. Durch dieses extreme Stemmen der Vordergliedmaßen und das Überstrecken der Hintergliedmaßen verändert sich die natürliche Gewichtsverteilung. Keine gute Idee, wenn man einen Blick auf die obere Linie des Hundes wirft.*

Viele Terrier-Rassen haben eine steile Front. Auch Rassen mit einem Anteil an Terrier-Blut sind oft an der Front erkennbar. Ein gutes Beispiel ist Mini-Bullterrier Aiko (Abb. 5-3-06), bei dem der kürzere Oberarm gut erkennbar ist.

Die offensichtlichsten Unterschiede der Terrier-Front zur Front des Ausdauer-Trabers sind:

- Oberarm ist kürzer als das Schulterblatt.
- Oberarm ist steil gestellt – in einem sehr offenen Winkel zum Schulterblatt.
- Ellbogen befindet sich zu weit vorn (nicht unter dem Widerrist).
- Vorbrust ist minimal.
- Vordermittelfuß ist steil gestellt.
- Vordermittelfuß beugt sich wenig in der Bewegung.

Bei Hunden mit kürzeren und steil gestellten Oberarmen steht die Front zu weit vorne. Das heißt, die Balance-Linie 1 kann nicht durch den Widerrist führen, sie führt durch den Hals, wie beim Irish Terrier in Abb. 7-3-03.

Terrier mit kurzem Oberarm haben einen eingeschränkten Vortritt. Dafür können sie sich wie im Standard verlangt mit den Vorder- und Hinterläufen geradeaus und parallel zueinander vorwärtsbewegen.

Abb. 7-3-10 | *Der Unterschied liegt beim Oberarm: Der Terrier mit einem steilen und kurzen Oberarm ohne Vorbrust. Der Dalmatiner mit einer gerundeten Vorbrust, dank einem gut zurückliegenden Oberarm.*

Abb. 7-3-11 | *Der Unterschied beim Bewegungsablauf: Der Ausdauer-Traber mit seinem effizienten Gangwerk und der Terrier, der wegen seines kurzen, steilen Oberarms nur kleine Schritte machen kann. Sein steiler Vordermittelfuß wird in der Bewegung nur wenig gebeugt.*

WINDHUNDE

Windhunde oder Galopper

Nachdem der Körperbau der Ausdauer-Traber (Abb. 7-4-02) – die bewährte canine Norm – umfassend erklärt wurde, folgen nun die offensichtlichsten Abweichungen der Windhunde (Abb. 7-4-01).

Die folgende wunderschöne Beschreibung im Saluki-Standard trifft wohl auf die meisten Windhundrassen zu:

»Die ganze Erscheinung dieser Rasse soll einen Eindruck von Anmut und Ebenmaß, großer Schnelligkeit und Ausdauer, verbunden mit Kraft und Gewandtheit vermitteln.«

Sie erklärt, warum so viele Menschen der Schönheit und dem Charme der Sichtjäger verfallen sind.

Die schnellen Windhunde wurden ursprünglich zur Jagd gezüchtet, wie schon antike Abbildungen zeigen. Die Hunde jagten im schnellen Galopp und auf Sicht, darum der Ausdruck Sichtjäger (im Gegensatz zu den Niederlaufhunden, die vorwiegend Nasenjäger sind). Dazu brauchten sie einen eher leichten und vor allem sehr wendigen Körperbau, der dem zu jagenden Wild und dem Jagdgelände regional angepasst wurde.

In einigen Ländern werden Windhunde immer noch aktiv zur Jagd gebraucht, oft auf Hasen, im mittleren Osten immer seltener auch zur Beizjagd (mit Falken).

Spezialisierte Rennhunde und Ausstellungshunde unterscheiden sich im Körperbau

Einige der Galopper-Rassen sind wunderschöne optische Hingucker und darum auch oft bei Ausstellungen anzutreffen. Aber auch hier hat die Präsenz auf Ausstellungen den Körperbau verändert, u.a. weil die Bewertung leider nicht im Galopp, sondern im Trab stattfindet.
Tendenziell haben Show-Hunde überwinkelte Hinterbeine mit immer länger werdenden Unterschenkeln. Auch der etwas rundere, schwere Brustkorb und die gut entwickelte Vorbrust – die beim Ausdauer-Traber ausdrücklich erwünscht ist – wird beim Ausstellungs-Typ Galopper gerne gesehen.
Für den Arbeits-Windhund wäre dies jedoch ein großer Nachteil, er wäre nicht mehr der leichte Jäger, als der er ursprünglich gezüchtet worden ist.

Ausstellungshunde haben auch oft ein übertrieben dichtes Fell, das sie in ihrer ursprünglichen Arbeit als Sichtjäger behindern würde.

Heutzutage erfreut sich das Coursing und der Rennsport mit Windhunden großer Beliebtheit. Der Rennsport hat besonders bei Greyhound und Whippet einen ganz anderen Körperbau hervorgebracht.

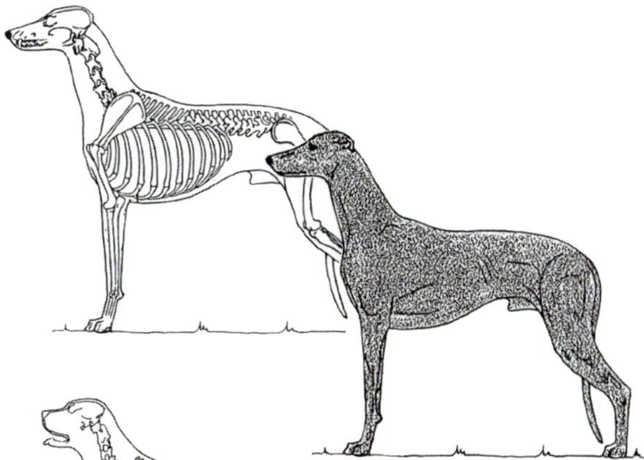

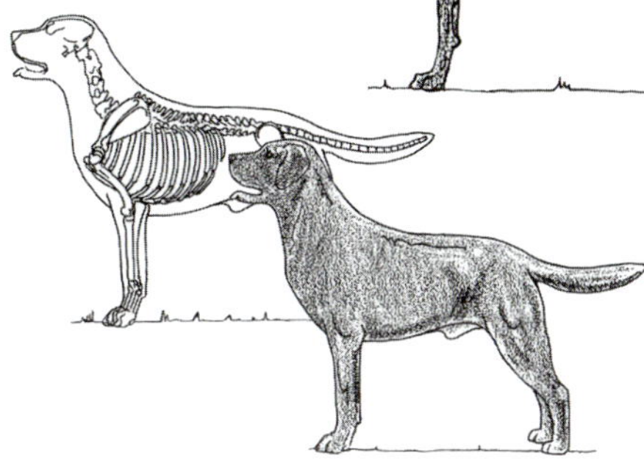

Abb. 7-4-01 | *Galopper vs. Ausdauer-Traber*
Abb. 7-4-02.

Abb. 7-4-03 | *Ein imposanter Deerhound, ursprünglich für die Rotwild-Jagd gezüchtet, beim Coursing.*

Abb. 7-4-04 | *Windhunde sind hinten oft breiter als vorne, damit sie die Hinterbeine außen an den Vorderbeine vorbeiführen können. Im Gegensatz zum Molosser, der vorne meist breiter ist als hinten.*

Abb. 7-4-05 a + b | *Links ein eleganter, funktionell gebauter Galopper (Whippet) und rechts ein etwas schwerer gebauter und vorne mehr gewinkelter Ausdauer-Traber.*

Diese Hunde sind speziell für die Rennbahn gezüchtet worden, um relativ kurze Distanzen geradeaus zu galoppieren.
Das Coursing verlangt einen wendigeren Hund auf unebenem Grund, der Haken schlagen können muss.
Interessant ist, dass die Bahn-Spezialisten eine eher steil gebaute Hinterhand und eine fast gerade Oberlinie haben, jedoch mit einem bemerkenswerten Katapulteffekt. Hunde mit diesem Körperbau sind für den Speed auf ebenem Grund gebaut. Als Ausdauerläufer und in schwierigem Gelände hätten sie Mühe und würden nicht lange durchhalten.

Die offensichtlichsten Unterschiede der Windhunde zum Ausdauer-Traber

Windhunde sind mit ihren langen Beinen und dem schlanken, sehnigen Körper voll auf Geschwindigkeit ausgerichtet. Sie gehören zu den schnellsten Landtieren und können auf kurze Distanzen enorme Geschwindigkeiten erreichen. Generell kann man sagen, dass die Galopper-Rassen eleganter gebaut sind als die Traber-Rassen. Der Körperbau des Galoppers ist insgesamt leichter, mit längeren Beinen, einer eher steilen Front, allerdings mit einer kräftigen Hinterhand ausgestattet.

Die markantesten körperlichen Kennzeichen eines Galoppers sind:

- Der Kopf ist kleiner und schmaler als der des Trabers, mit einem langen Fang.
- Der Hals ist vorwiegend lang und schlank.
- Der Rippenkorb ist weniger gerundet als der des Trabers.
- Der Oberarm ist steiler gestellt als der des Trabers, mit einem offenen Winkel zum Schulterblatt.
- Die Vorbrust ist nur sehr schwach von der Seite sichtbar.
- Der Unterarm ist länger als der des Trabers.
- Das Vorderbein des Galoppers ist länger als sein Brustkorb tief ist.
- Der Vordermittelfuß steht steiler als der des Trabers.
- Die schmalen Röhrenknochen sind flach-oval.
- Die Pfoten sind meist länglich (oft Hasenpfoten).
- Der Bauch ist stark aufgezogen.
- Die Lenden sind stark, muskulös, oft mit einem leichten Bogen darüber.
- Die Kruppe ist bei einigen Rassen sehr abfallend.

- Die Kruppe ist lang, dadurch ist die Oberschenkelmuskulatur sehr kräftig.
- Die Hinterbeine sind lang, kräftig und gut gewinkelt für viel Schub.
- Die Hinterbeine können etwas breiter gestellt sein als die Vorderbeine.

Variantenreiche Standards

Bei den Windhunden unterscheiden sich die verschiedenen Rassen enorm. Eines haben sie gemeinsam: sie sind alle schnell und wendig.

Hunde, die im Gebirge angesiedelt sind, benötigten einen anderen Körperbau und andere Pfoten als in der Steppe oder im Sand. Auch das zu jagende Wild unterscheidet sich regional.

Nachdem Sie viel über die Analyse des Ausdauer-Trabers erfahren haben, können Sie mit Hilfe der beschriebenen Standards die erwünschten anatomischen Anpassungen der Galopper bald richtig einordnen. Mit dem Wissen und dem Bild vor Augen, wofür die Hunde ursprünglich gezüchtet wurden, werden Sie sicher auch von der Welt der Galopper begeistert sein.

Wir gehen hier nur zur Schulung des Auges auf einige wenige Rassen ein.

Der Greyhound

Der relativ große Greyhound ist der Prototyp des Windhundes. Er kann für kurze Zeit problemlos über 50km/h schnell galoppieren. Nur der Gepard ist noch schneller als er. Der Greyhound war der Liebling der englischen High Society und wurde zur Hasenjagd zu Pferde eingesetzt. Hier konnte er durch seine Schnelligkeit, seine Ausdauer und Wendigkeit punkten.

Abb. 7-4-06 | *Diese ausgewogen gebaute Greyhound-Hündin ist sowohl im Show-Ring als auch auf dem Coursing-Gelände erfolgreich.*

Der Standard verlangt einen ziemlich langen, breiten Balkenrücken und kraftvolle, leicht gewölbte Lenden. Der Rippenkorb sollte tief und gut gewölbt sein und mit einem gut aufgezogen Bauch weit nach hinten reichen. Die Ellbogen sollten frei beweglich und gut unter den Schultern stehen.

Diese Beschreibung passt zu der eleganten Greyhound-Hündin mit der kraftvollen Hinterhand und den geraden und parallelen Läufen in Abb. 7-4-06.

Der Whippet

Whippets waren ursprünglich die Ernährer armer Bergarbeiterfamilien. Sie sorgten für manch willkommenen Kaninchenbraten auf dem Tisch. Später, mit dem Aufkommen von Hunderennen, wurden sie vor allem in Nordengland zum »Rennpferd« des kleinen Mannes.

Der sanfte Whippet kommt unter den Windhunden am häufigsten vor. Er ist ein fantastischer Galopper und beinah so schnell wie der viel größere Greyhound. Der Whippet hat den klassischen Körperbau eines Sprinters. Er sieht in der Bewegung aus wie ein Hase, da er sich total zusammenziehen und maximal strecken (Abb. 7-4-07 und 7-4-08) kann. Darüber hinaus sind der anmutige Bogen im Bereich der Lendenpartie und die breiten Oberschenkel wichtig für einen kraftvollen Schub.

Abb. 7-4-07 und 7-4-08 | *Zwei Whippets in der typischen Galopp-Bewegung. Zuerst in der zusammengezogenen Position, die Hinterbeine weit unter den Körper reichend, dann in voller Streckung. Beachtenswert sind die Flexibilität der Wirbelsäule und die Kopfhaltung.*

Der Standard beschreibt den Whippet als einen ausgewogenen Hund ohne Übertreibungen: Der Oberarm soll genauso lang wie das gut zurückgesetzte Schulterblatt sein und der Ellbogen direkt unter dem Widerrist stehen. Der Brustkorb sollte sehr tief sein und dem Herz viel Platz bieten. Auch die Vorbrust sollte zwischen den Läufen tief und gut abgezeichnet sein.
Der Standard warnt indirekt vor zu langen Hinterbeinen, denn die Knie sollten entsprechend gewinkelt sein, jedoch NICHT übertrieben.

Abb. 7-4-09 | *Eine Whippet-Front wie im Standard beschrieben: der Ellbogen steht direkt unter dem Widerrist und der tiefe Brustkorb bietet Herz und Lunge viel Platz. Das ist wesentlich für eine gute Ausdauer.*

Der Saluki

Der Saluki ist weit verbreitet – von Marokko bis China. Da sich die Hunde dem jeweiligen Umfeld und Jagdwild angepasst haben, gibt es eine enorme Typenvielfalt, die auch erwünscht ist.

Der Standard beschreibt einen quadratischen Körperbau mit einem ziemlich breiten Rücken und leicht gewölbten, gut bemuskelten Lenden, sowie weit auseinanderstehende Hüfthöckern. Auch hier wird der tiefe und lange Brustkorb verlangt, damit der Ausdauerläufer Platz für die inneren Organe hat.

Die Hinterhand soll kräftig sein, mit einem mäßig gewinkelten Knie und einem tiefgestellten Sprunggelenk, wie beide Salukis in Abb. 7-4-10 und Abb. 7-4-11 zeigen.

Abb. 7-4-10 | *Ein kurzhaariger Saluki in der arabischen Wüste, wo die Hunde früher zur Beizjagd (zusammen mit den Falken) eingesetzt wurden.*

Der Ibiza-Podenco

Einen außergewöhnlichen Körperbau besitzt der Ibiza-Podenco, der zu den 5 mediterranen Windhund-Rassen und zu den Urtypen zählt. Laut Standard soll er einen schmalen, flachrippigen Brustkorb haben, der nicht bis zu den Ellbogen reicht. Der Oberarm sollte sehr lang sein, gerade und eng gestellt (Abb. 7-4-12). Mit dieser Formulierung steht die Front sehr weit vorne, und die Balance-Linie 1 geht durch den Hals. Diese sehr leicht gebauten Hunde sind jedoch schnell und wendig, mit einer enormen Sprungkraft.

Der Azawakh

Die afrikanischen Nomaden aus der Region Mali und Niger haben den Azawakh für die Jagd auf Gazellen und Hasen gezüchtet.

Der Azawakh hat eine gerade obere Linie, die vom markant ausgeprägten Widerrist sogar geringfügig zu den deutlich hervortretenden Hüfthöckern ansteigen darf (Abb. 7-4-13). Der Brustkorb sollte tief sein und fast bis zum Ellbogen reichen. Die Lende sollte kurz und trocken sein.

Abb. 7-4-11 | *Ein ganz anderer Saluki-Typ, elegant, mit seidigem Fell. Dieser Hund ist korrekt und ausgewogen gebaut.*

Abb. 7-4-12 | *Ein rassetypischer Ibiza-Podenco mit einem steil gestellten und sehr langen Oberarm, der die Nacken- und Kopfhaltung verändert und die Balance-Linie 1 durch den Hals führen lässt.*

Abb. 7-4-14 | *Ein Azawakh-Rüde mit einem wenig ausgeprägten Widerrist, einer gebogenen oberen Linie, einem wenig tiefen Brustkorb und auffallend steilen Winkelungen vorne und hinten. Diese Stellung (aufgezogene obere Linie) ist normalerweise typisch für Hunde mit weichen, instabilen Sprunggelenken.*

Abb. 7-4-13 | *Die schöne Azawakh-Hündin zeigt eine korrekte obere Linie. Die Lende dürfte laut Standard etwas kürzer sein.*

Abb. 7-4-15 | *Aus dem Standard zitiert: »Heutzutage ist der Afghane auch ein glamouröser Ausstellungshund, welcher Kraft und Ehrwürdigkeit mit einem langen, seidenen Haar und zusätzlich mit einem orientalischen Ausdruck vereinigen muss.«*

Der Afghanische Windhund

Einst ein geschickter Jäger in den afghanischen Bergen hat der orientalisch aussehende Afghane heute den Show-Ring erobert. Das üppige Fell der Show-Afghanen ist zwar wunderschön und überaus dekorativ – aber könnte der Sichtjäger damit seinen ursprünglichen Job noch ausüben? Wäre diese übertriebene Behaarung nicht hinderlich für ein Leben in der Hindukusch-Region?

Der Standard verlangt einen geraden Rücken, gerade Lenden und eine leicht zum Rutenansatz hin abfallende Kruppe. Die Hüfthöcker sollen deutlich erkennbar sein und weit auseinanderliegen, wie in Abb. 7-4-15.

Abb. 7-4-16 | *Der kleinste unter den Windhunden: 5 kg leichtes Italienisches Windspiel mit dem typisch federnden, erhöhten Trab.*

Abb. 7-4-17 | *Windhunde lieben es, auf der Rennbahn alles zu geben. Je korrekter der Körperbau, desto größer ist die Chance einer langen Sportkarriere.*

NIEDERLÄUFIGE HUNDE

Immer im Vergleich zum Ausdauer-Traber (Abb. 7-5-02) wenden wir uns nun den offensichtlichsten Abweichungen der niederläufigen Hunde zu (Abb. 7-5-01)

Bei kleinen Hunden unterscheiden wir zwischen Zwergrassen und Rassen mit kurzen Beinen

Zwergrassen

Bei Zwergrassen stimmt das Verhältnis der Extremitäten zu den übrigen Körperteilen (Abb. 7-5-03), das heißt sie sind relativ proportioniert gewachsene kleine Hunde.
Einige Rassen wie Pudel, Pinscher, Schnauzer, Bull Terrier und Spitze werden in verschiedenen Größen, unter anderem auch in »Miniature« gezüchtet. Die meisten »Minis« sind Gesellschaftshunde und ihr Körperbau ist leider oft tierschutzrelevanten Modeströmungen unterworfen. Der Trend zu Extremen, sei es immer kleiner oder immer größer, ist für die Hunde gesundheitlich problematisch. Die Zucht von »Tea-Cup-Hunden« ist ganz klar tierschutzwidrig.

Niederläufige Rassen

Niederläufige Rassen sind disproportioniert gewachsene kleine Hunde. Wie der Name sagt, haben diese Hunde niedrige Läufe, das heißt, die Beinlänge passt nicht zu den übrigen Körperproportionen, sie sind zu kurz. Dieser asymmetrische Zwergwuchs wurde durch eine genetische Mutation verursacht. Kurzbeinige Hunde gibt es schon seit Urzeiten und unsere Vorfahren haben sie bewusst so gezüchtet, als mutige Helfer bei der Baujagd oder für die Jagd im Dickicht.

Bei niederläufigen Hunden ist der Unterarm verkürzt und unterschiedlich stark gebogen. Aber auch bei diesen tiefergelegten Rassen sind zu krumme Beine ein Fehler. Der Standard des Dackels beschreibt den Unterarm als möglichst gerade und kurz, jedoch so lang, dass der Bodenabstand des Hundes ein Drittel seiner Widerristhöhe ausmacht (Abb. 7-5-05).
Beim Ausdauer-Traber sollte der Vordermittelfuß (VMF) gerade unter den Unterarm gestellt sein. Beim Niederläufer mit mehr oder weniger verkrümmten Unterarmen kann auch der VMF nicht gerade stehen.
Es gibt immer eine Achsenabweichung und dadurch eine veränderte Gewichtsbelastung. Hunde mit

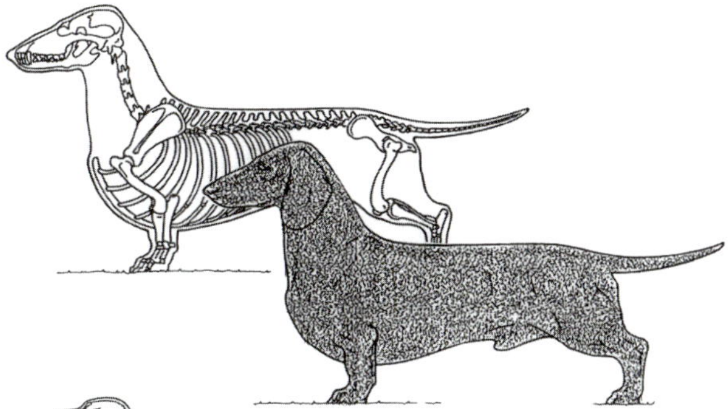

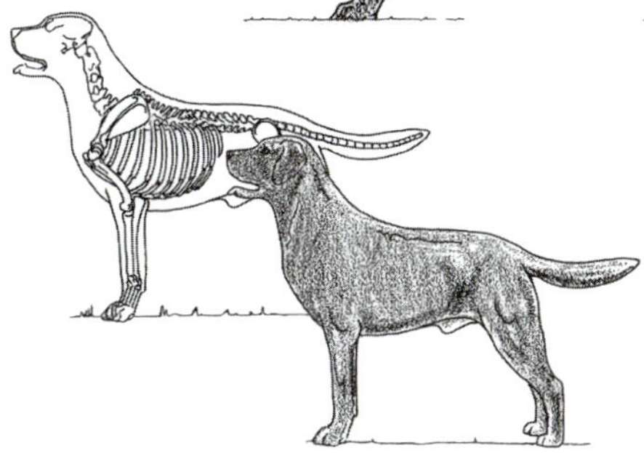

Abb. 7-5-01 und Abb. 7-5-02

Abb. 7-5-03 | *CinCin, eine hübsche Miniature American Shepherd-Hündin einer neuen Rasse, entstanden aus klein gezüchteten Australian Shepherds. Diese »Mini Aussies« weisen die gleichen Proportionen auf, wie ihre größer gewachsenen Verwandten.*

extrem verkrümmten Unterarmen leiden meist an schmerzhaften Veränderungen im Ellbogen und in den stark nach außen gedrehten Vordermittelfüßen (Abb. 7-5-14).
Aus diesem Grund ist es empfehlenswert, niederläufige Hunde schlank zu halten, auch wegen ihrer verbreiteten Rückenproblematik.
Leider gibt es bei den Niederläufern Modeströmungen, die nicht zum Wohl des Hundes beitragen. Gerade der Basset wird oft viel zu schwer gezüchtet. Auf Ausstellungen werden Hunde prämiert, die weder dem Rasse-Standard entsprechen, noch ihren ursprünglichen Job ausüben könnten.

Bei schwer gebauten niederläufigen Rassen sollte vermehrt auf die Pfoten geachtet werden. Je schwerer die Hunde sind, umso größere Probleme haben sie mit mangelhaft gepolsterten Pfoten, wie der Dackel in Abb. 7-5-06.

Noch problematischer wird es, wenn Roll-Pfoten und eine komplett verlagerte Belastungsachse zusammentreffen (Abb. 7-5-07). Da bei Hunden mit extremer Achsenabweichung in der Front die Probleme in den Ellbogen- und den VMF-Gelenken vorprogrammiert sind, sollten mindestens die Pfoten korrekt gebaut und schmerzfrei sein.

Abb. 7-5-04 | *Cairn Terrier Nick ist ein typischer Vertreter der niederläufigen Terrier. Seine im Vergleich zum Körper viel zu kurzen Beine sind ein gewünschtes Rassemerkmal.*

Abb. 7-5-05 | *Ein Dackel mit einer rassetypischen tiefen Brust und einer leichten Achsenabweichung im Vordermittelfuß (roter Pfeil). Der grüne Pfeil markiert den Ellbogen.*

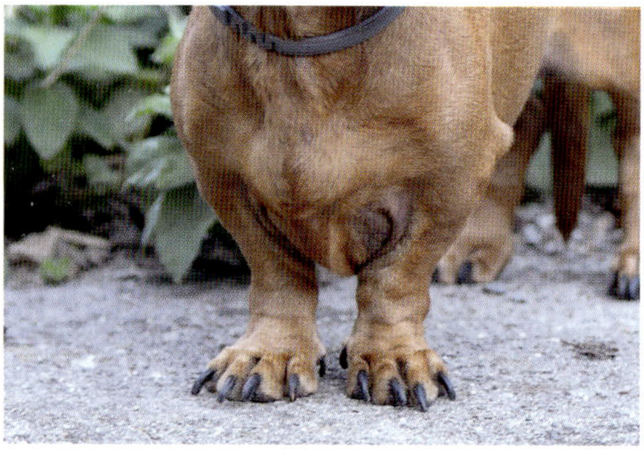

Abb. 7-5-06 | *Laut Standard sollten die Vorderfußwurzelgelenke des Dackels etwas enger beieinander stehen als die Schultergelenke.*

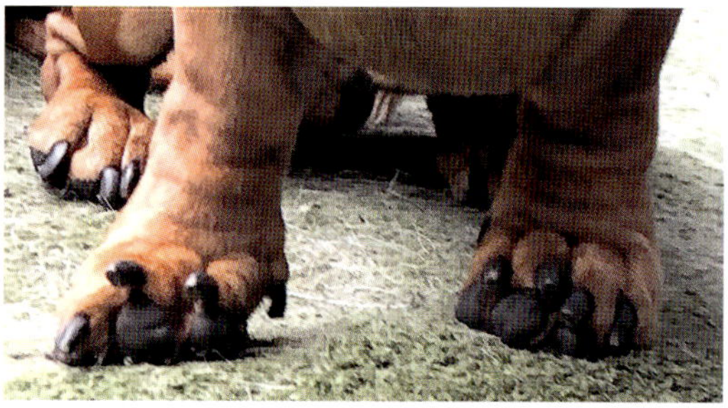

Abb. 7-5-07 | *Dieser Dackel hat Roll-Pfoten. Die Pfoten werden nicht gleichmäßig belastet. Der Hund steht unsicher auf beweglichen Ballen und sein Gewicht lastet hauptsächlich auf dem Sohlenballen. Auch die Krallen können in dieser Stellung ihren Zweck nicht erfüllen.*

Auch niederläufige Hunde können sportlich erfolgreich eingesetzt werden, wenn sie nicht zu schwer gebaut sind. Viele dieser cleveren Terrier-Rassen bieten sich nicht nur für die Jagd, sondern auch für diverse andere Sportarten an.

Hätten Sie gedacht, dass ein niederläufiger Scottish Terrier ein erfolgreicher Agility-Hund sein könnte? Hitchcock in Abb. 7-5-09 ist wohl der berühmteste Agility-Scottie überhaupt, da er sich als erster Vertreter seiner Rasse für ein internationales Agility-Turnier qualifizierte (EO 2010). Zwischen 2015 und 2019 erreichte er am World Agility Open acht Mal das Finale, eine beachtliche Leistung. Hitchcock war sehr schlank, solide gebaut und ohne Übertreibungen. Er blieb sein Leben lang fit, konnte sogar mit 12 Jahren noch am World Agility Open starten!

Chondrodysplasie oder Chondrodystrophie

»Kurzbein-Gene« sollen seit dem Mittelalter bekannt und die niederläufigen Rassen seither bewusst so gezüchtet worden sein. Diese Gene bewirken Knorpel- und damit Knochenveränderungen, die dazu führen, dass die Hunde kurzbeinig werden und kleiner bleiben.

Der Unterarm besteht aus zwei Knochen, Speiche und Elle. Diese beiden Unterarmknochen sollten parallel wachsen. Der Gendefekt bewirkt ein vorzeitiges Schließen der Wachstumsfuge in der Elle. Die Wachstumsfugen der Speiche sind nicht betroffen. Die im Wachstum stagnierende Elle spannt nun die weiterwachsende Speiche wie einen Bogen (Radius curvus). Die Speiche wird krumm, biegt sich nach vorne und bewirkt gleichzeitig eine Fehlstellung des Vorderfußwurzelgelenks. Die Pfoten zeigen nach außen (Valgusstellung) wie bei Juma in Abb. 7-5-13. Auch im oberen Gelenk kann sich durch das unterschiedliche Längenwachstum von Elle und Speiche eine Stufe im Ellbogen bilden.

Abb. 7-5-08 | *Diverse Modeströmungen sorgen dafür, dass eine Rasse in ihrem Aussehen stark verändert wird. Doppelt schlimm wird es, wenn kurze, krumme Beine einen zu schweren Körper und einen übertypisierten Kopf tragen müssen.*

Abb. 7-5-09 | *Hitchcock, der wohl berühmteste Agility-Scottie. Ohne große Übertreibungen gebaut und schlank gehalten können auch kleine Hunde Großes leisten.*

Hunde, die während des Wachstums extrem gebogene Unterarme entwickeln (Radius Curvus), sind ein Fall für den Tierarzt. Der Spezialist wird abklären, ob eine operative Korrektur (Durchtrennen der Elle) machbar ist.

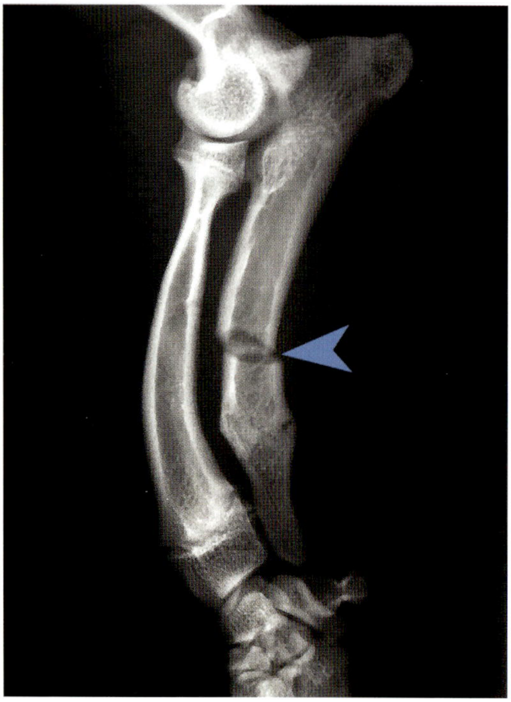

Abb. 7-5-10 | *Bei jungen, schlanken Hunden ist es möglich, die Elle zu durchtrennen (blauer Pfeil). Sie wird problemlos und ohne Hilfe (ohne Implantat) wieder zusammenwachsen und die Speiche kann sich in dieser Zeit erholen und strecken.*

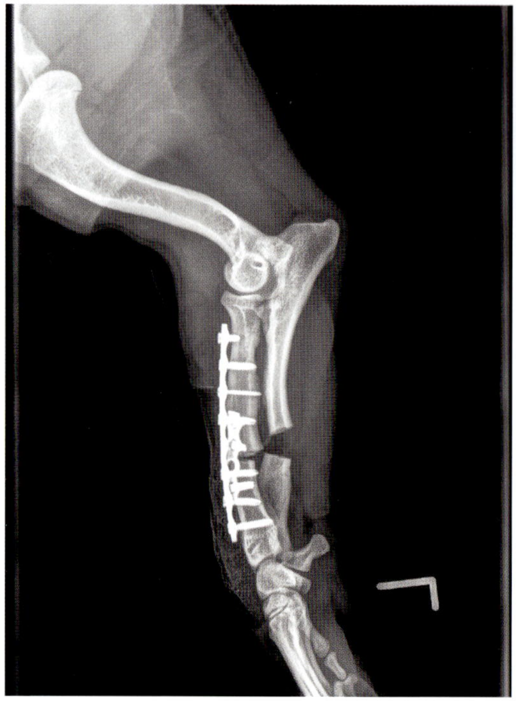

Abb. 7-5-11 | *Bei sehr krummen Vorderbeinen müssen beide Knochen durchtrennt und die Speiche mit einem Implantat fixiert werden.*

Ein Ausdauer-Traber soll ausreichend lange Beine haben. Tritt Kurzbeinigkeit auf, ist Chondrodysplasie oder Chondrodystrophie ein schwerer Fehler. Für diese Kurzbeinigkeit sind glücklicherweise zwei für alle Rassen anwendbaren Gentests auf dem Markt:

CDPA – für **Chondrodysplasie**
CDDY – für **Chondrodystrophie mit IVDD-Risiko**
Die Faktoren CDPA und CDDY sind hauptsächlich mit der Länge der Röhrenknochen und damit mit der direkten Länge der Beine assoziiert.

CDDY-betroffene Hunde haben ein erhöhtes Risiko für einen Bandscheibenvorfall (Hansen's Type 1 intervertebral Disc Disease IVD).

Die 13 Jahre alte Toller-Hündin Akyra in Abb. 7-5-12 hat für die Rasse viel zu kurze Beine, die ihr jedoch keine großen Probleme bereiten.

Wohl deswegen, weil sie das Glück hat, relativ gerade Beine zu haben.

Akyra ist getestet:
CDPA: N/N (N = gesund)
CDDY: CDDY/CDDY
- reinerbig für Kurzbeinigkeit mit IVDD Risiko

Die Kurzbeinigkeit ist immer noch Gegenstand weiterer Forschungen. Vermutlich wirken noch andere Gene und Umwelteinflüsse mit. Wie oft werden im Show-Ring Hunde mit kürzeren Läufen prämiert, beispielsweise ACD oder Huskies. Keine gute Idee im Wissen um das zusätzliche Bandscheiben-Risiko bei CDDY-Hunden!
Bei der Welpen-Analyse konnten wir schon einige kurzbeinige Toller erkennen, die im Nachhinein als »chondrodystroph« ausgewertet worden sind.

Juma, eine Hündin der Rasse Continental Bulldog, stammt zwar aus keiner niederläufigen Rasse, ist aber ein gutes Beispiel für eine extreme Chondrodystrophie mit schwersten Fehlstellungen der vorderen Gliedmaßen (Abb. 7-5-13).

Juma ist getestet:
CDPA: N/N (N = gesund)
CDDY: N/CDDY
‣ mischerbig für Kurzbeinigkeit mit IVDD Risiko

Obwohl Juma nur ein mutiertes krankes Gen hat, sind die Auswirkungen enorm. Das ergibt sich aus dem (semi)dominanten Erbgang des CDDY-Gens von dem bereits eine Kopie sich auf die Beinlänge und das Risiko für einen Bandscheibenvorfall auswirkt. Wie viel das Körpergewicht zur Verkrümmung beiträgt, ist nicht geklärt.

Leider hat der Züchter von Juma keinen Welpenanalyse-Test gemacht, es gibt demzufolge keine seitlich aufgenommenen Standbilder von ihr mit 8 Wochen. Auf einigen Welpenfotos fällt jedoch auf, dass Juma etwas mehr Haut an den Beinen hatte im Vergleich zu ihren gesunden Wurfgeschwistern.
Bereits heute hat die noch junge Juma Probleme und zunehmend Schmerzen. Leider konnte sie bislang nicht operiert werden, da sie viel zu schwer und auch zu ungestüm war – und immer noch ist. Die Besitzerin muss den lustigen Wildfang in ihrer überschäumenden Aktivität dauernd bremsen, damit Juma anschließend weniger Schmerzen leiden muss.
Auch bei den niederläufigen Rassen ist vorab ein kombinierter Gentest sinnvoll, um die kurze Beinlänge zu behalten, jedoch das Risiko für die gefürchteten Bandscheibenvorfälle zu mindern (bei der Chondrodystrophie »CDDY« ist das Risiko eines Bandscheibenvorfalls höher als bei der Chondrodysplasie »CDPA«). Dies macht vor allem für Rassen Sinn, die zusätzlich unter Rückenproblemen leiden, wie beispielsweise Französische Bulldoggen.

Abb. 7-5-12 | *Akyra, eine von Chondrodystrophie betroffene Toller-Hündin mit kurzen, jedoch geraden Beinen.*

Abb. 7-5-13 | *Jumas Front ist extrem. Die Außenrotation der Pfoten ist für sie sehr belastend.*

Abb. 7-5-14 | *Juma von der Seite betrachtet. Die Fehlstellung der Pfoten ist sehr eindrücklich.*

Kapitel 8

Einleitung zum Welpentest

> Eine Hommage an Pat Hastings

> DER WELPENTEST VON A – Z

236 Die Balance-Linien

238 Die hängende Position

240 Hals

242 Kopf

244 Front

251 Vorderhand

254 Brustkorb

254 Untere Linie

257 Obere Linie

259 Hinterhand

267 Diverses

271 Die goldenen Regeln für den Welpentest

Eine Hommage an Pat Hastings

Sie sind nun sicher voller Tatendrang und möchten Ihre neuen Kenntnisse und Handgriffe an den Welpen testen. Die meisten von Ihnen werden dieses Buch wohl zu diesem Zweck gekauft haben. Gleich geht es los ...

Wir möchten an dieser Stelle noch einmal ausdrücklich das Lebenswerk von Pat Hastings würdigen. Ohne Pat und ihren verstorbenen Mann Bob gäbe es keinen »Puppy-Puzzle-Test«. Das amerikanische Ehepaar engagierte sich sehr in der Welt der Hunde-Ausstellungen und im Zuchtwesen. Sie waren professionelle Aussteller (Handler), Richter, Ausbilder von Richtern und Züchter mehrerer Rassen.

Frustriert darüber, dass sie selbst mehr als einmal den falschen Welpen für die Weiterzucht ausgewählt und die besten Hunde abgegeben hatten, starteten sie das »Puppy-Puzzle-Projekt«. Sie wurden über Jahrzehnte von etlichen namhaften Fachleuten unterstützt. Sie erfahren mehr über Pats Werdegang zu einer der bekanntesten Kynologinnen der USA sowohl im Autorentext (Seite 356) wie auch in der Einleitung, Kapitel 1, Seite 16.

Viel Herzblut, Zeit und Geld sind in die »Puppy-Puzzle-Forschung« geflossen, wovon wir heute profitieren dürfen. Der »Puppy-Puzzle-Test« ist im englischsprachigen Raum der bekannteste und beliebteste Körperstruktur-Test. Er verblüfft durch seine Einfachheit.

Abb. 8-001-004 | *Pat Hastings*

Pat Hastings hat früh erkannt, wie wichtig ein gesunder Körperbau für jeden Hund ist. Zum einen, um sich in seinem Körper wohl zu fühlen, zum anderen, um seine individuellen Fähigkeiten ungehindert entfalten zu können. Züchten heißt nicht nur verantwortlich sein für die bestmögliche Gesundheit, sondern auch für die Lebensqualität jedes gezüchteten Hundes.

Wir freuen uns sehr, dass wir Pats Vertrauen gewinnen konnten.

> »Als Richterin und Puppy-Puzzle Evaluatorin setze ich eine Linie dort, wo ein Welpe einen Fehler hat, der seine Lebensqualität herabsetzt. Auch wenn der Welpe den hübschesten Kopf hat, den ich je gesehen habe, der Rest des Körpers aber keine Qualität zeigt, dann verdient er keine Auszeichnung. Über diese Linie gehe ich nie hinaus.«
>
> Pat Hastings

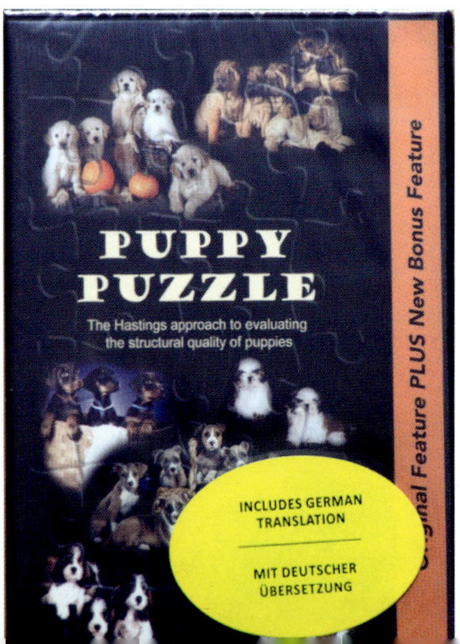

Abb. 8-005 | *Die DVD »Puppy-Puzzle« von Pat Hastings, mit deutscher und englischer Tonspur. Laufzeit: 1 h 45 Min.*

Im Jahr 2012 fragte uns Pat Hastings, ob wir ihre DVD mit dem Titel »Puppy-Puzzle« ins Deutsche übersetzen und synchronisieren würden. Es war uns eine Ehre, diese spannende und lehrreiche Aufgabe zu übernehmen. Seither ist die DVD mit beiden Tonspuren darauf (englisch und deutsch) im Online Shop www.puppy-puzzle.com erhältlich. Wir hätten für den Aufbau von solidem Basis-Wissen keine bessere Mentorin als Pat finden können. Im Laufe der Zeit haben wir beim Welpentest ein paar Einzelheiten den europäischen Verhältnissen angepasst, das Wesentliche hat sich aber nicht verändert. Die Erfahrung hat uns gelehrt, wie wichtig die Details sind. Wir haben uns aus diesem Grund die Mühe gemacht, jeden Schritt zur Analyse des Körperbaus akribisch zu beschreiben und zu dokumentieren. Daraus ist dieses Buch entstanden.

Aufgrund unserer jahrelangen Erfahrung und unzähligen getesteten Würfen sind wir heute in der Lage, einen Welpen in nur wenigen Minuten, mit ein paar Handgriffen zu testen. Warum wir das nicht tun? Unser größtes Anliegen ist es, dem Züchter während des Welpentests aufzuzeigen, wie wir einen Welpen analysieren. Es ist uns wichtig, dem Züchter oder interessierten Hundebesitzer die Zusammenhänge genau zu erklären. Wir tun also das, was wir so sehr vermisst hatten, als unsere eigenen Lehrjahre begannen und wir hilflos versuchten, das theoretische Wissen aus der Puppy-Puzzle-DVD auf die Welpen vor uns auf dem Tisch zu übertragen. Für Sie, liebe Leserinnen und Leser, soll der Weg nun einfacher sein. In diesem denkwürdigen Jahr der Pandemie Sars-CoV-2, in dem wir alle Seminare und Welpentests für unbestimmte Zeit absagen mussten, haben wir uns hingesetzt und dieses Buch geschrieben. Wir stellen Ihnen damit unser gesamtes gebündeltes Wissen zur Verfügung.

In welchem Alter testen wir die Welpen?

Das Alter der Welpen ist der einzige »Knackpunkt« beim Welpentest. Welpen können erst mit 8 Wochen getestet werden, plus/minus 3 Tage. Also genau dann, wenn die Kleinen bereit wären, von ihren neuen Besitzern übernommen zu werden. Der Körperbau des Welpen lässt sich nur in diesem engen Zeitfenster stichhaltig analysieren. Mit 8 Wochen hat der Welpe ungefähr die Struktur, die er auch als erwachsener Hund haben wird. Eine Analyse vorher oder nachher ist wenig aussagekräftig, da sich Welpen in den seltensten Fällen proportional entwickeln.
Den richtigen Platz für den Welpen zu finden ist oft genauso anspruchsvoll wie ihn zu züchten. Es lohnt sich in jedem Fall, mit der Zuteilung der Welpen bis nach dem Welpentest zu warten. Wir waren schon häufiger dabei, wenn Züchter im Anschluss an den Welpentest den Welpenkäufern »ihren« Welpen zusagten. Das sind wunderbare Momente für uns.

Sinn und Zweck des Welpentests

Der Welpentest ist ein großartiges Hilfsmittel um festzulegen, welcher Welpe der geeignetste für ein Zuchtprogramm ist, welcher mit gutem Gewissen an sportbegeisterte Menschen abgegeben werden kann und welcher ein reiner Familienhund werden sollte. Ob Rassehund oder Mischling, der Phänotyp des Hundes spiegelt dessen Funktionalität wider. Beim Testen erarbeiten wir zusammen mit dem Züchter das Erkennen von Stärken und Schwächen jedes Welpen. Sie sind ausschlaggebend, wie sich der Welpe zum ausgewachsenen und fertigen Hund entwickeln wird.

Erfahrungsgemäß sind etwa 50 % der Welpen nicht für die Zucht und das Ausstellungswesen geeignet und damit auch nicht für den belastenden ambitionierten Hundesport. Diese Welpen sind keineswegs weniger wertvolle Hunde. Sie finden ihren Platz als Familienhunde im Alltag.

In jedem Wurf sehen wir unterschiedlich gebaute Welpen, alle mit individuellen Vorzügen und Schwächen. Mit dem Welpentest haben wir ein wunderbares Instrument um die Welpen zu analysieren, damit sie richtig platziert werden können. Die Vorteile des Welpentests überzeugen:

- Der Züchter lernt die Qualität und auch die Schwachstellen seiner Hunde kennen. Er kommt aufgrund dieser Informationen seinen Zuchtzielen stetig näher, da er in der Lage ist, den richtigen Welpen für seine Nachzucht auszuwählen.
- Nur körperlich dafür geeignete Hunde werden in den Leistungssport abgegeben. Dadurch wird vermieden, dass Hunde ggf. überfordert werden. Ein für den Sport nicht ideal gebauter Hund kann dennoch aufgrund seines unbändigen Arbeitswillens alles geben. Eines Tages kann er die Leistung nicht mehr erbringen, wird lahm gehen oder körperlich komplett zusammenbrechen.
- Der Hund mit körperbaulichen Einschränkungen wird als Familienhund sein Glück finden, wo er geliebt, gefördert – aber nicht überfordert wird.
- Jedem Hund kann seine zu ihm passende Aufgabe zugewiesen werden, in der er sich seinen Anlagen und Möglichkeiten entsprechend entfalten kann. Sei es züchterisch, hundesportlich, als treuer Begleiter, im Einsatz bei der tiergestützten Therapie, oder als »Supernase« in diversen Einsatzgebieten.

Je mehr Wissen wir Züchter uns aneignen, umso besser geht es unseren Hunden, unserer eigenen Zucht und den Hundehaltern, denen wir Welpen anvertrauen.
Nur wer zu Extraleistung fähig ist, kann den heutigen immensen Anforderungen in der Zucht wie im Hundesport gerecht werden und Erfolge erzielen, das gilt für uns Menschen wie auch für unsere Hunde. Aber vergessen wir dabei nicht das soziale Potential, welches in unseren Hunden steckt und nichts zu tun hat mit sportlichen Spitzenleistungen oder Ausstellungserfolgen, sondern vielmehr mit sozialer Kompetenz und mit den außerordentlichen interaktiven Fähigkeiten unserer Hunde im Umgang mit uns Menschen.

Wichtiger als der »pick of the litter«* ist, dass wir jeden Welpen nach dem Rasse-Standard sowie nach seinem Körperbau evaluieren.

Es kommt stets auf das Gesamtpaket eines Welpen an. Es ist wichtig, dass wir alle Welpen des Wurfs testen, denn nur so bekommen wir ein aufschlussreiches Bild und eine aussagekräftige Dokumentation über das Ergebnis einer sorgfältig gewählten Verpaarung.

In den USA werden die Welpen beim »Puppy-Puzzle-Test« benotet mit dem Ziel, den besten, zweitbesten, drittbesten usw. Welpen zu bestimmen. Damit tun wir uns persönlich schwer, jeder Welpe hat Stärken und Schwächen, diese notieren wir und wägen ab, welche Stärken wichtig sind für die Rasse und für unser Zuchtprogramm, diese wollen wir nicht verlieren.
Ein Welpe, der diese Stärken vermissen lässt, kann in einer Familie glücklich werden, er ist nicht weniger wertvoll.

Erst wenn wir gut gebaute Hunde züchten, können wir auf Fellqualität, Farben und andere Merkmale züchten.

Abb. 8-006 | *Laïka, die hübsche Malamute-Hündin, bereit für die Welpenanalyse. Ist ihr Körper wirklich für die Arbeit am Schlitten geeignet?*

Die Leistungsfähigkeit des Hundes setzt sich zusammen aus dessen naturgegebenem Bauplan, aus seinem Wesen und seiner Gesundheit.

Zugegeben, wir alle reden unsere eigenen Hunde schön, und erst recht unsere süßen Welpen. Das ist Grund genug, die eigenen Welpen nicht selber zu evaluieren. Den Welpentest überlassen wir besser jemandem, der mit einer anderen Rasse arbeitet und objektiv ist. Umgekehrt können wir dessen Welpen testen, dabei lernen alle und wir schauen gleichzeitig über den »Tellerrand« unserer eigenen Rasse hinaus.

Unsere beiden Fotomodelle für den Welpentest

Beide Fotomodelle für dieses Buch sind Hütehunde, moderat gebaute Ausdauer-Traber ohne Übertreibungen, funktionell gebaut und der caninen Norm entsprechend. Beide sind kurzhaarig und damit ideal, um das Auge zu schulen.

*Pick of the litter: Die erste und beste Wahl aus dem Wurf, ein Ausdruck, den wir lieber nicht verwenden.

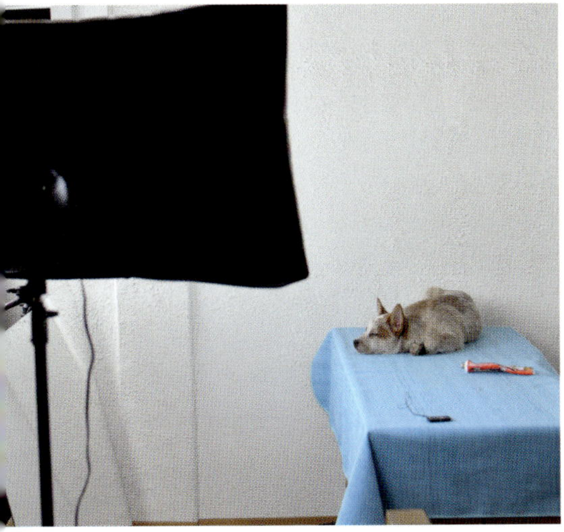

Abb. 8-007 | *Entspannt am Set: Levi, der kleine Australian Cattle-Dog (ACD) Rüde in einer Arbeitspause.*

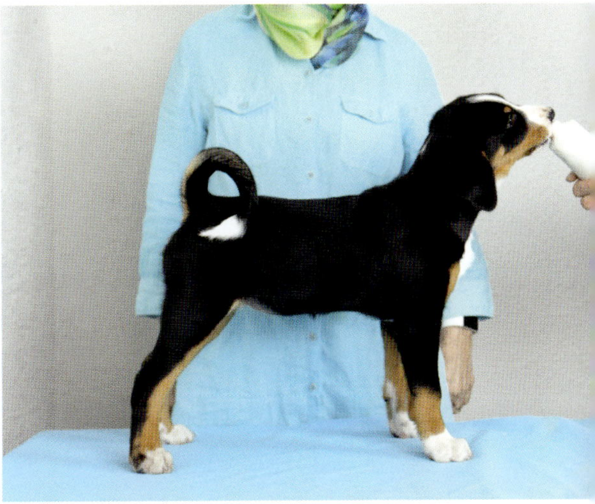

Abb. 8-008 | *Bereit steht Welpe Polly, die liebenswerte Appenzeller Sennen-Hündin.*

Levi, der Australian Cattle Dog, ist beim Shooting 12 Wochen alt. Er ist das Hauptmodell für viele Fotos unseres Welpentests. Normalerweise wird der Test an 8 Wochen alten Welpen durchgeführt, in diesem Alter aber könnte ein Welpe nicht Modell für mehrere hundert Fotos stehen. Mit 12 Wochen war Levi dazu bereit, sehr kooperativ und entspannt, nicht zuletzt dank feiner Leberwurst aus der Tube und ganz vielen Pausen.

Unser zweites Modell ist **Polly**, eine Appenzeller Sennen-Hündin. Auch sie ist bei der Fotosession etwas älter als 8 Wochen. Sie ist ebenfalls sehr geduldig und kooperativ, was erfahrungsgemäß eher ungewöhnlich für die quirligen Appis ist.

Interessant ist, dass beide Rassen für das Treiben von Kühen und das Bewachen von Hab und Gut gezüchtet wurden: Der ACD von den australischen Siedlern zum Treiben auf weiten Flächen, der Appenzeller Sennenhund, heimisch in den Schweizer Alpen, für die Arbeit in teilweise sehr steilem Berggebiet.
Aus diesem Grund unterscheiden sich auch die beiden Standards erheblich, z.B. sollte der ACD eine

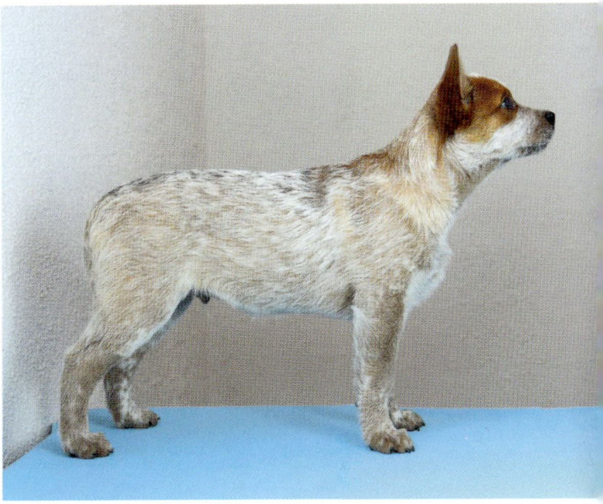

Abb. 8-009 | *Ebenfalls bereit steht Welpe Levi, der geduldige und fast perfekte Australian Cattle Dog-Rüde.*

gut gewinkelte, der Appenzeller jedoch eine steile Hinterhand haben.
Dank diesen zwei rassetypisch verschieden gebauten Rassen haben Sie die Möglichkeit, die Unterschiede zu erkennen – und seien sie noch so minimal. Kurz vor Redaktionsschluss konnten wir Levi und Polly im Alter von 14 Monaten nochmals fotografieren - zu sehen auf Seite 366.

Vor dem Welpentest

Wenn wir für einen Welpentest angefragt werden, senden wir dem Züchter als erstes unser Merkblatt mit den wichtigen Informationen:

Alter der Welpen:	8 Wochen plus/minus 3 Tage
Chippen, Impfen:	Nicht am Vortag des Welpentests Bitte nur gesunde Welpen zum Welpentest mitbringen
Krallen:	Bitte den Welpen vorgängig die Krallen schneiden
Mutterhündin:	Darf selbstverständlich mitgebracht werden
Begleitperson(en):	Ist/sind gerne willkommen (bitte vorher mit uns absprechen)
Mitbringen:	1–2 flauschige Decken, die nach dem Zuhause der Welpen riechen, ein paar Spielsachen, etwas Futter, Futtertube(n)

Für die Durchführung der Welpentests stehen uns zwei kleine Räume zur Verfügung. Im hinteren Raum befindet sich der Welpenauslauf, im vorderen steht ein großer Tisch mit einer rutschfesten Unterlage ausgestattet, hinter dem Tisch an der Wand hängt der so wichtige, große Spiegel. Bereit liegen außerdem Checklisten und Futtertuben, gefüllt mit einer Mischung aus Quark und Leberpaste. Auch die Kamera liegt griffbereit.

Wir tragen beim Testen stets ein unifarbenes Oberteil in einer Kontrastfarbe zur Fellfarbe der Welpen – beispielsweise rot, türkis oder grün. Noch gibt es glücklicherweise keine Hunde in diesen Farben. Mit der Kontrastfarbe zu den Welpen sehen wir deren Silhouette im Spiegel besser.
Wenn die Welpen eintreffen, dürfen sie zuerst neue Gerüche im Garten erschnuppern, die unbekannte Umgebung erkunden und sich versäubern. Danach kommen sie in den Auslauf im hinteren Raum. Die erste Aufregung legt sich in der Regel schnell, denn sie finden dort ihre Welpendecken und Spielzeuge, die nach ihrem Zuhause riechen.

Als Erstes stellen wir dem Züchter ein paar Fragen, um zu wissen, wie umfassend seine Kenntnisse sind. Es ist klar, dass vorwiegend engagierte Züchter zum Welpentest kommen, Menschen, die sich sehr um das Wohlergehen ihrer Welpen kümmern und sich laufend weiterbilden.

- Was lieben Sie an der Mutterhündin? Wo sind ihre Schwachstellen?
- Was lieben Sie am Vater des Wurfs? Wo liegen seine Schwachstellen?
- Nach welchen Kriterien haben Sie den Rüden ausgelesen?
- Was möchten Sie in Ihrer Zucht nicht verlieren? Was möchten Sie verbessern?
- Wie beurteilen Sie diesen Wurf? Sind Sie zufrieden oder enttäuscht?
- Gibt es einen Welpen, den Sie nicht in der Zucht behalten würden?
- Sind die Welpen schon fest zugeteilt?

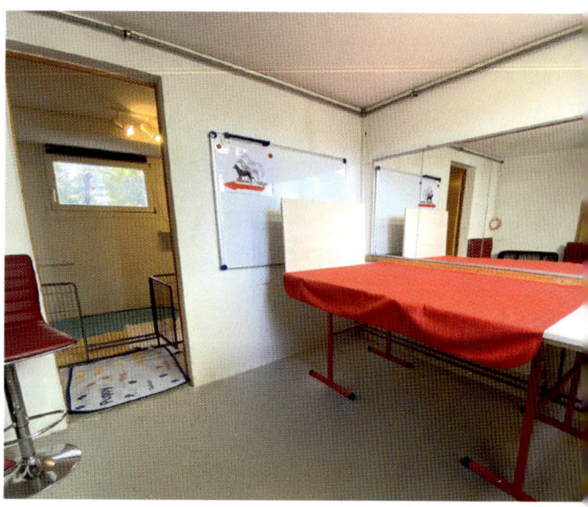

Abb. 8-010 | *Unser Raum zur Durchführung des Welpentests mit einem großen Spiegel, nebenan der abgetrennte Auslauf für die Welpen.*

Dann bitten wir den Züchter, das unten stehende Formular auszufüllen. Es dient zur Dokumentation.

Name des Züchters: ____________________ Datum: ____________________

Adresse: ____

____

Tel.: ____________________ E-Mail: ____________________

Zuchtname: ____________________

Rasse: ____________________ Homepage: www. ____________________

Welpen geboren am: ____________________ Alter beim Test:__Wochen __Tage

Vater des Wurfs: ____________________ Mutter des Wurfs: ____________________

Wenn das alles erledigt ist, sind wir bereit für den Welpentest. Für die Welpen soll dieser Tag eine gute Erfahrung sein. Dies gelingt sicher, wenn wir die goldenen Regeln am Ende dieses Kapitels, Seite 271, befolgen.

Die Reihenfolge beim Welpentest ist immer dieselbe: zuerst kommen die Rüden dran, dann die Hündinnen. Der Züchter wählt als ersten einen eher ruhigen Welpen aus, denn er wird etwas länger auf dem Tisch stehen. Er hilft uns, uns an die Rasse heranzutasten, deren Standard wir vorgängig gelesen haben. An dieser Stelle möchten wir anmerken, dass wir auch sehr gerne Mischlinge testen. Bei Mischlingen ist es ebenfalls wichtig, deren Stärken und Schwächen zu erkennen.
Wir gehen unvoreingenommen an jeden Welpen heran. Wir möchten nicht wissen, wer der Favorit oder die Favoritin des Züchters ist.

Beim Welpentest sind wir in der Regel 2 Testerinnen und der Züchter, plus eventuell Begleitperson(en) anwesend.

Zum Ablauf:

- Die Testerin 1 liest der Reihe nach Punkt für Punkt der Checkliste vor.
- Die Testerin 2 testet am Welpen den vorgelesenen Punkt, zeigt dem Züchter, wie sie vorgeht und diktiert das Resultat, welches die Testerin 1 protokolliert. In der Regel wechseln wir uns bei jedem Welpen ab.
- Der Züchter lässt den Welpen an der Tube lecken und schaut, dass es ihm gut geht und er richtig steht.
- Wir erklären dem Züchter was wir testen, was wir finden und was wir protokollieren. Keine seiner Fragen bliebt unbeantwortet.

Abb. 8-011 und Abb. 8-012 | *Sheltie-Mama und -Welpen: Erst spielen und versäubern, dann warten auf das was kommt.*

Unsere Fingerspitzen sind die besten Augen, sie geben weit mehr Informationen an unser Gehirn als es unsere Augen können. Über den taktilen Kontakt können wir Knochenstruktur, Gewebestärke, Skelett, Muskelmasse »sehen« und es lässt sich erfühlen, wie viel Bewegung die Bänder den Gelenken erlauben. Wir beachten dabei immer, dass wir, wenn wir Bewegung ertasten, nie über den Punkt des Widerstandes hinausgehen.
Wir tasten sanft mit Händen und Fingerspitzen. Es ist erstaunlich, wie viel wir auf diese Weise wahrnehmen können.

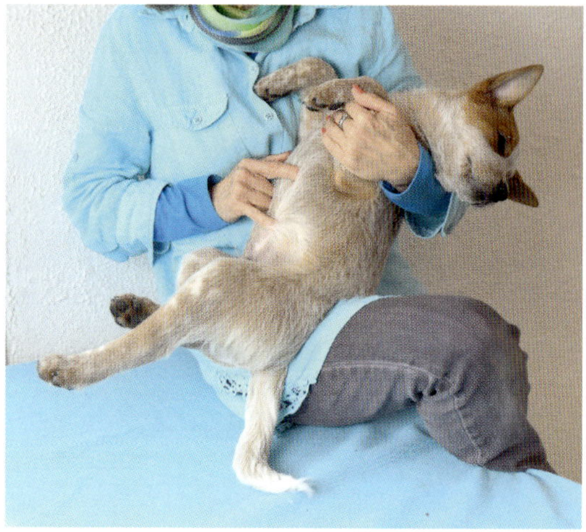

Abb. 8-013 | *Hat Levi einen Nabelbruch? Wie groß ist der Abstand zwischen Nabel und Rippen?*

DER WELPENTEST VON A bis Z

Erste Kontaktnahme mit dem Welpen

Eine kleine Momentaufnahme des Temperaments

Der Züchter übergibt den Welpen an eine der beiden Testerinnen, beide sind für den Welpen unbekannte Personen. Der Welpe wird in den Arm genommen, gekuschelt und dann ganz sanft nach hinten in eine leichte Rückenlage gelegt (Abb. 8-014 und 8-015).

Wir beobachten, wie schnell sich der Welpe entspannen kann, ob er klammert, ängstlich ist oder sich wehrt. Weiterhin beobachten wir ob der Welpe Blickkontakt herstellt. Pat berichtet, dass Welpen die in dieser ungewohnten Situation den Blickkontakt zum Mensch suchen viel einfacher zu erziehen sind wie die unabhängigen, die später gerne mal ihr eigenes Ding durchziehen. Unsere Beobachtungen decken sich insofern, als dass die meisten Hütehunde den intensiven Blickkontakt suchen, Jagdhunde, Terrier oder Windhunde eher mal den Blick in die Ferne schweifen lassen.
Mit der freien Hand überprüfen wir tastend, ob ein Nabelbruch vorliegt und wie groß der Abstand von der letzten Rippe zum Nabel ist. Ein großer Abstand wäre ein erster Hinweis auf einen zu wenig aufgerippten Brustkorb (evtl. einen Heringsbauch).

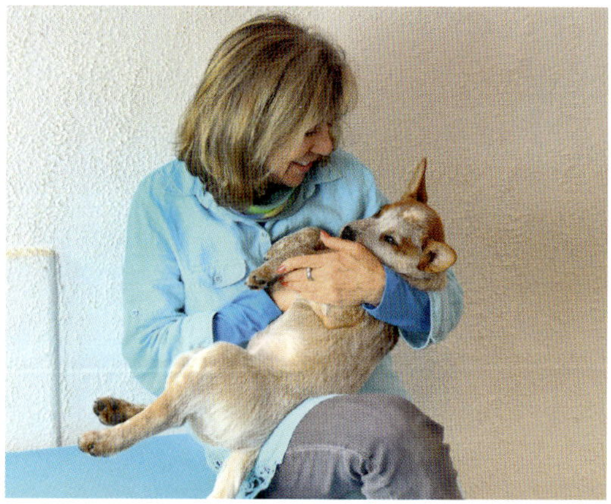

Abb. 8-014 und Abb. 08-015 | *Vertrauensvoll? Entspannt? Angespannt? Wehrverhalten? Blickkontakt? Oder einfach nur cool?*

Das Verhalten des Welpen im Arm zusammen mit dem Verhalten auf dem Tisch während des Welpentests kann ein Hinweis sein, wie leicht oder wie schwer sich ein Welpe in einer neuen Situation zurechtfindet, dennoch ist und bleibt es eine Momentaufnahme. Es zeigen sich durchaus Unterschiede zwischen Wurfgeschwistern. Wie viele Züchter sind überrascht, wenn der forscheste ihrer Welpen auf dem Tisch einfriert oder zittert, der zurückhaltendste Welpe jedoch selbstbewusst, fröhlich wedelnd auf dem Tisch steht.

Temperament als Tagesform

1. **Blickkontakt:**
   ja ☐ nein ☐
2. **Körperspannung:**
   entspannt ☐ leicht angespannt ☐ klammert ☐
3. **Kontrolle Nabelbruch:**
   ja ☐ nein ☐
4. **Abstand Nabel zur letzten Rippe:** __ Finger

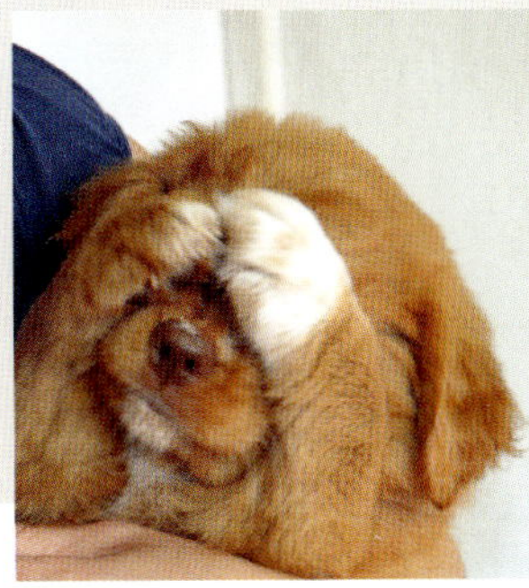

Abb. 8-016

Wir beginnen mit dem eigentlichen Körperstruktur-Test

Die Testerin stellt den Welpen auf den Tisch, er darf kurz schnüffeln, dann versucht sie ihn korrekt hinzustellen, das heißt die Vorderbeine stehen senkrecht, die Hinterbeine werden so platziert, dass der Hintermittelfuß im rechten Winkel zur Standfläche steht.

Für alle Tests gilt: Es darf nur getestet werden, wenn der Welpe sich wohl fühlt, entspannt stillsteht und alle vier Pfoten gleichmäßig belastet. Bei allen zutreffenden Punkten machen wir auf der Checkliste einen Check-Haken oder ein x und/oder fügen einen entsprechenden Vermerk hinzu.

Körperformat im Spiegel betrachtet

Abb. 8-017 | *Ein erster Blick auf den gesamten Welpen. Wir haben stets das Bild des Rassetyps vor Augen.*

Richtig hingestellt

Abb. 8-018 | *Vorderbeine und Hintermittelfuß sollen möglichst senkrecht gestellt sein*

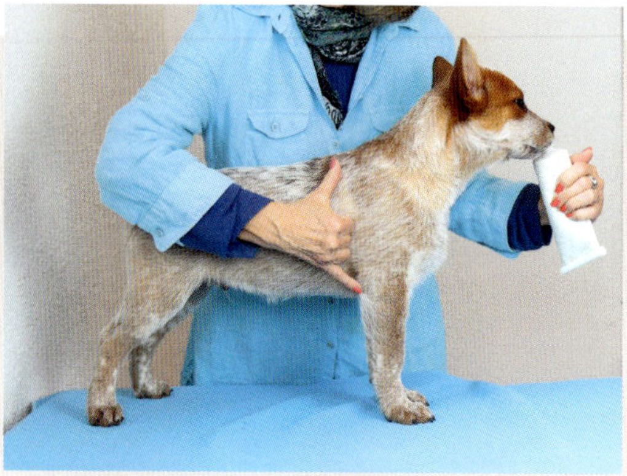

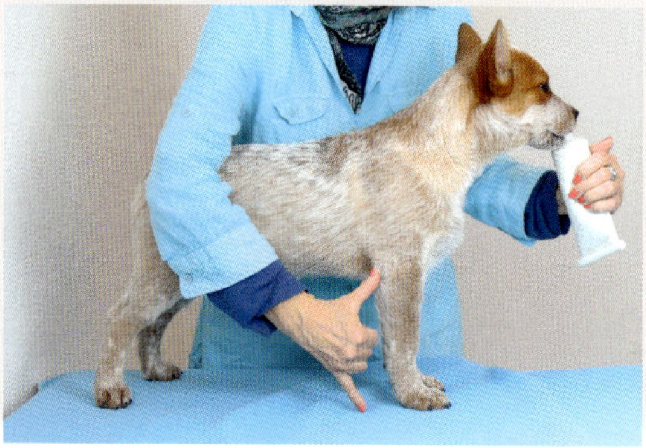

Abb. 8-019 und 8-020 | *Wir messen die Distanz vom Widerrist zum Ellbogen und vom Ellbogen zum Boden. Die Distanz sollte 50 : 50 sein, außer es ist etwas anderes im Standard vermerkt. Der Brustkorb sollte bis auf die Höhe des Ellbogens reichen.*

1. **Silhouette:**
   entspricht der Welpe dem Rasse-Standard?
   ja ☐ nein ☐

2. **Format:**
   kurzes Rechteck ☐ langes Rechteck ☐
   Quadrat ☐
   gemäß Standard: ja ☐ nein ☐

3. **Verhältnis Brustkorbtiefe zur Beinlänge:**
   ½ : ½: ja ☐ nein ☐
   Beine länger ☐
   Beine kürzer als Brustkorbtiefe ☐

4. **Kann der Welpe in dieser Position ruhig stehen?**
   ja ☐ nein ☐
   er fußt rechts unter den Körper ☐
   er fußt links unter den Körper ☐

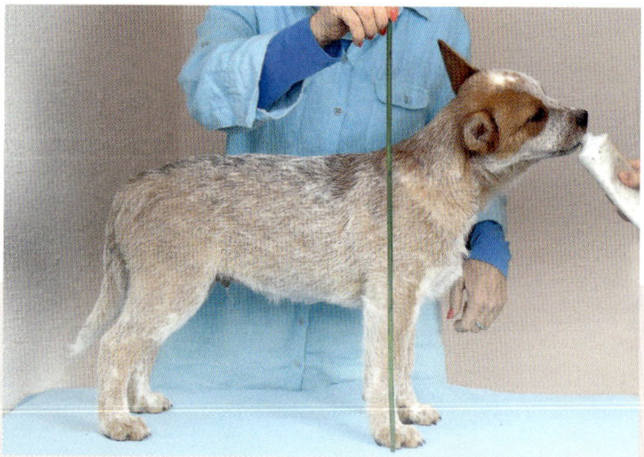

Abb. 8-021 | *Korrekte 1. Balance-Linie*

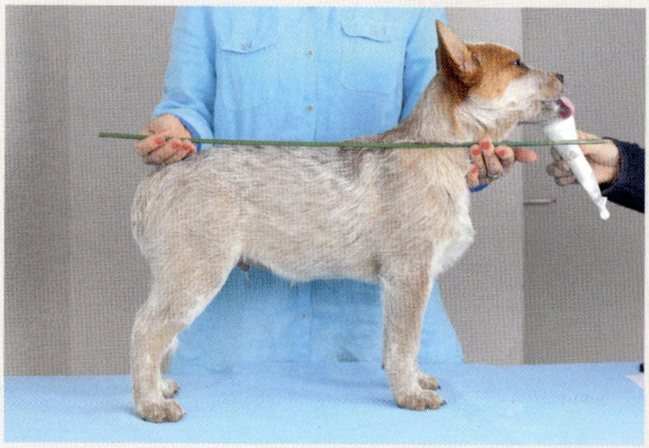

Abb. 8-022 | *Korrekte 2. Balance-Linie*

5. **1. Balance-Linie**
   durch das senkrecht gestellte Vorderbein:
   Hals und Kopf stehen vor der senkrechten Linie:
   ja ☐ nein ☐
   die Linie führt durch den Hals: ja ☐ nein ☐
   die Linie führt durch den Kopf: ja ☐ nein ☐

6. **2. Balance-Linie**
   mittig waagerecht über der oberen Linie:
   der Kopf steht über der waagerechten Balance-Linie: ja ☐ nein ☐
   der Unterkiefer liegt auf der Balance-Linie:
   ja ☐ nein ☐
   die waagerechte Balance-Linie führt durch den Kopf: ja ☐ nein ☐

7. 3. Balance-Linie

Wir ertasten zuerst den Sitzbeinhöcker und lassen von diesem Punkt ein Lot fallen, diese 3. Balance-Linie trifft:

auf die Krallen:	ja ☐	nein ☐
vor die Krallen:	ja ☐	nein ☐
auf die Pfote:	ja ☐	nein ☐
hinter die Pfote:	ja ☐	nein ☐

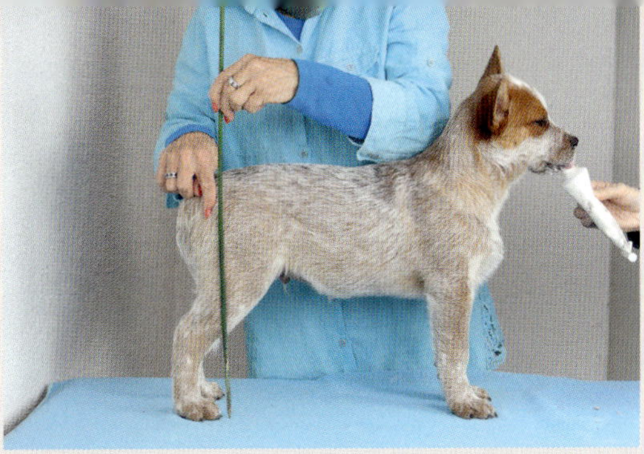

Abb. 8-023 | *Die 3. Balance-Linie fällt korrekt auf die Zehenkrallen.*

Abb. 8-024 | *Die 1. Balance-Linie verläuft bei Polly etwas weiter vorn, sie reicht leicht in den Halsbereich hinein. Der Grund dafür: ihr Oberarm ist steiler und minimal kürzer.*

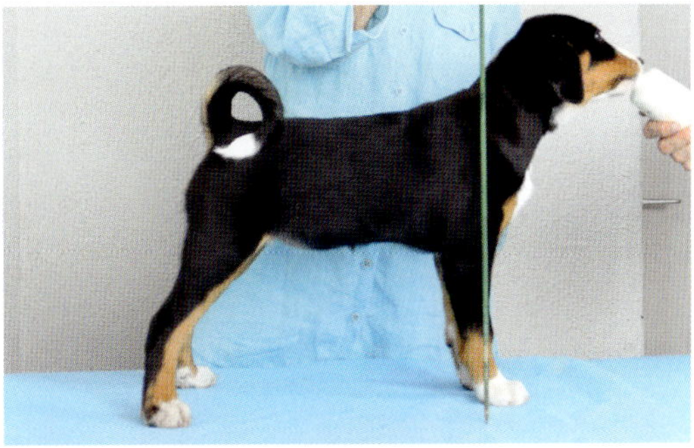

Abb. 8-025 | *Korrekte 1. Balance-Linie.*

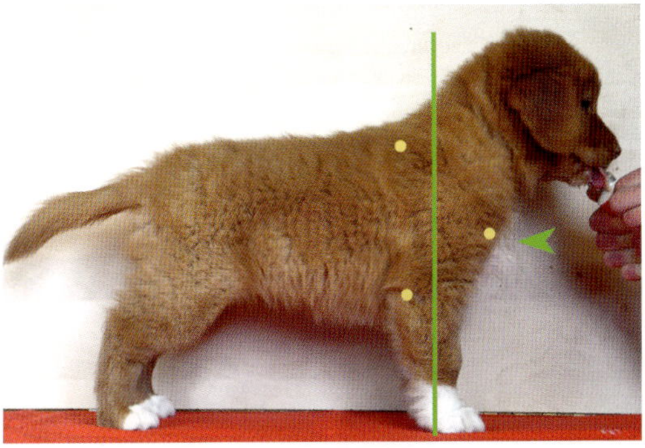

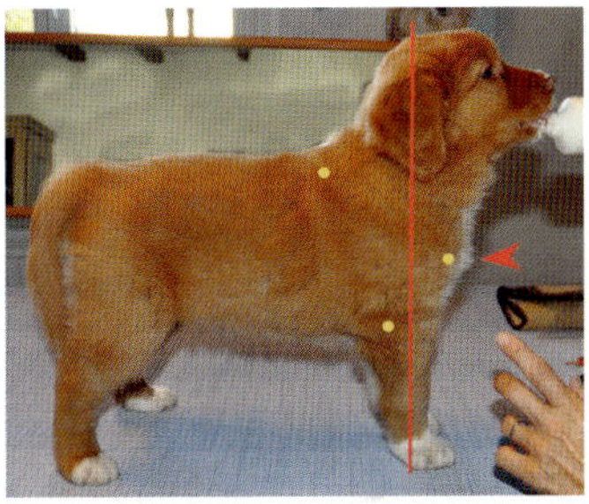

Abb. 8-026 | *Nicht korrekte 1. Balance-Linie: Die Balance-Linie führt durch den Kopf die Vorderhand steht zu weit vorn (kurzer Oberarm).*

Wir ziehen die 3 Linien mit unseren Augen

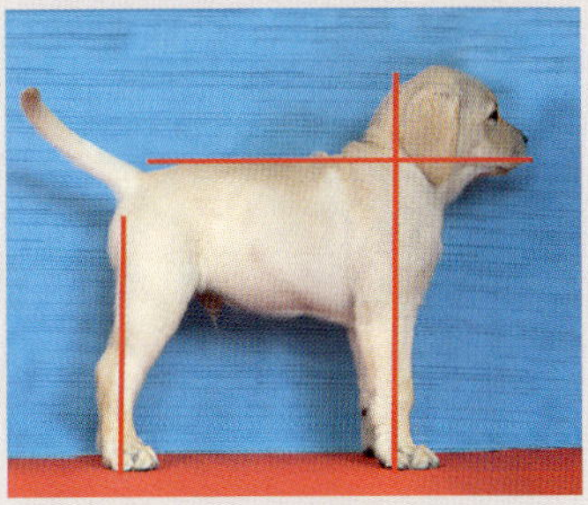

Abb. 8-027 | *Keine der 3 Balance-Linien (rot) verläuft korrekt.*

Längst nicht jeder Welpe und auch nicht jeder erwachsene Hund passt in diese wichtigen 3 Balance-Linien. Tagtäglich können wir an jedem erwachsenen Hund, der irgendwo stillsteht und entspannt in die Gegend schaut, unseren Blick schulen und üben, die 3 Linien mit unseren Augen zu ziehen.

Bei diesem gelben Labrador-Welpen sehen wir sofort, dass er in keine der 3 Balance-Linien passt, somit steht er vorne und hinten steil. Zusätzlich fallen uns die Falten über den Schultern sowie sein kurzer Hals und das steile Vordermittelfuß-Gelenk auf.

Das eine ist, körperbauliche Schwachstellen zu erkennen, das andere herauszufinden, wo die Ursachen dafür liegen.
Diese Zusammenhänge aufzudecken ist extrem spannend!

Wir machen Fotos

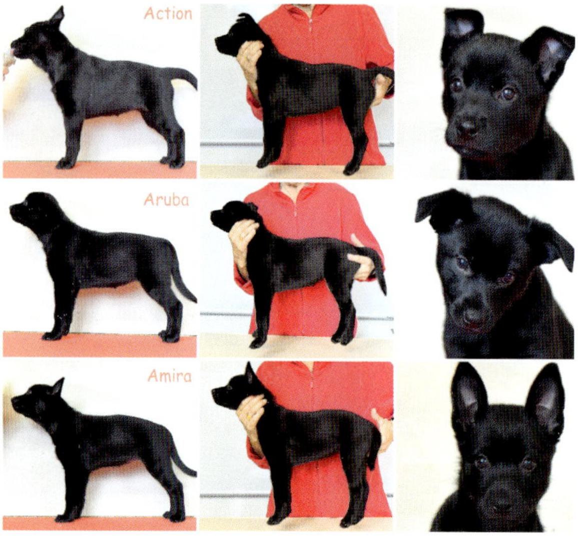

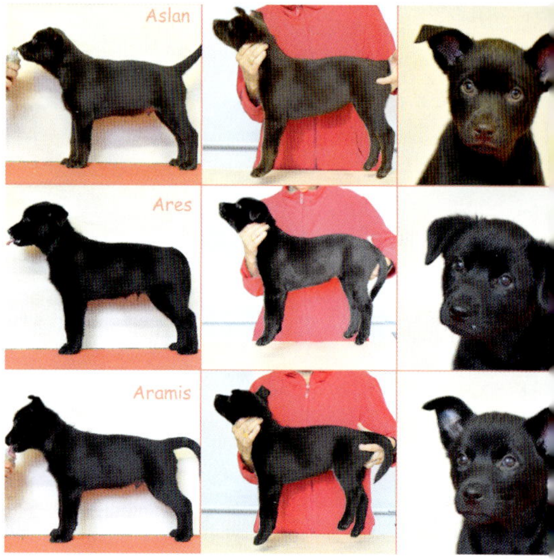

Abb. 8-028 und Abb. 8-029 |
Collage eines Wurfs Kelpies.

Der Welpe auf unserem Tisch ist noch ein wenig beeindruckt. Wir profitieren davon, dass er ruhig steht und machen einige Fotos zur Wurf-Dokumentation:

- Welpe stehend
- Welpe angehoben in die hängende Position
- ein Portrait des Kopfs

Mit diesen Fotos stellen wir nach dem Welpentest eine Collage zusammen, die Teil der Wurf-Dokumentation sein wird.

Die Foto-Collage dient u.a. dem Vergleich der Welpen untereinander. Der Züchter wird sie zur Hand nehmen, wenn er seine Welpen als erwachsene Hunde wiedersieht.

Die hängende Position

(siehe Kapitel 9, Seite 276)

1. **der Welpe lässt sich anheben:**
   ja ☐ nein ☐
2. **die obere Linie verläuft:**
   gerade ☐ aufgewölbt ☐
   weich-durchhängend ☐
3. **die Vorderbeine:**
   fallen gerade ja ☐ nein ☐
   fliehen nach hinten ☐
   fliehen nach vorn ☐
4. **die Hinterbeine:**
   fallen gerade ja ☐ nein ☐
   fliehen nach hinten ☐
   fliehen nach vorn ☐

Die Fotos der einzelnen Welpen in der hängenden Position dienen uns dazu, die Punkte 1 bis 4 im Protokoll auszufüllen.

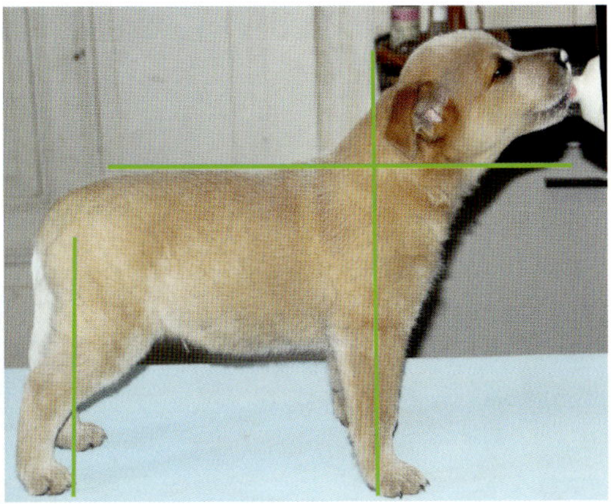

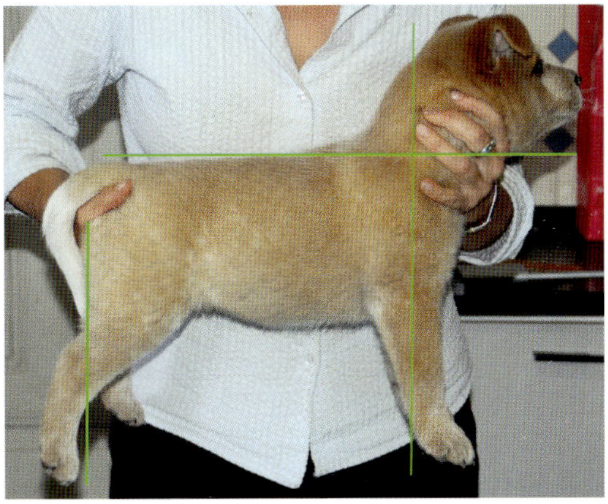

Abb. 8-031 und Abb. 8-032 | *Wir möchten das gleiche Bild sehen ob der Welpe steht, oder ob er sich in der hängenden Position (Abb. 8-032) befindet. Die 3 Balance-Linien sollen praktisch gleich verlaufen, stehend wie angehoben. Sehr schön zu sehen bei diesem korrekt gebauten Welpen.*

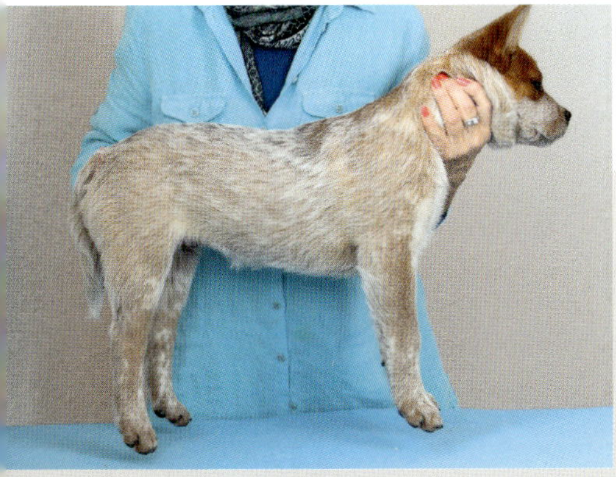

. 8-030 | *Je korrekter die Körperstruktur ist, esondere auch die Lage der Schultern, umso bes- ässt sich der Welpe anheben.*

Ein weicher Rücken

Wenn sich das Bild des stehenden Welpen in der hängenden Position verändert, dann suchen wir nach der Ursache.

Eine weiche, eingefallene obere Linie und nach vorne gestreckte Vorderbeine lassen auf eine Schwachstelle in der Front schließen.

Die leicht veränderte Kopf- und Halshaltung könnte mit einem schwachen Hals zusammenhängen. Im Laufe des Tests werden wir die Ursachen herausfinden.

Abb. 8-033 Pollys Rücken sinkt ein, die Vorderbeine fliehen nach vorn.

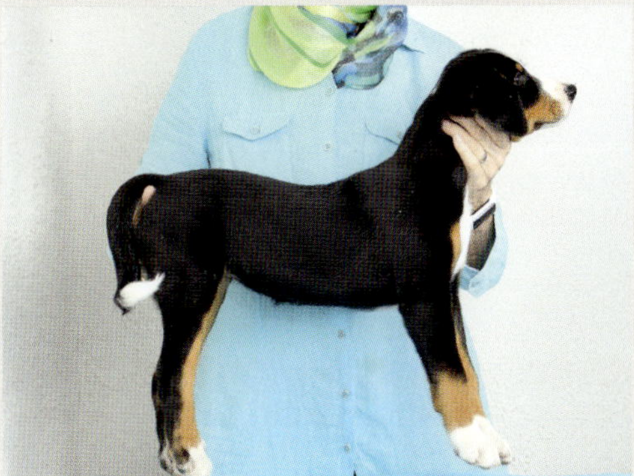

Hals

1. Halslänge und Übergang:
   Hals kurz ☐ lang ☐
   zwischen den Schultern eingezogen
   ja ☐ nein ☐
   Hals – Übergang in Widerrist und Vorbrust:
   harmonisch ja ☐ nein ☐
   bildet beim Widerrist einen Winkel ☐
   bildet beim Widerrist Falten ja ☐ nein ☐

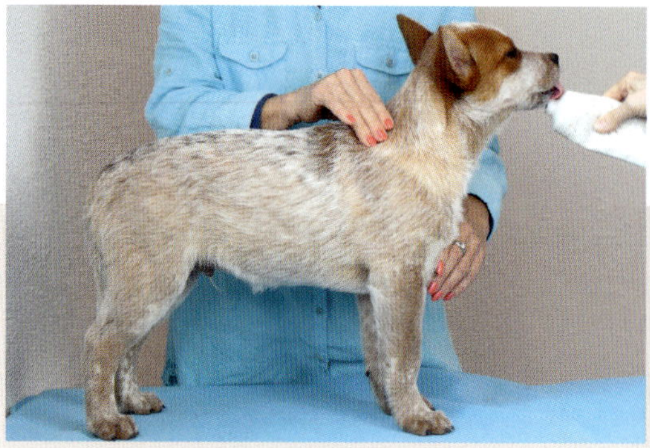

Abb. 8-034 | *Hier wird der Übergang vom Hals in den Widerrist abgetastet. Hat es Falten?*

8 Wochen alte Welpen haben selten einen zu langen und dadurch schwachen Hals. Ihr Hals ist häufiger noch etwas kürzer und wird im Wachstum proportional etwas länger.

Barbets sind Wasserhunde, ihr Hals muss kräftig sein (gemäß Standard kurz), die 2. Balance-Linie darf etwas tiefer verlaufen (Abb. 8-035).

Abb. 8-035 | *Ein hübscher Barbet-Welpe mit dem rassetypischen eher kurzen Hals.*

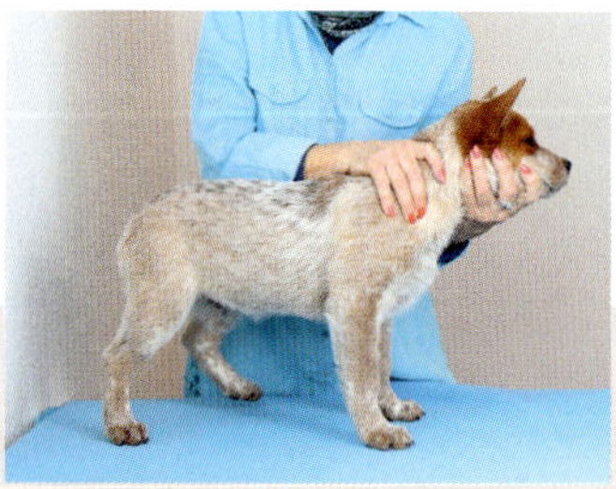

Abb. 8-036 | *Kopf sanft nach oben führen.*

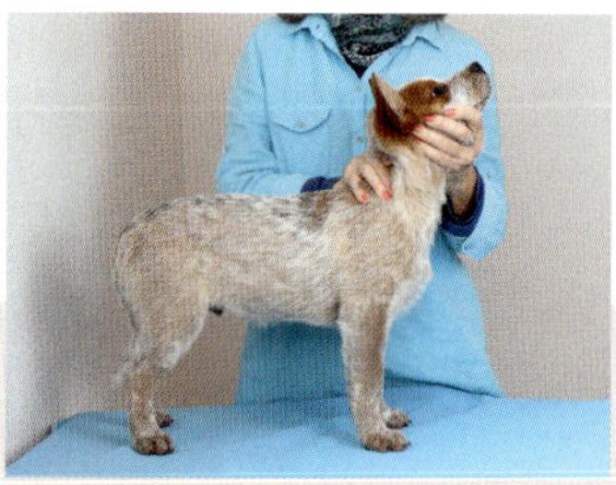

Abb. 8-037 | *Hier ist Levis Widerstand.*

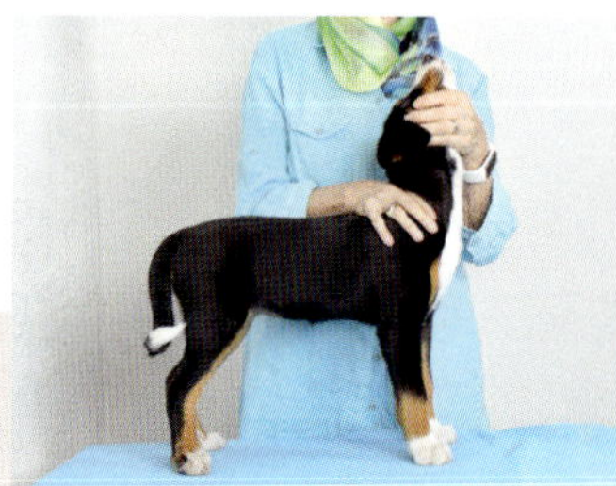

Abb. 8-038 | *Pollys Widerstand ist bei 12 Uhr = Schafhals.*

2. Schafhals
   Der Welpe hat einen Schafhals
   ja ☐ nein ☐
   Wenn ja, in welchem Grad (Uhrzeit)?
   11 Uhr 12 Uhr 13 Uhr ... Uhr

Wir überraschen den Welpen, indem wir ihm eine Hand auf den Widerrist legen. Gleichzeitig fassen wir mit der anderen Hand unter seinen Unterkiefer und führen den Kopf sanft nach oben. Wir stoppen beim ersten kleinen Widerstand oder bei der ersten leichten seitlichen Ausweichbewegung. Unser prüfender Blick in den Spiegel gibt uns das Resultat:
Ab 11 Uhr ist es ein leichter Schafhals und alles, was über 12 Uhr hinausgeht, wird den Hund in seinem späteren Leben beeinträchtigen.

Ein Schafhals, den der Hund mit 8 Wochen zeigt, wird ein Leben lang bleiben. Es werden sich zwar Muskeln zubilden, um den Hals zu stärken, diese heben aber die genetische Disposition nicht auf. Wenn sich aus irgendeinem Grund diese kompensierenden Muskeln abbauen, zeigt sich die Schwäche in vollem Ausmaß.

Oft meiden Hunde mit einem Schafhals das Wasser, was der Besitzer gerne mit »Mein Hund ist wasserscheu!« kommentiert. Hunde, die sich im Wasser nicht sicher fühlen, meiden das Schwimmen, obwohl sie Wasser lieben.

Wie gut ein Hund schwimmt, hängt von seinem Körperbau ab, insbesondere vom Hals und der Kraft aus der Hinterhand.

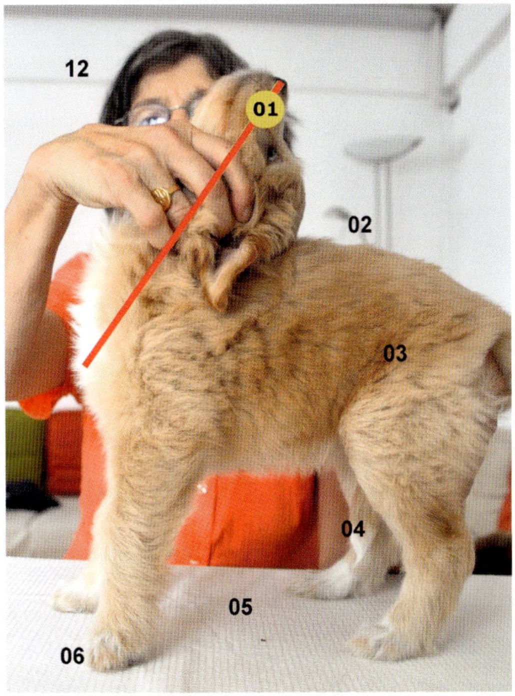

Abb. 8-039 | *Der Schafhals dieses Welpen reicht bis 13 Uhr.*

Könnte dies ein Schafhals sein?

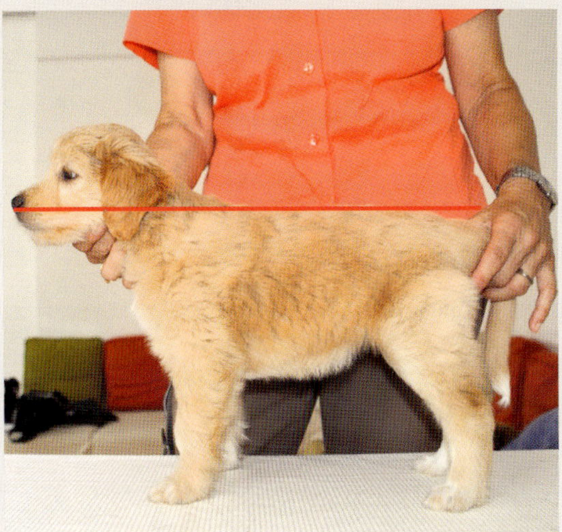

Beim ersten Blick auf den Welpen im Spiegel fiel uns schon sein kurzer Hals auf und die 2. Balance-Linie, die durch den Kopf führte. Beides ließ einen Schafhals vermuten. Um das Problem zu kompensieren, stabilisierte die Hündin tatsächlich den Kopf zwischen ihren Schulterblättern. Der Test bestätigte schließlich den Schafhals (Abb. 8-039).
Ein Welpe mit einem ausgeprägten Schafhals sollte in eine Familie vermittelt werden. Er ist weder als Zuchthund noch für Sportarten geeignet, in denen ein stabiler Hals wichtig ist – wie beispielsweise im Agility, bei der Wasser- oder jagdlichen Arbeit usw.

Abb. 8-040 Die 2. Balance-Linie führt durch den Kopf. Wir suchen nach der Ursache dafür.

Kopf

1. Proportionen Hals zu Kopf:
   ½ : ½ ja ☐ nein ☐
   Kopf kürzer ☐ Kopf länger ☐
   Hals kürzer ☐ Hals länger ☐

Wir messen vom Hinterhauptbein (H) zur Nasenspitze (N) und vom Hinterhauptbein (H) zum Widerrist (W).

2. Nasenöffnungen:
   offen ja ☐ nein ☐
   groß ☐ klein ☐

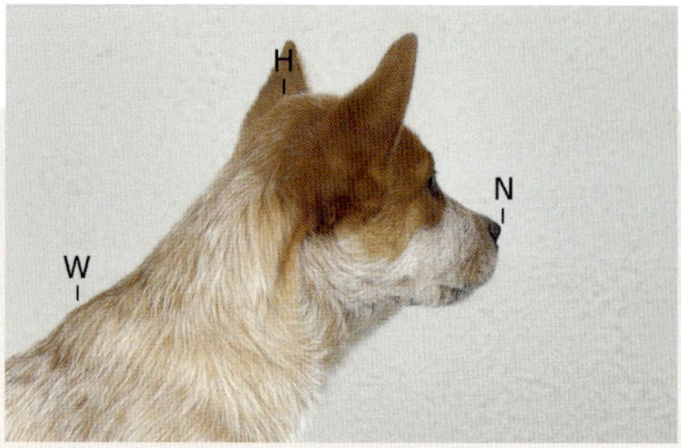

Abb. 8-041 | *Kopf und Hals sind gleich lang.*

Abb. 8-042 | *Levi hat offene Nasenöffnungen und kann frei atmen.*
Abb. 8-043 | *Schön zu sehen, dass bei gesundheitsbewussten Züchtern längere Nasenrücken und große Nasenöffnungen ein Zuchtziel sind.*

Natürlich verengte Nasenöffnungen, oder verengt durch Falten über dem Nasenrücken, bedeuten eine schwere Beeinträchtigung der Lebensqualität eines jeden Hundes. Wir achten streng auf das Vermögen jedes Welpen, frei atmen zu können.

3. Zähne, Zahnschluss, Kiefer:
   Schere ja ☐ nein ☐
   wenn nein:
   - Vorbiss ☐ Rückbiss ☐ Kreuzbiss ☐
   Unterkiefer-Breite:
   passend zum Oberkiefer ja ☐ nein ☐
   zu schmaler Unterkiefer ja ☐ nein ☐

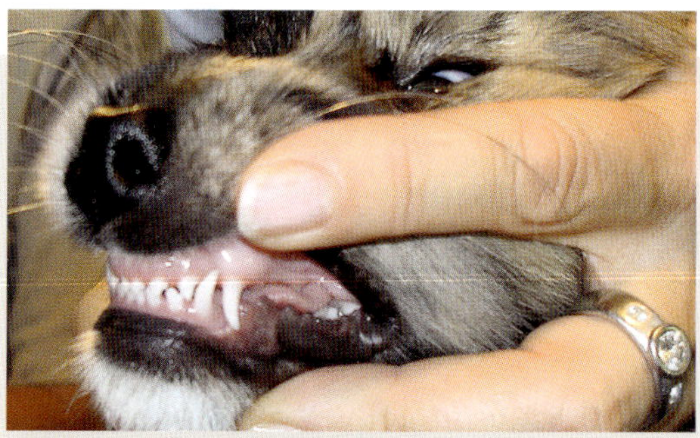

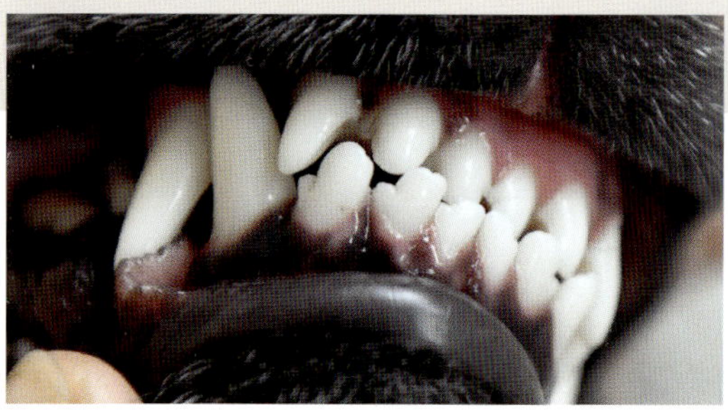

Abb. 8-044 | *Ein schönes Scherengebiss (oben) im Vergleich zu einem Kreuzbiss* **Abb. 8-045** *(unten).*

Ein schöner Zahnschluss ist erfreulich, jedoch noch kein Garant dafür, dass es auch so bleibt. Es empfiehlt sich, das Gebiss im Alter von 6 Monaten vom Tierarzt kontrollieren zu lassen.
Mehr zu Zähnen und Kieferstellungen in Kapitel 9, Gut zu wissen, Seite 284.

4. Seitlicher Zahnschluss:

gut ja ☐ nein ☐
verschoben nach vorne ☐ nach hinten ☐

5. Eckzähne/Fangzähne (Canini):

Engstand ja ☐ nein ☐
Beißen in Gaumen/oberes Zahnfleisch
ja ☐ nein ☐
ja links ☐ ja rechts ☐

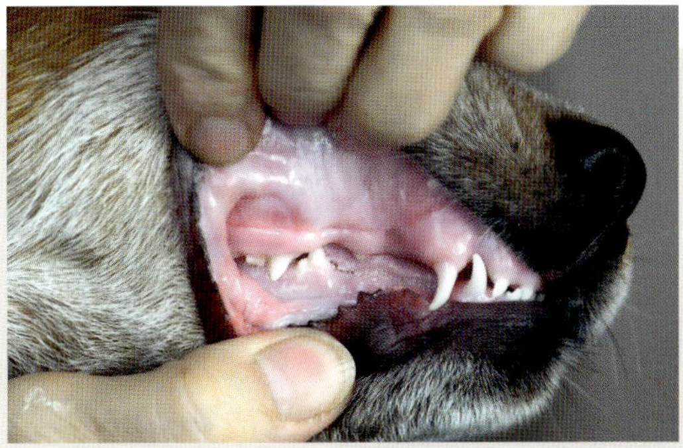

Abb. 8-046 | *Seitlicher Zahnschluss*

Wir erwarten vom Züchter, dass er die Zähne seiner Welpen schon überprüft hat, bevor er sie zum Welpentest bringt.

Mit früher leichter Massage nach außen kann ein Einbeißen der Fangzähne ins Zahnfleisch des Oberkiefers oft verhindert werden.

Abb. 8-047 | *Idealerweise steht der obere Prämolar (grüner Pfeil) mittig in der Lücke der beiden Prämolaren im Unterkiefer.*

6. Schneidezähne (Incisivi):

oben und unten sechs ja ☐ nein ☐
wenn nein:
oben __ Schneidezähne
unten __ Schneidezähne

Beim Zähne-Zählen kann es durchaus Überraschungen geben, da können schon einmal 7 oder 8 statt 6 Milch-Schneidezähnchen sein. Das heißt nicht, dass es auch so ist, wenn die zweiten Zähne durchbrechen, eine Kontrolle ist in jedem Fall ratsam.

Alle Welpenzähne sollten mit 8 Wochen durchgebrochen sein.

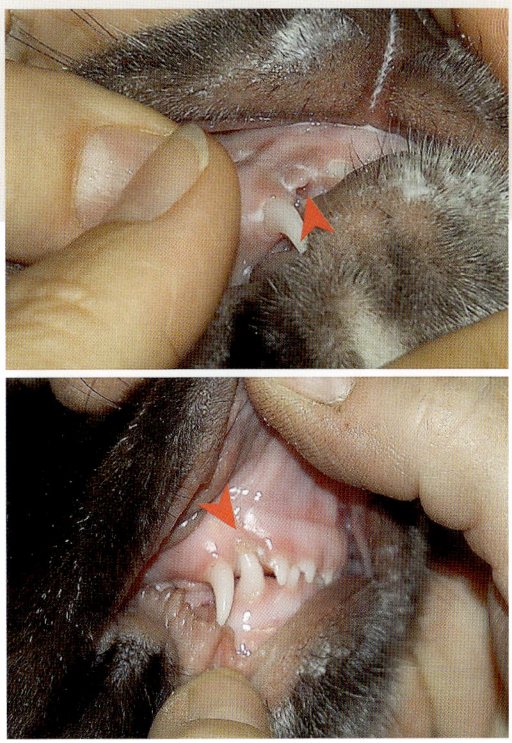

Abb. 8-048 | *Leider kein seltener Befund anlässlich des Welpentests: Bei diesem Canini-Engstand beißt der untere Fangzahn tief in das obere Zahnfleisch (rote Pfeile) ein.*

Front

1. Brustbeinspitze (Prosternum)
von vorne mit drei Fingern getastet:
groß ☐ mittel ☐ klein ☐

Die Brustbeinspitze soll gut greifbar sein, sie garantiert genügend Muskel-Anhaftungsfläche für die untere Halsmuskulatur und besonders auch für die Oberarme.

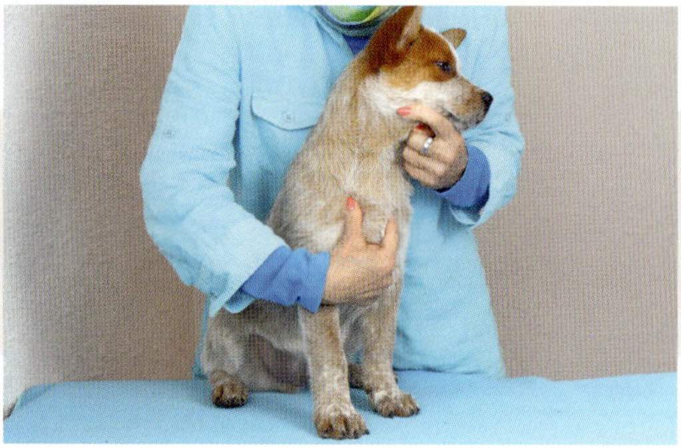

Abb. 8-049 | *Im Stehen oder Sitzen greifen wir die Brustbeinspitze.*

2. Lage Brustbeinspitze auf der Körpermitte:
ja ☐ nein ☐
höher ☐ tiefer ☐

Wenn die waagrechte Linie von der Brustbeinspitze mittig durch den Körper führt, dann sind Schulterblatt und Oberarm in etwa gleich lang.

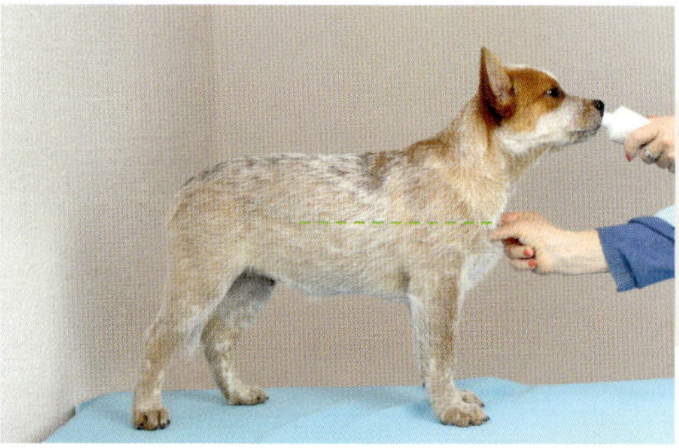

Abb. 8-050 | *Wir ziehen eine imaginäre waagerechte Linie von der Brustbeinspitze durch den Körper.*

3. Hat der Welpe Vorbrust?
in Referenz zum Schultergelenk (auch Buggelenk genannt):
keine ☐ wenig ☐ moderat ☐ gut ☐

Die Brustbeinspitze sollte der Punkt an der Brust sein, der am weitesten vorragt. Das Schultergelenk (Buggelenk) sollte seitlich etwas zurückliegen.

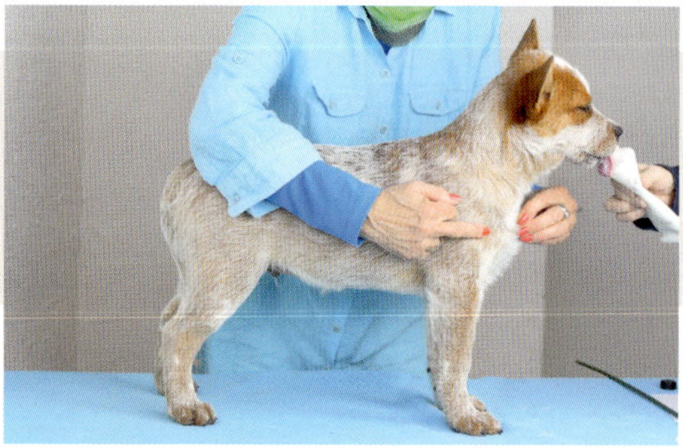

Abb. 8-051 | *Deutlich sichtbar ist die Vorbrust in Referenz zum Schultergelenk.*

Eine gute Vorbrust besteht nicht aus Fett, sie verläuft in einer Rundung von der Brustbeinspitze zwischen die Vorderbeine. Die Brustbeinspitze steht etwas weiter vor, als die beiden seitlichen Buggelenke, die sich alle drei ungefähr auf der gleichen Höhe befinden.

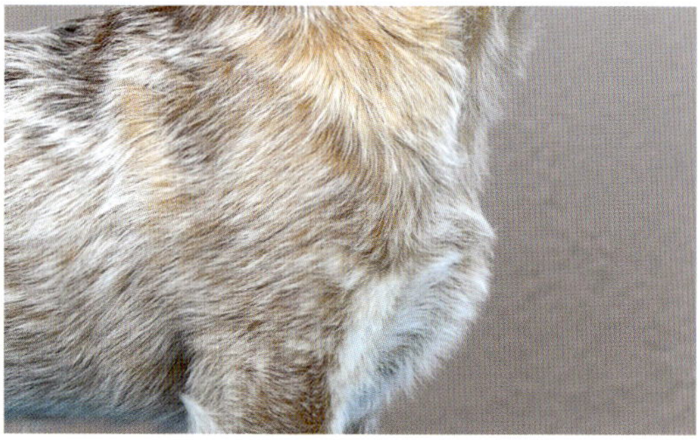

Abb. 8-052 | *Eine schön gerundete Vorbrust.*

4. Ellbogen, 2 Tests

1. Test (2 Testmöglichkeiten)
- Druck aufs Schulterblatt, oder
- Hand am Widerrist und nach links und rechts wiegen

Ellbogen sind stabil ☐ instabil ☐

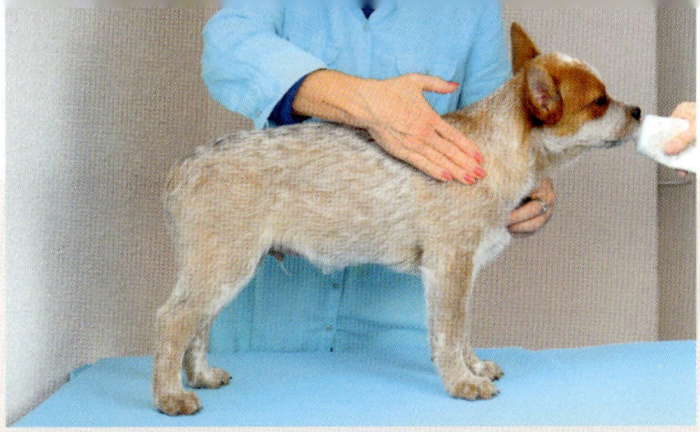

Abb. 8-053 | *Die Ellbogen bleiben auf Druck stabil.*

Die Ellbogen sollen in ihrer Position bleiben. Im Spiegel sollte keine Bewegung der Gelenke zu sehen sein, sonst sind sie instabil.

2. Test
Ellbogen von unten leicht nach innen zusammendrücken:

Ellbogen sind fest und bleiben stabil

ja ☐ nein ☐

Ellbogen geben nach und lassen sich zusammen drücken, die Pfoten drehen nach außen:

ja ☐ nein ☐

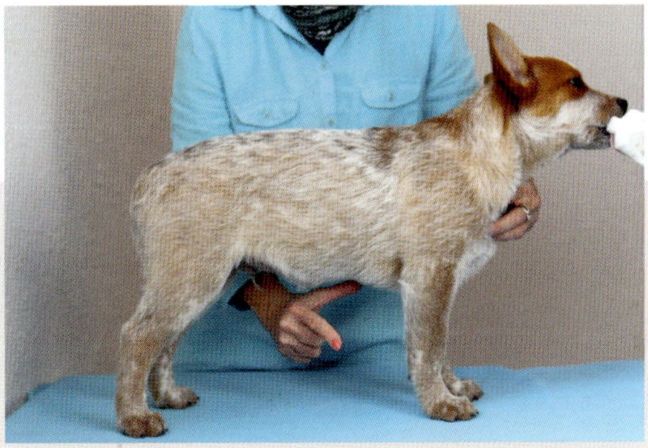

Abb. 8-054 | *Mit Zeigefinger und Daumen die Ellbogengelenke von hinten leicht zusammendrücken.*

Ellbogen, die sich zusammendrücken lassen, sind ein Indiz dafür, dass die Vorderhand vor dem Rippenkorb steht, respektive der Oberarm nicht oder zu wenig vom Rippenkorb geführt ist.

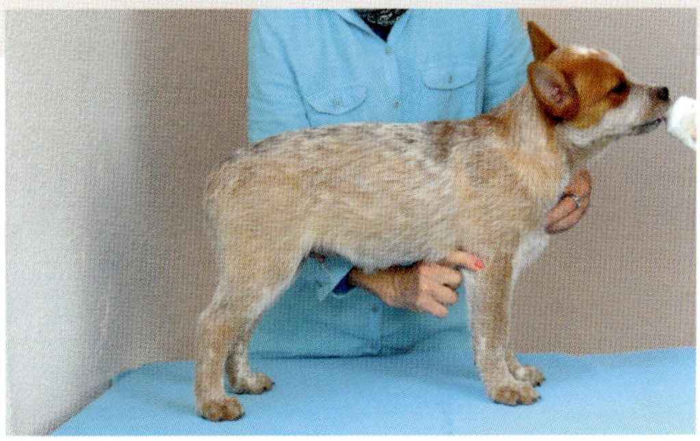

Abb. 8-055 | *Die Ellbogen müssen fest sein.*

5. Oberarm Test
Oberarm mit zwei Fingern leicht nach außen drücken:

Oberarm und Vorderbein bleiben stabil:

ja ☐ nein ☐

das Vorderbein lässt sich seitlich herausdrücken:

ja ☐ nein ☐

Lässt sich der Oberarm herausdrücken, ist die Brustbeinspitze zu klein und die Muskelverbindungen sind zu schwach.

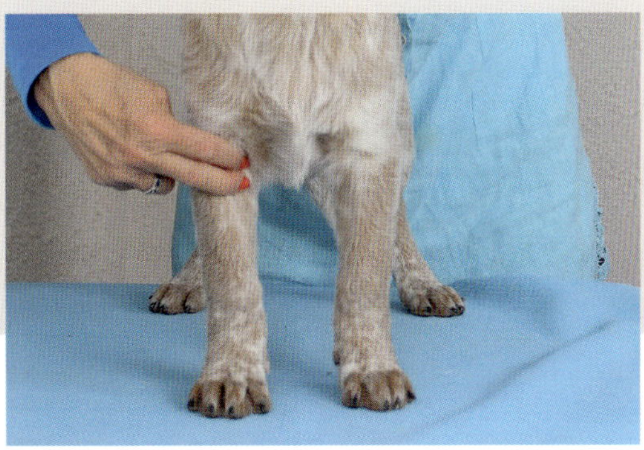

Abb. 8-056 | *Ist der Oberarm durch Muskeln gut verbunden, lässt sich das Vorderbein nicht herausdrücken.*

Wenn die Vorderhand zu weit vorne steht

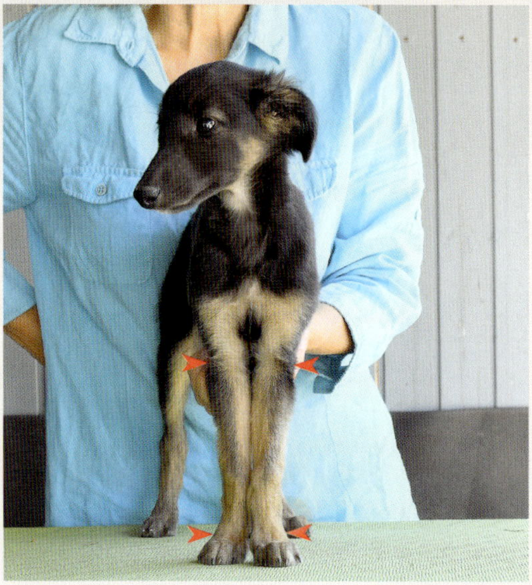

Die Ellbogen sollten nahe am bzw. neben dem Brustkorb stehen, nur so lassen sie sich nicht mit zwei Fingern unter dem Brustkorb zusammendrücken.

Lassen sich die Ellbogen wie bei unserem Silken Windsprite-Welpen zusammendrücken, dann

- ist der Ellbogen lose, im Stand wie in der Bewegung
- steht die ganze Front zu weit vorne
- ist der Brustkorb zu flachrippig
- ist der Oberarm steil
- ist die Stabilität eingeschränkt

Abb. 8-057 Die Ellbogen lassen sich zusammendrücken.

6. Vorderbeine

Angehoben hängend mit der Hand unter dem Brustkorb:

Beine fallen gerade ja ☐ nein ☐

Beine kommen näher zusammen ja ☐ nein ☐

Beine überkreuzen ja ☐ nein ☐

Abgesenkt im Stehen

Wir betrachten die Außenseite der Vorderbeine, ob sie sich verändern, wenn sie Gewicht tragen:

die Beine bleiben gerade ☐

die Beine verändern sich ☐

Abb. 8-058 | *Angehoben hängend*

Abb. 8-059 | *Abgesenkt mit Gewicht*

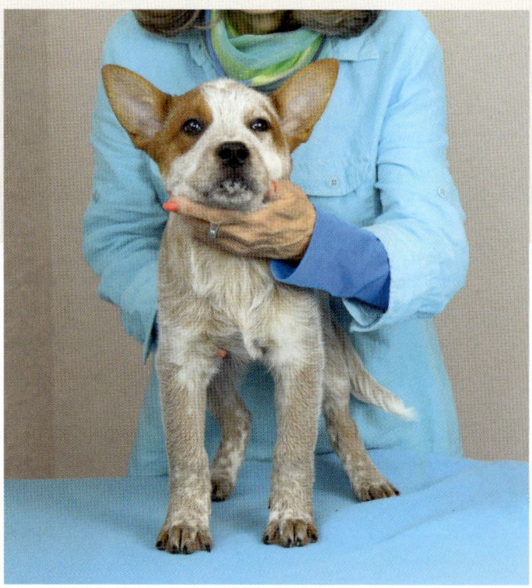

Wir schulen das Auge

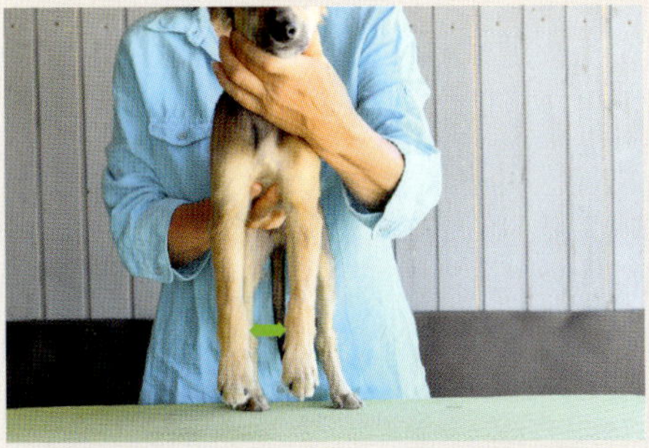

Abb. 8-060 Die Vorderbeine fallen gerade nach unten, der Abstand (Pfoten) bleibt gleich.

Vergleichen Sie die beiden angehobenen Welpen: Der Welpe in Abb. 8-059 lässt seine Vorderbeine gerade fallen, so wie er im Stand steht.

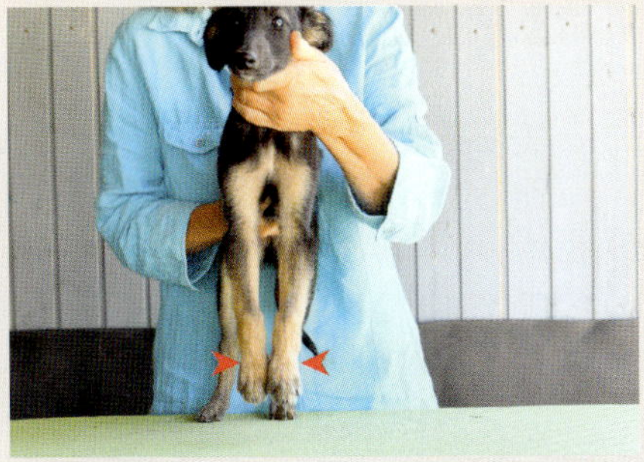

Abb. 8-061 Die Pfoten kommen zusammen, die Vorderbeine werden nicht oder zu wenig vom Brustkorb geführt.

Die Vorderbeine des Welpen rechts kommen angehoben zusammen, das weist auf einen eventuell schmalen Brustkorb und/oder steile Winkelungen (meist beim Oberarm) hin.

7. Vordermittelfuß, Karpalgelenk
von der Seite gesehen bei senkrecht gestelltem Vorderbein:

der Vordermittelfuß ist elastisch

ja ☐ nein ☐ (nein=steil)

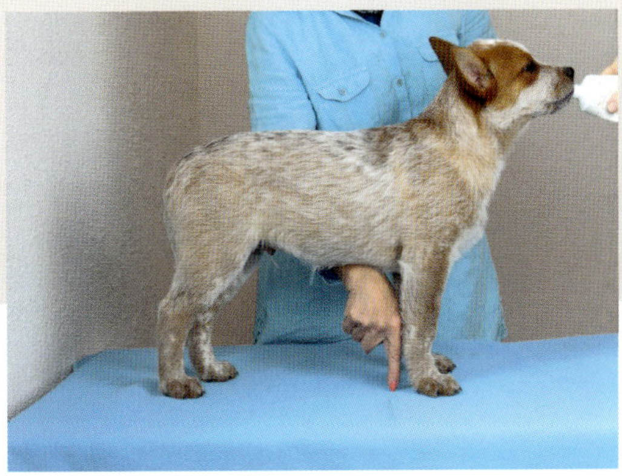

Abb. 8-062 | *Mit dem senkrecht gestellten Finger begutachten wir die Neigung des VMF-Gelenks.*

Wir messen die Neigung des Vordermittelfuß-Gelenks mit dem senkrecht auf den Tisch gehaltenen Zeigefinger. Ein Neigungswinkel von ca. 20° darf beim Ausdauer-Traber sein, beim Schäferhund etwas mehr, bei einigen Rassen weniger.

Der elastische Vordermittelfuß hilft, zusammen mit korrekten Pfoten und einem schrägen Schulterblatt, die Erschütterungen bei jedem Schritt abzufedern, macht Landungen nach Sprüngen weicher und die Gelenke weniger anfällig für Überbeanspruchung.

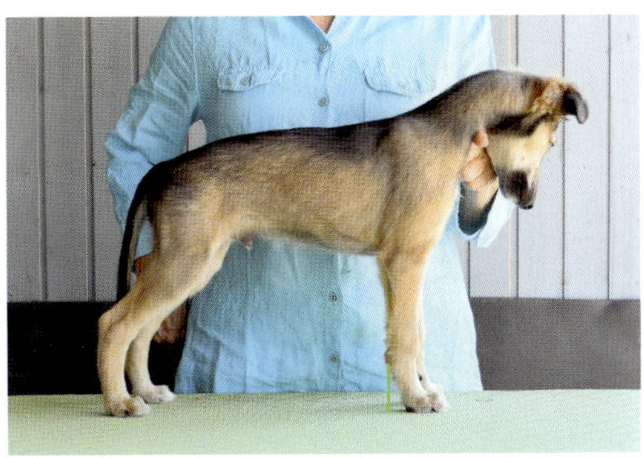

Abb. 8-063 | *Elastisches Karpalgelenk.*

Neigungen Vordermittelfuß

Unser netter Labi-Welpe (Abb. 8-064) muss für eine weitere Schwachstelle herhalten: Sein Vordermittelfuß ist sehr steil, er kann nicht abfedern und jeder Aufprall bei Landungen schlägt direkt in die darüber liegenden Gelenke wie Ellbogen und Schultergelenk. Bei starken sportlichen Belastungen ist Arthrose vorprogrammiert.

Ein zu durchtrittiges Vordermittelfuß-Gelenk (Abb. 8-066) bedeutet Stress für Bindegewebe und Sehnen. Solche Welpen sollten vermehrt mit Nasenarbeit beschäftigt und nicht bei Sportarten mit vielen Sprüngen – wie Agility, Flyball usw. –belastet werden.

Abb. 8-064 | *Sehr steiler Vordermittelfuß (rote Linie).*

Abb. 8-065 | *Korrekte Neigung (zu grüner senkrechter Linie) ca. 20°*

Abb. 8-066 | *Durchtrittig: Beachten Sie die rote Linie beim Vordermittelfuß.*

8. Vorderpfoten

Die gewichttragenden Vorderpfoten:

sind geschlossen ☐ offen ☐

gut aufgeknöchelt ☐ abgeflacht ☐

gemäß Standard ☐

gerade ☐ ausgedreht ☐ eingedreht ☐

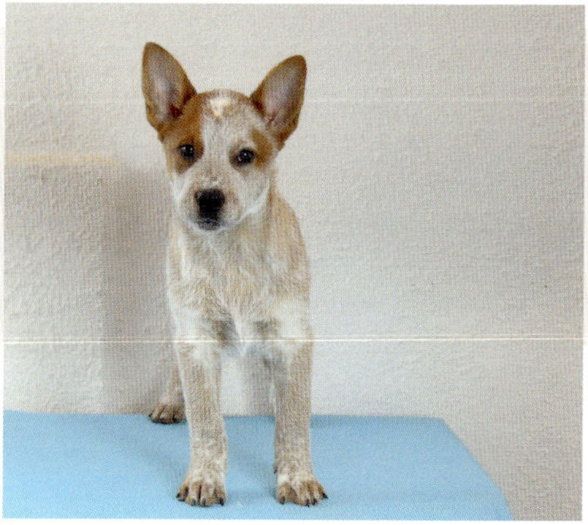

Abb. 8-067 | *Levis Pfoten sind leicht geöffnet, die Zehen etwas gespreizt.*

Am häufigsten werden Katzenpfoten beschrieben, seltener ovale Pfoten oder Hasenpfoten, nie aber flache Pfoten.

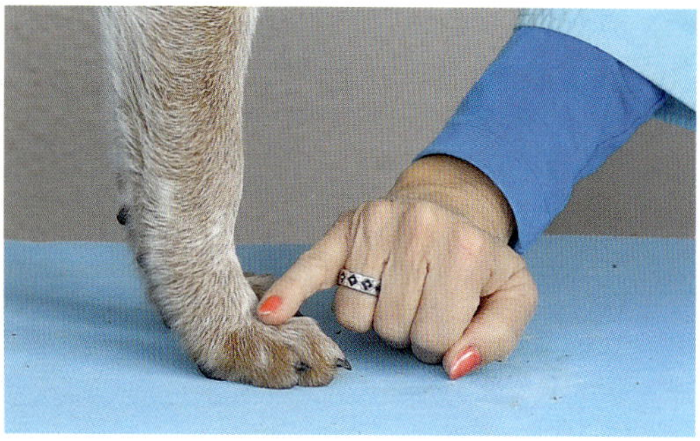

Abb. 8-068 | *Eine aufgeknöchelte, gut geformte Vorderpfote. Wir ertasten stets mit den Fingern sowohl die Aufknöchelung als auch den Abstand zwischen den Zehen.*

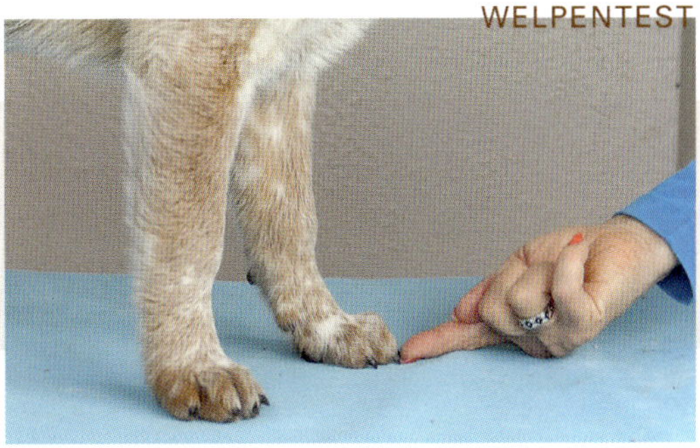

Abb. 8-069 | *Die Zehenkrallen dürfen so weit auf den Boden reichen, dass noch ein Fingernagel darunter Platz hat.*

9. Die Zehenkrallen:

haben die richtige Länge ja ☐ nein ☐

sind zu lang ☐ (haben Bodenkontakt)

Zu lange Krallen im Alter von 8 Wochen spreizen bereits die Zehen und krümmen sie seitlich weg. Das ist vermeidbar, indem die Krallen regelmäßig gekürzt werden.

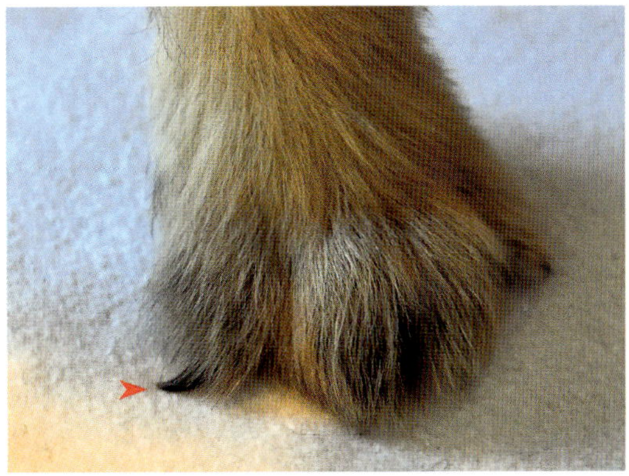

Abb. 8-070 | *Eine zu lange Kralle spreizt die Zehe ab (roter Pfeil).*

10. Die Zehenballen:

Pfote angehoben, so dass sie frei hängt:

Die 4 Zehenballen sind

alle auf gleicher Höhe ja ☐ nein ☐

alle gleich groß ja ☐ nein ☐

eng beieinanderliegend ja ☐ nein ☐

alle 4 Zehenballen mit Abstand sowie Abstand zum großen Sohlenballen:

ja ☐ nein ☐

Der schönste und wunderbar gebaute Hund, der auf zu wenig gepolsterten und falsch belasteten, schmerzenden Pfoten durchs Leben gehen muss, leidet und erleidet früher oder später weitere Folgeschäden.

Die Pfoten zweier Welpen (mit gleicher Endgröße) im Alter von 8 Wochen im Vergleich:

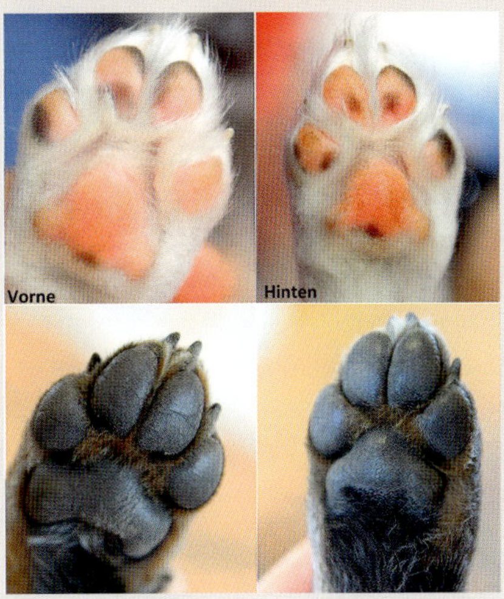

Die weißen Pfötchen haben vorne und hinten deutlich kleinere Zehenballen. Wir sehen die Abstände dazwischen, zudem fällt der große Abstand zwischen Zehen- und Sohlenballen auf.

Die schwarzen Pfötchen sind perfekt, vorne wie hinten, gut gepolstert, haben kaum Abstand. So sollten die Pfoten eines 8 Wochen alten Welpen aussehen. Sie werden sich nicht verändern und den Hund gut durchs Leben tragen.

Abb. 8-071 Unterschiedliche Welpenpfoten. Die schwarzen Pfötchen sind wahre Bilderbuch-Pfoten. Sie gehören Xanadu, unserem Skelett-Modell.

Australian Cattle Dog-Vorderpfote (links) versus Appenzeller Sennenhund-Vorderpfote (rechts):

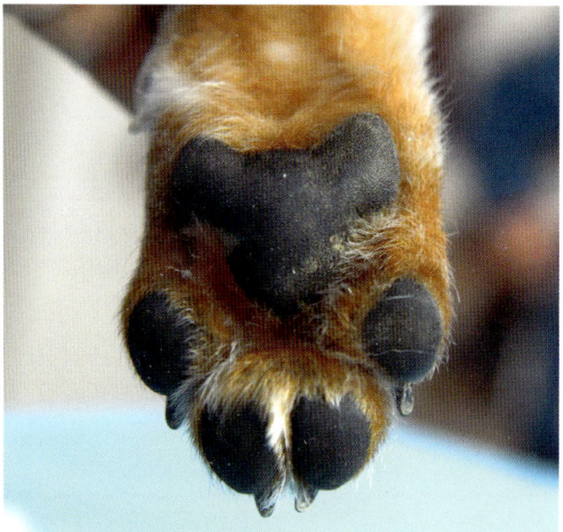

Abb. 8-072 | *Levis Vorderpfote dürfte größere und enger beieinanderliegende Ballen haben.*

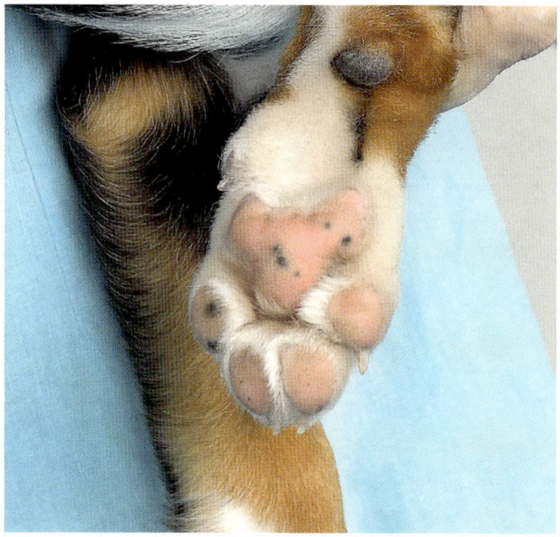

Abb. 8-073 | *Pollys Vorderpfote ist gut gepolstert, ihre Ballen sind groß und liegen eng beieinander.*

Die vier Zehenballen sollen gleich groß sein, auf gleicher Höhe und eng beieinander liegen. Das Problem von verkürzten äußeren Zehen mit kleinen Ballen ohne Bodenkontakt zeigt sich oft erst im Wachstum, bedeutet Stress auf das Gewebe und schränkt die Balance ein.

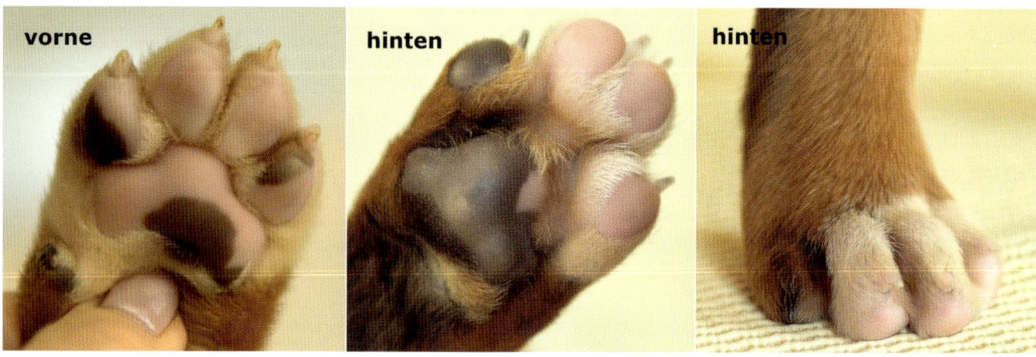

Abb. 8-074 | *In der Regel haben Welpen (allgemein Hunde) hinten eher etwas schmälere Pfoten und weniger dicht beieinander liegende Ballen. Die aufgerollten Zehenballen in Abb. 3 sind die Folge der ungleich großen Ballen mit Abstand in Abb. 2.*

11. Zehenballen, die sich aufrollen lassen:
Vordermittelfuß des stehenden Welpen leicht nach hinten gezogen:

Die Zehenballen vorne rollen sich auf
ja ☐ nein ☐
der Welpe steht spontan mit vorne aufgerollten Zehenballen ja ☐ nein ☐

Aufrollbare und/oder aufgerollte Zehenballen sind eher selten bei den Vorderpfoten anzutreffen, immer häufiger jedoch bei den Hinterpfoten (Abb. 8-142, Seite 266). Wehret den Anfängen! Es ist ein zunehmendes Problem, das sich – da wenig bekannt – unbemerkt über Generationen entwickelt.

Vorderhand und Winkel

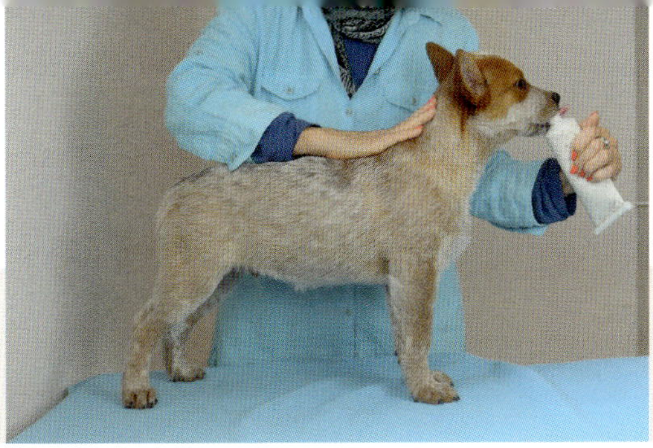

Abb. 8-075 | *Levys Schulterblattspitzen sind gut eingebettet.*

1. Lage der Schulterblattspitzen zur Wirbelsäule:
tiefer ☐ gleiche Höhe ☐ höher ☐

Schulterblattspitzen sollten – mit wenigen Ausnahmen – nicht die höchste Stelle am Widerrist sein.

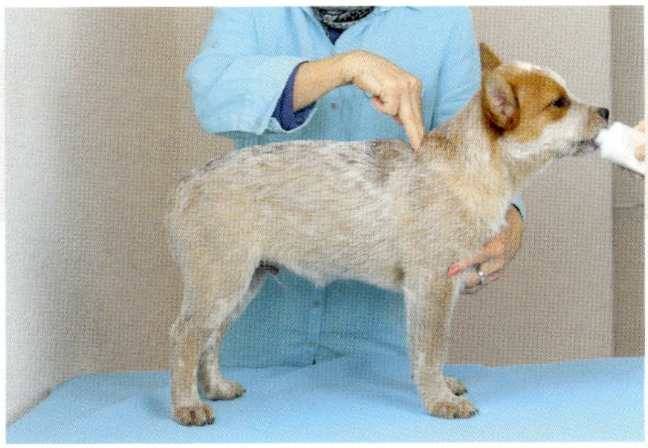

Abb. 8-076 | *Der Abstand zwischen den Schulterblattspitzen ist rassespezifisch.*

2. Abstand zwischen den Schulterblattspitzen:
bei erhobenem Kopf ___ Finger

Wir ertasten mit Daumen und Zeigefinger die Schulterblattspitzen und legen so viele Finger dazwischen wie reinpassen. Dann führen wir die Belohnungstube nach unten bis auf die Tischplatte und spüren, wie sich die Schulterblattspitzen verengen.

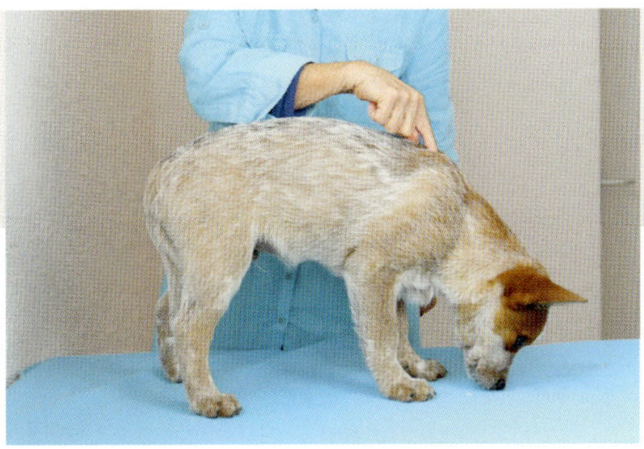

Abb. 8-077 | *Das Absenken ist mit senkrecht gestellten Vorderbeinen möglich.*

3. Absenken des Kopfes bei senkrecht gestellten Vorderbeinen:
möglich ☐ nicht möglich ☐

Die Schulterblätter dürfen aufeinandertreffen, wenn die Nasenspitze auf dem Boden ist.

Berühren sich die Schulterblattspitzen vorher und verunmöglichen das vollständige Absenken, dann sollte der Hund z.B. nicht für Fährtenarbeit vorgesehen werden, er hätte Mühe, mit tiefer Nase zu suchen.

Wenn wir uns nicht sicher sind, wo genau sich das Buggelenk, respektive das Schultergelenk befindet, dann umfassen wir den Unterarm und heben das Vorderbein an. Auf diese Weise können wir das Gelenk leicht ertasten.

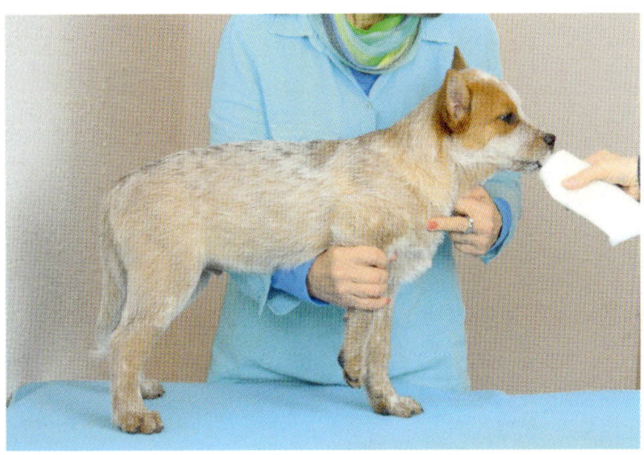

Abb. 8-078 | *Durch Anheben des Vorderbeins ist das Schultergelenk von Levi gut zu finden.*

4. Schulter gut zurückgelegt:
ja ☐ nein ☐ (nein=steil)

Der Neigungswinkel der Schulter verläuft zwischen den Fingerspitzen der rechten und der linken Hand. Eine steile Schulter macht den Hund beim Widerrist höher. Unter Umständen muss er aus diesem Grund später bei Agility oder Obedience höher springen.

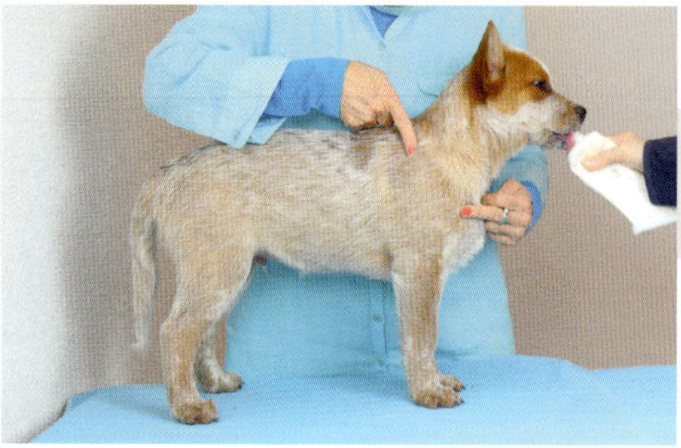
Abb. 8-079 | *Levis Schulter ist gut zurückgelegt.*

5. Oberarm gut zurückgelegt:
ja ☐ nein ☐ (nein=steil)

Der Oberarm verläuft zwischen der Spitze des Zeigefingers der linken Hand am Schultergelenk und der Spitze des Zeigefingers der rechten Hand in der Delle des Ellbogens.

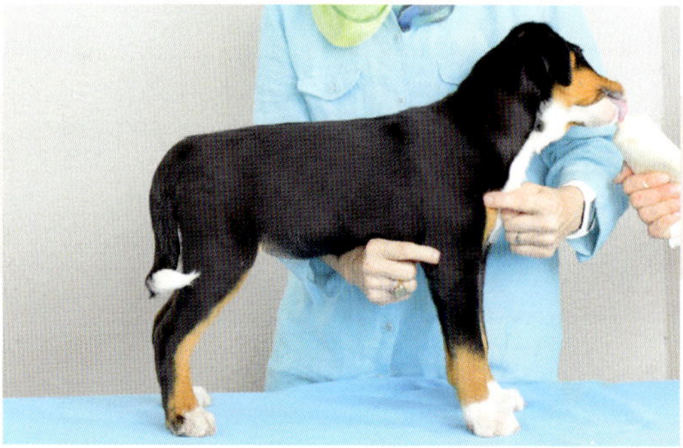
Abb. 8-080 | *Der Oberarm von Polly ist noch genügen zurückgelegt, jedoch ist er kürzer als das Schulterblatt.*

6. Senkrechte Linie:
Lot von der Schulterblattspitze zur Delle im Ellbogen:
senkrecht ja ☐ nein ☐

Ist die Linie nicht senkrecht, weist das auf unterschiedliche Winkel von Schulterblatt und Oberarm hin und/oder auf deren ungleiche Länge.

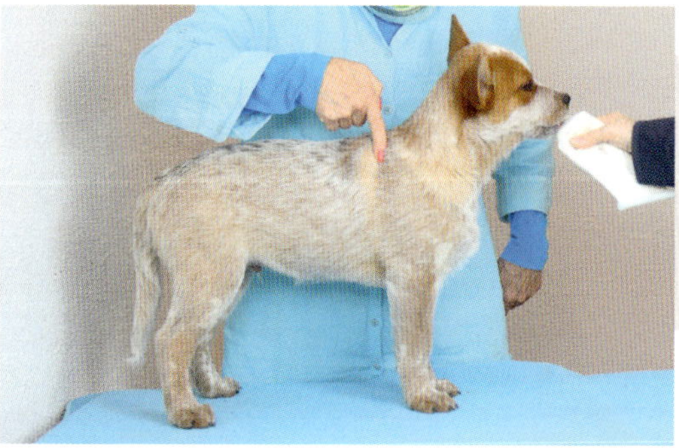
Abb. 8-081 | *Das Lot fällt senkrecht von der Schulterblattspitze zur Delle im Ellbogen.*

7. Drei-Punkte-Messung Winkel:
Daumen auf Schulterblattspitze
Zeigefinger auf Buggelenk
kleiner Finger in der Delle des Ellbogens

Wir sehen im Spiegel an den drei Punkten unserer Finger die Winkelung. Wir sehen, ob das Schulterblatt länger oder kürzer ist wie der Oberarm, und wir sehen auch, ob die Linie vom Daumen zum kleinen Finger senkrecht verläuft.

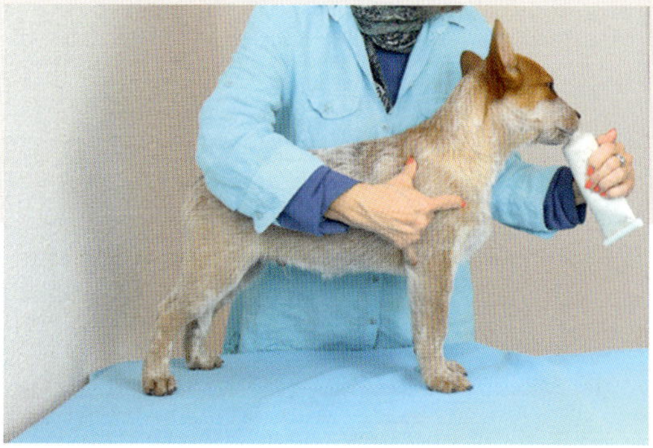
Abb. 8-082 | *Schulterblatt und Oberarm sind gleich lang, die senkrechte Linie ist korrekt.*

Die Winkelung soll dem Rasse-Standard entsprechen. Sind die Schenkel des Winkels gleich lang und die 3. Linie senkrecht, haben wir die gewünschte Äquidistanz.

Je mehr Fläche das schematische Dreieck hat, umso mehr Muskeln können anhaften, das heißt auch mehr Verbindung und Stabilität für Oberarm und Hals.

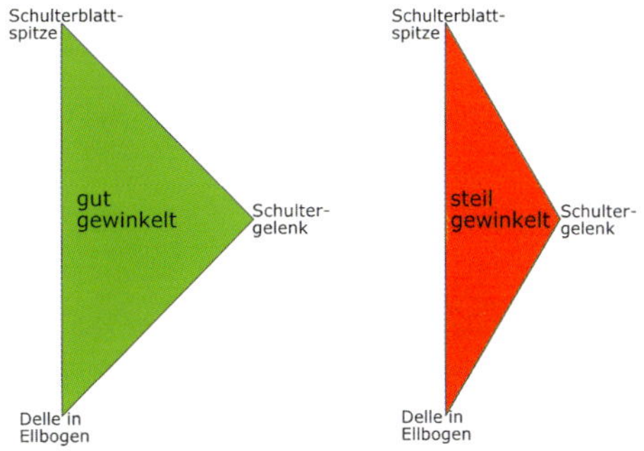

Abb. 8-083 | *Steil gewinkelt = wenig Fläche versus gut gewinkelt = viel Fläche für die Muskel-Anhaftung.*

8. Länge Schulter zu Oberarm

Schulterblatt:

gleich lang wie Oberarm ja ☐ nein ☐
länger ☐ kürzer ☐

Oberarm:

gleich lang wie Schulterblatt ja ☐ nein ☐
länger ☐ kürzer ☐

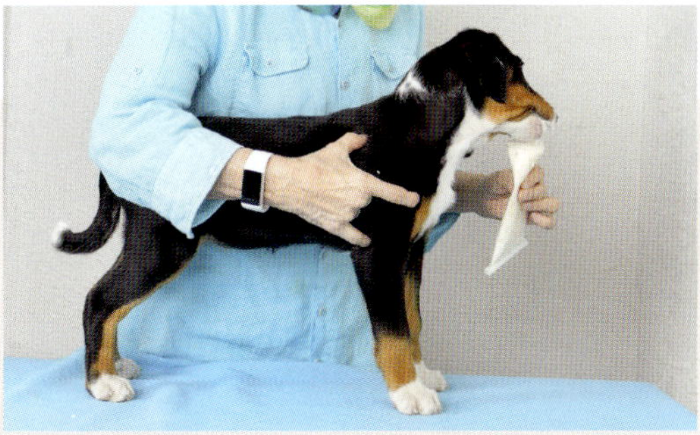

Abb. 8-084 | *Das Dreieck zwischen Daumen, Zeigefinger und kleinem Finger zeigt bei Polly einen etwas kürzeren Oberarm.*

Kurzer Oberarm – 1. Balance-Linie führt durch den Kopf

Wenn Schulterblattspitze und Ellbogen nicht senkrecht untereinander stehen, dann stimmen die Winkel nicht überein. Dieser Welpe hat zwar eine gut zurückgelegte Schulter, sein Oberarm ist jedoch kürzer und dessen Winkel steil. Die 1. Balance-Linie führt durch den Kopf, somit steht die ganze Front des Hundes zu weit vorn.

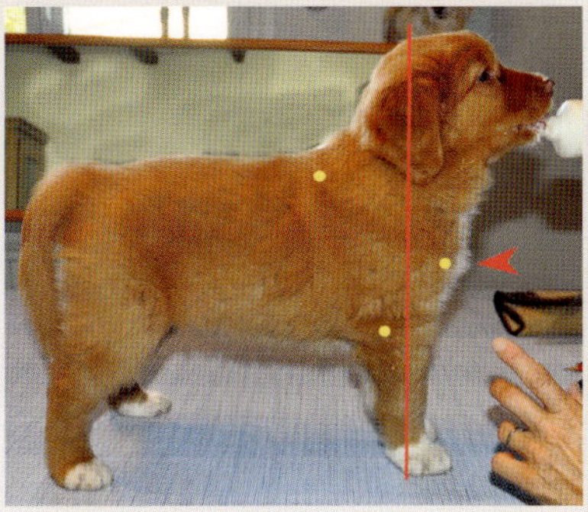

Von vorne sehen wir, dass der Welpe die Ellbogen an den Körper presst und sich dadurch die Pfoten ausdrehen (rote Striche). Für die bessere Balance steht der Welpe hinten breit.

Abb. 8-085 Die Balance-Linie 1 führt durch den Kopf.
Abb. 8-086 Die Pfoten sind ausgedreht.

Brustkorb

1. Rundung des Brustkorbs:
entlang beider Seiten mit den Händen streichend
flach ☐ oval ☐ herzförmig ☐

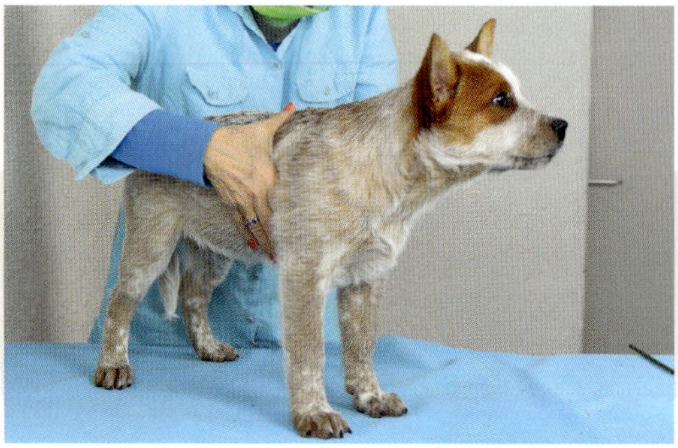

Abb. 8-087 | *Ein schön gerundeter Brustkorb.*

Der Brustkorb wird wachsen, die mit 8 Wochen gegebene Form aber bleibt.
Ein herzförmiger Brustkorb ist nie erwünscht und wird auch in keinem Rasse-Standard beschrieben.
Liegt eine Herzform vor, fühlt sich der unterste Teil des Brustkorbs schmal und knorpelig an.

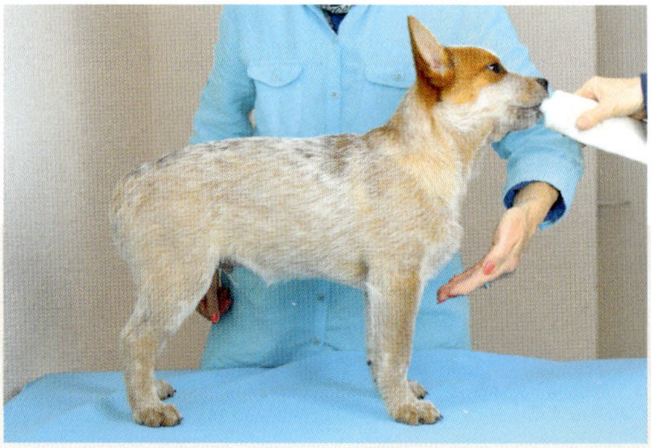

Abb. 8-088 | *Eine schöne Rundung.*

2. Rundung des Brustkorbs von vorn:
mit der Handfläche ertasten, Handwurzel bei der Brustbeinspitze, Finger zwischen die Vorderbeine:
gerundet ☐ flach ☐
zwischen den Beinen Platz für ___ Finger

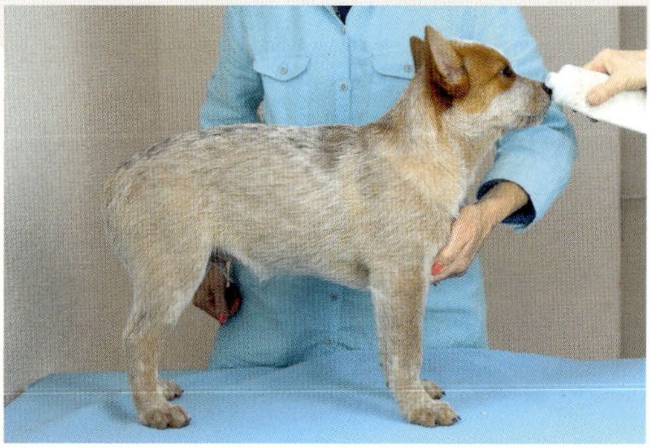

Abb. 8-089 | *Bei Levi passen 4 Finger in den Abstand zwischen den Vorderbeinen.*

Der Brustkorb sollte vorne die Form unserer leicht gerundeten Hand haben.
Verläuft der Brustkorb ohne diese Wölbung flach bis hinter die Ellbogen, fehlt es den Ellbogen an Führung und dem Brustkorb an Volumen.
Bereits beim 8 Wochen alten Welpen sollte der Abstand zwischen den Vorderbeinen nicht zu schmal sein. Gleich welche Rasse, es dürfen 3 Finger und mehr sein.

Untere Linie

1. Tiefster Punkt des Brustbeins
von der Seite gesehen:
vom Ellbogen verdeckt: ja ☐ nein ☐

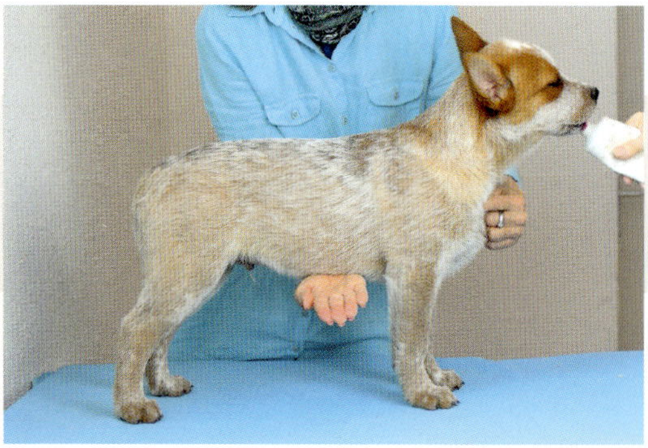

Abb. 8-090 | *Mit der flachen Hand ertasten wir den tiefsten Punkt des Brustbeins.*

Der tiefste Punkt ist im Spiegel bei kurzhaarigen Hunden einfach zu sehen, bei langhaarigen Hunden müssen wir ihn ertasten.

2. Länge Brustbein hinter dem Ellbogen
bis zur Verzweigung, der Stelle, an der die Rippen hochsteigen:
Anzahl Finger ___ Finger

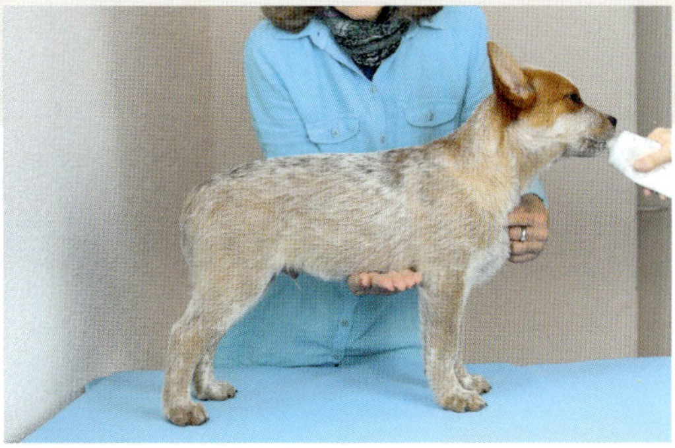

Abb. 8-091 | *Wir tasten die Länge des Brustbeins und notieren die Anzahl Finger bis zur Verzweigung der Rippen.*

Das Brustbein sollte weit nach hinten reichen, damit der Brustkorb den inneren Organen wie Herz und Lunge genügend Platz und Schutz bietet. Wir ertasten den Abstand bis zur Verzweigung (9. Rippe), der Stelle, an der die Rippen hochsteigen.

3. Verlauf des Rippenbogens
durch Tasten ab Ende des Brustbeins entlang der Rippen hoch zur Wirbelsäule:
die Rippen steigen sanft an
ja ☐ nein ☐
die Rippen steigen steil an
ja ☐ nein ☐
der Welpe hat einen Heringsbauch
ja ☐ nein ☐

beschrieben in Kapitel 4, Brustkorb, Seite 101.

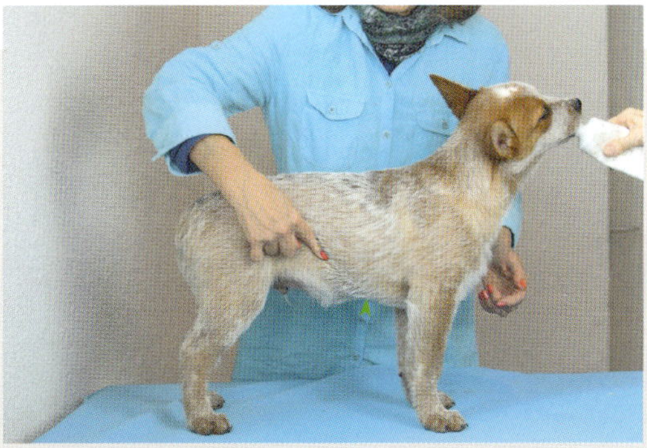

Abb. 8-092 | *Wir streichen entlang der Rippen nach oben. Levi ist gut aufgerippt.*

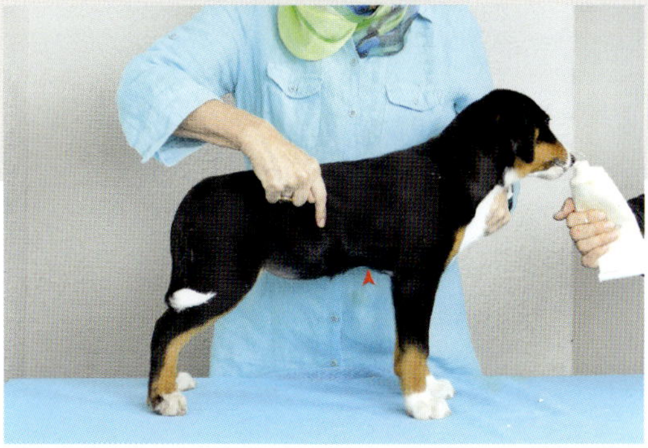

Abb. 8-093 | *Der Brustkorb von Polly verläuft kürzer (roter Pfeil) und steiler.*

Das Brustbein verläuft bei Levi ausreichend weit nach hinten, seine Rippen steigen sanft an. Bei Polly ist das Brustbein hinter dem Ellbogen nur kurz (roter Pfeil) und die Rippen steigen steiler an als bei Levi. Polly hat einen etwas kurzen Brustkorb verbunden mit einer längeren Lende.

Heringsbauch mit überlanger Lende

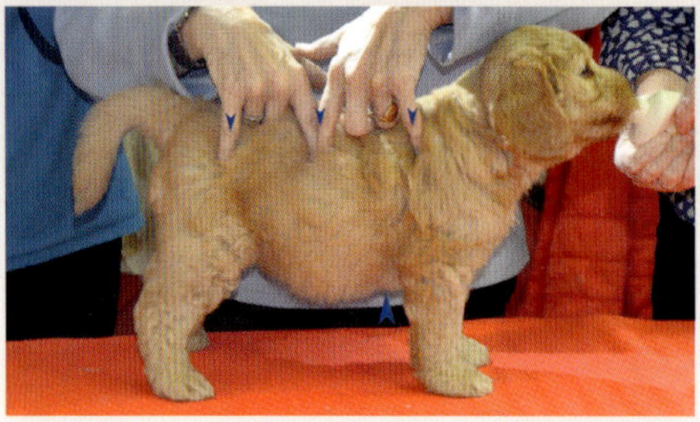

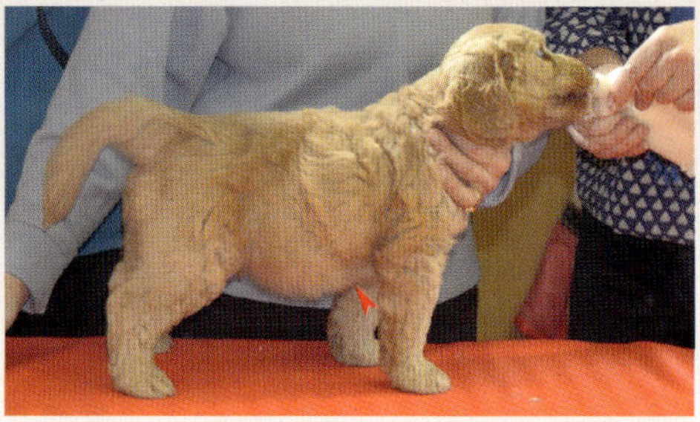

Diesem Welpen mit dem dicken Bäuchlein sehen wir nicht ohne Weiteres an, dass er einen Heringsbauch hat. Erst durch Tasten offenbart sich das kleine Brustkörbchen, das nicht genügend Platz für die inneren Organe bietet, sowie die zu lange Lende (>50 % statt 33 %). Es war der einzige Welpe im Wurf, der einen Heringsbauch hatte.
Wenn der Brustkorb kurz hinter dem Ellbogen steil ansteigt, dann ist er zu klein, die Organe haben zu wenig Platz und sind nicht ausreichend durch die Rippen geschützt. Ein Heringsbauch geht immer einher mit einer zu langen Lende. Welpen mit einem Heringsbauch sollten nicht an Menschen vermittelt werden, die mit ihnen sportlich aktiv sein möchten. Ihre Kapazität, Ausdauer und Stabilität werden durch den Heringsbauch stark eingeschränkt.
Bei einem Heringsbauch besteht nach Pat Hastings unter Umständen eine erhöhte Gefahr für eine Magendrehung.

Abb. 8-094 und 8-095 Links sehen wir die extrem lange Lende, der blaue Pfeil zeigt auf das zu kurze Brustbein.
Rechts wurde dem kleinen Labradoodle das Fell entlang des Rippenbogens gekämmt, dadurch wird sichtbar, wie unglaublich steil seine Rippen ansteigen und wie kurz sein Brustbein ist (roter Pfeil).

Das Auge schulen wir bei jeder sich uns bietenden Gelegenheit. Bei einem Welpen einer mittelgroßen Rasse verläuft das Brustbein ca. 3+ Finger horizontal hinter dem Ellbogen bis zur Verzweigung der Rippen, die erst danach sanft ansteigen sollen.

4. Balance Front

Wir führen mit der Belohnungs-Tube den Kopf in einem Halbkreis von links nach rechts:

der Welpe steht still und dreht nur den Hals: ja ☐ nein ☐

der Welpe macht mit den Vorderbeinen Schritte nach links und rechts: ja ☐ nein ☐

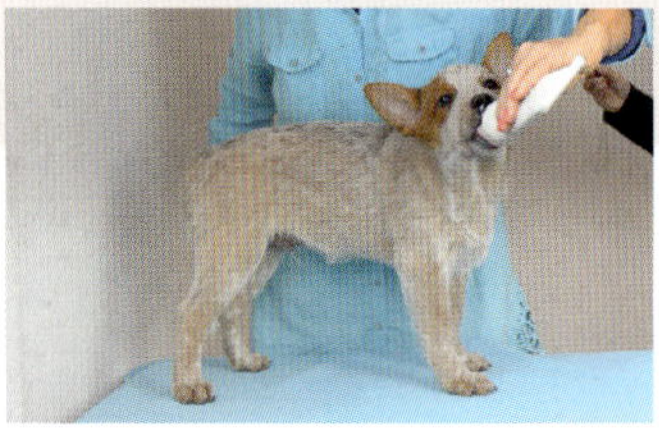

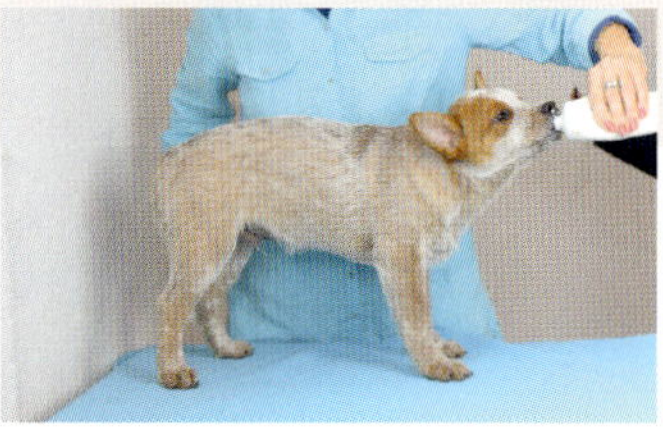

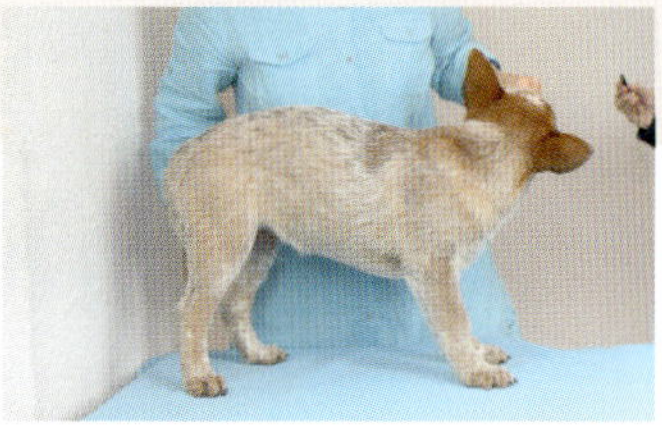

Abb. 8-096, 8-097, 8-098 | *Levi hat eine gute Balance, er bleibt stehen und dreht nur Hals und Kopf, ohne mit den Vorderbeinen nachzulaufen.*

Obere Linie

1. Verlauf der oberen Linie:
gerade ☐ abfallend ☐
aufgekrümmt ☐ eingesunken ☐

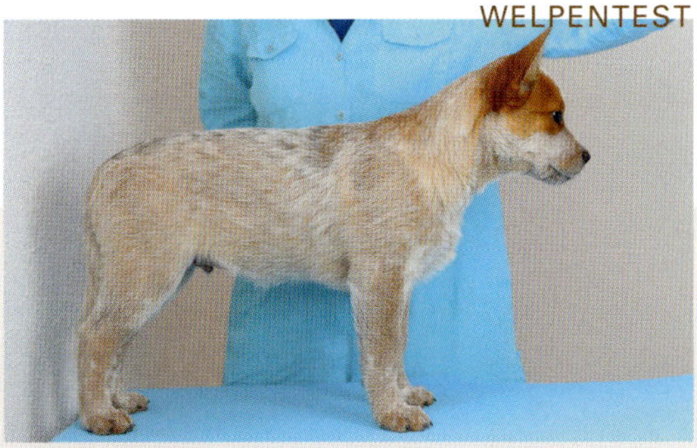

Abb. 8-099 | *Eine schöne obere Linie.*

Die obere Linie soll sein wie im Rasse-Standard beschrieben, in der Regel weder abfallend noch ansteigend.

2. Sanfter Druck auf den Rücken:
stabil ☐ weich ☐

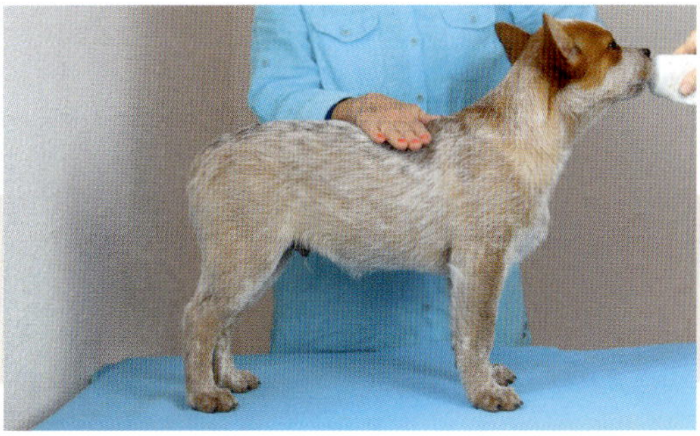

Abb. 8-100 | *Ein schöner stabiler Rücken.*

Der Rücken soll leicht federn, sich jedoch nicht schwingend auf und ab bewegen lassen.

3. Lende:
Wir messen die Distanz »letzte Rippe zum Darmbein« im Verhältnis zur Distanz »letzte Rippe zum Schulterblatt«:
⅓ ☐ mehr ☐ weniger ☐

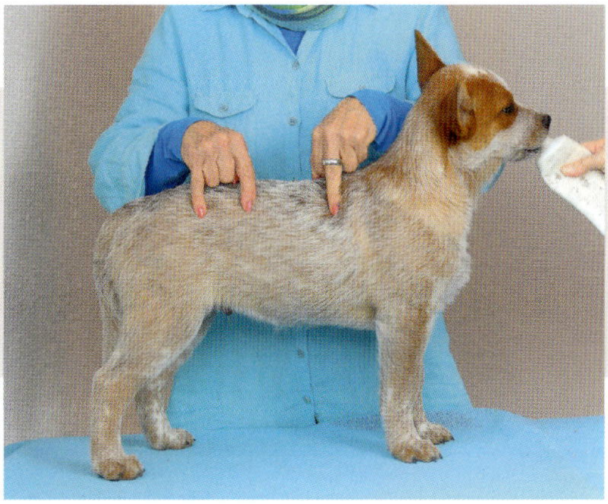

Abb. 8-101 | *Eine perfekte ⅓-Lende.*

Das ideale Verhältnis ist ⅓-Lende zu ⅔-Brustkorb, gemessen unterhalb der Wirbelsäule. Mit drei Fingern und dem Blick in den Spiegel sehen wir die Breite der Lende im Verhältnis zur Distanz zum Schulterblatt.

Eine lange Lende verringert die Stabilität. Die seitliche Biegsamkeit wird sowohl durch eine lange als auch durch eine kurze Lende eingeschränkt.

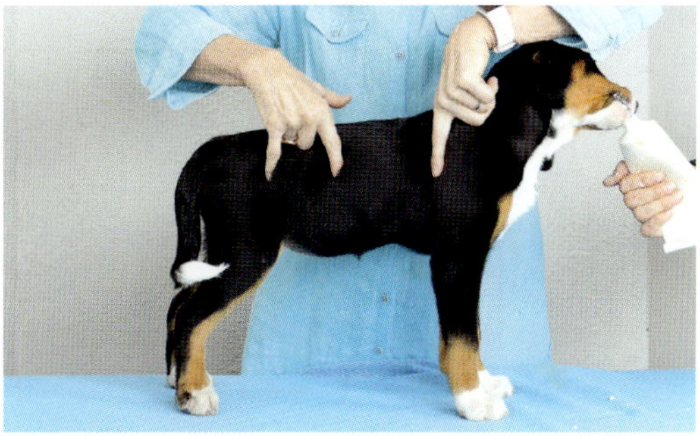

Abb. 8-102 | *Polly hat eine etwas lange Lende.*

4. Kruppe

gemessen vom Hüfthöcker zum Rutenansatz:

gerade ☐ abfallend ☐

lang ☐ kurz ☐

gemäß Rasse Standard ja ☐ nein ☐

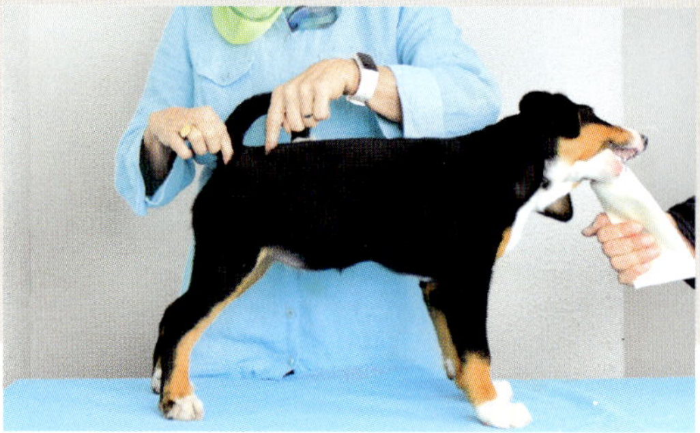

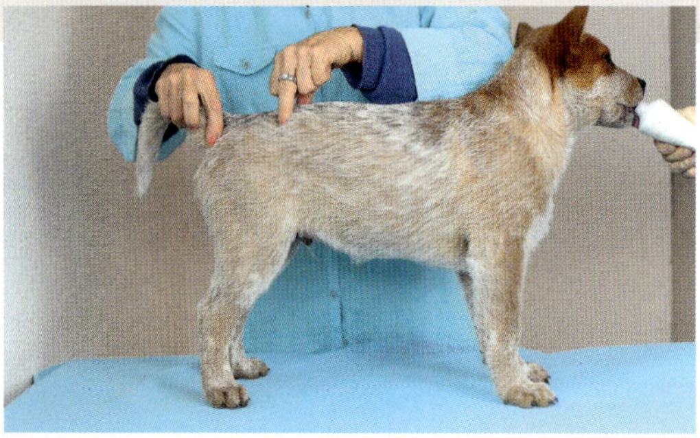

Abb. 8-103 | *Kurze Kruppe – dünnere, wenig bemuskelte Oberschenkel.*

Abb. 8-104 | *Gute Kruppe – breitere, gut bemuskelte Oberschenkel.*

Zwei sehr unterschiedliche, rassetypische Kruppen im Vergleich

Unser Appenzeller Sennenhund-Welpe hat rassebedingt eine relativ kurze und flache Kruppe. Das hat weniger Muskelansatzfläche und schmale Oberschenkel zur Folge. Rassen mit hoch getragenen Ruten haben generell eine flachere Kruppe.

Whippets haben eine runde, abfallende Kruppe.

Diese ermöglicht es den kräftigen, gut bemuskelten und gewinkelten Hinterbeinen, im Galopp weit unter den Körper nach vorne zu schwingen, was für einen kraftvollen und starken Schub sorgt.

Abb. 8-105 Flache Kruppe mit hohem Rutenansatz.

Abb. 8-106 Lange runde und abfallende Kruppe.

5. Rutenansatz:

hoch ☐ tief ☐

harmonisch ja ☐ nein ☐

gemäß Rasse-Standard ja ☐ nein ☐

Der Ansatz der Rute wird in den Standards unterschiedlich beschrieben.

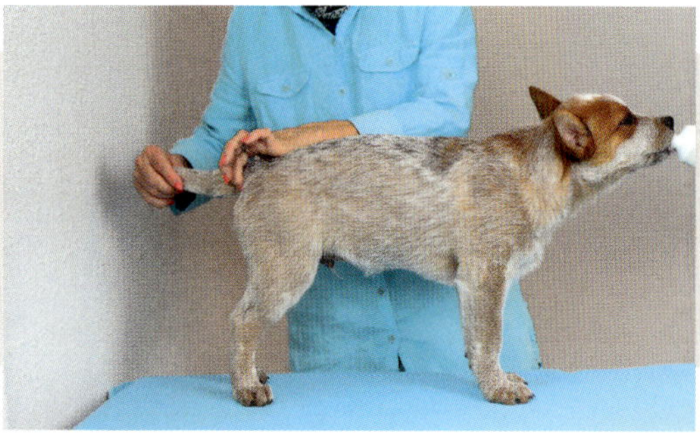

Abb. 8-107 | *Das Abtasten der Rute auf Wirbel-Anomalien.*

6. Verlauf der Rute:

Knickrute ☐

Stummelrute ☐

Länge bis zum Sprunggelenk ja ☐ nein ☐

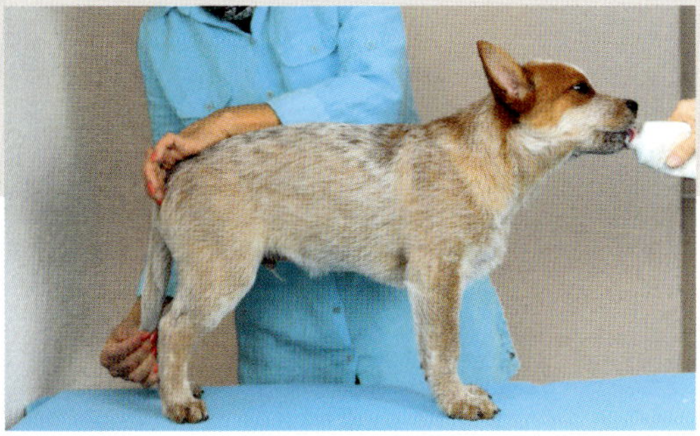

Abb. 8–108 | *Die Rute reich bis zum Sprunggelenk.*

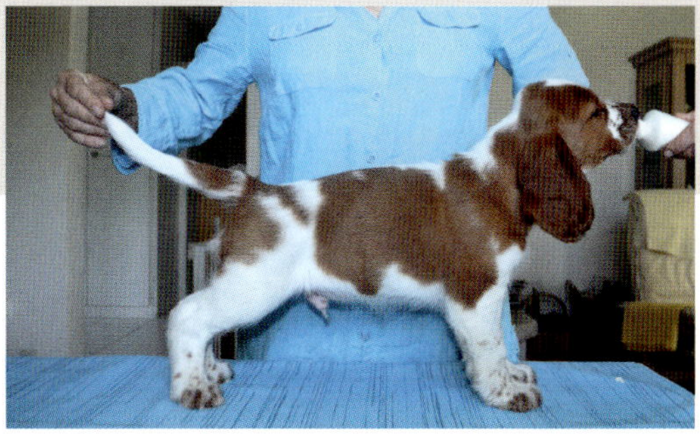

Abb. 8–109 | *Dieser Welpe hat sehr lange Hinterbeine.*

Hinterhand

1. Beinlänge:

die 3. Balance-Linie dient als Referenz:

gut ☐ moderat ☐

lang ☐ kurz ☐

Säbelbeine ja ☐ nein ☐

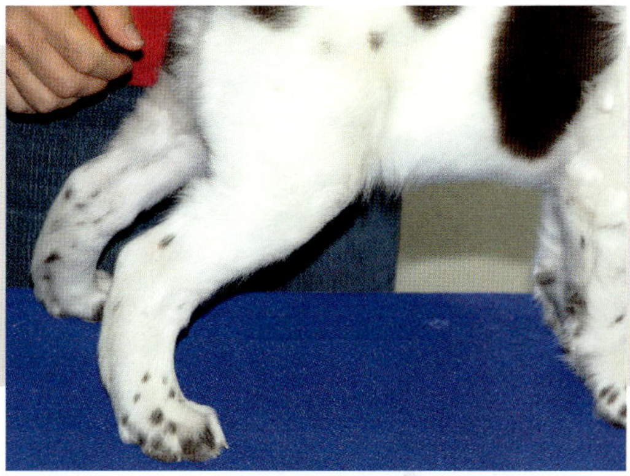

Abb. 8–110 | *Lange Beine mit gekrümmtem Hintermittelfuß, sogenannte Säbelbeine.*

Überwinkelte, lange Hinterbeine sind im Stand und in der Bewegung instabil.
Bei den selten vorkommenden Säbelbeinen ist der Hintermittelfuß leicht gerundet. Diese Welpen bewegen sich unharmonisch, weil sich das Sprunggelenk nicht nach hinten öffnen kann.

2. Oberschenkel von der Seite:

breit ☐ schmal ☐

Die Oberschenkel sollen breit und gut bemuskelt sein. Bei langhaarigen Rassen tasten wir.

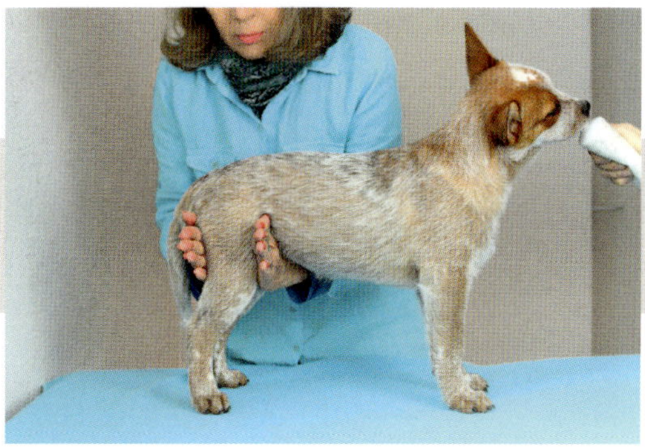

Abb. 8–111 | *So messen wir. Die Behaarung an den Oberschenkeln ziehen wir ab.*

3. Knie:

anliegend ☐ ausgedreht ☐

4. Kniewinkel:

von der Seite sichtbar ☐ durchgestreckt ☐

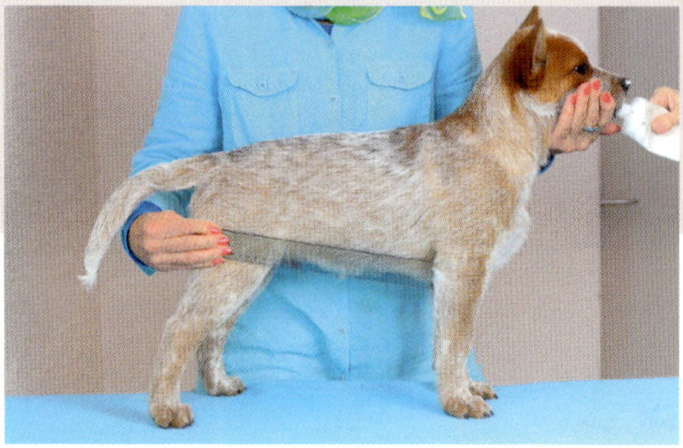

Abb. 8-112 | *Der angelegte Maßstab.*

Das Knie sollte nie nach außen stehen. Ein am Knie angelegter Maßstab zeigt bei Levi korrekt zwischen die Vorderbeine.
Von der Seite betrachtet sollte die Rundung beim Knie gut zu sehen sein.

5. Sprunggelenk-Höhe:

macht ein Drittel der Gesamthöhe aus ☐ mehr ☐ weniger ☐

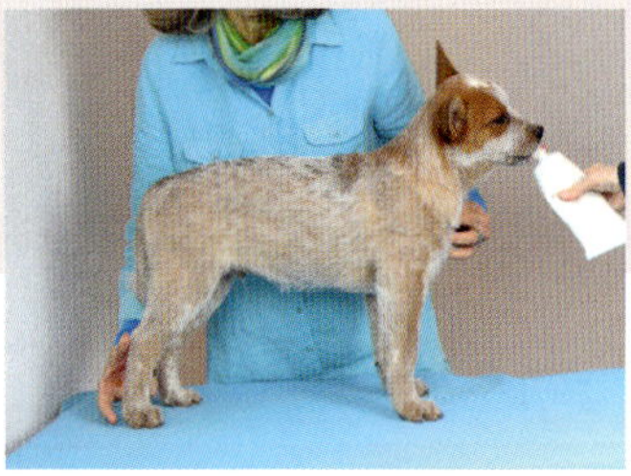

Abb. 8-113 | *Erstes Drittel.*

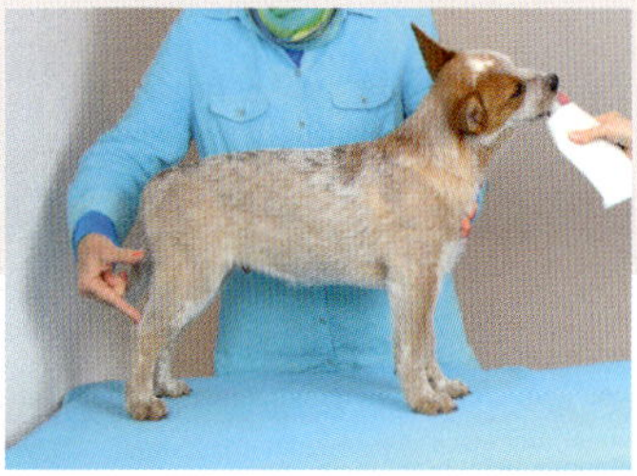

Abb. 8-114 | *Zweites Drittel.*

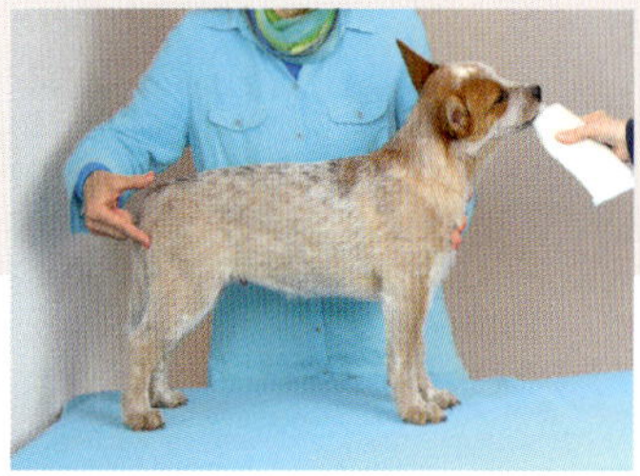

Abb. 8-115 | *Drittes Drittel.*

Sprunggelenk-Höhe im Vergleich:

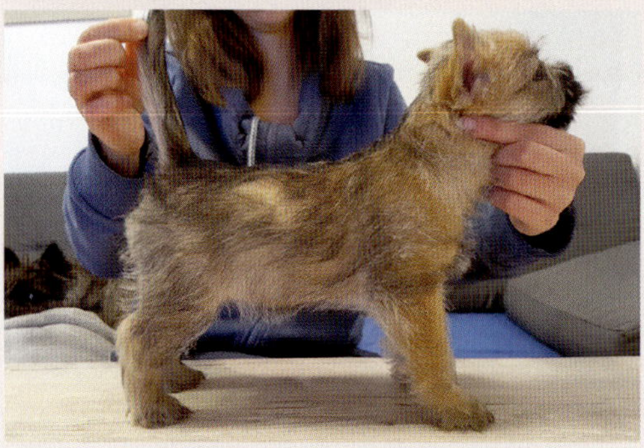

Die Sprunggelenke sind beim Welpen im Alter von 8 Wochen in der Regel proportional etwas höher als beim erwachsenen Hund. Unsere Cairn Terrier-Hündin Enja zeigt im Alter von 7½ Wochen relativ hohe Sprunggelenke. (Achtung, die Haare täuschen auf beiden Fotos, deshalb tasten wir.)

Als erwachsene Hündin zeigt sie relativ tiefe Sprunggelenke.

Abb. 8-116 und 8-117 Die Höhe von Cairn Terrier Enjas Sprunggelenken im Vergleich: als Welpe und als erwachsene Hündin.

6. Sprunggelenk-Winkel:
gut gewinkelt ☐ moderat ☐ steil ☐

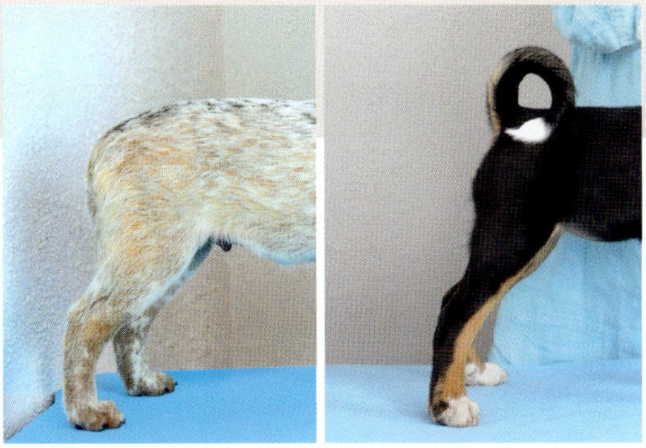

Abb. 8-119 und Abb. 8-120 | *Sprunggelenk-Winkel sind einfach zu beurteilen, Levi (links) ist moderat gewinkelt. Pollys Winkelung (rechts) entspricht dem Rasse-Standard des Appenzeller Sennenhundes, der eine relativ steile Hinterhand und relativ hoch angesetzte Sprunggelenk-Winkel beschreibt.*

Abb. 8-118 | *Die Sprungelenk-Winkel entsprechen immer den Kniewinkeln, wie hier beim Berger des Pyrénées-Rüden Rumo gut zu sehen ist.*

Alles, was moderat ist, ist gut. Sowohl zu viel Sprunggelenk-Winkelung als auch zu wenig bedeutet Stress für die Gelenke.

7. Festigkeit des Sprunggelenks
3 Tests mit Druck auf Druckpunkte:

1. Mit Daumen und Zeigefinger leicht nach innen zusammendrücken
stabil ja ☐ nein ☐ weich ☐

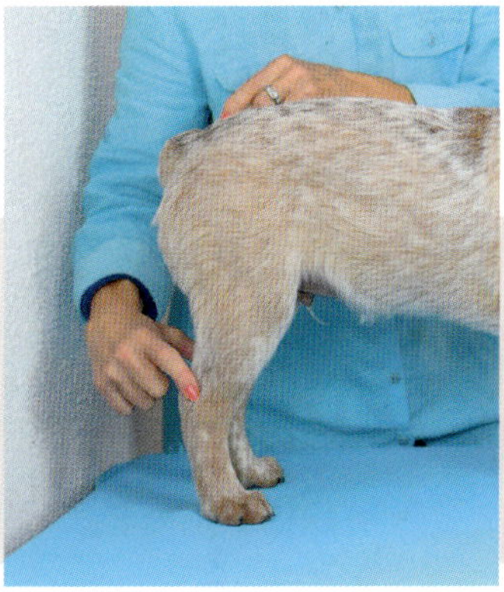

Abb. 8-121 | *Die Sprunggelenke werden leicht nach innen gedrückt.*

Das Sprunggelenk soll fest sein. Die Pfoten sollen sich beim leichten Zusammenziehen der Sprunggelenke nicht auswärtsdrehen.

2. Mit Daumen und Zeigefinger oder mit der Handfläche nach außen drücken:
stabil ☐ instabil ☐

Das Sprunggelenk soll fest sein. Die Pfoten sollen sich auf Druck nach außen nicht nach innen drehen.

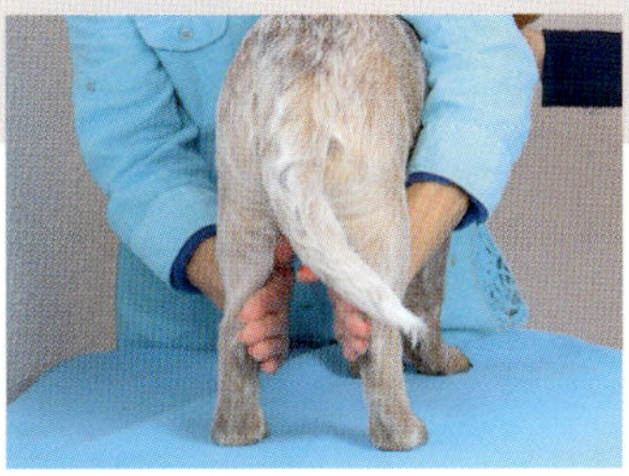

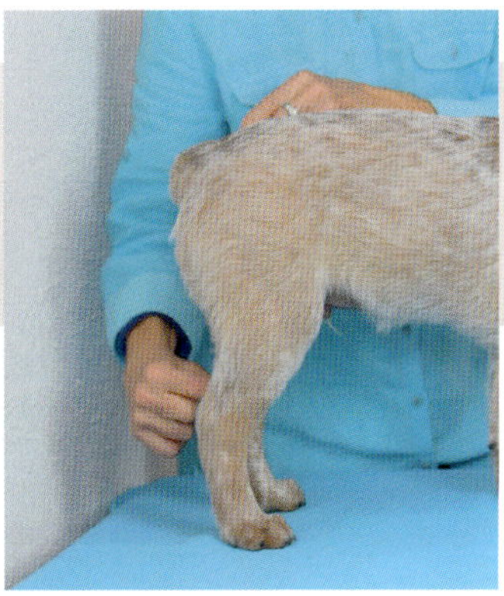

Abb. 8-122 und 8-123 | *Sprunggelenke mit den Handflächen oder Zeigefinger und Daumen leicht nach außen drücken.*

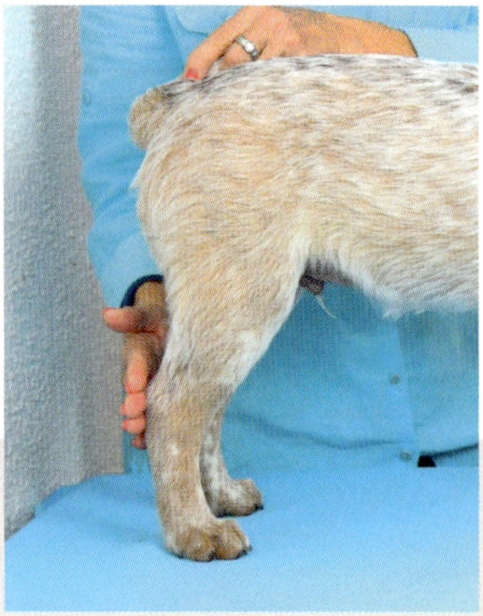

Abb. 8-124 | *Leichter Druck nach vorn.*

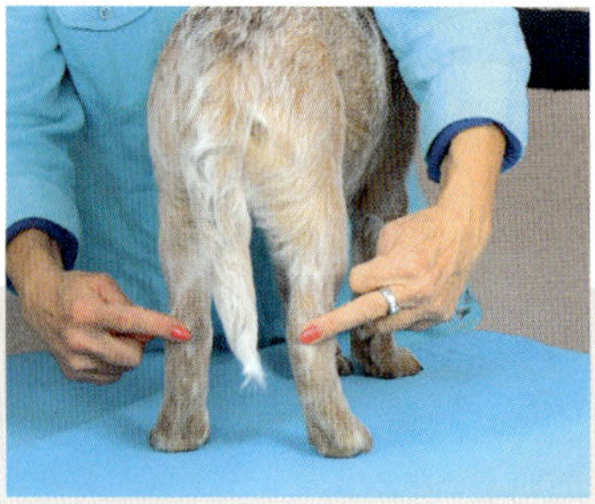

Abb. 8-125 | *Auf Druck stabile Sprunggelenke.*

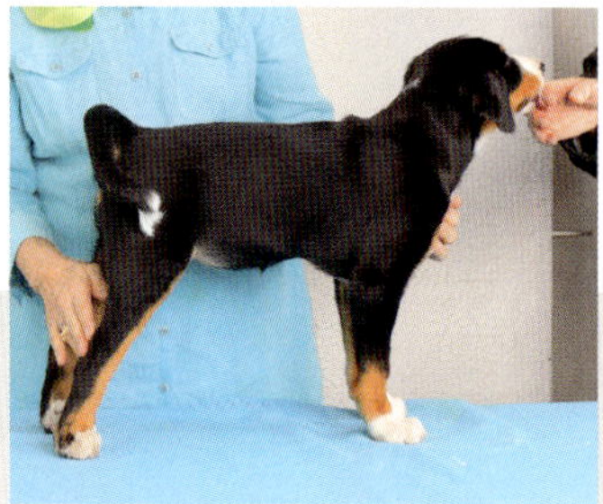

Abb. 8-126 | *Auf leichten Druck kippbare Sprunggelenke, die bei nachlassendem Druck sofort wieder in die normale Position zurückgehen.*

3. Mit der Handfläche oder den Fingern beide Sprunggelenke leicht nach vorne drücken:

   Sprunggelenke sind beide stabil: ja ☐ nein ☐

   Sprunggelenke sind beide weich: ja ☐ nein ☐

   einseitig weich/kippbar: links ☐ rechts ☐

   beidseitig kippbar: ja ☐ nein ☐

   Das Sprunggelenk kippt spontan bei normalem Stand:

   ja ☐ nein ☐ links ☐ rechts ☐ beidseitig ☐

Wir unterscheiden, ob

- der Welpe einseitig/beidseitig feste, stabile Sprunggelenken hat.
- seine Sprunggelenke auf leichten Druck weich sind.
- sich der Welpe selber mit durchgedrückten Sprunggelenken hinstellt.

Achten Sie dabei stets darauf, dass der Welpe beim Testen alle vier Beine gleichmäßig belastet und seine Hintermittelfüße senkrecht gestellt sind.

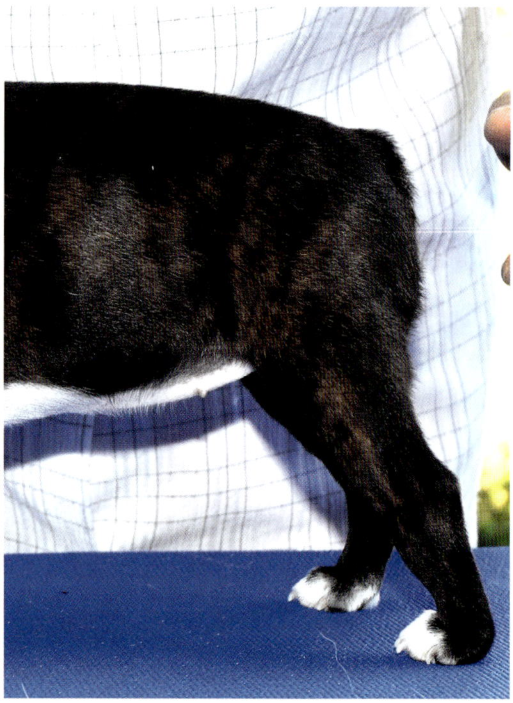

Abb. 8-127 | *Spontan gekipptes Sprunggelenk mit Außenrotation des Knies. Die Pfote ist mitbetroffen, die obere Linie krümmt sich auf, weil Gewicht von der Hinterhand nach vorne verlagert wird.*

Spontan kippende Sprunggelenke

Bereits weiche, nur auf Druck kippbare Sprunggelenke können das Wohlbefinden des Hundes beeinträchtigen, vor allem dann, wenn eine weitere einschränkende Schwachstelle vorhanden ist.

Stellt sich der Welpe von selbst mit durchgedrückten Sprunggelenken hin, dann sind das spontan kippende Sprunggelenke. Sie bedeuten für jeden Hund eine schwere Einschränkung. Ein Welpe mit dieser Problematik darf keinesfalls in ein Sport-Heim abgegeben werden. Er soll später auch nicht für die Zucht eingesetzt werden.
Der Hund ist sein Leben lang gezwungen, diese Schwäche körperlich auszugleichen, ohne dass er die Stabilität wirklich herstellen kann. Es mögen sich Muskeln zur Kompensation aufbauen, die die Schwäche vorübergehend mildern, wegzaubern können sie die Schwäche jedoch nicht.

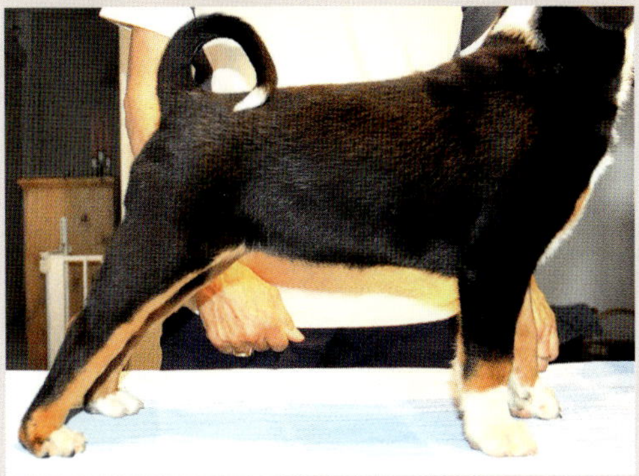

Abb. 8-128 *Dieser Welpe hat zwei spontan kippende Sprunggelenke.*

Vergessen wir nie, dass sich schwerwiegende Schwachstellen – wie instabile Gelenke – auch auf die Psyche des Hundes auswirken können.

8. Stabilität der Hinterhand
der Welpe wird leicht geschubst:
Welpe steht: stabil ☐ instabil ☐
knickt ein ☐

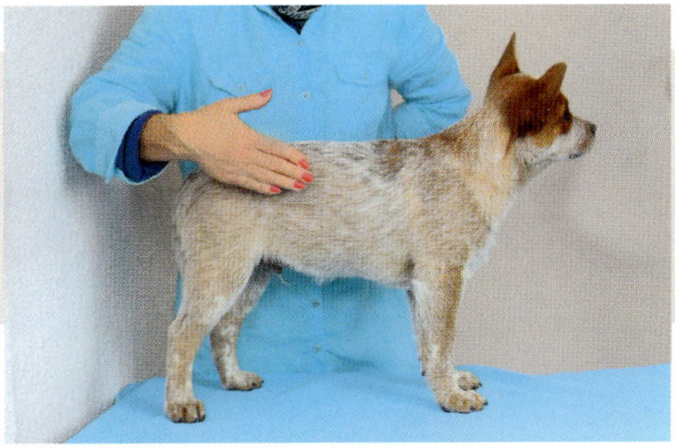

Abb. 8-129 | *Leichtes seitliches Schubsen.*

Der Welpe sollte nicht einknicken, er sollte relativ stabil stehen bleiben.

9. Beinform von hinten:
Stand gerade ja ☐ nein ☐
kuhhessig ☐
o-beinig ☐

Abb. 8-130 | *Guter Stand der Hinterbeine.*

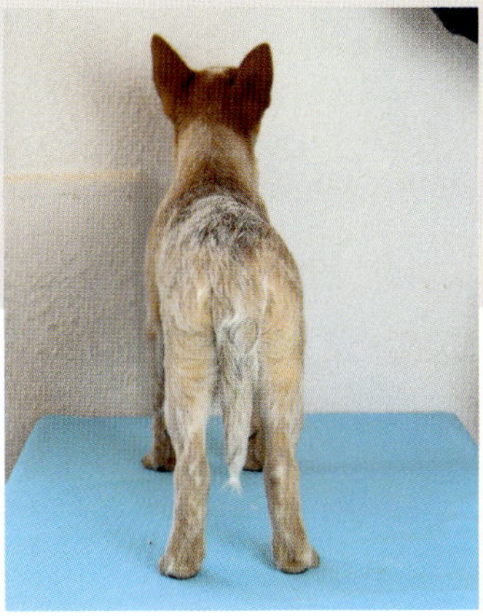

Die Beine sollten gerade stehen, der Abstand der Pfoten stimmt mit der Beckenbreite überein.

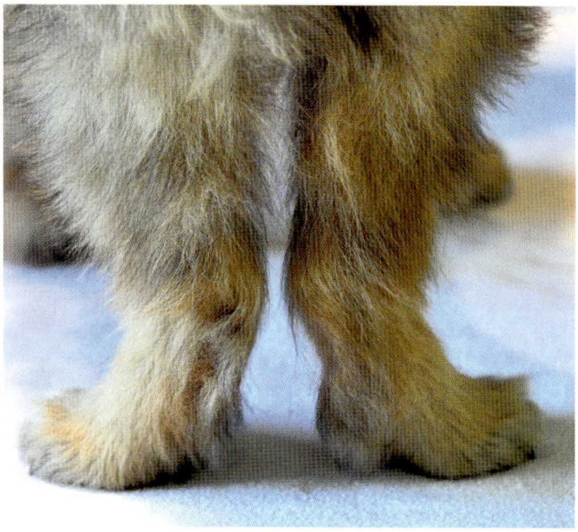

Abb. 8–131 | *Kein guter Stand. Der Hund steht kuhhessig.*

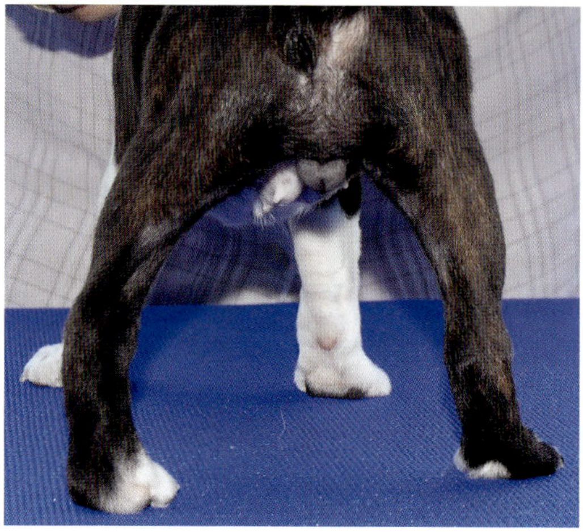

Abb. 8–132 | *Kein guter Stand: o-beinig, mit Außenrotation der Knie und Fehlbelastung der Pfoten.*

Hunde mit zu langen Hinterbeinen stehen oft kuhhessig und instabil. In der Bewegung sind sie nicht mehr zwingend kuhhessig.
Ein o-beiniger Welpe belastet sowohl die Gelenke wie auch die Pfoten falsch. Gelenke und Pfoten sind ständigem Stress ausgesetzt.

10. Knie von der Seite betrachtet
Beinform:
Knie-Rundung sichtbar: ja ☐ nein ☐
Knie gut gewinkelt: ja ☐ nein ☐
Knie durchgedrückt: ja ☐ nein ☐

Abb. 8–133 | *Schöne Sprunggelenk-Winkelung und Rundung beim Knie.*

Sowohl die Sprunggelenk-Winkelung als auch die Rundung des Knies sind gut zu sehen. Wir dürfen davon ausgehen, dass die gut gewinkelten Sprunggelenke dieses 8 Wochen alten Welpen auch eine gute Knie-Winkelung zur Folge haben werden, damit verbunden weniger Kreuzbandrisse.

Abb. 8–134 – 8–136 | *Sind Ober- und Unterschenkel gleich lang? Ja, Sprunggelenk und Sitzbeinhöcker treffen sich auf gleicher Höhe. Das gleiche lässt sich in der Sphinx-Stellung ertasten.*

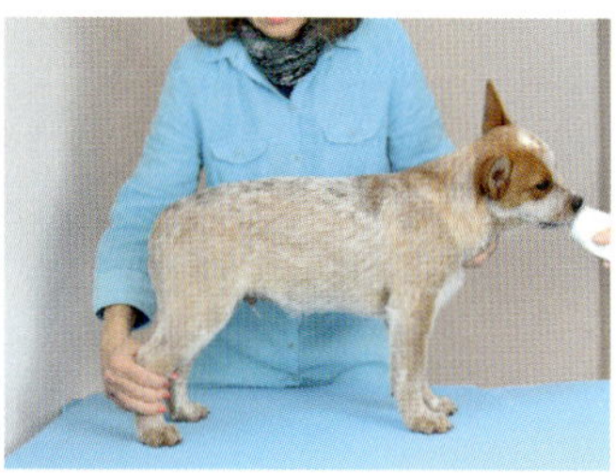

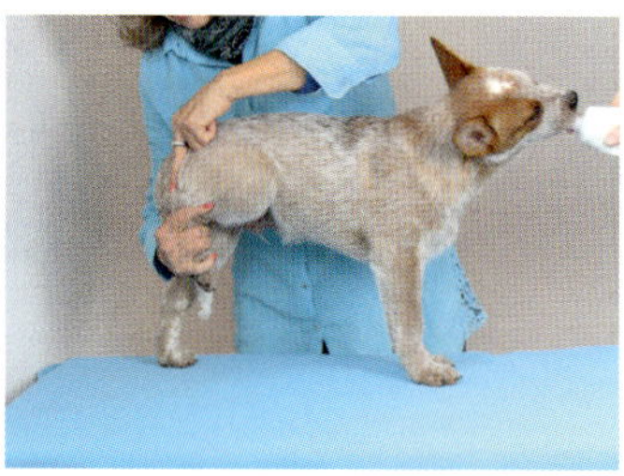

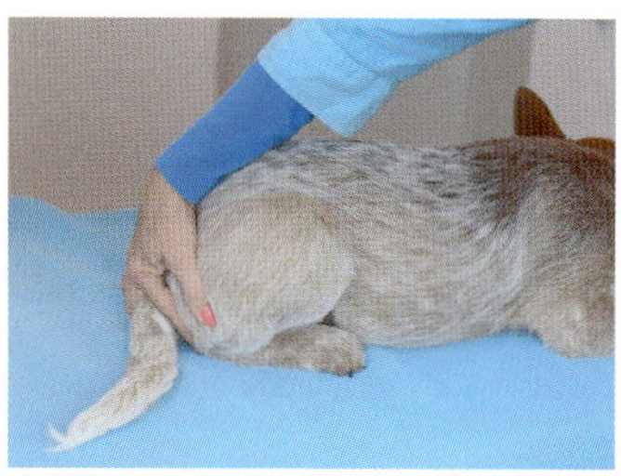

11. Ober- und Unterschenkel gleich lang?

ja ☐ nein ☐

Auf Abb. 8-135 tasten wir zuerst den Sitzbeinhöcker, umfassen mit der anderen Hand den Hintermittelfuß und führen das Sprunggelenk senkrecht nach oben zum Sitzbeinhöcker. Beide Knochen-Punkte sollten auf derselben Höhe sein. Ist die gleiche Länge von Oberschenkel und Unterschenkel nicht gegeben, stimmt die Äquidistanz nicht.

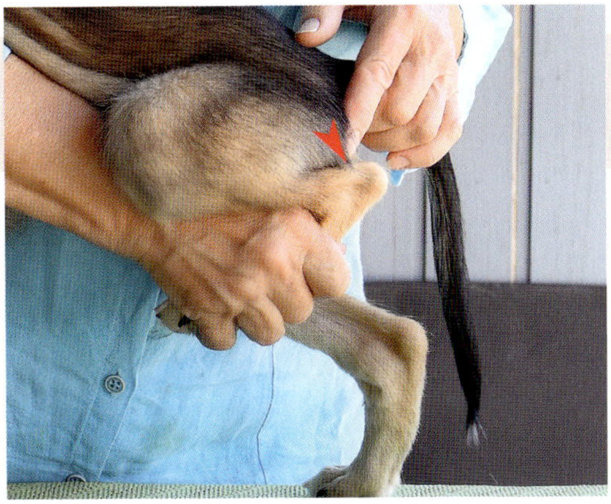

Abb. 8-137| *Bei diesem Welpen ist der Unterschenkel deutlich länger wie der Oberschenkel, er überragt den Sitzbeinhöcker.*

So wie bei der Vorderhand Schulter und Oberarm zusammenarbeiten, tun es bei der Hinterhand Ober- und Unterschenkel. Die Fortbewegung ist umso harmonischer, je besser die Winkelung vorne mit der Winkelung hinten übereinstimmt und beide zusammenspielen können.

12. Bemuskelung Oberschenkel:

innen gut ja ☐ nein ☐

außen gut ja ☐ nein ☐

innen und außen gleichmäßig ja ☐ nein ☐

innen mehr ☐ außen mehr ☐

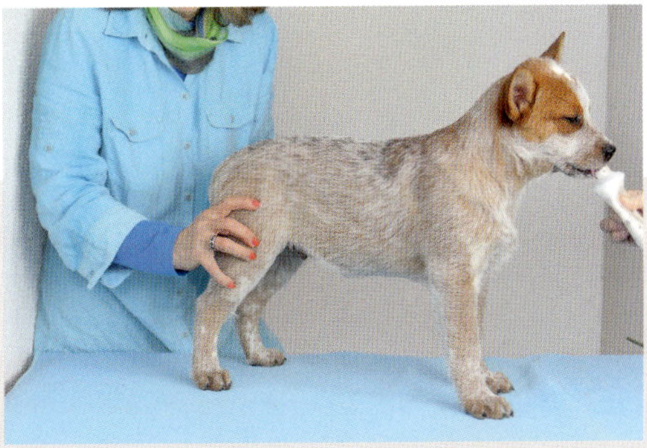

Abb. 8-138 |*Gleichmäßige Bemuskelung ist wichtiger als sehr viele Muskeln.*

Wir ertasten mit beiden Händen gleichzeitig streichend die Muskelmasse von oben nach unten, vergleichen links und rechts sowie innen und außen. Ungleiche Muskelmasse weist auf ungleiche Belastung hin. Den Grund gilt es herauszufinden.

13. Beckenform:

A-förmig ☐ **U**-förmig ☐ **Mischform** ☐

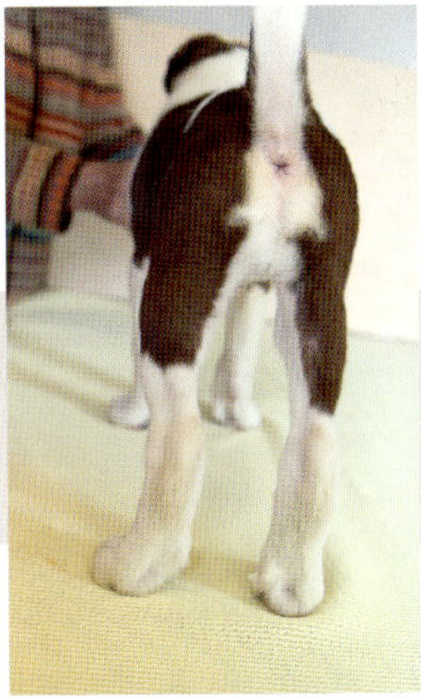

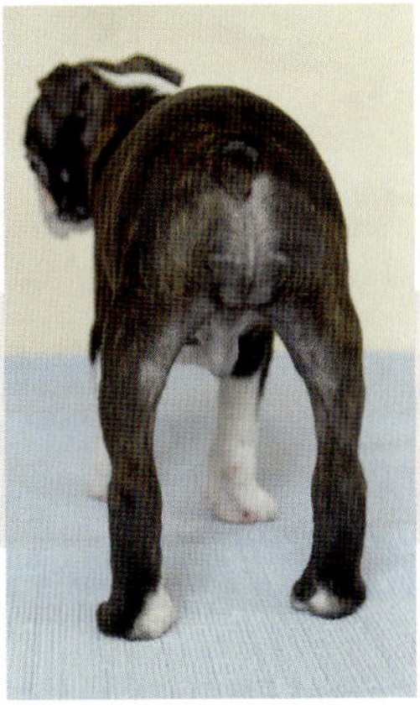

Abb. 8-139 | *A-Beckenform und* **8-140** *U-Beckenform.*

Ein genügend breites Becken bietet für die natürliche Geburt bessere Voraussetzungen. Denken Sie daran: Auch Rüden vererben ihre Beckenform. Ein U-förmiges Becken ist einem schmalen A-förmigen Becken vorzuziehen.

14. Die Gewicht tragenden Hinterpfoten:
sind geschlossen ☐ offen ☐
gut aufgeknöchelte Katzenpfoten ja ☐ nein ☐
abgeflacht ☐
Hasenpfoten ☐
gemäß Standard ja ☐ nein ☐

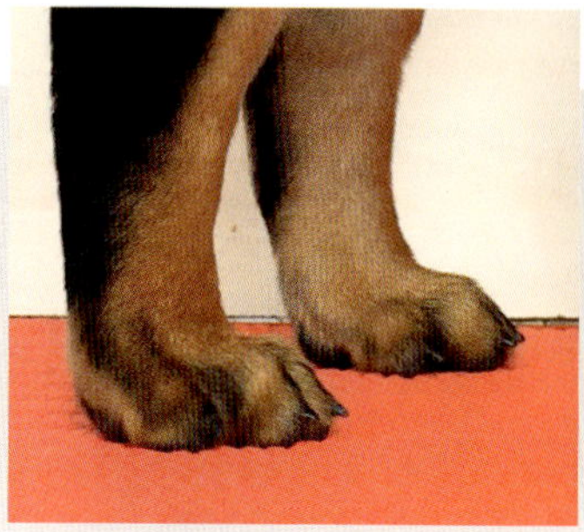

Abb. 8-141 | *Gut aufgeknöchelte Pfoten, Zehen geschlossen, Krallen 1 mm über der Standfläche.*

Aufgeknöchelt, geschlossen, gut gepolstert, so sollten gute Pfoten beschaffen sein.

15. Pfoten und Zehen:
Pfoten gerade ☐ ausgedreht ☐ eingedreht ☐

Gerader Stand der Pfoten, eine leichte Ausdrehung dient der Balance.

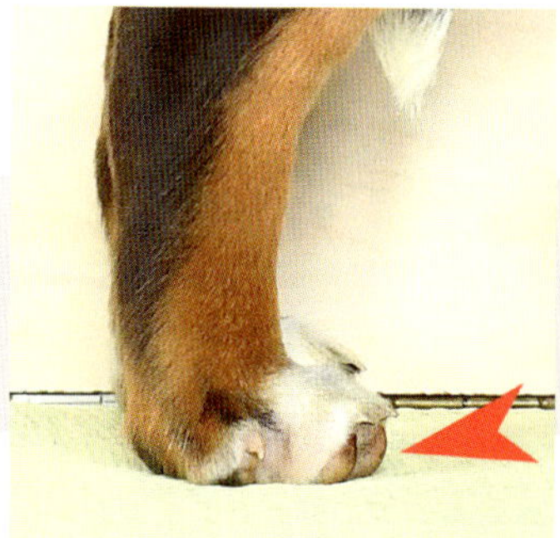

Abb. 8-142 | *Zehenballen, wie wir sie nicht sehen möchten: Diese Zehen rollen sich spontan und ohne Zug nach hinten auf (roter Pfeil).*

Roll-Ballen an den Hinterpfoten

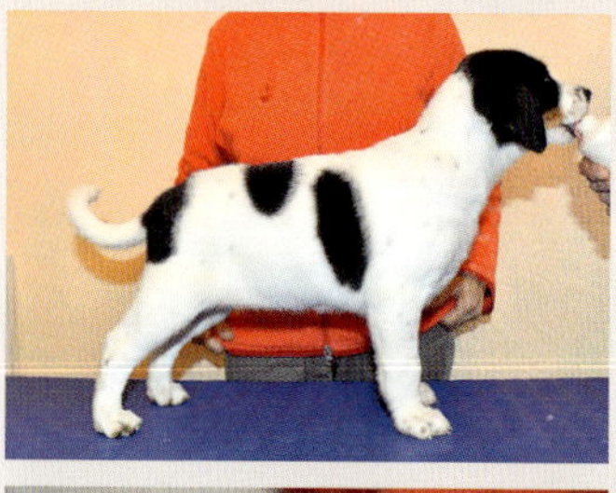

Die Zehenballen dieser Hinterpfote rollen sich spontan auf, die Krallen zeigen 1 cm über dem Tisch nach vorne und nicht nach unten auf den Tisch, die Gewichtsverteilung ist dadurch falsch. Von der Fehlbelastung durch die Fehlstellung sind nicht nur die Pfote, sondern auch Sprunggelenk, Knie und Hüften betroffen.

Abb. 8-143 Nur wer genau hinschaut, sieht die aufgerollten Pfotenballen.

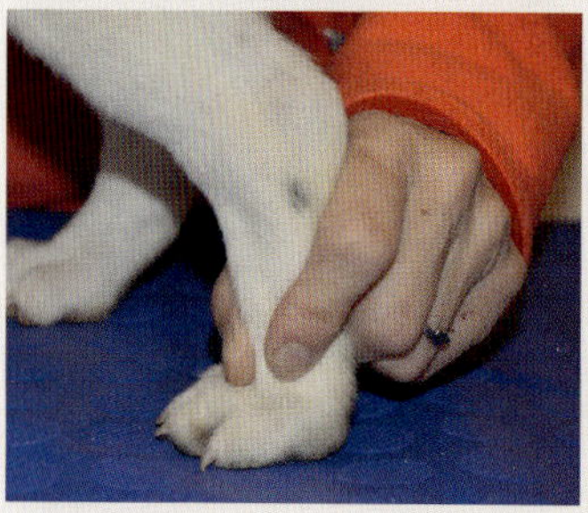

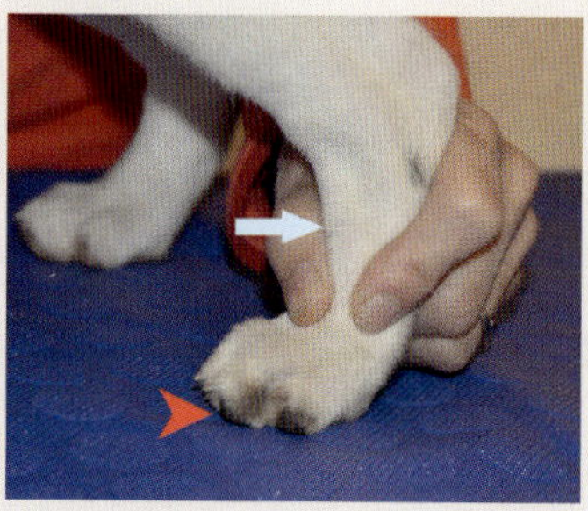

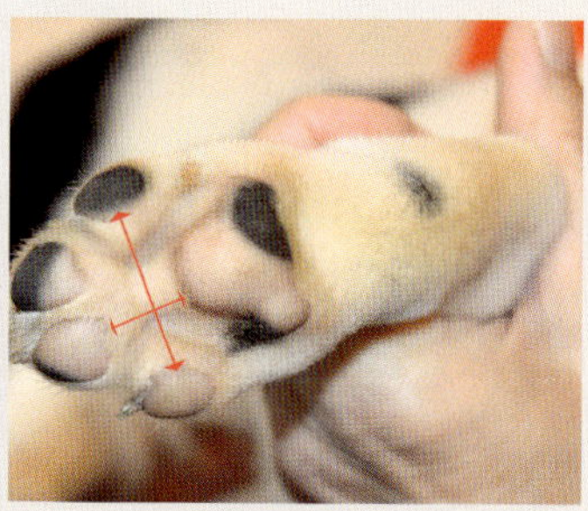

Abb. 8-144 a-c | *Test Roll-Ballen: Wir umfassen den Hintermittelfuß (Abb. 144-a) und ziehen leicht nach hinten (Abb. 144-b). Rollen sich die Zehenballen auf (roter Pfeil), handelt es sich um sogenannte »Roll-Ballen«. Der Grund dafür sind die sehr kleinen Zehenballen mit einem viel zu großen Abstand dazwischen (Abb. 144-c).* ***Bei vielen Hunden spüren wir bei der Manipulation der Roll-Ballen einen »Klick«.***

17. Pfote angehoben, frei hängend:

die 4 Zehenballen sind auf gleicher Höhe ☐
alle sind gleich groß ja ☐ nein ☐
eng beieinander liegend ja ☐ nein ☐
klein mit Abstand zueinander ja ☐ nein ☐
mit Abstand zum großen Sohlenballen
ja ☐ nein ☐

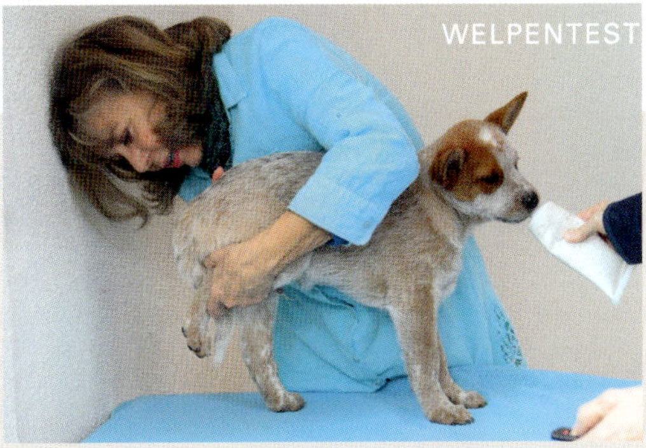

Abb. 8-145 | *Über schöne Ballen können wir uns so richtig freuen, sie sind leider nicht selbstverständlich.*

Bei vielen Rassen schleichen sich hinten mangelhaft gepolsterte Ballen ein. Wehret den Anfängen! Wenn wir Lage, Größe und Abstand beurteilen achten wir darauf, die Pfote lose hängen zu lassen, die Ballen und Zehen nicht zu berühren und somit nicht zu beeinflussen.

Gleiche Rasse – unterschiedliche Pfoten: Ideal ist die Pfote in 8-146. Die Ballen sind größer und dichter beieinander als bei Levi in Abb. 8-147.

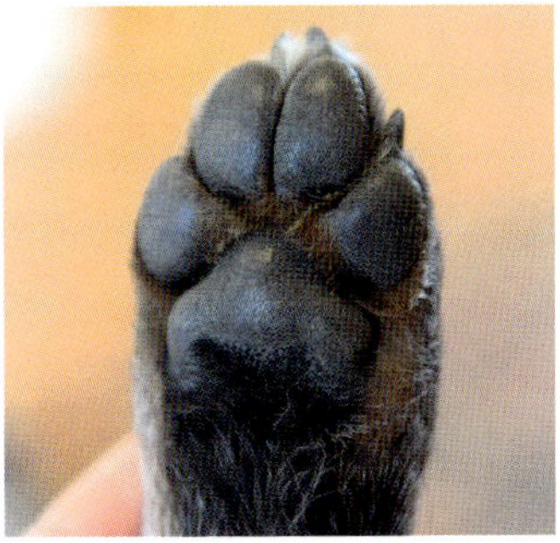

Abb. 8-146 | *Dicht beieinanderliegende Ballen.*

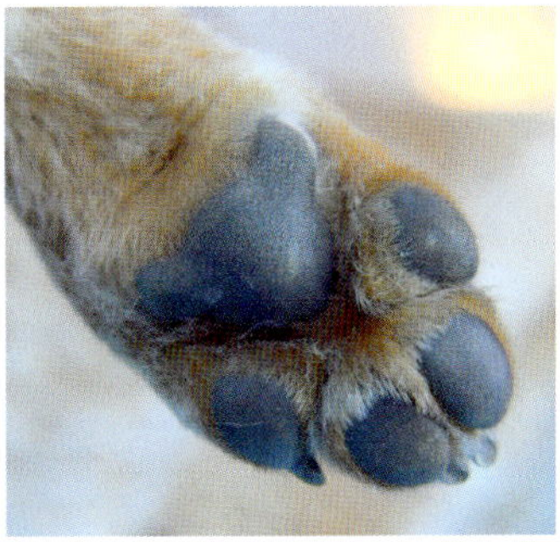

Abb. 8-147 | *Auch hinten dürften Levis Pfoten besser gepolstert sein.*

Diverses

Abb. 8-148 | *Das Ertasten der Hoden erfordert etwas Übung.*

1. Hoden beim Rüden tastbar:

ja beidseits ☐
einseitig rechts ☐ einseitig links ☐
beide Hoden nicht tastbar ☐

2. Balance auf dem Tisch:

gut ☐ mäßig ☐
fußt links unter den Körper ☐
fußt rechts unter den Körper ☐

3. Verhalten auf dem Tisch:

ruhig ☐ lebhaft ☐ fröhlich ☐ verhalten ☐
eingefroren ☐ ängstlich ☐ kooperativ ☐

4. Bemerkungen zu den einzelnen Welpen:

Welpe 1:	Welpe 2:
Welpe 3:	Welpe 4:
Welpe 5:	Welpe 6:

5. Nachzuverfolgen:

Beispiele:

Welpe 2:	Nabelbruch
Welpe 5:	Canini-Engstand oben rechts
Welpe 6:	durchtrittiger Vordermittelfuß

6. Bemerkungen zum ganzen Wurf

(z.B. Wurf ausgewogen/nicht ausgewogen, Schwachstellen/Stärken, Vergleich zur Mutterhündin, für die weitere Zuchtplanung zu berücksichtigen usw.)

---

7. Beilagen zur Wurf-Dokumentation

__ Fotoseiten

Datum und Unterschrift: ______________________

Diese Dokumentation ist nur für den Züchter/die Züchterin und nicht für die Welpenbesitzer bestimmt, sie gilt als Wurf-Dokumentation. Die Angaben zu jedem Welpen können später u.a. zum Vergleich mit dem adulten Hund herangezogen werden, wenn dieser im Alter von 2–3 Jahre ausgewachsen und nahezu fertig entwickelt ist.

8. Die fertige Wurf-Dokumentation

1 Exemplar geht an den Züchter,
1 Exemplar verbleibt bei den Testerinnen.

9. Das Deckblatt zur Wurf-Dokumentation

An den Züchter gehen:

- das Deckblatt (Anhang, QR-Code, Seite 355)
- die ins Reine geschriebenen Testseiten zu den einzelnen Welpen
- die Fotos zu jedem Welpen in einer übersichtlichen Fotomontage

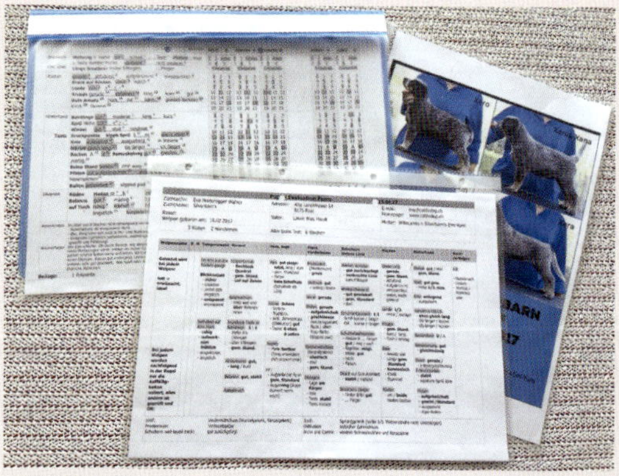

Abb. 8-149 | *Die Wurf-Dokumentation für den Züchter. Im Anhang, Seite 355, finden Sie verschiedene Checklisten, die über QR-Codes heruntergeladen werden können.*

10. Die Mutter des Wurfs

In der Regel stellen wir zum Schluss auch die Mutter des Wurfs auf den Tisch. Es interessiert uns, was die Mutter von ihren Qualitäten und/oder allenfalls Schwächen an ihre Welpen weitergegeben hat. Daraus können oft weitere interessante Schlüsse gezogen werden, nicht zuletzt für die zukünftige Wurfplanung.
Oft sehen die Züchter nach der Analyse ihrer Welpen die eigene Hündin mit anderen Augen.

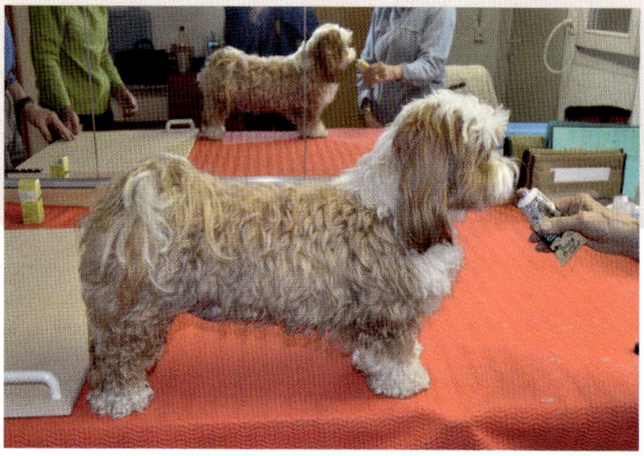

Abb. 8-150 | *Die Mutter des Havaneser-Wurfs wird zum Schluss analysiert. Welche ihrer Stärken und Schwächen wurden an die Welpen weitergegeben?*

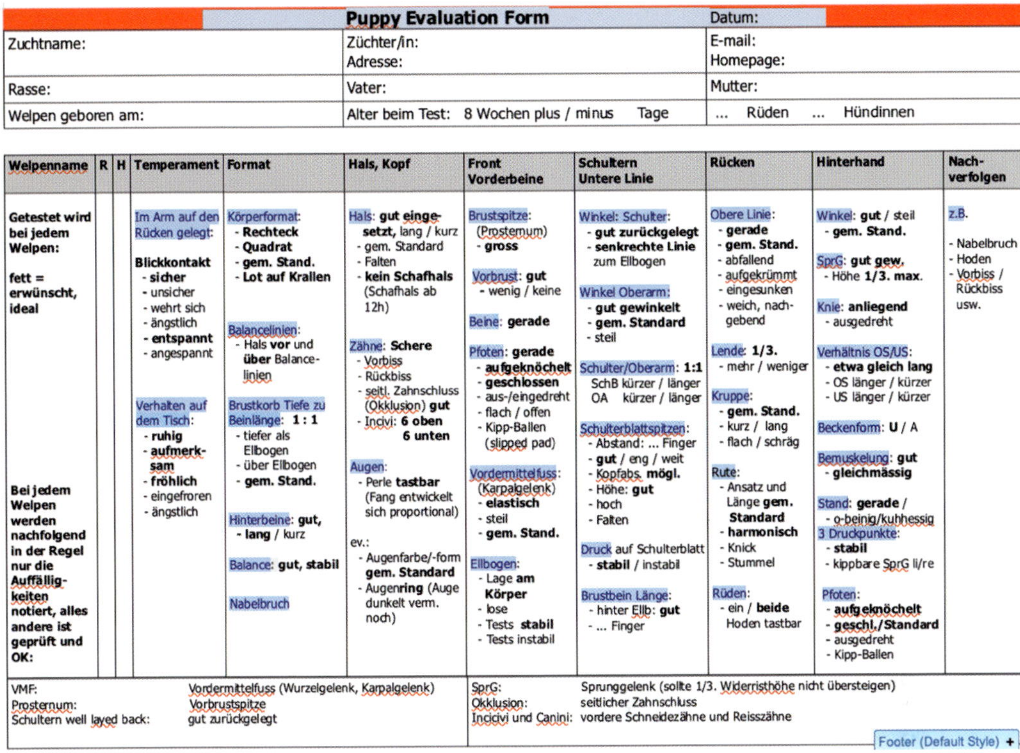

Puppy Evaluation Form		Datum:
Zuchtname:	Züchter/in: Adresse:	E-mail: Homepage:
Rasse:	Vater:	Mutter:
Welpen geboren am:	Alter beim Test: 8 Wochen plus / minus Tage	... Rüden ... Hündinnen

Welpenname	R	H	Temperament	Format	Hals, Kopf	Front Vorderbeine	Schultern Untere Linie	Rücken	Hinterhand	Nach-verfolgen
Getestet wird bei jedem Welpen: **fett = erwünscht, ideal** **Bei jedem Welpen werden nachfolgend in der Regel nur die Auffälligkeiten notiert, alles andere ist geprüft und OK:**			Im Arm auf den Rücken gelegt: **Blickkontakt** - **sicher** - unsicher - wehrt sich - ängstlich - **entspannt** - angespannt Verhalten auf dem Tisch: - **ruhig** - **aufmerksam** - **fröhlich** - eingefroren - ängstlich	Körperformat: - **Rechteck** - **Quadrat** - **gem. Stand.** - **Lot auf Krallen** Balancelinien: - Hals **vor** und **über** Balancelinien Brustkorb Tiefe zu Beinlänge: **1 : 1** - tiefer als Ellbogen - über Ellbogen - **gem. Stand.** Hinterbeine: **gut,** - **lang** / kurz Balance: **gut, stabil** Nabelbruch	Hals: **gut eingesetzt,** lang / kurz - gem. Standard - Falten - **kein Schafhals** (Schafhals ab 12h) Zähne: **Schere** - Vorbiss - Rückbiss - seitl. Zahnschluss (Okklusion) **gut** - Incivi: **6 oben 6 unten** Augen: - Perle **tastbar** (Fang entwickelt sich proportional) ev.: - Augenfarbe/-form **gem. Standard** - Augen**ring** (Auge dunkelt verm. noch)	Brustspitze: (Prosternum) - **gross** Vorbrust: **gut** - wenig / keine Beine: **gerade** Pfoten: **gerade** - **aufgeknöchelt** - **geschlossen** - aus-/eingedreht - flach / offen - Kipp-Ballen (slipped pad) Vordermittelfuss: (Karpalgelenk) - **elastisch** - steil - **gem. Stand.** Ellbogen: - Lage **am Körper** - lose - Tests **stabil** - Tests instabil	Winkel: Schulter: - **gut zurückgelegt** - **senkrechte Linie** zum Ellbogen Winkel Oberarm: - **gut gewinkelt** - **gem. Standard** - steil Schulter/Oberarm: **1:1** SchB kürzer / länger OA kürzer / länger Schulterblattspitzen: - Abstand: ... Finger - **gut** / eng / weit - Kopfabs. **mögl.** - Höhe: **gut** - hoch - Falten Druck auf Schulterblatt - **stabil** / instabil Brustbein Länge: - hinter Ellb: **gut** - ... Finger	Obere Linie: - **gerade** - **gem. Stand.** - abfallend - aufgekrümmt - eingesunken - weich, nachgebend Lende: **1/3.** - mehr / weniger Kruppe: - **gem. Stand.** - kurz / lang - flach / schräg Rute: - Ansatz und Länge **gem. Standard** - **harmonisch** - Knick - Stummel Rüden: - ein / **beide** Hoden tastbar	Winkel: **gut** / steil - **gem. Stand.** SprG: **gut gew.** - Höhe **1/3. max.** Knie: **anliegend** - ausgedreht Verhältnis OS/US: - **etwa gleich lang** - OS länger / kürzer - US länger / kürzer Beckenform: **U** / A Bemuskelung: **gut** - **gleichmässig** Stand: **gerade** / - o-beinig/kuhhessig 3 Druckpunkte: - **stabil** - kippbare SprG li/re Pfoten: - **aufgeknöchelt** - **geschl./Standard** - ausgedreht - Kipp-Ballen	z.B. - Nabelbruch - Hoden - Vorbiss / Rückbiss usw.

VMF:	Vordermittelfuss (Wurzelgelenk, Karpalgelenk)	SprG:	Sprunggelenk (sollte 1/3. Widerristhöhe nicht übersteigen)
Prosternum:	Vorbrustspitze	Okklusion:	seitlicher Zahnschluss
Schultern well layed back:	gut zurückgelegt	Incicivi und Canini:	vordere Schneidezähne und Reisszähne

Footer (Default Style) +

Abb. 8–151 | *Deckblatt, im Anhang, Seite 355, mit QR-Code zum Herunterladen*

Allgemeine Bemerkungen zum Welpentest mit 8 Wochen

Nicht vorausgesagt werden können:

- Substanz, Knochenstärke
- Endgröße (ist genetisch vorbestimmt, unabhängig vom Geburtsgewicht und der Fütterung)
- Zähne und Zahnschluss, die Kiefer können sich noch in einen Vor-, Rück- oder Kreuzbiss schieben
- Rutenhaltung
- Augenfarbe

Welpen haben generell im Verhältnis etwas höhere Sprunggelenke als im Erwachsenenalter.
Sie haben oftmals einen noch etwas kürzeren Hals.
Je besser die Sprunggelenke gewinkelt sind, umso eher kann man davon ausgehen, dass die Kniewinkel gut bleiben.

Abb. 8–152 | *Collage Havaneser-Wurf als Beispiel für die Beilage zur Wurf-Dokumentation.*

Es kommt selten vor, dass Züchter beginnen, nur noch »Fehler« zu sehen. Wir zeigen explizit die Qualitäten auf. Das ist ganz wichtig. Sieht der Züchter die Qualitäten, ist er besser in der Lage, die Schwachstellen in Relation dazu zu sehen und sich immer wieder darüber bewusst zu werden, dass es den perfekten Hund nicht gibt. Der Hund kann nichts dafür, wenn sein Körper Schwachstellen aufzeigt. Er ist damit zur Welt gekommen. Es geht ihm wie uns Menschen, die wir mit einem kürzeren Bein, einem schiefen Becken oder einer Bindegewebsschwäche geboren worden sind. Das macht uns nicht weniger wertvoll – und unsere Hunde auch nicht.

Nach dem Welpentest ist die Arbeit noch nicht getan: Alle Notizen zum Welpen werden zusammengefasst, übersichtlich dargestellt und Punkt für Punkt ins Reine geschrieben. Die vielen Fotos werden gesichtet und die besten Fotos in einer Collage arrangiert, so dass wir letztlich eine umfassende Dokumentation an den Züchter weitergeben können, auf die er jederzeit zurückgreifen kann. Wie interessant ist doch der Vergleich, wenn er seine Welpen als erwachsene Hunde wiedersieht.

Es ist wichtig zu wissen, dass sich zwischen Welpenalter und Adoleszenz unter anderem Muskeln entwickeln die dabei helfen, vorhandene Schwachstellen zu kompensieren. Wir müssen bedenken, dass dies nicht die ursprüngliche Schwäche behebt, es kaschiert sie nur für eine gewisse Zeit. Die Schwäche kommt irgendwann zurück und sucht uns später in unserer Zucht heim, sollten wir sie ignorieren. Mit anderen Worten: Wenn wir in dem Moment eine Entscheidung für unsere Zucht treffen, in dem der Junghund so aussieht, wie wir es uns wünschen und ihn sehen möchten, dann führt das unter Umständen zu einer Selbsttäuschung. Deshalb ist es so wichtig, mit 8 Wochen genau hinzuschauen, zu testen, zu dokumentieren und zu entscheiden.

Abb. 8-153 | *Solche Collagen sind für den Züchter wertvoll. Sie dokumentieren – hier am Beispiel des Miniature American Shepherd-Welpen Nyko – wie sich der Hund entwickelt hat. Auf den Bildern ist Nyko 8 Wochen, 12 und 24 Monate alt.*

Im besten Fall können wir mit dem Welpentest noch die Weichen stellen für eine optimale Platzierung oder Umplatzierung eines Welpen – oder für die Auswahl des vielversprechendsten Welpen für unsere Zucht. Wir können damit aber auch vermeiden, dass ein Welpe mit mehreren Schwachstellen in ein ambitiöses Sportheim platziert und dort unter Umständen überfordert wird.

Auch das Gegenteil ist möglich. Der Welpe mit offensichtlichen Schwächen wird vom Züchter behalten, weil sein Züchter-Herz gesprochen hat. Für uns Testerinnen ist wichtig, dass der Züchter diesen Entscheid bewusst und in Eigenverantwortung trifft. Wir, die den Welpentest durchführen, können lediglich Augen öffnen. Herz und Verstand treffen nicht immer die gleichen Entscheidungen. Wir akzeptieren das selbstverständlich.
Sind die Welpen ausgeflogen, bleiben die Erinnerungen an eine arbeitsintensive Zeit und vor allem hunderte von Fotos der entzückenden Kleinen.

Wenn der Züchter nach dem Welpentest weiß, dass seine Welpen nicht nur wunderschön, sondern auch gut gebaut sind und in die für sie optimalen Hände weitergegeben wurden, dann darf er zurecht stolz sein. Er hat alles richtig gemacht.

Abb. 8-154 | *Nur selten ist es möglich, beim Abschied der Welpen ein Foto zu machen, auf dem auch der Vater des Wurfs zu sehen ist. Die stolze Toller-Familie erinnert an alte Schwarzweißfotos Ende des 19. Jahrhunderts: Vater, Mutter und (brave) Kinder, alle in Pose gesetzt.*

Die goldenen Regeln für den Welpentest

- Das Wohl der Welpen steht an erster Stelle.
- Wir betrachten den Welpen fast ausschließlich im Spiegel. Die Begründung ist einfach: Unsere beiden Gehirnhälften arbeiten besser zusammen, wir sehen den Welpen als Ganzes und im richtigen Blickwinkel.
- Wir achten immer darauf, dass es dem Welpen gut geht auf dem Tisch. Fühlt er sich nicht wohl, füttern wir ihn, damit er den Tisch positiv verknüpft. Dann bringen wir ihn zurück ins Welpengehege (er könnte eine volle Blase haben) und tauschen ihn durch ein Wurfgeschwister aus. Er bekommt später nochmals seine Chance auf dem Tisch, dann kennt er die Situation bereits und entspannt sich leichter.
- Wir sorgen für eine ruhige und stressfreie Atmosphäre.
- Wir arbeiten konzentriert. Kein Welpe sollte zu lange auf dem Tisch stehen müssen.
- Wir verurteilen niemals einen Welpen, schon gar nicht aufgrund seines Körperbaus. Wir zeigen körperbauliche Zusammenhänge auf, denn jeder Hund wird mit Stärken und Schwächen geboren, für die er nichts kann. Das ist bei uns Menschen genauso.
- Es reicht nicht herauszufinden, dass es einzelne, oder sogar mehrere körperliche Probleme gibt, stets müssen wir nach deren Ursachen suchen.
- Der Züchter ist immer beim Test anwesend. Wir erklären ihm, was und wie wir testen und wo wir Auffälligkeiten feststellen. Nur so kann die abschließende Welpen- und Wurf-Dokumentation auch richtig verstanden werden.

Kapitel 9

Gut zu wissen

> Warum erst mit 8 Wochen?

276 Was kann nicht vorausgesagt werden?

276 Die hängende Position, wie machen wir es richtig?

283 Welpenzähne

289 Die einschränkenden 5 Schwachstellen – oder die 5 ‚No-Gos' für Zucht und Sport

> GEDANKEN zur ZUCHT

291 Welchen Welpen behalten wir für unser Zuchtprogramm?

292 Die Suche nach dem geeigneten Rüden für unsere Hündin

294 In der Pflicht sind auch die Rasse-Clubs

295 Wie sinnvoll sind geschlossene Stammbücher?

296 Es geht nicht ohne eine wohlwollende Zusammenarbeit

> UNSER WEG ZUM WELPENTEST

301 Wie Ihr eigener Weg aussehen könnte

302 Erste Welpen-Analysen

303 Welche Welpen sind am schwierigsten zu testen?

303 Auffälligkeiten beim Welpentest – wo nachschlagen?

Warum schauen wir uns die Welpen erst mit 8 Wochen an?

Das Zeitfenster der 8. Woche wurde von Pat und Bob Hastings nach aufwändigen jahrelangen Untersuchungen an Welpen unterschiedlichster Rassen, Formen und Größen festgelegt. Welpen aus 100 Würfen wurden mit 7, 8 und 9 Wochen sowie mit 18 Monaten beurteilt, wobei 6 Welpen das Alter von 18 Monaten nicht erreichten. Bei allen Welpen war die Auswertung im Alter von 8 Wochen zu 100 % genau und zutreffend, während die Entwicklung im Alter von 7 und 9 Wochen nur zu 70 % zutraf. Die Ergebnisse waren so überzeugend, dass seither 8 Wochen (+/- 3 Tage) als aussagekräftigstes Zeitfenster genommen wird.

Keine Übereinstimmung wurde gefunden, wenn die Welpen gleich nach der Geburt beurteilt und das Bild dann mit dem des ausgewachsenen Hundes verglichen wurde. Die einzige Ausnahme bestand bei der Beurteilung von Köpfen, aber korrekte Köpfe können von Züchtern, die ihre Linie gut kennen, relativ einfach evaluiert werden.

Abb. 9-1-01 | *Whippet-Welpen – bereit für das Abenteuer »Welpentest«.*

Wenn wir Welpen nicht im Zeitraum der 8. Woche (+/- 3 Tage) testen können, dann lassen wir es ohne Ausnahme bleiben. Sind Welpen zu früh und unreif geboren, oder hatten die Welpen einen schlechten Start ins Leben, dann wissen wir nicht, wann das »Reife-Zeitfenster« von 8 Wochen erreicht ist. Das Ergebnis des Welpentests beruht in dem Fall auf Vermutungen und ist mit Vorsicht zu genießen.

Je mehr Entscheide wir mit 8 Wochen treffen, umso weniger Fehler machen wir. Es wäre ein Fehler, Entscheidungen zu treffen, wenn der Welpe im Wachstum so aussieht, wie wir ihn sehen wollen. Er könnte sich sehr wohl bis ins Erwachsenenalter wieder verändern.

Vor der 8. Wochen ist das Weichteilgewebe noch nicht ausreichend entwickelt, um die knöcherne Struktur an ihrem Platz zu halten. Nach der 8. Woche verläuft die Entwicklung der Welpen in der Regel unregelmäßig.

Tipp

Fluffige Welpen oder Hunde mit viel Fell sind schwieriger zu analysieren. Machen wir sie aber nass, sehen wir gleich sehr viel mehr von ihrer Körperstruktur:

Abb. 9-1-03 a und b | *Sheltie-Welpe A.J. einmal mit trockenem und einmal mit nassem Fell. Im nassen Zustand erhält man ein klareres Bild seiner Körperstruktur.*

Abb. 9-1-02 | *Dieser Australian Cattle Dog-Welpe wurde mit 3, 4, 5, 6, 7 und 8 Wochen fotografiert. Mit 8 Wochen gleicht sein Äußeres dem des erwachsenen Australian Cattle Dogs am meisten.*

Abb. 9-1-04 a-e | *Juva durchläuft im Wachstum, wie fast alle Junghunde, Stadien körperlicher Unausgewogenheiten.*

Die Welpen durchlaufen Stadien, in denen körperlich Unausgewogenheiten sichtbar werden. Die Knochen wachsen in Schüben, die Wachstumsfugen der Knochen schließen sich nicht alle zur selben Zeit. Es macht keinen Sinn, Hunde im Alter zwischen 2 Monaten und 2 Jahren zu analysieren, sie sind erst »fertig«, wenn alle Wachstumsfugen geschlossen sind, was nach Rasse und Größe stark variieren kann. Nur im Röntgenbild ließe sich überprüfen, ob die Wachstumsfugen zu sind. Aus diesem Grund geben wir unseren Junghunden immer viel Zeit, bevor wir mit belastendem Training beginnen. Wir möchten keinesfalls in diese sensible Entwicklung eingreifen. Fotografieren wir Junghunde im Entwicklungszeitraum zwischen Welpenalter und Adoleszenz zeigen sich etliche Veränderungen im Verlaufe des Wachstums, denen man sich oft nicht bewusst ist. Die Foto-Collage Abb. 9-1-04 dokumentiert anhand der jungen Malinois-Hündin Juva die eindrücklichen Veränderungen im Körperbau zwischen dem 2. und 10. Monat.

Warum testen wir die Welpen stehend und nicht in der Bewegung?

Das Gehirn von Welpen entwickelt sich unterschiedlich schnell. Es hat sich vielfach gezeigt, dass sich das männliche Gehirn etwas langsamer entwickelt wie das weibliche. Der Züchter ist durchaus in der Lage, die Entwicklung seiner Welpen anhand ihrer individuellen Motorik – zum Beispiel im »Welpengarten« – einzuschätzen. Bewegt sich ein Welpe beispielsweise fassbeinig, dann kompensiert er eine Schwachstelle in seinem Körper. Wenn er mit 8 Wochen bereits kompensiert, dann wird es wahrscheinlich im Laufe seiner körperlichen Entwicklung schlimmer und nicht besser. Auf der anderen Seite kann man festhalten: Wenn sich ein Welpe im »Welpengarten« harmonisch fortbewegt, schön trabt und auch ausbalanciert stehen kann, liegen keine strukturellen Mängel vor.

Abb. 9-1-05 | *Havaneser-Welpe: In der Balance zu stehen ist schwieriger, als durch den Garten zu flitzen.*

Abb. 9-1-06 | *Es ist immer ein hübsches Bild, einen Welpen natürlich traben zu sehen.*

Was kann nicht vorausgesagt werden?

Größe, Substanz, dunkle Augenfarbe, Rutenhaltung können mit 8 Wochen nicht vorausgesagt werden. Auch die Entwicklung von Oberkiefer, Unterkiefer und der Zähne sind momentane Gegebenheiten und können sich noch stark verändern. Aufgrund dieser Parameter im Alter von 8 Wochen dürfen wir keine Entscheidungen treffen.

Die hängende Position, wie machen wir es richtig?

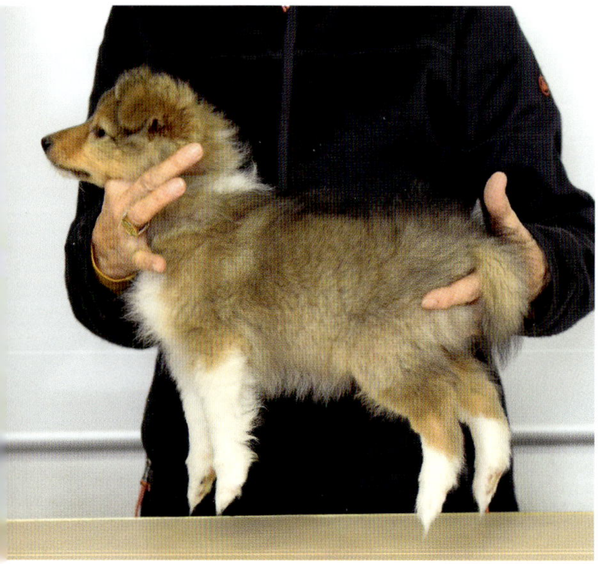

Abb. 9-1-07 | *Wir unterstützen den Sheltie-Welpen in der hängenden Position mit zwei Fingern unter dem Kieferknochen und zwei Fingern zwischen seinen Hinterbeinen. Was wir in dieser Position sehen, ist sehr aussagekräftig.*

Wie bereits gesagt, ist im Alter von 8 Wochen das Gewebe (Weichteilapparat) ausreichend entwickelt, um die Knochenstruktur zu halten. Wenn wir den Welpen in die hängende Position nehmen, dann sehen wir, wie gut das Stützgewebe hält. Gewebe ist genetisch angelegt und seine Struktur kann nicht beeinflusst werden.

Die hängende Position ist sehr aussagekräftig für den Puppy-Puzzle Test, sie ist jedoch auch am schwierigsten zu erlernen und mit großer Vorsicht anzuwenden.

So gehen wir vor:

Erst wenn unser Welpe korrekt und in Balance auf dem Tisch steht, mit gleich viel Gewicht auf allen vier Beinen

- fassen wir mit zwei Fingern der linken Hand zwischen die Hinterbeine
- schieben Zeigefinger und Daumen der rechten Hand beidseits unter den Kieferknochen
- heben wir derart unterstützt den Welpen 10 cm parallel nach oben über die Tischhöhe, dabei schauen wir in den Spiegel und betrachten das Gesamtbild (Abb. 9-1-07)

Vorsicht:

Bei männlichen Welpen sind wahrscheinlich schon die Hoden abgestiegen. Wir vermeiden es, diese zu drücken.

Erlaubt der Welpe das Anheben, ohne sich zu wehren, und hängt er ganz entspannt zwischen unseren Händen, dann haben wir alles richtig gemacht.

Wann immer möglich fotografiert eine Hilfsperson alle Welpen in dieser hängenden Position.

Wehrt sich ein Welpe, stellen wir ihn wieder auf den Tisch und geben ihm etwas Zeit, sich zu entspannen. Wir versuchen es noch einmal, indem wir ihn unterstützt unter dem Brustkorb leicht anheben und ihn behutsam ein-, zweimal rückwärts mit den Pfoten etwas über den Tisch ziehen und dann hinstellen. Meistens gelingt das Hochheben dann beim zweiten Mal, weil der Welpe froh ist, dass sich der Boden unter seinen Pfoten nicht mehr bewegt.

Wir gehen dabei stets langsam, liebevoll und sanft vor.

Welpen mit loser Kehlhaut lassen sich schlecht anheben, deshalb versuchen wir es beispielsweise bei Doggen-Welpen nicht, was nichts mit dem hohen Gewicht der Welpen zu tun hat, sondern eben mit der losen Haut. Umgekehrt ließen sich 8 bis 9 kg schwere Russische schwarze Terrier-Welpen im Alter von 8 Wochen problemlos anheben.

Welpen mit einem Schafhals lassen sich unter Umständen nicht anheben, das hängt immer vom Grad ihrer Schwäche im Hals ab. Lassen sie sich anheben, dann verläuft die 1. Balance-Linie durch den Hals.

Die hängende Position muten wir den Welpen wie gesagt nur im Alter von 8 Wochen zu. Richtig gemacht bedeutet es keine Belastung für den Welpen, wehrt er sich, brechen wir sofort ab.

Welches Bild möchten wir im Spiegel sehen?

Wir möchten beim stehenden und beim hängenden Welpen das selbe Bild sehen:

- die 3 Balance-Linien sollen gleich verlaufen
- die obere Linie soll weder eingesunken, noch aufgekrümmt sein
- die Beine sollen weder nach vorne noch nach hinten fliehen, sie sollen gleich fallen, wie wenn der Welpe steht. Dann zeigen sowohl Oberarm und Unterarm wie auch Oberschenkel und Unterschenkel die gleichen Winkel.

Abb. 9-1-08 | *Curly coated Retriever-Welpe richtig angehoben, korrekt hängend.*

Welches Bild möchten wir im Spiegel nicht sehen?

- **nicht, dass die erste Balance Linie durch Hals und Kopf führt.** Diese sollte korrekterweise senkrecht durch das Vorderbein hinauf zum Widerrist verlaufen, Hals und Kopf sollte vor der Linie sein. Führt die Linie durch den Hals ist das ein Hinweis, dass der Hund einen leichten Schafhals haben könnte und dass der Weichteilapparat (Muskeln, Bänder und Sehnen) das Gewicht nicht halten kann.

- **nicht, dass die obere Linie eingesunken ist.** Dann ist das Problem primär in der Vorderhand zu suchen, oft in der steilen Front. Ein angehobener Welpe mit einer weichen oberen Linie kann durchaus im Stehen den Rücken aufkrümmen, dann sind mehrere Ursachen zu suchen.

- **nicht, dass die obere Linie aufgekrümmt ist.** Eine auch nur leichte Aufkrümmung ist immer ein Hinweis auf die Hinterhand, die entlastet und Gewicht nach vorn verlagert, selbst in der hängenden Position.

Abb. 9-1-09 | *Curly coated Retriever-Welpe korrekt angehoben, aber nicht korrekt hängend.*

Abb. 9-1-10 | *Für ein korrektes, unverfälschtes Bild muss der Aufnahmewinkel stimmen.*

Nachdem wir den Welpen in der angehobenen Position analysiert haben, werden wir uns die Auffälligkeiten notieren, und anschließend die Ursachen suchen.

Fotografieren – wie machen wir es richtig?

Für die Wurf-Dokumentation fotografieren wir jeden Welpen einzeln vor einem Hintergrund in Kontrastfarbe. Bei der Seitenaufnahme platzieren wir alle Welpen im gleichen Abstand zur Kamera. Die bereits korrekt eingestellte Kamera montieren wir am besten auf einem Stativ (wir können auch einen Fernauslöser benützen) oder der Fotograf setzt sich auf einen Stuhl, während wir den Welpen sichern. Wie in Abb. 9-1-10 gezeichnet, sollte das Objektiv immer waagerecht auf die Mitte des Welpenkörpers zielen. Aufnahmewinkel von oben oder von unten verfälschen die Optik.

Für eine optimale Aufnahme sollte der Welpe korrekt stehen: die senkrecht gestellten Vorderbeine gut unter dem Widerrist und die Hintermittelfüße im rechten Winkel zum Boden, das Gewicht schön auf alle vier Pfoten verteilt. Welpen mit einem eher kurzen und/oder steil gestellten Oberarm werden Schwierigkeiten haben senkrecht zu stehen, sie stemmen mit den Vorderbeinen leicht nach vorne. Bei den Hinterläufen kommt es auf die Beinlänge an, bei kurzen Hinterbeinen stehen die Pfoten unter dem Körper, bei zu langen weit dahinter. Wir versuchen, den Hintermittelfuß so weit nach hinten zu ziehen, dass er im besten Fall senkrecht hinter dem Körper steht, in korrekter 3. Balance-Linie.

Je besser der Welpe gebaut ist, umso schneller sind die Bilder im Kasten, weil er von Anfang an korrekt steht.

Steht der Welpe korrekt, belohnen wir ihn mit Futter. Wir lassen ihn gerne an einer Futtertube lecken, da er dann automatisch eine bessere Körperspannung aufbaut. Übrigens gibt es viele Hunde, die beim Fressen die Rute einklemmen, wie die hübsche Berger des Pyrenées-Hündin Pastelle in Abb. 9-1-12. Ihre Rutenhaltung hat in diesem Fall nichts mit Angst oder Unsicherheit zu tun.

Wir benützen wiederbefüllbare Futtertuben mit einer selbstgemachten Mischung aus Quark und Sandwichcreme. Bei mäkeligen Fressern führen

Abb. 9-1-11 | *Bei der richtig positionierten Tube zeigt dieser Groenendael-Welpe den gewünschten anmutigen Bogen im Nacken.*

wir das extrem beliebte Le Parfait mit Leber oder Thon im Angebot. Oft nehmen Züchter auch ihre hausgemachte Fleischfüllung mit.

Sobald wir herausgefunden haben, mit welcher Tubenfüllung der Welpe am ruhigsten steht, schauen wir auf eine korrekte Halshaltung. Diese lässt sich mit etwas Übung mit der Tube beeinflussen. Wir halten sie relativ senkrecht und führen sie zuerst nahe der Vorbrust von unten nach oben, bis der Hund eine schön gebogene Nackenlinie zeigt (Abb. 9-1-11). Nun können wir die Tube etwas flacher nach oben führen, bis der Welpe den Nasenrücken waagerecht hält (Abb. 9-1-12 Bild 1 Pastelle).

In Abb. 9-1-12 sehen wir Pastelle in verschiedenen Stellungen. Auf Bild 1 steht die Hündin korrekt, mit einem schön aufgerichteten Hals, den Nasenrücken ungefähr waagerecht (und in der korrekten Kopf-Position für die 2. Balance-Linie).
Auf Bild 2 sind Hals und Kopf überstreckt, auf Bild 3 senkt Pastelle den Kopf und zieht den Hals leicht ein. Interessant ist es, die Ober-Linie zu beobachten.

Erst wenn wir im Anheben der Welpen in die hängende Position geübt sind, können wir auch diese

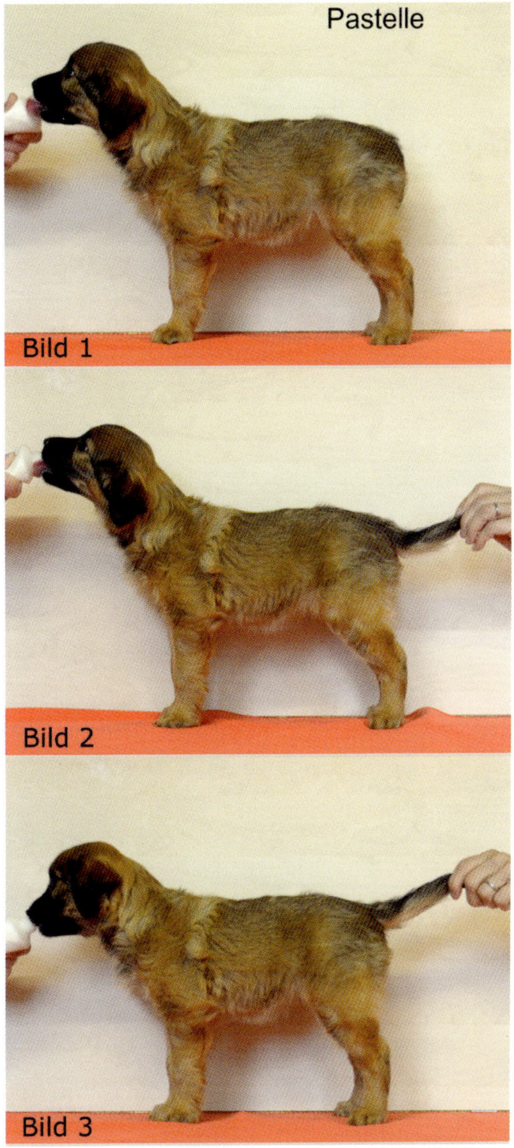

Abb. 9-1-12 | *Die Berger des Pyrénées-Hündin Pastelle in verschiedenen Positionen: Die Hals- und Kopfhaltung ist auf Bild 1 korrekt.*

Position fotografieren. Anschließend gibt es noch von jedem Welpen ein hübsches Portrait. Nach dem Welpentest suchen wir die besten Bilder aus und stellen drei verschiedene Collagen zusammen: einmal nur die Standbilder von allen Welpen, dann die Stand-Fotos und die Hängeposition-Fotos zusammen. Und zum Schluss kombiniert mit den Portrait-Fotos.

Wir sind froh darüber, dass wir vom ersten Welpentest an die Auffälligkeiten der Welpen dokumentiert haben. Zum Beispiel konnten wir uns lange aufgerollte Zehenballen nicht erklären, bis wir auf einmal ein Muster erkennen konnten. Eine Auffälligkeit war bei allen Pfoten gleich: Sämtliche Roll-Ballen zeigten zu kleine Zehenballen mit zu großen Abständen dazwischen. Das war ein großes und wichtiges Aha-Erlebnis für uns, damit hatten wir die Ursache für eine folgenschwere Schwachstelle gefunden!

Junghunde – Gewicht und Wachstum

Es ist einer der größten Fehler, wenn wir Welpen und Junghunde im Wachstum zu energiereich füttern. Jedes Kilo zu viel ist genau so belastend für den Junghund wie ein zu schnelles Wachstum. Die meisten heutigen Trockenfutter für Welpen oder Junghunde sind ausgewogen zusammengesetzt. Füttern Sie keine Zusätze, vor allem kein zusätzliches Kalzium. Es könnte einen negativen Einfluss auf die Knochen-/Knorpelbildung haben.

Wenn Sie die Futterrationen für Ihren Hund selber zusammenstellen, lassen Sie sich unbedingt von Fachleuten beraten, damit der junge Hund wirklich alle für das Wachstum nötigen Inhaltsstoffe erhält. Dies ist vor allem während des größten Wachstumsschubs wichtig, der in der Regel zwischen dem 3. und 7. Monat stattfindet. Werden Junghunde während dieser Zeit falsch gefüttert, kann es zu erheblichen Skelettschädigungen führen. Halten Sie Ihren jungen Hund immer so schlank, dass Sie die Rippen beim Darüberstreichen fühlen können. Kontrollieren Sie regelmäßig das Gewicht und achten Sie auf allfällige Veränderungen bei den Vorderbeinen.

Einer der wichtigsten züchterischen Grundsätze ist ein möglichst langsames Wachstum des Welpen zu erreichen. Genau hier beginnt das Problem bei vielen Welpen. Ihr Skelett ist noch unausgewogen, der Bewegungsapparat befindet sich in der Entwicklung und ist noch nicht so stabil wie bei einem erwachsenen Hund.
Die Folgeschäden, die in diesem Alter durch übermäßige Bewegungsbelastungen von Knochen, Muskeln und Gelenken entstehen, machen sich meist erst viel später bemerkbar, zum Beispiel in Form von degenerativen Erscheinungen in Hüftgelenk, Ellbogen, Knie, in Faserrissen, Skeletterkrankungen usw.

Moderate Belastungen ermöglichen ein moderates Wachstum. Das Wort moderat ist so wichtig für alles, was unsere Hunde betrifft.

Wie groß unsere Hunde werden, ist schon bei der Geburt genetisch in den Zellen vorbestimmt. Dasselbe betrifft den Zeitpunkt des Erwachsenseins, außer wir greifen durch eine Frühkastration in den Hormonhaushalt ein, noch bevor die Wachstumsfugen sich schließen konnten. Die gesunde und ausgewogene Ernährung liegt zuerst in den Händen des Züchters und dann in denen des Hundehalters, nur so ist ein gesundes Wachstum möglich.

Abb. 9-1-13 | *Die Züchterin der Parson Russell-Hündin Jamaica ernährt alle ihre Hunde und Welpen mit korrekt zusammengestellten BARF-Mahlzeiten.*

Abb. 9-1-14 | *Dwayne, der 6 Monate alte Parson Russell Terrier, ist in einem sehr guten Ernährungszustand.*

Futterpläne

Bedarfsgerechte, auf den Hund und seine individuellen Bedürfnisse und Probleme abgestimmte Futterpläne können Sie zusammenstellen lassen bei:

www.nutrivet.uzh.ch (für die Schweiz)
www.napfcheck.de (für Deutschland)
www.futterambulanz.at (für Österreich)

Wachstumsstörungen beim Vorderbein

Wie kontrollieren wir die Vorderbeine?

Bei einer Auffälligkeit heben wir den Welpen oder später den Junghund vor einem Spiegel unter dem Brustkorb unterstützend an, stellen sicher, dass der Hund entspannt und sein Kopf nach vorn gerichtet ist. Wir betrachten im Spiegel die Außenseite der hängenden Vorderbeine und kontrollieren:

- Wie gerade hängen die Vorderbeine? (innen zeigt das Bein immer eine minimale Kurve)
- Wie gerade ist der Vordermittelfuß ab dem Gelenk?
- Wie eng stehen die Zehen?
- Wie ist die Form der Pfote?

Alles was wir von vorne ohne Belastung an den hängenden Vorderbeinen sehen, ist genetisch bedingt. Nun senken wir den Welpen ab, und schauen, ob sich etwas verändert, wenn die Beine Gewicht tragen (Abb. 9-1-15).
Zeigen sich Veränderungen, dann sind diese ernährungsbedingt. Das heißt, die Muskeln/Sehnen und Bänder haben nicht die Kraft, die Struktur da zu halten, wo sie sein soll.

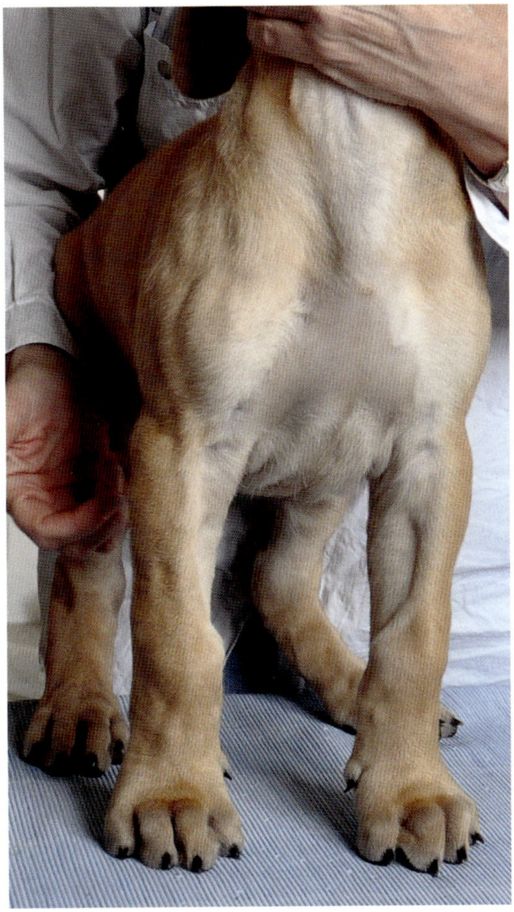

Abb. 9-1-15 | *Beim Absenken kontrollieren wir die Außenseite des Beins. Die Vorderbeine der Dogge sind vollkommen gerade mit vorzüglichen Pfoten.*

Überstreckter/überbeugter Vordermittelfuß

Der 5 Monate alte holländische Schäferhund in Abb. 9-1-16 zeigt auffällige, extrem überbeugte Vordermittelfüße. Der Grund ist eine zu energiereiche Ernährung. Seine Knochen sind so schnell gewachsen, dass das Längenwachstum der Muskulatur nicht Schritt halten konnte.
Junghunde mit Fehlstellungen gehören in die Hände von Fachpersonen wie Tierarzt und/oder Ernährungsspezialisten.

Fehlstellungen aufgrund von Ernährungsfehlern können während des Wachstums relativ schnell wieder rückgängig gemacht werden.
Ein guter, auf den Welpen abgestimmter Futterplan eines anerkannten Ernährungsspezialisten bewirkt rasche Besserung (siehe Seite 281).

Abb. 9-1-16 | *Holländischer Schäferhund mit überbeugtem Vordermittelfuß (rote Pfeile). Schmerzhafte Verdickungen und/oder Verkrümmungen im Wachstum gehören in die Hände eines Tierarztes.*

Instabiler Vordermittelfuß

Auch der kleine Golden Retriever-Welpe Luke zeigte eine Schwäche bei den Vordermittelfuß-Gelenken. Er stürzte beim Spielen und Herumrennen auffallend häufig kopfüber. Seine Entwicklung war verlangsamt und bereitete seinen Besitzern große Sorgen.

Die Fütterung war korrekt, Lukes Schwäche stammte nicht von einer zu energiereichen Fütterung. Erst nach umfangreicher Abklärung konnte die Ursache gefunden werden. Luke produzierte zu wenig Magensäure, wodurch er nicht genügend Proteine aus der Nahrung aufnehmen konnte.
Er war fehlernährt. Luke erholte sich langsam und wird anstatt zum Jagd- und Lawinenhund für die Nasenarbeit ausgebildet.

Abb. 9-1-17 | *Warum sich Luke nicht normal entwickeln konnte, war lange unklar und nicht einfach herauszufinden.*

Abb. 9-1-18 | *Die leichten Verdickungen (grüner Pfeil) im Bereich des Vorderfußwurzelgelenks dieses Welpen sind normal. Sind sie aber schmerzhaft, ist ein Tierarztbesuch angesagt.*

Schmerzhafte versus harmlose Verdickungen im Vordermittelfuß

Junge Hunde vorwiegend größerer Rassen können zwischen dem 3. und 8. Lebensmonat teilweise extreme Veränderungen/Verkrümmungen im unteren Bereich der Wachstumszonen über dem Vorderfußwurzelgelenk entwickeln. Manchmal können sogar die Zehengelenke beteiligt sein. Diese verdickten Bereiche sind auf Druck sehr schmerzhaft. Es könnte sich um eine hypertrophe Osteodystrophie handeln. Diese Hunde gehören sofort in tierärztliche Behandlung.
Nur leichte Verdickungen im Bereich der unteren Wachstumsfugen von Speiche und Elle sind normal und zeigen einen kommenden Wachstumsschub an. Sie schmerzen NICHT auf Druck und verschwinden mit dem Wachsen.

Zeigt der Hund jedoch Schmerzen, ist der unmittelbare Tierarztbesuch angesagt. Der Schmerz-Test ist wichtig!

Welpenzähne

Wie oft staunen wir, wenn Züchter auf unsere Frage nach den Zähnen keine Ahnung haben, wie es im Maul ihrer Welpen aussieht. Dabei würde es sich in jedem Fall lohnen, die jungen Welpen ganz spielerisch an eine Zahnkontrolle und Zahnfleischmassage zu gewöhnen. Ab der 4. Woche, wenn die Zähne durchgebrochen sind, sollte regelmäßig kontrolliert werden, ob die Verzahnung stimmt.

Eng stehende Fangzähne könnten sehr früh über eine Druckmassage erfolgreich nach außen (lippenwärts) gedrückt werden. Werden solche Problemstellungen erst mit 8 Wochen beim Welpentest entdeckt, müssen Maßnahmen zur Verbesserung der Situation an den Welpenkäufer delegiert werden, der vielleicht keine Erfahrung damit hat.

Die am häufigsten auftretenden Unregelmäßigkeiten sind:

- Zangengebiss
- Vorbiss
- Canini-Engstand
- Rückbiss
- Kreuzbiss (schiefe Kiefer)
- noch nicht vollständig durchgebrochene Welpenzähne
- fehlende Welpenzähne
- überzählige Welpenzähne

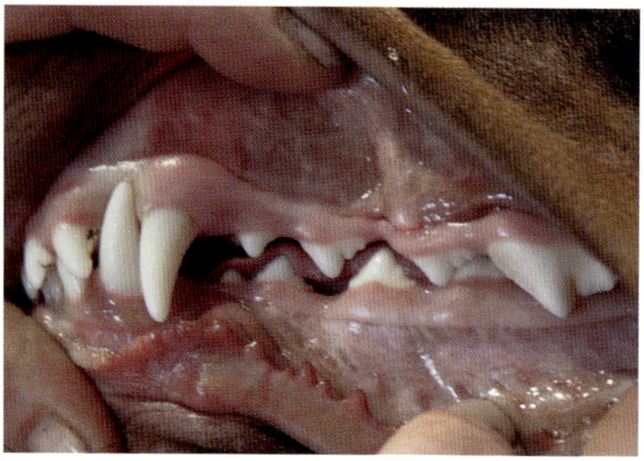

Abb. 9-1-19 | *Das perfekt verzahnte Gebiss eines adulten Dobermanns.*

Abb. 9-1-20 | *Beim Welpengebiss kontrollieren wir auch den seitlichen Zahnschluss, der kleine Zahn des Oberkiefers sollte genau in die Lückenmitte des Unterkiefers passen.*

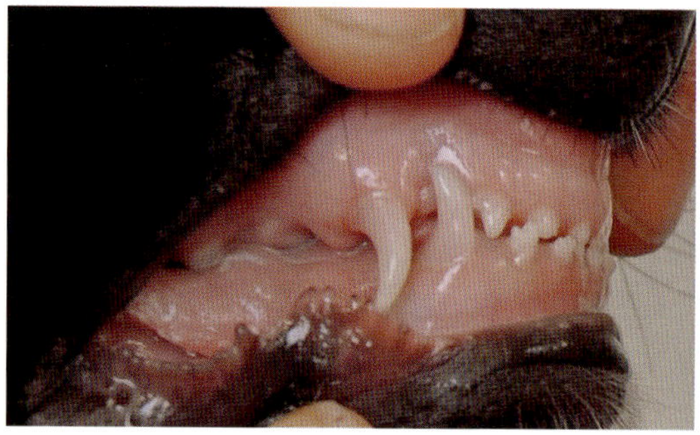

Abb. 9-1-21 | *Der Unterkiefer ist fast gleich lang wie der Oberkiefer. Im Moment stehen die Schneidezähne unregelmäßig, teils Kante auf Kante (Zangengebiss), teils umgekehrte Schere.*

Die korrekte Okklusion

Okklusion bedeutet Verzahnung der Ober- und Unterkieferzähne. Für ein ideales Gebiss werden zwei korrekt geformte Kieferhälften benötigt, damit die Zähne ineinandergreifen können (Abb. 9-1-19).

Der korrekte Zahnschluss ist das Scherengebiss: Die oberen Schneidezähne (Incisivi) stehen bündig vor den unteren.

Als erstes kontrollieren wir, ob die Canini, auch Fangzähne oder Eckzähne genannt, richtig platziert sind.

Die Reihenfolge prägt man sich am besten über eine kleine Eselsbrücke ein:
Der Oberkiefer (OK) ist größer, also stehen die OK-Canini hinten. Der Unterkiefer (UK) ist kleiner, also stehen die UK-Canini vorne, denn die Kleinen kommen zuerst.

Der UK-Caninus (Eckzahn) sollte genau in die obere Lücke nach dem 3. Schneidezahn passen. Er sollte weder die angrenzenden Zähne noch die OK-Schleimhaut berühren. In Abb. 9-1-19 sehen wir ein korrektes Scherengebiss und eine perfekte seitliche Verzahnung.
Im nächsten Schritt kontrollieren wir beim Welpen die seitliche Verzahnung. Der kleine Zahn vom Oberkiefer sollte perfekt in die Lücke der Prämolaren (vordere Backenzähne) im Unterkiefer passen (Abb. 9-1-20).
Weiter hinten sehen wir oben den breiten großen Zahn, dieser sollte für die optimale Kauleistung über den unteren Zahn lappen und ihn auf der Seite berühren.

Zangengebiss

Bei einigen Rassen ist auch ein Zangengebiss für die Zucht erlaubt, dabei stehen die Schneidezähne aufeinander, die Canini sind aber korrekt verzahnt. In Abb. 9-1-21 ist es nicht ganz klar, wie es weiter-

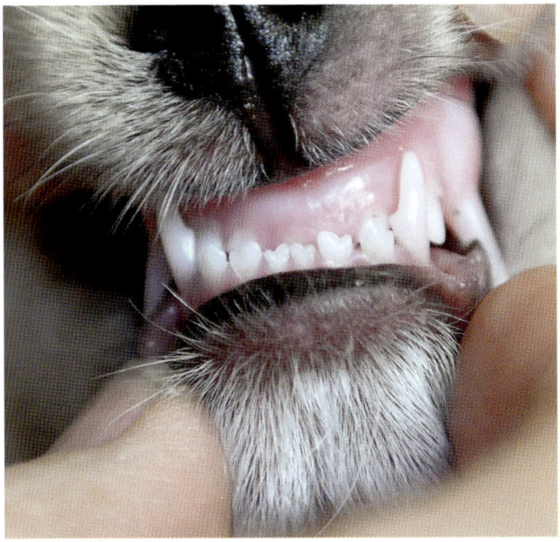

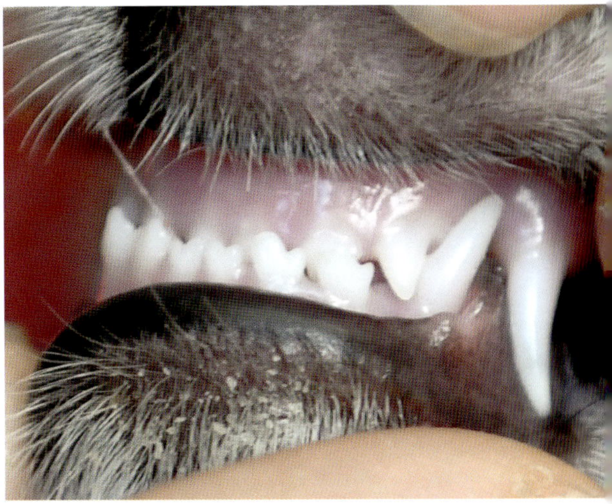

Abb. 9-1-22 a+b | *Ein nicht erwünschter Vorbiss bei zwei Wurfgeschwistern. Erstaunlich, wie durch den längeren Unterkiefer die Optik verändert wird, die beiden Shelties haben dadurch eine viel breitere Schnauze.*

gehen wird. Bleibt es ein Zangengebiss, bei dem die Schneidezähne Kante auf Kante stehen? Oder schiebt der Unterkiefer noch mehr nach vorne, mit Tendenz zum Vorbiss? Der untere Caninus ist bereits etwas nach vorne verschoben.

Vorbiss (Progenie)

Ober- und Unterkiefer sind eigenständige Knochen, die nicht synchron wachsen und die leider nicht immer exakt zueinander- oder besser gesagt aufeinanderpassen.

Der Oberkiefer ist breiter und länger als der Unterkiefer. Ist der Unterkiefer hingegen länger als der Oberkiefer, bildet sich ein Vorbiss. Die unteren Schneidezähnchen stehen VOR den oberen – darum VORbiss. Dieses Merkmal wird in vielen Rassen gezüchtet, um einen optisch breiten, kurzen kräftigen Fang zu erhalten (alle brachycephalen Rassen).
Dass Kieferprobleme auch beim Menschen erblich sind, wissen wir aus der Geschichte: Die Habsburger zeigten über Generationen die berühmte »Habsburger Unterlippe«, ein markanter Vorbiss (Progenie), der sich durch die »blaublütige Inzucht« immer wieder durchsetzte.

Ein Vorbiss kann jedoch bei allen Hunderassen auftreten und er bedeutet Zuchtausschluss für Rassen, bei welchen ein Scherengebiss verlangt wird. Ein minimaler Vorbiss ist für den Hund nicht weiter tragisch. Bei einem extremen Vorbiss hingegen sind die Zähne aber nicht richtig aufgereiht und dadurch nicht korrekt verzahnt. Die Funktionalität des Kauapparates ist eingeschränkt und die natürliche Zahnreinigung nicht möglich. Eine regelmäßige Zahnsteinentfernung ist bei einem Vorbiss empfohlen.

Ein Vorbiss ist beim Welpen leicht zu erkennen, wenn der Unterkiefer von vorne betrachtet prominent auffällt. Von der Seite her sehen wir einen eher »stumpfen« Fang.
Selbst ein sehr sattes Welpen-Scherengebiss kann sich leider auch später noch zu einen Vorbiss schieben. Am liebsten sehen wir eine korrekte Schere mit einem fingernagelbreiten (die untere Zahnreihe überlappenden) Abstand zwischen den oberen und den unteren Zähnen.

Oft gesehen, der Canini-Engstand

Zu eng stehende Canini (Fang- oder Eckzähne) sind sehr verbreitet. Grund dafür ist der – in Relation zum Oberkiefer – etwas schmalere Unterkiefer. Oft stehen die Canini so eng, dass sie in die Oberkiefer-Schleimhaut stechen wie in Abb. 9-1-23a zu sehen ist.

Ein Canini-Engstand im Milchgebiss kann sich mit dem Kieferwachstum beim Zahnwechsel verbessern/auswachsen. Oft helfen kurze Druckmassagen mehrmals täglich. Dabei werden die Zähne nach außen gedrückt. Mit etwas Leberpaste an den Fingern wird Ihr Welpe begeistert mitmachen.

Der problematische Rückbiss

Wenn der Oberkiefer länger ist wie der Unterkiefer, sprechen wir von einem Rückbiss.
Problematisch wird ein Rückbiss, wenn der Unterkiefer schmaler ist und die Fangzähne eng stehen oder sogar in den Gaumen einbeißen. Wenn die Canini falsch verzahnt sind, die UK-Canini fälschlicherweise HINTER den OK-Canini stehen, sollte der Welpe schnellstmöglichst einem spezialisierten Tierarzt vorgestellt werden.
Es gibt diverse Behandlungsmöglichkeiten, je nach Fall. Eine Möglichkeit ist es, die Welpen-Canini zu ziehen, damit sie das Kieferwachstum nicht blockieren (Abb. 9-1-24).

Stechen die Canini der zweiten Zähne in den Gaumen, kann der Tierarzt im Alter von 7–8 Monaten die Zahnspitzen so kürzen, dass es keine Einbissstellen mehr gibt. In diesem jungen Alter sind noch genügend Zellen im Zahn vorhanden, um ihn wieder »abzudichten«.

Es kann sich aber auch lohnen, eine »Hunde-Zahnspange« anfertigen zu lassen, um die Zähne wieder in die richtige Stellung zu lenken. Eine teure, aber in vielen Fällen lohnende Option. Hunde mit einer korrigierten Bissstellung gehören nicht in die Zucht. Probleme mit Kieferlängen sind genetisch bedingt und Gegenstand der Forschung (Maxillärer Prognathismus, Uni Bern).

Abb. 9-1-23 a + b | *Ein korrekt verzahntes Scherengebiss, allerdings mit einem sehr eng stehenden Caninus, der in die OK-Schleimhaut sticht. Die Einbissstelle ist deutlich erkennbar.*

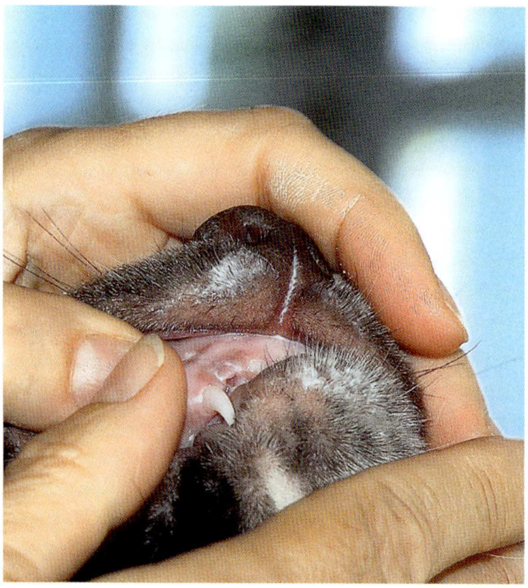

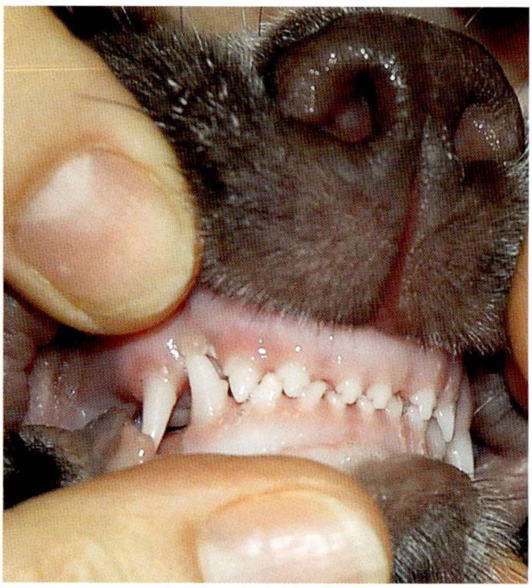

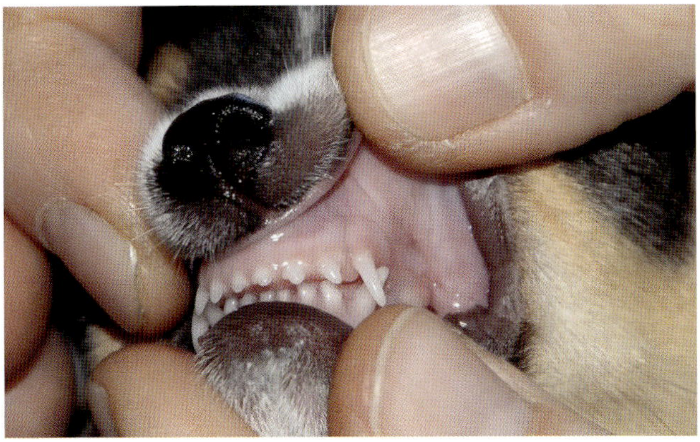

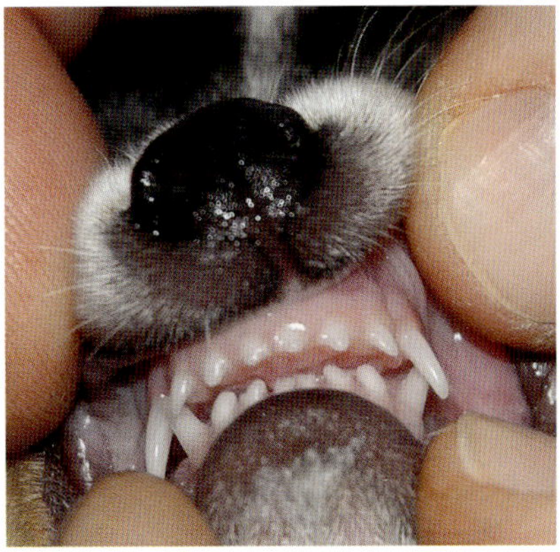

Abb. 9-1-24 a + b | *Ein Rückbiss, bei dem die Canini auf der linken Seite falsch verzahnt sind (rechts richtig verzahnt) und dadurch eine allfällige Angleichung der Kiefer blockieren.*

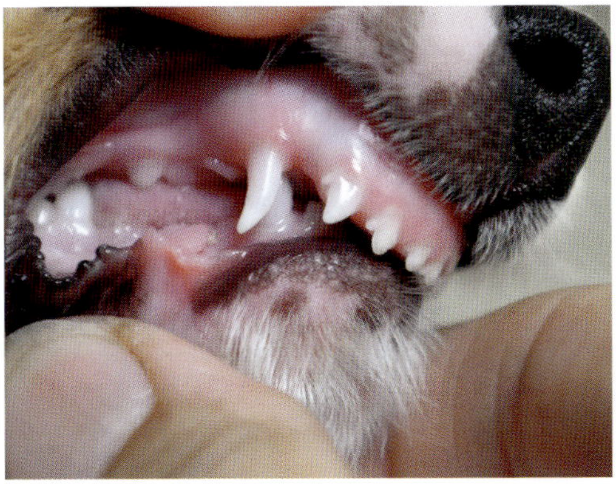

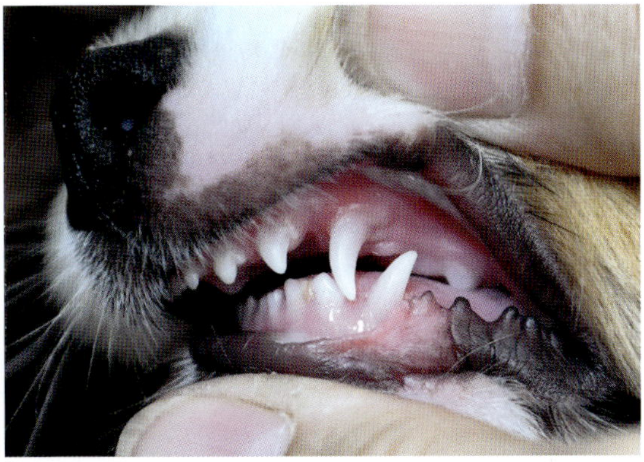

Abb. 9-1-25 a + b | *Ein massiver Rückbiss mit einem schmalen, schiefen Unterkiefer. Auf der rechten Kieferseite sticht der Canini in den Gaumen, links hat er einen Weg nach außen gefunden.*

Hyperdontie (Zahnüberzahl) und andere Probleme

Genauso wie es fehlende Zähne gibt, können zu viele Zähne angelegt sein, wie in den Abb. 9-1-26 und 9-1-27 zu sehen ist. Beim Welpengebiss ist dies meistens bei den kleinen Schneidezähnen der Fall. Unregelmäßigkeiten im Welpengebiss bedeuten nicht, dass die gleichen Fehler bei den zweiten Zähnen auch auftreten. In den meisten Fällen ist die Anzahl der Schneidezähne im bleibenden Gebiss korrekt. Eher fehlen beim Zahnwechsel die unteren kleinen Prämolaren P1 (die beim Welpengebiss nicht vorhanden sind) und P2.

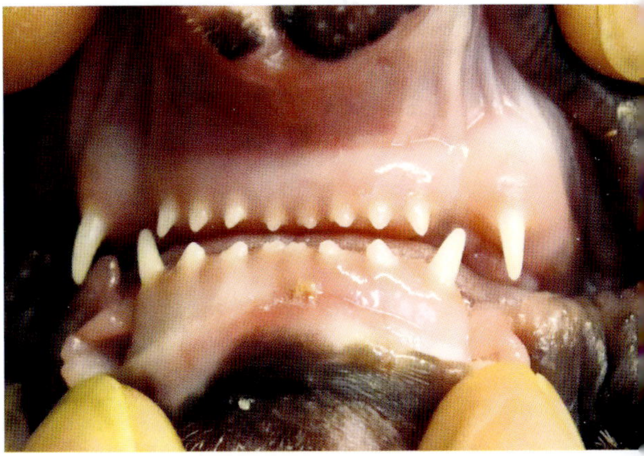

Abb. 9-1-26 | *Hier sehen wir ein Zangengebiss (bei einer Rasse mit Vorbiss) und 8 anstelle von 6 oberen Schneidezähne.*

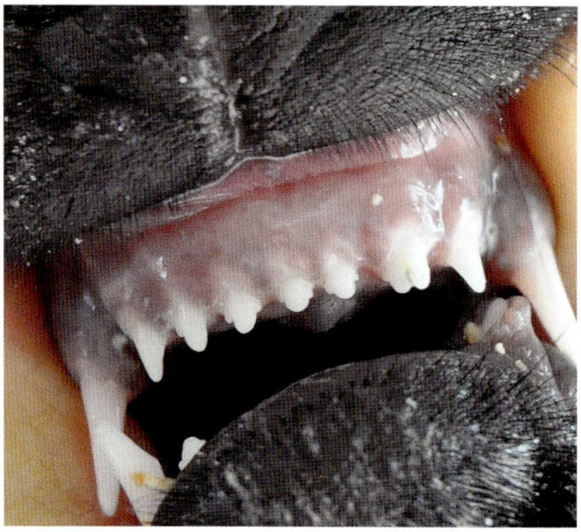

Abb. 9-1-27 | *Ein kleines Schneidezähnchen zu viel, inklusive eines Zwillingszahns.*

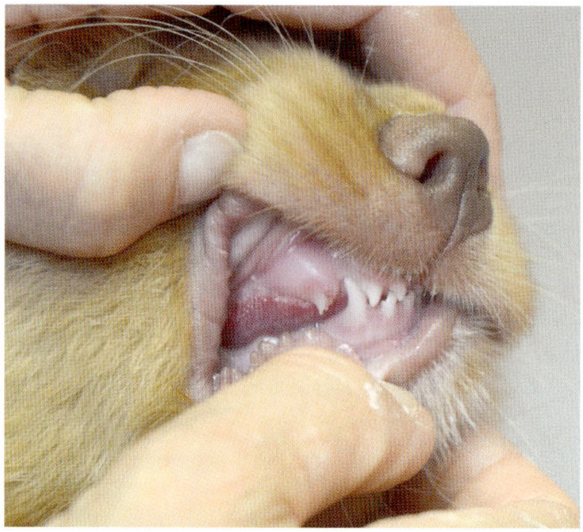

Abb. 9-1-28 | *Zum Glück selten, aber auch das gibt es: Ein abgebrochener Welpen-Zahn (Caninus) ist immer ein Notfall und muss sofort tierärztlich versorgt werden.*

Abb. 9-1-29 | *Zwei ACD-Geschwister: Wikky mit der schwarzen Maske hat einen starken Rückbiss, Wandu hat ein korrektes Scherengebiss mit einem doppelt angelegten oberen P1, wie seine Großmutter. Zähne sind immer für Überraschungen gut.*

Es gibt Rassen, bei denen die Zähne nur mit Mühe und sehr verlangsamt durchbrechen (Abb. 9-1-26), dann sind die Zähnchen beim Welpentest noch sehr klein, und es kann keine Aussage über die Okklusion gemacht werden.

Die einschränkenden fünf Schwachstellen – oder die »5 No-Gos« für Zucht und Sport

Jede Abweichung vom ausgewogenen, harmonischen Körperbau kann sich negativ auswirken. Es gibt jedoch fünf Schwachstellen, die das Wohlbefinden der Hunde schwer beeinflussen können. Das Problem ist, dass diese Einschränkungen den wenigsten Besitzern bekannt sind, es sei denn, der Züchter hat die Welpen getestet und kennt sie.

Die 5 Schwachstellen sind:

- Schafhals (Kapitel 3, Seite 66)
- zu wenig tiefer und zu flachrippiger Brustkorb mit einer steilen Front (Kapitel 4, Seite 103)
- Heringsbauch (Kapitel 4, Seite 108)
- kippbare Sprunggelenke (Kapitel 6, Seite 176)
- unzureichend gepolsterte und zu wenig aufgeknöchelte Pfoten, Roll-Ballen (Kapitel 6, Seite 192)

Wenn Sie beim Welpentest auf eines dieser Probleme stoßen, empfiehlt es sich unbedingt, die genauen Ausführungen im jeweiligen Kapitel des erwachsenen Hundes nachzulesen. Dabei können Sie sich ein detailliertes Bild über die verschiedenen Schweregrade und Auswirkungen machen. Kein Hund sollte überfordert werden, auch unwissentlich nicht, das haben unsere besten Freunde nicht verdient.

Allein um festzustellen, ob eine der oben erwähnten Schwachstellen vorliegt, lohnt sich der Welpentest. Es zahlt sich auf alle Fälle aus, den Welpentest komplett durchzuführen. Was sind zwei bis vier Stunden im Hinblick auf ein ganzes Hundeleben, wenn es unseren Hunden, aufgrund der gewonnenen Informationen, besser geht?

Nebst den fünf aufgeführten Schwachstellen ist auch jedes weitere Puzzle-Teil im Körperbau wichtig. So wie das kleinste Zahnrädchen in einem Uhrwerk mit allen anderen zusammenarbeitet, so hat Mutter Natur alles perfekt vorgesehen. Dort, wo Schwachstellen auftreten, haben wir Menschen eingegriffen, und es liegt an uns, so viel wie möglich wiedergutzumachen.

Abb. 9-1-30 | *Denken Sie an das sitzende Bärchen mit den vier dicken Fußballen, welches wir sehen möchten, wenn wir die Pfoten überprüfen. Kopf und Ballen dicht beieinander!*

Welpen mit körperbaulichen Schwachstellen

Es ist ein Erfahrungswert, dass jeder Züchter durchschnittlich 50% Welpen hat, die sich weder für die Zucht noch für den Hundesport eignen. Für diese Welpen sucht er einen geeigneten Platz, wo sie einfach Kumpel, Begleiter, Freund und Seelentröster sein dürfen.
Wir kommunizieren mit den Welpen-Interessenten offen, warum diese oder jene Beschäftigung im Übermaß für diesen bestimmten Welpen nicht gesundheitsfördernd ist und Überbeanspruchungen vermieden werden sollen.

Wir weisen jedoch auch auf die guten Qualitäten des Hundes hin, denn jeder Hund hat nicht nur Schwachstellen, er hat auch Vorzüge.

Abb. 9-1-31 | *Werden beim Welpentest körperliche Schwachstellen aufgedeckt, ist die Vermittlung in einen Haushalt mit kleinen Kindern zu überdenken.*

Möchten wir einen Welpen in eine Familie mit Kleinkindern geben, müssen wir Vorsichtsmaßnahmen walten lassen. Ausgeprägte anatomische Schwachstellen können sich auf das Verhalten des Hundes auswirken. Hunde mit Nackenverspannungen infolge eines sehr instabilen Schafhalses, oder mit instabilen Sprunggelenken, können in ihrem Wesen unausgeglichen sein. Ähnlich wie menschliche Schmerzpatienten. Solche Welpen gehören nicht in einen Haushalt mit Kleinkindern. Wenn ein Hund aus einer Schmerzreaktion heraus nach einem Kind schnappt, wird er in der Regel weggegeben oder im schlimmsten Fall euthanasiert. Beide Varianten sind für Kinder sehr schwer zu verstehen, weshalb wir von vornherein unsere Welpen mit schwerwiegenden Schwachstellen umsichtig und weise vermitteln.

Welpen in Familien mit Kindern sind in der Regel mehr ausgelastet als wir denken. Sie können leicht körperlich und mental überfordert werden. Nicht nur Sporthunde brauchen viele Ruhephasen, Familienhunde brauchen sie genauso.

Abb. 9-1-32 | *Es gibt nichts Schöneres als wenn Welpen und Kinder miteinander aufwachsen können. Ihre Kommunikation spielt sich oft auf einer eigenen wunderbaren Ebene ab.*

GEDANKEN ZUR ZUCHT

Wir wünschen uns, dass Züchter nach der Lektüre dieses Buches ihre Welpen nicht mehr bereits im Alter von drei Wochen den einzelnen Interessenten zuteilen, sondern den Welpentest abwarten. Mit den sich daraus ergebenden Informationen können die Welpen optimal platziert werden. Wenn wir es gut begründen, haben die Interessenten dafür auch Verständnis. Was bedeutet es für den künftigen Welpenbesitzer, fünf Wochen länger zu warten, wenn sich dafür seine hohen Erwartungen erfüllen? Auch der Züchter kann dank den Ergebnissen des Welpentests den für seine Zucht geeignetsten Welpen auswählen. Einschränkende Schwachstellen gehören nicht in die Zucht. Die Chance, einen Welpen erst nach dem Welpentest auszuwählen, sollte sich kein Züchter entgehen lassen. Wie bedauerlich wäre es, wenn der rassetypischste und am korrektesten gebaute Welpe in ein Heim platziert würde, in dem er direkt kastriert wird?

Abb. 9-2-01 | *Berger des Pyrénées: Und immer wieder der prüfende Blick in den Spiegel. Wenn das Spiegelbild gefällt und auch alles andere stimmt, dann darf Tuba einmal Deckrüde werden.*

Welchen Welpen behalten wir für unser Zuchtprogramm?

Der gewissenhafte Züchter

- kennt den funktionellen Urtyp und den Rasse-Standard seiner Rasse sehr genau
- kennt die Stärken und Schwächen der eigenen Zuchthunde und der in Frage kommenden Zuchtpartner
- hat bis zu drei Zuchtziele, die er kurzfristig erreichen möchte
- setzt die Prioritäten für diese Zuchtziele
- hat stets auch sein langfristiges Zuchtziel vor Augen
- züchtet nicht in erster Linie, um einen »Best in Show«-Hund hervorzubringen, vielmehr ist er sich seiner Verantwortung bewusst, gesunde Hunde, fit for function, mit sozialverträglichem Wesen zu züchten, die mit dem stressigen Alltag ihrer Besitzer klar kommen

Mit dem Welpentest sind wir in der Lage, jenen Welpen für die Weiterzucht auszusuchen, der phänotypisch, strukturell/funktionell unseren Zuchtzielen am nächsten kommt. Ein weiterer wichtiger Baustein in jeder Zucht sind die charakterlichen Eigenschaften, die sowohl rassetypisch als auch sozial-kompatibel sein sollen. Wenn wir das alles in einem unserer Welpen mit dem richtigen Geschlecht vereint finden, dann dürfen wir uns glücklich schätzen. Die Realität schaut oft so aus, dass wir einen Kompromiss eingehen oder einen Schritt zurück machen und vielleicht einen weiteren Wurf abwarten müssen. Züchten ist eine Herzenssache, bei der man sich in Geduld üben muss, und der Verstand nicht ausgeschaltet werden darf.

Welcher Welpe passt in welches Zuhause?

Im besten Fall haben wir genügend Interessenten für unsere Welpen. Wir haben alle im Vorfeld per-

Abb. 9-2-02 a+b | *Welpen, die ruhig stillstehen können und vor allem traben, sind besser gebaut als die vorwiegend hoppelnden Welpen, die immer in Bewegung sind.*

sönlich kennengelernt und im Gespräch viel über ihre Wünsche und Erwartungen an ihre Hunde mitbekommen. Wir haben hunderte Fragen beantwortet und selbst auch eine Menge Fragen gestellt, die für uns wichtig sind.

Gleich beim ersten Kontakt erklären wir den Interessenten, dass wir Züchter entscheiden, welchen Welpen wir in welches Heim abgeben werden. Es gelingt uns, sie davon zu überzeugen, dass letztlich sie und ihr Welpe gut zusammenpassen müssen, um glücklich durch viele gemeinsame Jahre gehen zu können. Die Interessenten dürfen uns drei Welpen nennen, die sie wählen würden, so ist in der Regel garantiert, dass sie einen Welpen ihrer Wahl bekommen werden.

Wir Züchter sind 8–10 Wochen rund um die Uhr mit den Welpen zusammen und beobachten jeden Welpen einzeln und in der Gruppe. Wir machen uns immer wieder Gedanken darüber, welcher Welpe zu welchem Interessenten passen könnte. Nach dem Welpentest fällt dann die Entscheidung. Wenn dann die Welpen bei ihren Familien sind, spielt die Farbe plötzlich keine Rolle mehr, dann zählt vor allem das Wesen. Es zeigt sich schnell, dass genau dieser Welpe zu ihnen passt.

Abb. 9-2-03 | *Rala, die Berger des Pyrénées-Hündin, durfte nach dem Welpentest bei ihrer Züchterin bleiben.*

Die Suche nach dem geeigneten Rüden für unsere Hündin

Planen wir einen weiteren Wurf mit derselben Hündin, deren Stärken und Schwächen wir durch den ersten Wurf besser einschätzen können, gilt es, nach der passenden Ergänzung zu suchen. Der Rüde soll die Schwachstellen, die unsere Hündin hat, selber nicht aufweisen, denn Schwachstellen sollen nicht gedoppelt werden und sich in den Nachkommen keinesfalls festigen. Der Rüde soll jene züchterischen Qualitäten aufweisen, die für unsere Zuchtplanung erstrebenswert sind. Dazu erstellen wir eine schonungslos ehrliche Liste über die Qualitäten und die zu verbessernden Schwachstellen unserer Hündin. Wir behalten stets unser Zuchtziel vor Augen.

Erst dann machen wir uns auf die Suche nach dem Rüden. Nein, wir suchen nicht nach dem Show-Crack, dessen Namen alle kennen, oder über den am meisten auf facebook gepostet wird. Vielleicht haben wir schon lange eine Zucht oder Blutlinie im Auge, die weniger mit spektakulären Show-Resultaten und dafür mit soliden, gesunden und arbeitsfreudigen Nachkommen beeindruckt. Oder der Zuchtrüde in jedermanns Mund hat einen Bruder oder Neffen, der zwar nicht ausgestellt wird, der aber ganz gut zur Hündin passen könnte. Wenn wir das Glück haben, den Rüden persönlich zu treffen, sind wir in der Lage, ihn einzuschätzen und eine Liste über seine Qualitäten und Merkmale zu erstellen.

Lebt der Rüde aber 1000 km entfernt und wir haben nur wenige Informationen, dann stellen wir dem Rüdenbesitzer erst einmal unsere eigene Hündin vor mit ihren Qualitäten und Schwächen. Wir erbitten Fotos des Rüden von der Seite, von vorne und von hinten, fotografiert auf der Höhe des Hundes, der auf einem Tisch oder flachen Untergrund steht, so dass wir auf jeden Fall auch die Pfoten sehen können (Abb. 9–2-05 a-c). Hilfreich wäre zusätzlich ein Video, auf dem der Rüde an lockerer Leine geht und trabt, auf uns zu und von uns weg. Der Trab sollte auch von der Seite aufgenommen werden. Im Gegenzug können wir ein entsprechendes Video von unserer Hündin senden.

Abb. 9-2-04 | *Bergers des Pyrénées face rase: Nevada und Chili, Mutter und Sohn, die Vielfalt der Gene.*

Wir fragen nach Format und Größe, nach dem Stammbaum und den Leistungsnachweisen. Sehr wichtig sind für uns Kopien des HD-Resultats, noch besser, die heutzutage digitalen Röntgenbilder von Hüften und Ellbogen, je nach Rasse zusätzlich von Schultern, Knien und der Wirbelsäule. Außerdem sollte geklärt werden, ob Resultate von rassespezifischen Gentests vorliegen.

- Ist der Rüde gesund?
- Hat er bereits gedeckt?
- Wenn ja: Wie zeigen sich seine Nachkommen?
- Wie ist sein Verhalten gegenüber Menschen und anderen Rüden?
- Wird der Rüde zur Arbeit eingesetzt?
- Wird der Rüde sportlich geführt? In welchen Sportarten?

Abb. 9-2-05 a-c | *Multichampion und Deckrüde Ilco, ein Russischer Schwarzer Terrier (mit beachtlichem Stockmaß von ca. 75 cm) von der Seite, von vorne und von hinten fotografiert, geschoren für eine bessere Körperanalyse. Ilco zeigte schon vor über 11 Jahren beim Welpentest einen harmonischen und korrekten Körperbau mit guten Winkelungen. Es ist erfreulich, dass er immer noch so fit ist.*

Wenn wir ehrlich kommunizieren, was es bei unserer Hündin zu verbessern gilt, dann wird auch der Rüdenbesitzer hoffentlich ein offenes Ohr für unsere Wünsche an seinen Hund haben.
Umgekehrt hat auch der Rüdenbesitzer eine Verpflichtung, die über die Freude, dass sein Hund auf unserer Wunschliste steht, hinausgehen sollte. Denn auch ein Rüdenbesitzer – wie sein Rüde auch – haben einen guten Namen zu verlieren. Nur allzu schnell wird der Rüde als der Schuldige angeprangert, wenn bei den Nachkommen etwas nicht stimmt.

Somit sollte auch der Rüdenbesitzer ein Veto einlegen dürfen, wenn er an der Verpaarung zweifelt, was allerdings noch zu selten vorkommt.
Eine Garantie gibt es für keine Verpaarung, wohl aber viele Vorteile, wenn wir vorausschauend und vorsichtig planen.

Macht eine Wurfwiederholung Sinn?

Vor dem Hintergrund, dass jeder geplante Wurf ein Schritt voran im eigenen Zuchtprogramm sein soll, macht eine Wurfwiederholung wenig Sinn. Sie wird keinen Fortschritt und keine Verbesserung bringen, da das Resultat mehr oder weniger das gleiche sein wird. War unser letzter Wurf genial, dann könnten wir stattdessen für den nächsten Wurf einen verwandten Rüden wählen, einen Bruder, einen Sohn, einen Neffen, vielleicht sogar mit einem besseren Resultat und besseren Optionen für die weitere Zucht.

Natürlich gibt es wie immer Ausnahmen, wenn wir beispielsweise eine Hündin aus exakt dieser Verbindung behalten wollen und nur Rüden geboren wurden, oder wenn kein Welpe aus dieser Verbindung in der Zucht ist.
Dann könnte eine Wurfwiederholung Sinn machen, jedoch nicht, nur um mehr vom Gleichen zu bekommen.

Abb. 9-2-06 | *Tairas Stehohr ist leider ein zuchtausschließender Fehler. Wie sinnvoll ist das bei einer Rasse mit so kleinem Genpool?*

In der Pflicht sind auch die Rasse-Clubs

Wie schön wäre es, wenn die Rasse-Clubs ihre Zuchtwarte, Spezialrichter und Züchter vielseitiger ausbilden und sie für gesundheitliche Themen sensibilisieren würden. Als Grundlage könnte dieses Buch dienen mit dem Augenmerk auf der Funktionalität. Gleichzeitig kommt auch die Optik nicht zu kurz, denn ein ausgewogen gebauter Hund ist an sich schön.

Wie oft erhalten Hunde wegen einem optisch disqualifizierenden Fehler keine Zuchtzulassung, während sich Hunde mit gesundheitlich relevanten Problemen fleißig vermehren dürfen. Nach der Lektüre dieses Buches werden Sie bestimmt feststellen, dass Hunde mit einem Schafhals, kippbaren Sprunggelenken oder Roll-Pfoten in der Zucht sind, dafür korrekt gebaute, rassetypische Hunde mit einem kleinen Zahnfehler oder z.B. einer Fehlfarbe von der Zucht ausgeschlossen und kastriert worden sind.

Ein Beispiel ist Taira, die rassetypische und ausgewogen gebaute, menschenfreundliche Berger des Pyrénées face rase Hündin. Taira ist ein einsatzfähiger Lawinenhund in der Alpinen Rettung Schweiz (ARS), und nebenbei sportlich erfolgreich in den höchsten Klassen. Taira hat ein Kipp- und ein Stehohr (Abb. 9-2-06), im Standard steht, dass natürliche Stehohren ein disqualifizierender Fehler sind. Die Besitzerin musste aufgrund des Stehohrs von einer Zuchtzulassung absehen. Wie einfach wäre es gewesen, mit einer Zulassung für einen Wurf den Zuchtpartner gut auszuwählen und bei den Nachkommen – wenn überhaupt nötig – zu selektionieren. So aber gingen Tairas wertvollen Gene durch eine rein optische Vorliebe für immer für die Rasse verloren. Das passiert immer und immer wieder bei vielen Rassen, deren Standards übertrieben viele zuchtausschließende Fehler auflisten.

Wie sinnvoll sind geschlossene Stammbücher?

Leider gibt es durch einseitige Selektion bereits Rassen, die völlig entgleist sind. Bei denen es ohne Einkreuzung fremder Rassen nicht mehr möglich ist, gesunde Hunde zu züchten. Ein bekanntes Beispiel ist der Continental Bulldog. Der Züchterin Imelda Angehrn ist es gelungen, nach über 20 Jahren aus den kaputt-gezüchteten Englischen Bulldoggen wieder moderat gebaute, gesunde Bulldoggen zu züchten. Lesen Sie mehr im Kapitel 7, Seite 210 (Molosser).
Der bekannte Kynologe Robert W. Cole schrieb bereits im Jahr 2004 in seinem Buch »An Eye for a Dog« über die vergessene Vorbrust beim Sheltie. Tatsächlich finden wir heutzutage sehr selten eine wirklich gut gebaute Vorbrust bei dieser Rasse, wie übrigens bei vielen anderen langhaarigen Rassen auch. Es scheint, dass an Ausstellungen mehr Gewicht auf ein üppiges Fell und die reine Optik einer Vorbrust gelegt wird.

Wichtig ist es, dass sich die Rasse-Clubs ihrer über die Generationen »selbstverursachten« Strukturprobleme und/oder Inzuchtdepressionen bewusst werden. Obwohl die FCI die Möglichkeit geschaffen hat, im Anhang des Stammbuchs ein Register zu führen, wo phänotypisch aussehende und geprüfte Hunde nach der 3. Generation Reinzucht offizielle Papiere bekommen, halten die meisten Rasse-Clubs die Zuchtbücher geschlossen. Damit besteht keine Möglichkeit, fremdes Blut – neue Gene – einzukreuzen. Was oft die einzige Lösung ist, wenn in einer Rasse zu viele Gene verloren gegangen sind, allein durch eine zu enge und/oder engstirnige Zuchtstrategie.

Ein trauriges Beispiel ist der Kromfohrländer, eine sehr junge Rasse (anerkannt 1955), deren Ursprung auf nur drei Hunde zurückgeht. Die Inzucht-Probleme waren absehbar. Die manifeste Inzuchtdepression führte zu vermehrt auftretenden Erkrankungen, Charakter-Defiziten und strukturellen Schwachstellen im Körperbau. Zwei Vereine führen ein Einkreuzprojekt für den Kromfohrländer durch. Leider geschieht dies ohne den Segen des deutschen Dachverbands, dadurch sind viele VDH-Zuchthunde nicht zugänglich für das Einkreuzprojekt.

Abb. 9-2-07 zeigt eine Gruppe Kromfohrländer aus dem VRK-Einkreuzprojekt. Der Verein für Rauhaarige Kromfohrländer (VRK) führt ein ausschließliches Einkreuzprojekt und züchtet nicht reinrassig, er verfolgt ein flexibles Zuchtkonzept mit einer nachhaltigen Gen-Auffrischung. Dem Phänotyp des Kromfohrländers kommt man damit meist sehr nahe und auch der Genotyp profitiert von der teils über 50 % höheren Genvielfalt.

Abb. 9-2-07 | *Ein schöner Erfolg für die engagierten Züchter im VRK: Diese gut gebauten und fröhlichen »Einkreuz-Kromis« kommen dem Erscheinungsbild des Kromfohrländer recht nahe. Sie profitieren dazu von all den Vorteilen einer breiteren genetischen Basis.*

Auch beim Körperbau wurden sichtbare Fortschritte erzielt. Würde der offizielle Rasseclub unter dem VDH das Stammbuch öffnen, könnten diese Hunde in das offizielle Register des Rassezuchtvereins integriert werden und damit den gesamten Genpool bereichern. Genetisch aufgefrischte Hunde mit gutem Körperbau, einem stabileren Nervenkostüm und besserer Gesundheit, wie diese Hunde vom VRK, haben deutlich höhere Chancen auf ein zufriedenes und gesundes Hundeleben.

Über einige Jahre begleiteten wir mit Welpentests und Sichtungen von erwachsenen Hunden ein Einkreuzungsprojekt in Deutschland. Wir konnten miterleben, wie viel Herzblut in dieses Projekt fließt. Es ist ein langer und anspruchsvoller Weg, um einer genetisch verarmten, kranken Rasse wieder auf die Beine zu helfen und sie wieder fit zu bekommen. Aber es lohnt sich. Was gibt es Schöneres, als einen glücklichen, lebensfrohen und wesensfesten Hund zu sehen, der sich stressfrei und mit Freude in einem gesunden Körper bewegt.

Es geht nicht ohne eine wohlwollende Zusammenarbeit

Wünschenswert wäre, dass die Rasse-Clubs den engagierten Züchtern etwas mehr Freiraum geben. Wenn es dem Genpool hilft, sollten viel mehr Ausnahme-Verpaarungen bewilligt werden. Zu verlieren gibt es nichts, da Welpen aus diesen Würfen für die Weiterzucht die Zuchtzulassung durchlaufen müssen. Wenn bei der Zucht das Augenmerk zu sehr auf einigen wenigen (oft nur optischen) Merkmalen liegt, ist der Verlust der Genvielfalt vorprogrammiert. Denken Sie nur an die extreme Farbzucht beispielsweise beim Berner Sennenhund, wo die Kopfzeichnungen ausschlaggebend für eine Zuchtzulassung sind. Und lesen Sie das heutige Durchschnittsalter dieser wunderbaren Rasse nach. Befinden wir uns hier mit der Rassezucht nicht auf dem Holzweg?

Für viele Aha-Erlebnisse im Bereich der Genetik empfehlen wir Ihnen das gut verständliche und sehr spannend geschriebene Buch »Rassehundezucht, Genetik für Züchter und Halter« von Irene Sommerfeld-Stur.

Abb. 9-2-08 | *Erfreuliche Nachrichten aus dem Zuchtgeschehen: Offiziell von der SKG erlaubte Varietät-Kreuzung beim Hollandse Herdershond.*

Einige Rasse-Clubs haben jedoch die Problematik erkannt und gehen erfreulicherweise unkonventionelle Wege. So stammt der hübsche Holländer-Welpe in Abb. 9-2-08 aus einer vom Schweizerischen Dachverband SKG bewilligten Varietät-Kreuzung. Die Verpaarung »Holländischer Schäferhund Kurzhaar x Rauhaar« ist sicherlich eine wertvolle Gen-Auffrischung für beide bisher isoliert gezüchteten Rassen.
Wenn alle Clubmitglieder persönliche Interessen und Vorlieben hintenanstellen und den Blick auf die ganze Rasse richten, dann denken sie langfristig zum Wohle der Hunde. Nur so kann unsere Generation die Rassen gesund und mit einem variantenreichen Genpool an die nächste Generation übergeben.

Wenn Zuchtwarte anlässlich der Wurfabnahme in der Lage sind, die auf Seite 289 genannten fünf Schwachstellen zu erkennen, können sie die Züchter diesbezüglich aufklären und beraten. Das wäre ein wichtiger Schritt in die richtige Richtung, da beispielsweise kippbare Sprunggelenke oder ein sehr instabiler Schafhals den Hund echt einschränken, was ein Kippohr, ein Fleck am falschen Ort oder eine nicht ganz korrekte Farbe nicht tun.

Rassetyp versus Gesundheit

Ein großes Thema im Show-Ring: Was ist wichtiger, Rassetyp oder Gesundheit? Ein Rasse-Standard ist der Bauplan, der dem Hund ermöglicht, die Arbeit auszuführen, für die er gezüchtet worden ist. Rassetyp und Gesundheit können nicht auseinanderdividiert werden, denn wenn der Hund nicht strukturell gesund und gut genug ist, seine Arbeit zu verrichten, dann entspricht er absolut nicht dem Rassetyp. Lassen wir uns das auf der Zunge zergehen.

Und vergessen wir nie, dem Standard entsprechend zu züchten. Wir haben nicht das Recht, unsere Hunde als unser Eigentum zu betrachten, welches wir nach unseren Wünschen formen und verändern können. Viel zu schnell gewöhnt sich das Auge an übertypisierte Hunde, die wir im Ring sehen und die prämiert werden, die sich aber immer weiter vom Standard entfernen. Hier tragen wir die Verantwortung, unsere Rassen in gutem und wenn möglich besserem Zustand an die nächste Generation zu übergeben als wir sie übernommen haben.

»The more we learn – the more our dogs benefit«

(Je mehr wir lernen– umso mehr profitieren unsere Hunde)

Pat Hastings hat uns dies vor vielen Jahren mit auf den Weg gegeben. Ihre Widmung im uns überreichten Buch 'Structure in Action, The Making of a Durable Dog«.

UNSER WEG ZUM WELPENTEST
– er darf kopiert werden

Aufwand und Ertrag der Welpentests rechnen sich nicht in Geld. Der zeitliche Aufwand ist groß, aber der eigentliche Ertrag ist neben einer Spesenvergütung der immaterielle Wert, sowohl für uns Welpentester als auch für den Züchter, der eine umfassende Dokumentation über seinen Wurf erhält. Weder durch Bücher, noch durch die Puppy-Puzzle-DVD, noch durch Weiterbildungen haben wir so viel gelernt, wie durch die große Anzahl Würfe, deren Welpen wir in vielen Jahren testen und ertasten durften. Wer Welpen testet, der lernt mit jedem Wurf dazu!

Vor beinahe 20 Jahren haben wir damit begonnen, uns durch die eigenen Würfe zu tasten. Die ersten Resultate bestanden aus mehr Fragezeichen als Erkenntnissen, dennoch haben wir jeden Welpentest gewissenhaft protokolliert und jeden Welpen fotografiert. Zum Glück machten wir alle Tests zu zweit, so konnten wir uns besprechen und Auffälligkeiten gegenseitig absichern. Wir durften Pat Hastings um Rat fragen, wenn wir uns etwas nicht erklären konnten. Es folgten spannende Lehr- und Wanderjahre durch die Schweiz und Deutschland, überall dorthin, wo wir zum Lernen einen Wurf Welpen testen durften.

Den Grundsatz, Welpentests nicht bei den Züchtern zuhause durchzuführen, haben wir bei unseren ersten 50 Würfen nicht einhalten können. Wir fuhren oder flogen zu den Züchtern und waren froh, an ihren Welpen lernen zu dürfen. Wir testeten damit unter erschwerten Bedingungen, weil die Welpen beim Züchter wilder und abgelenkter sind, wie an einem ihnen fremden Ort.
Mit der Zeit fühlten wir uns immer sicherer. Besonders schwierig erwies sich allerdings zu Beginn die Ursachensuche. Wenn wir auf eine Auffällig-

Abb. 9-3-01 | *Unser Herz schlägt für die Welpen – zu Beginn für die eigenen und dann bei den Welpentests für alle Welpen, die wir analysieren dürfen. Wie schön ist es doch, immer wieder Welpen zu knuddeln.*

keit stießen, waren uns oft die Zusammenhänge und Auswirkungen noch nicht geläufig. Genau ab diesem Moment wurde es extrem spannend, denn nun begannen wir, die enorm wichtigen Zusammenhänge zu entdecken. Über viele Jahre hat sich dabei die Tabelle »Structure in Action« (Anhang, QR-Code 1, Seite 355) ergänzt, und noch heute lässt sich diese erweitern. Wir dürfen niemals vergessen, dass wir bei jeder Auffälligkeit, die wir antreffen, nach deren Ursache suchen und die Auswirkungen kennen sollten. Hier beginnt das eigentliche Welpen-Puzzle mit 1000+ Teilchen, welches niemals fertig wird. Genau so entwickelt sich Learning by Doing.

Als wir unsere ersten Welpentest-Versuche machten, dachten wir nicht im Traum daran, einmal Seminare zu diesem Thema durchzuführen. Lernen wollten wir einfach für uns. Als wir dann vor vielen Jahren von der Stiftung für das Wohl des Hundes Certodog angefragt wurden, ob wir einen Vortrag für ihre Züchter halten könnten, sagten wir zu. In einer Präsentation stellten wir den Welpentest vor und wurden vom positiven Echo überrascht. Die Teilnehmer überhäuften uns mit Fragen und wollten unbedingt unter unserer Anleitung die Handgriffe erlernen und an Hunden anwenden.

Weitere Anfragen für Vorträge und Seminare kamen dazu. Wir entwickelten die beiden Seminarangebote Hundeanalyse/Welpenanalyse und Fit für Zucht und Sport, beide basierend auf dem gesunden Körperbau. Beide Tagesseminare wurden im In- und Ausland immer bekannter.

Für die Akkreditierung unserer Seminare durch die SKG wurden wir von Dr. med. vet. Lisa Goldinger und Dr. med. vet. ECVS Daniel Koch eingehend geprüft und in der Folge der SKG als Referentinnen für Seminare empfohlen. Alle Seminare, die wir für die SKG durchgeführt haben, erhielten beste

Abb. 9-3-02 | *Unser Logo für die Hunde-Analyse.*

Feedbacks. Trotzdem entzog uns die SKG nach ein paar Jahren stillschweigend die Akkreditierung aus folgendem unverständlichen Grund: Eva hatte für das Schweizer Hundemagazin einige teils kritische, aber fair formulierte Artikel über Hundezucht und Ausstellungen geschrieben. Das war ein Fehler, denn kritische Überlegungen sind von der SKG gänzlich unerwünscht.

Es betrübt uns, dass ausgerechnet der Dachverband für das Hundewesen in der Schweiz gegen Menschen arbeitet, die sich aktiv für das Wohl der Hunde einsetzen. Interessanterweise wirkte sich dieser Umstand nicht auf unsere Seminartätigkeit aus, im Gegenteil.

Etliche Teilnehmer besuchen unsere Seminare mehrfach, um immer wieder neu profitieren zu können. Es freut uns natürlich, dass wir Richter, Physiotherapeuten und Tierärzte unter den Teilnehmern haben, und natürlich, dass diese uns weiterempfehlen und sogar weitere Seminare organisieren. Wir haben nie Inserate aufgeschaltet oder uns beworben, alle Seminar-Anfragen erreichen uns über Empfehlungen.

Die bisherigen Seminar-Orte hätten unterschiedlicher nicht sein können: von der kleinsten Club-Hütte oder der Agility-Halle bis zum Hotel-Konferenzraum, von der luftigen Scheune auf dem Bauernhof bis zum historischen Kleintheater, Seminare lassen sich fast überall durchführen.

Abb. 9-3-03 | *In guter Erinnerung ist uns der schöne Seminarraum und das einzigartige Hundemuseum beim ÖKV in Wien.*

Wir führen unsere Seminare ausschließlich im Zweier-Team durch, was den Vorteil hat, dass wir gut auf die Teilnehmer eingehen und sie bei den Gruppenarbeiten begleiten können.

- **Unser Seminar-Erfolgsrezept** basiert auf der Mischung aus Theorie und Praxis. Nach einem Theorieblock sind die Teilnehmer sehr motiviert und möchten selber Hand anlegen und das Gelernte in den Gruppenübungen an den anwesenden Hunden anwenden.
- **Unser Buch-Erfolgsrezept** wird sich erst weisen, das Umsetzen der Theorie in die Praxis liegt jetzt bei unseren Lesern. Wer nicht mehr weiter weiß, kann beispielsweise in unserer facebook-Gruppe »Welpenanalyse – Hundeanalyse« nach Rat fragen.

Es ist offensichtlich, dass ein großer Bedarf an praktischer Wissenserweiterung rund um den gesunden Körperbau unserer Hunde besteht, diesen Bedarf können wir alleine nicht abdecken. Bedauerlicherweise konnten wir viele Seminar-Anfragen aus Deutschland und Österreich nicht zusagen, da für uns die Seminarorte vom Flugplan der Swiss (Frankfurt, Düsseldorf, München, Wien) abhängen, um am selben Tag von Zürich aus hin- und zurückfliegen zu können.
Wir hoffen, dass dieses Buch offensichtliche Lücken schließen kann.

Wäre nicht Corona dazwischengekommen, hätten wir im Frühsommer 2020 unser einhundertstes Tagesseminar durchgeführt.
Es kam anders, die Zeit war reif, unser Wissen in ein Buch zu packen. Nun haben auch Züchter im Ausland die Möglichkeit, unsere Erkenntnisse nachzulesen.

Wir wissen, dass es sie gibt, die Züchter und Hunde-Freunde, die bereits ein großes Wissen haben und denen nur noch das Quäntchen Mut fehlt, dieses Wissen weiterzugeben. Und die, deren Interesse wir geweckt haben, mögen daran denken, dass auch wir anfangs nur für uns lernen wollten … Hoffentlich gibt unser Buch den Anreiz dazu, sich Wissen anzueignen und zu verbreiten, wir wünschen es uns!

Abb. 9-3-04 | *Viel Raum für die Gruppenarbeiten und möglichst große Spiegel bieten für die Teilnehmer wie für die Hunde allerbeste Voraussetzungen.*

An dieser Stelle bedanken wir uns ganz herzlich bei der bekannten Kynologin und Autorin Petra Krivy. Sie hat uns im Januar 2020 an unserem Fortbildungsseminar für Richter, Körmeister und Zuchtwarte in Frankfurt während der Pause angesprochen und uns gefragt, ob wir nicht ein Buch über dieses spannende Thema schreiben möchten, sie könne das Bindeglied zum Verlag Müller Rüschlikon in Stuttgart sein. Das war eine kleine Frage – mit weitreichenden Folgen.

Wie Ihr eigener Weg aussehen könnte

Immer wieder wird uns gegenüber bedauert, dass nur wir Welpentests anbieten würden. In der Schweiz testen wir die Würfe praktisch immer bei uns zu Hause, was für die deutschen oder österreichischen Züchter keine Option ist.
Unsere Vision ist es, dass sich interessierte Leute weiterbilden, um eines Tages mit zunehmender Erfahrung selber Welpentests anbieten zu können. Wie praktisch wäre es, wenn eine nach Landesteilen geordnete Welpentester-Liste im Internet abgerufen werden könnte!
Zu wünschen wäre es, wenn **Zuchtwarte** ihre Kenntnisse erweitern würden, um anlässlich der Wurfabnahmen das Gebäude der Welpen im kleinen Rahmen auf beispielsweise die fünf Stärken und Schwächen (Seite 289) analysieren zu können. Dies im Beisein des Züchters und mit den dazugehörenden Erklärungen.
Dabei lernt der Züchter zu sehen, was optimal und/oder was anzustreben wäre. Als Zuchtwarte kommunizieren Sie stets wohlwollend und aufbauend, es geht nicht ohne die Zusammenarbeit zwischen Züchter und Rasse-Club.

An unseren Seminaren gibt es immer wieder Leute, die sich danach verabreden, um das Gelernte miteinander zu üben. Auch in unserer facebook-Gruppe »Welpenanalyse – Hundeanalyse« mit über 1000 Mitgliedern kann nach Gleichgesinnten in einer bestimmten Region aufgerufen werden.

Aus Erfahrung empfehlen wir, den Welpentest mit der kurzen Checkliste (Anhang Seite 355, QR-Code 2) immer zuerst an erwachsenen und vorzugsweise an den eigenen Hunden zu üben. Ob Rassehund oder Mischling, sie alle leben in einem Körper, der anschließend geschont werden soll, wenn es sich aufgrund der Analyse als nötig erweist.

Wenn Sie sich beim Analysieren der eigenen Hunde sicher fühlen, üben Sie an geduldigen Hunden von Bekannten. Dadurch werden Sie sich der unterschiedlichen Körpertypen bewusst, und bald auch der Unterschiede innerhalb der Rassen.

Abb. 9-3-05 | *Unsere Plattform auf facebook, um Gleichgesinnte zu finden.*

Hundeanalyse Trainings-Treffen

Nachdem Sie zuerst allein geübt haben, treffen Sie sich einmal pro Monat mit zwei, drei anderen Züchtern oder Hundefreunden und überprüfen Sie gemeinsam Ihre Handgriffe, wenn möglich an unterschiedlichen Rassen. Tauschen Sie sich aus, sammeln Sie Erfahrungen – und analysieren Sie immer mit dem Blick in den fast senkrecht stehenden Spiegel. Füllen Sie gemeinsam die Checkliste aus und machen Sie Fotos zur Dokumentation. Sie werden rasch die Erfahrung machen, wie interessant es ist und wie sehr sich Hunde unterscheiden. Dabei soll es vor allem darum gehen, Erfahrung zu sammeln und sich Basiswissen anzueignen.

Sorgen Sie dafür, dass es auch den Hunde-Modellen Spaß macht, dass sie nicht bedrängt, dafür für ihre Geduld und Kooperationsbereitschaft oft und hochwertig belohnt werden. Das zunehmend verbreitete »Medical Training« hat vielleicht schon einiges bewirkt. Jedoch sollten Hunde, die sich von fremden Personen nicht gerne anfassen lassen, nur vom Besitzer und zu Hause in der gewohnten Umgebung analysiert werden.
Es ist wichtig, dass beim gemeinsamen Üben alle einmal denselben Hund anfassen und testen. Nur so können Ergebnisse untereinander diskutiert werden. Seien Sie ehrlich, wenn Sie etwas nicht fühlen können. Vielleicht hat jemand einen guten Tipp, wie Sie besser tasten können. Hunde zu analysieren braucht jahrelange Übung, je mehr Fehler Sie anfänglich machen, desto schneller lernen Sie daraus.

Abb. 9-3-06 | *Kurzhaar Collie-Hündin Yumi steht bereit. Sie wird die liebevoll tastenden Hände und die feinen Leckerlis beim Testen genießen.*

Erste Welpen-Analysen

Es kommt der Tag, an dem wir nach vielen an erwachsenen Hunden abgearbeiteten Checklisten die Gelegenheit haben, erstmals einen Test an einem Wurf Welpen durchzuführen. Da Welpen nicht beliebig lang auf dem Tisch stehen können raten wir dazu, die ersten Welpentests nach der Kurzform-Checkliste Welpentest) durchzuführen, diese steht zum Download bereit (Anhang, Seite 355, QR-Code 2).

Es hat viele Vorteile, die Welpentests zu zweit durchzuführen. Dem beim Welpentest stets anwesenden Züchter erklären wir während des Testens genau, was wir gerade prüfen und ertasten. Nur so versteht er, was im Protokoll und in der Wurf-Dokumentation vermerkt wird.

Die Protokollblätter (ausgefüllte Checklisten) sind ebenfalls nur für den Züchter bestimmt, nicht für die zukünftigen Welpenbesitzer. Der Züchter wird ihnen die aus seiner Sicht wichtigsten Informationen weitergeben. Zum Beispiel, dass sein Welpe eventuell Mühe haben könnte, ein guter Schwimmer zu werden, weil sein Hals überbeweglich ist und die Sprunggelenke weich sind. Oder dass sein Welpe vorne und hinten sehr schmal gebaut ist, was sich insgesamt auf seine Stabilität auswirkt und hinderlich bei Sportarten wie Agility ist.

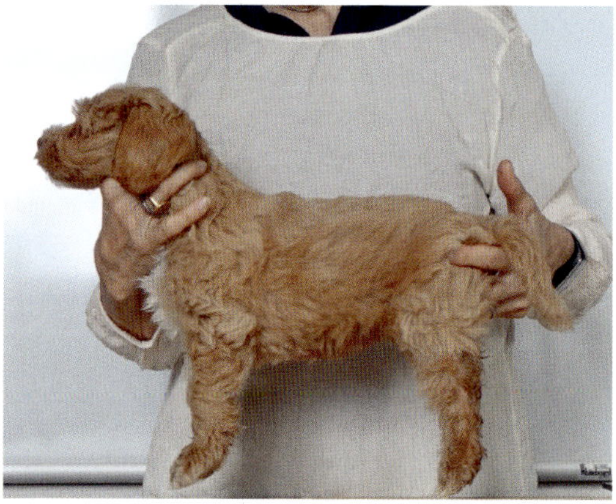

Abb. 9-3-07 | *Das korrekte Anheben des Welpen ist zugleich das schwierigste und gleichzeitig das aussagekräftigste Element des Welpentests.*

Welche Welpen sind am schwierigsten zu testen?

Wenn wir ehrlich sind, dann sind es unsere eigenen Welpen! Spätestens dann erleben wir, dass neutral zu sein nicht einfach ist. Wir alle reden unsere eigenen Welpen schön. Wir entschuldigen den Welpen, der gerade nicht stillstehen möchte. Bei einem anderen, der den Rücken aufzieht, begründen wir das Verhalten mit möglichen Bauchschmerzen usw. Wir haben für alles eine beschönigende Erklärung. Aus diesem Grund haben wir Verständnis für die Züchter, die ihrem Lieblings-Welpen gegenüber »zwingerblind« sind. Solange der Züchter sich der von uns aufgezeigten Schwachstellen bewusst ist, akzeptieren wir seine Entscheidung, einen Welpen zu behalten, den wir beispielsweise nicht behalten würden. Unsere Aufgabe sehen wir darin, Augen zu öffnen.
Was der Züchter aus unseren Informationen macht, liegt in seiner Verantwortung. Letztlich lernen wir alle aus den Fehlern, die wir machen.

Auffälligkeiten beim Welpentest – wo nachschlagen?

Arbeiten Sie mit den jeweiligen Checklisten und dem Kapitel »Welpentest«. Wenn Sie beim Testen der Welpen Auffälligkeiten finden, beispielsweise einen überbeweglichen Schafhals, können Sie im Kapitel »Hals« des erwachsenen Hundes nachschlagen. Dort ist alles genau beschrieben und anhand von Bildern erklärt. Zeigen Sie dem anwesenden Züchter die Fotos im Buch. Falls der Hund zu einem ambitionierten Sportler kommen sollte, schlagen Sie im Kapitel Sporthund nach, um die Auswirkungen im Sport nachzulesen.
Vielleicht lässt sich noch eine Weiche stellen, dass der Hund mit diesem oder jenem Handicap in ein anderes Zuhause abgegeben werden kann. Das Ziel des Welpentests ist es, das Potential und die Schwachstellen frühzeitig herauszufinden, damit die Welpen in das geeignetste Heim vermittelt werden können.

Abb. 9-3-08 | *Die zukünftige Doggen-Besitzerin Melanie ist gerade sehr glücklich über den guten Bericht der Welpenanalyse ihres Lieblings Velvet. Velvet war sichtlich begeistert von der Quark-Tube.*

Ergänzend finden Sie im Anhang (Seite 355) unter dem QR-Code 1 die umfassende Tabelle 'Auffälligkeiten und Auswirkungen'. Sie werden viele Antworten finden.

Mit der Tabelle haben Sie genügend Optionen, die fehlenden Puzzle-Teilchen zu finden, mit dem Effekt, dass Sie jedes Mal etwas dazulernen und genauso fasziniert vom Bewegungsapparat des Hundes werden wie wir. Sie werden sehen: Jeder Welpentest ist eine Bereicherung, sowohl für Sie als Tester als auch für die Züchter und hoffentlich für die Welpen, die dank des Tests gefördert und nie überfordert werden.

Abb. 9-3-09 | *Das ist Levi, unser Fotomodell beim Welpentest in Kapitel 8! Er ist in den neun Monaten, während wir dieses Buch geschrieben haben, mächtig gewachsen. Jetzt kann er lesen! Er kontrolliert gerade die Checklisten im Anhang. Levi hofft, dass sich dabei möglichst viele Hundefans mit dem gutartigen »Welpentest-Virus« infizieren werden!*

Gangwerk

> Grundregeln

306 Das Gangwerk des ausgewogen gewinkelten, rechteckigen Hundes

309 Das problematische Gangwerk des quadratischen Hundes

310 Der Einfluss der Hinterbeine auf die obere Linie

311 Das veränderte Gangwerk bei kurzen Oberarmen

311 Der TRAD erobert die Show-Welt

Das Gangwerk

Über das Gangwerk der verschiedenen Rassen könnte ein eigenes Buch geschrieben werden. Wir werden hier nur einige wenige aber interessante Aspekte des korrekten, effizienten Trabs darlegen.

Es ist der Job eines routinierten Ausstellungs-Handlers, einen mittelmäßigen Hund im Stand so hinzustellen, dass er besser aussieht, als sein Körper gebaut ist. Wenn das glänzende, dichte Fell zusätzlich von anatomisch versierten Hundefriseuren gestylt worden ist, dann kann das Bild des stehenden Hundes enorm täuschen.

Setzt sich der Hund in Bewegung zeigt sich auf einmal ein ganz anderes Bild, wenn man denn weiß, worauf zu achten ist. Erst in der Bewegung sehen wir bei langhaarigen Hunden, wie gut sie wirklich gebaut sind oder ob es strukturelle Mängel gibt. Ein Richter, der sein Business versteht, verlangt von den Handlern, die Hunde an lockerer Leine vorzuführen!

Es ist immer wieder erstaunlich, wie viele Ausstellungs-Champions nicht taktrein traben. Im Trab sollten die diagonalen Pfoten koordiniert nahezu zeitgleich Bodenkontakt haben. Wie oft sehen wir Bilder von Multi-Champions, die nur ein Bein am Boden haben, dafür vorne und hinten effektvoll (jedoch energieverschwendend) ausschwingen. Wenn wir dabei einen Blick auf die Leine werfen, und diese nicht straff gezogen ist, liegt die Taktunreinheit an einer Unausgeglichenheit im Körperbau.

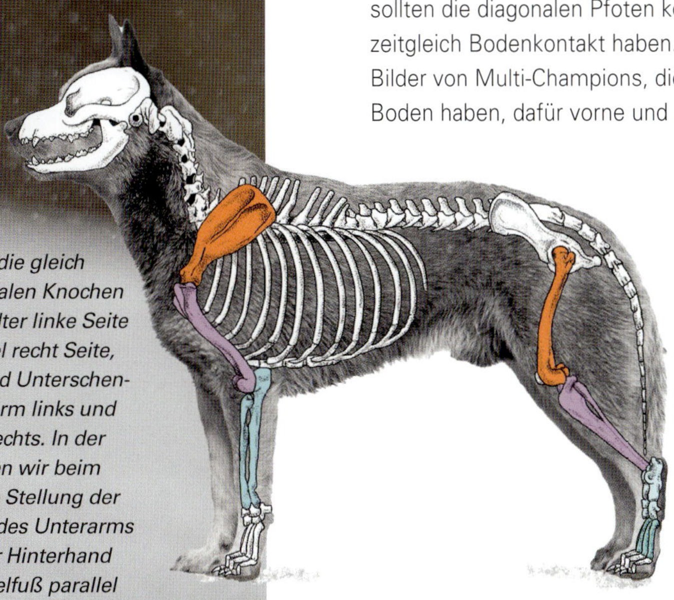

Abb. 10-1-00 |

Im Trab arbeiten die gleich gefärbten diagonalen Knochen zusammen: Schulter linke Seite und Oberschenkel recht Seite, Oberarm links und Unterschenkel rechts, Unterarm links und Hintermittelfuß rechts. In der Bewegung können wir beim Bodenkontakt die Stellung der Schulter anhand des Unterarms erkennen. Bei der Hinterhand ist der Hintermittelfuß parallel zum Oberschenkel.

Jede Rasse bewegt sich anders, um ihren ursprünglichen Job mühelos ausführen zu können. Es spielen verschiedene Komponenten mit, wie sich ein Hund bewegt, so beispielsweise die Winkelungen, die Muskelmasse, das Verhältnis der Beine im Vergleich zum Körper, die Lende, die Rute, das Körpergewicht.

Grundregeln (Ausdauer-Traber)

- der Trab ist ein 2-Takt – die diagonalen Pfoten treffen gleichzeitig auf dem Boden auf
- die Hinterpfote landet im Abdruck der Vorderpfote
- die Schrittlänge vorn und hinten ist ungefähr gleich lang
- der Schritt ist bodennah
- von der Seite:
  - das Vorderbein ist in der vorderen Position vollständig gestreckt
  - das Hinterbein ist nach hinten vollständig geöffnet
- von vorne:
  - die Vorderläufe sind gerade von den Pfoten zu den Schultern
- von hinten:
  - die Hinterläufe sind gerade von den Pfoten zum Hüftgelenk
- Die obere Linie bleibt in der Bewegung fest und relativ ruhig. Der Kopf befindet sich vor dem Körper.

Das Gangwerk des ausgewogen gewinkelten, rechteckigen Hundes

Als Beispiel dient uns wieder einmal ein ACD, er ist ein Ausdauer-Traber ohne Übertreibungen, dessen Gangwerk im Standard folgendermaßen beschrieben ist:

Das Gangwerk ist geradlinig, frei, geschmeidig und unermüdlich; die Bewegung der Schultern und der Vorderläufe steht im Einklang mit dem kräftigen Schub der Hinterhand. Die Fähigkeit zu raschen und plötzlichen Bewegungen ist von wesentlicher Bedeutung. Gesundheit und Leistungsfähigkeit sind von überragender Wichtigkeit. Bei zunehmender Geschwindigkeit zeigen die Pfoten im Trab die Tendenz, am Boden näher beieinander aufzutreten.

Abb. 10-01 | *Viele Kleinhunde werden an stark hochgezogener Leine vorgeführt, um Fehler zu vertuschen.*

Yumi (die Mutter von Xanadu, unserem Modell fürs Skelett) ist rassetypisch länger als hoch (rechteckig), sowie hinten und vorne ähnlich gewinkelt. Die Winkelung sollte nicht übertrieben sein, sonst wäre Yumi nicht in der Lage, beim Kuhtreiben auf rasche Richtungsänderungen zu reagieren.

Im Trab setzt Yumi die diagonalen Pfoten ungefähr zur gleichen Zeit auf den Boden (Abb.10-02 a orange Pfeile), die hintere Pfote genau in das Trittsiegel der Vorderpfote, wie auf Abb.10-02 b (grüne Linie) gut zu sehen ist. Die Schrittlänge ist vorne und hinten gleich lang. Die Kraftübertragung vorne ist ungefähr unterhalb des Auges.

Interessant ist der weite Weg, den der mit gelben Punkten markierte Ellbogen macht.

Abb. 10-02 a+b | *Die obere Linie (violett) schwingt ganz leicht mit, jedoch niemals von der einen Seite zur anderen und auch nicht stark auf und ab. Der Wechsel der Pfoten findet ungefähr bei der letzten Rippe statt (grüne Linie).*

Übrigens: Die meisten gängigen Brustgeschirre, vor allem die Norweger-Geschirre, wirken sich störend auf die freie Bewegung aus.

Mit zunehmender Geschwindigkeit kommen die Pfoten im Trab unter dem Körper näher zusammen. Es ist normal, dass Hunde aus Stabilitätsgründen den Hals in der Bewegung leicht einziehen.

Eine Spur im Schnee oder im Sand kann sehr aufschlussreich sein. Nur leicht rechteckige Hunde mit vorne und hinten gleichen Winkelungen können mit der Hinterpfote in das Drucksiegel der Vorderpfote treten (Abb. 10-03).

Auf Abb. 10-04 sehen wir, dass Yumi mit der Hinterpfote genau in den Abdruck der Vorderpfote fußt, und dass die Abdrücke unmittelbar neben der grünen Mittellinie liegen.
Je schneller die Hunde traben, desto mehr nähern sich die Pfoten an. Es gibt Hunde, die auf einer Linie laufen.

Abb. 10-03 | *Ein eindeutiges Zeichen für eine korrekte und kräfteschonende Bewegung: Yumi setzt ihre Hinterpfote deckungsgleich in den Abdruck der Vorderpfote.*

Abb. 10-04 | *Im schnellen Trab nähern sich Yumis Pfoten der grünen Mittellinie, die Hinterpfoten immer im Abdruck der Vorderpfoten.*

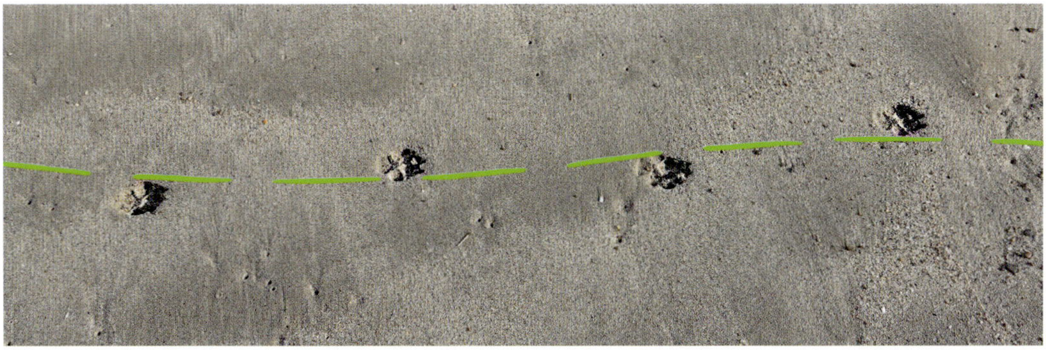

Hunde mit kurzen Oberarmen laufen parallel, mit einem ungefähr gleichen Abstand vom Ellbogen zu den Pfoten (Abb. 10-14). Ihre Spur wäre niemals so nahe der Mittellinie.

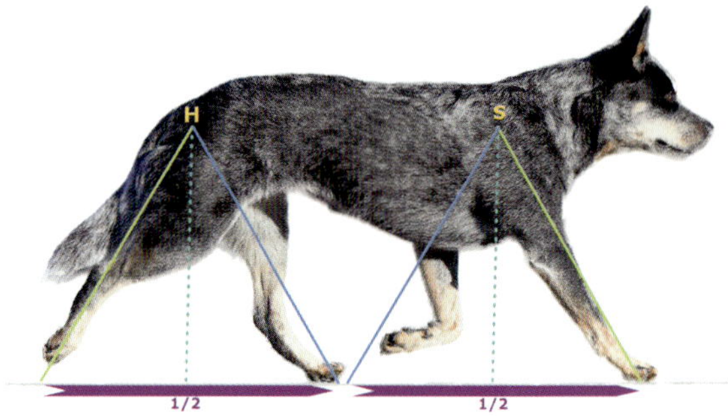

Abb. 10-05 | *Die zwei umgekehrten »V« sind ungefähr gleich groß, das lässt auf eine gleiche Winkelung vorne und hinten schließen.*

Von der Seite gesehen sollte der Trab harmonisch und symmetrisch sein (Abb.10-05). Die Drehpunkte der gestrichelten türkisfarbenen Senkrechten sind mit H (Hüfte) und S (oberes Drittel des Schulterblatts) bezeichnet. Aus diesen zwei Drehpunkten sollten die Vorder- und Hintergliedmaße symmetrisch schwingen. Die grüne Linie vorne wird als Vortritt bezeichnet, die hintere grüne Linie ist der Schub. Die blauen Linien führen zum Punkt, wo sich Hinter- und Vorderpfoten treffen. Die Beine sollten im effizienten Trab gleichmäßig aus den Drehpunkten schwingen.

Eine Bewertungshilfe ist, jeweils die vorderen und die hinteren grünen und blauen Linien als umgekehrtes »V« zu sehen, und sich dann die Frage zu stellen, ob diese zwei »V« gleich groß sind. Bei Yumi trifft dies zu, sie ist hinten und vorne sehr ähnlich gewinkelt, sie ist rechteckig und hat viel Platz unter ihrem Körper.

Der Parson Russell Terrier musste für seine ursprüngliche Arbeit kein ausdauernder Langstreckenläufer sein, dementsprechend sind auch seine Winkelungen. Der hübsche, rassetypische Antares auf Abb. 10-06 ist hinten und vorne eher steil, aber gleich gewinkelt. Diese Symmetrie erlaubt eine ausgewogene Bewegung, gut zu sehen an den beiden umgekehrten »V«, die etwa gleich klein sind. Durch seine relativ steile Winkelung kann Antares keine langen Schritte machen und seine Hinterpfote nicht in den Abdruck der Vorderpfote setzen.

Die Frenchie-Hündin Ronja auf Abb. 10-07 ist nicht symmetrisch gewinkelt. Die Vorderhand-Winkel sind sichtlich besser und erlauben ihr einen guten Raumgriff und Vortritt. Die Hinterbeine sind jedoch kurz und die Winkelung wenig ausgeprägt (auch ersichtlich an der ansteigenden Oberlinie). Sie hat von hinten wenig Schub und Kraft. Hier braucht es keine optische Strich-Hilfe, mit bloßem Auge ist erkennbar, dass die umgekehrten »V« völlig verschieden sind. Gerade bei den Kurznasen ist die Kumulation mit einer solchen Imbalance doppelt tragisch.

Abb. 10-06 | *Steilere Winkel bewirken kürzere Schritte. Die Winkel sind jedoch vorne und hinten gleich, somit trabt Antares schön ausgewogen.*

Abb. 10-07 | *An der unterschiedlichen Schrittlänge sind die guten Winkel vorne und die steilen Winkel hinten auf einen Blick erkennbar.*

Abb. 10-08 | *Auch der wuschelige Mischling scheint vorne viel besser gewinkelt zu sein wie hinten.*

Das problematische Gangwerk des quadratischen Hundes

Es gibt einen guten Grund dafür, dass Ausdauer-Traber etwas länger als hoch sein sollten: Sie brauchen genügend Platz unter dem Körper, damit sich die gut gewinkelten Beine im Trab nicht in die Quere kommen. Quadratisch gebaute Hunde müssen vorne und hinten genau gleich gewinkelt sein, um ausgewogen Traben zu können, das heißt diagonal zeitgleich Bodenkontakt zu haben und die Hinterpfote in den Abdruck der Vorderpfote zu setzen.

Wenn die Hunde unter dem Körper zu wenig Platz für die Trab-Aktion ihrer Beine haben, dann werden sie einen Weg finden, die Hinterbeine an den Vorderbeinen vorbei zu führen. Dieses Übergreifen (overreaching) ist nicht nur dem quadratischen Körperbau zuzuschreiben, der Hund könnte auch zu schnell traben (Abb. 10-09), unausgewogen gewinkelt sein oder zu lange Beine haben (Abb. 10-10).

Quadratische Hunde traben oft in der Achse seitlich leicht versetzt, sie »schränken«. Ihr Gangbild sieht schräg laufend aus, wie wenn sich ein Hund dauernd gegen die Leine stemmt. Quadratische Hunde laufen jedoch auch freilaufend so.

Wie Pat Hastings in Kapitel 1 Seite 18 beschreibt, werden im Show-Ring allzu oft Fehler prämiert. Der Husky sollte fast quadratisch sein und im Vergleich zu seiner Brusttiefe etwas längere Beine haben, was Sinn macht für die Arbeit im Schnee. Damit ein Hund mit diesen Proportionen perfekt traben kann, muss er vorne und hinten gleich gewinkelt sein. Eine anspruchsvolle Aufgabe für die Züchter, vor allem was die Vorderhand-Winkel betrifft. Auf Ausstellungen sehen wir immer öfter Huskies mit einem längeren Körper und kürzeren Beinen die wunderschön traben, aber nicht mehr dem Standard entsprechen. Das heißt, ein prämierter Show-Husky hätte womöglich Mühe, seine ursprüngliche Arbeit als Schlittenhund zu erfüllen.

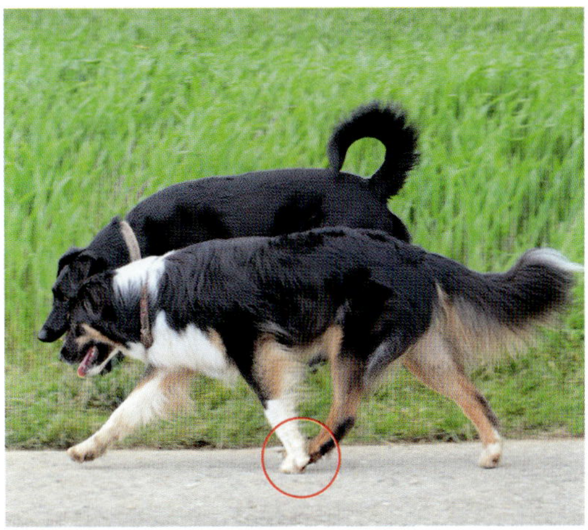

Abb. 10-09 | *Dieser Aussie übergreift, weil er zu schnell trabt.*

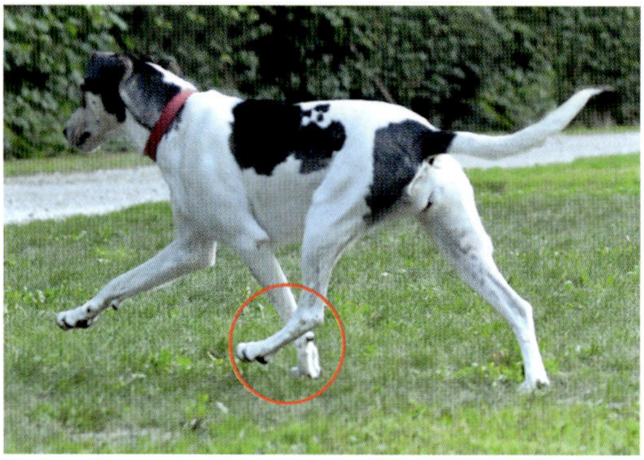

Abb. 10–10 | *Quadratische Hunde mit sehr langen Beinen und unausgewogenen Winkelungen übergreifen sehr auffällig.*

Ein heutiger »moderner« DSH mit seinen überlangen Hinterbeinen kann gar nicht traben ohne ein Übergreifen. Dies obwohl im Standard ausdrücklich steht, dass jede Neigung zur Überwinkelung der Hinterhand die Festigkeit und die Ausdauer mindert und damit die Gebrauchstüchtigkeit.

Der Einfluss der Hinterbeine auf die obere Linie

Bei den Traber-Rassen sollten die Winkel vorne und hinten gleich sein, damit eine symmetrische, harmonische Bewegung mit einer geraden oberen Linie gewährleistet ist (Abb. 10-02). Ist die obere Linie nicht gerade, gibt es eine Imbalance in der Hinterhand.

Im Stand erkennen wir anhand der 3. Balance-Linie ob der Hund korrekt ist, unterständig (kurze Hinterbeine) oder rückständig (lange Hinterbeine) steht. In der Bewegung betrachten wir die obere Linie, ob sie gerade ist und die Schrittlängen (»umgekehrte V«) gleich groß sind (Abb. 10-02).
Schauen wir uns die Berger des Pyrenées-Hündin auf Abb. 10-11 an. Die Schritte der Vorderhand sind deutlich länger als jene der Hinterhand. Das heißt, sie zeigt vorne einen schönen Raumgriff, hinten jedoch wenig Schub. Bei nicht symmetrischer Winkelung können Hunde diagonal nicht taktrein traben, das rechte Vorderbein ist noch in der Luft, anstatt auf dem Boden. Hunde mit relativ kurzen und wenig gewinkelten Hinterbeinen zeigen zudem eine nach hinten ansteigende Oberlinie. In der Bewegung sieht es aus, als trabten sie talwärts.

Das Gegenteil sehen wir bei Hunden mit sehr langen Hinterbeinen, wie beim DSH auf Abb. 10-12. Auffallend ist seine sehr stark nach hinten abfallende Oberlinie und der enorme Abstand zwischen dem rechten Hinterbein und dem linken Vorderbein. Sein Schwerpunkt hinten ist tiefer gelegt und die Knie-/Sprunggelenk-Winkelungen sind sehr ausgeprägt.

Abb. 10–11 | *Eine gegen hinten ansteigende Oberlinie (rote Linie) lässt auf kurze Hinterbeine schließen. Die kurzen Beine sind auch an der kurzen Schrittlänge (violette Linie) und den wenig gewinkelten Knie-/ Sprunggelenken (gelber Pfeil) zu erkennen.*

Abb. 10–12 | *Eine gegen hinten abfallende Oberlinie (rote Linie) lässt auf lange Hinterbeine schließen. Die langen Beine sind auch an der langen Schrittlänge (violette Linie) und den ausgeprägt gewinkelten Knie-/Sprunggelenken (gelber Pfeil) zu erkennen.*

Das veränderte Gangwerk bei kurzen Oberarmen

Auf diesen beiden Grafiken sind zwei Bullterrier dargestellt. Schauen wir uns zuerst die Front von der Seite gesehen an.

Beim oberen Bullterrier (Abb. 10-13, Dalmatiner-Typ) sehen wir eine schön gerundete Vorbrust sowie einen harmonischen Übergang vom Hals in den Widerrist und in die Vorbrust. Dies lässt uns auf ein schräg liegendes Schulterblatt und auf einen gut zurückliegenden Oberarm schließen, auf eine korrekte Front.

Beim unteren Bullterrier (Abb. 10-14, Terrier-Typ) sehen wir keine Vorbrust, wir sehen Falten am Widerrist. Dies lässt uns auf ein steiles Schulterblatt und auf einen nicht gut zurückliegenden, kurzen Oberarm schließen, also auf eine steile Front.

Abb. 10-13 | *Wenn wir nun das Gangwerk von vorne analysieren sehen wir, dass beim oberen Hund die Pfoten leicht Richtung Mitte zeigen. Dieser Trab ist effizient und wird in den meisten Rassen erwünscht.*

Abb. 10-14 | *Der untere Hund läuft mit parallelen Vorderbeinen, ohne Annäherung an die Mittellinie. Dies ist das typische Gangwerk von Hunden mit kurzen steilen Oberarmen.*

Der TRAD erobert die Show-Welt

There's no business like show business ...

Die Vorstellung, dass an einer Hundeausstellung nur die rassetypischen und am funktionalsten gebauten Hunde prämiert werden, ist leider eine Illusion. An Ausstellungen gewinnt, was ins Auge springt. So manche Modeströmung wurde auf einer Show geboren. So auch der **TRAD**, die englische Abkürzung von »tremendous reach and drive«. Auf Deutsch übersetzt »gewaltige Reichweite und Schwung«.

Unter TRAD verstehen wir einen Hund, der ein sehr effektvolles aber völlig übertriebenes Gangwerk zeigt, indem er vorne sehr weit und hoch ausgreift und hinten ähnlich hoch auskickt. Dazu kommt meistens noch eine unnatürlich »stolze« Kopfhaltung.
Dieser spektakuläre Trab wird einem Laien vortäuschen, dass der Hund dabei viel Boden deckt. Das Gegenteil ist der Fall: Ein TRAD benötigt viel mehr Aufwand, um die Beine zu heben und den Körper vorwärts zu bringen.
Überlegen wir uns einmal wie das Urmodell – der Wolf – trabt. Der Wolf hat seinen Trab über Jahrtausende angepasst, er kann mühelos und ohne großen Kraftaufwand sehr weite Distanzen im Trab zurücklegen. Sieht das effektvoll aus? Nein. Es sieht völlig unspektakulär aus, ist aber effizient und zudem viel weniger verschleißend als die übertriebene Gangart eines TRAD.

Wir analysieren einen TRAD

Bild 1

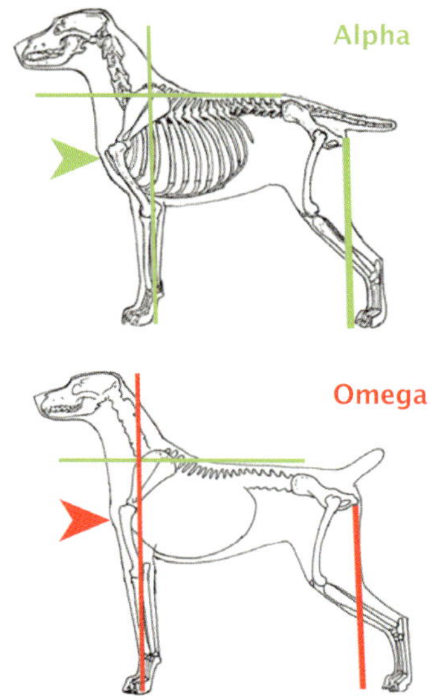

Bild 2

Bild 1: Wir betrachten und vergleichen zwei Hunde
Beide sind »Modell Ausdauer-Traber« und sind auf den ersten Blick gut aussehend, wir nennen sie Alpha und Omega.

Bild 2: Wir ziehen die Balance-Linien
Das »gut aussehen« relativiert sich bei Omega, da die Balance-Linien 1 und 3 (rot) nicht korrekt verlaufen.

Alpha hat eine schön gerundete Vorbrust im Gegensatz zu Omega, die praktisch keine Vorbrust zeigt. Die Kruppe von Alpha ist leicht abfallend mit einem harmonischen Rutenansatz.
Bei Omega verläuft die Kruppe gerade, der Rutenansatz ist hoch.

Ergebnis der Kurzanalyse: Alpha ist korrekt und moderat gebaut, Omega hat eine steile Front und zu lange, überwinkelte Hinterbeine.

Bild 3: Wir analysieren die Bewegung
Wir fragen uns:

- Traben die Hunde taktrein, das heißt haben die diagonalen Pfoten ungefähr gleichzeitig Bodenkontakt?
- Fußt die Hinterpfote in den Abdruck der Vorderpfote?
- Bewegen sich die Pfoten bodennah?
- Ist die Schrittlänge hinten und vorne gleich groß (2 umgekehrte V)?
- Befindet sich der Kopf leicht geneigt vor dem Körper?

Alpha bewegt sich korrekt. Durch ausgewogene Winkelung fußt sie parallel gleichzeitig auf, die obere Linie ist korrekt, Hals und Kopf befinden sich leicht tiefer getragen VOR dem Körper.
Omega hat vorne und hinten keine ausgeglichenen Winkelungen, das zeigt sich im nicht taktreinen Bewegungsablauf, der Hinterfuß ist am Boden der parallele Vorderfuß in der Luft. Die Kopfhaltung ist zu hoch.

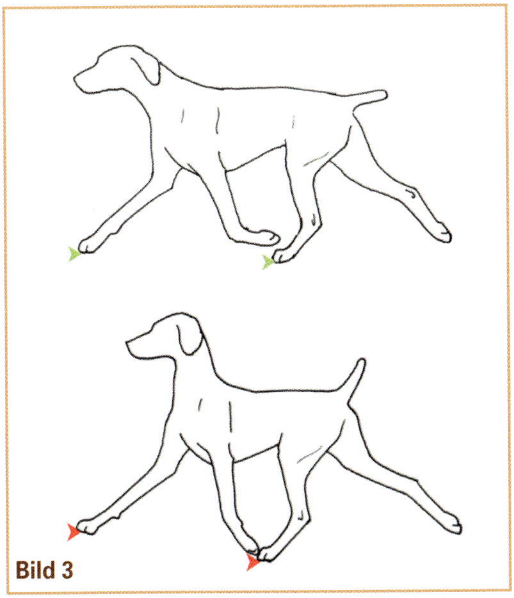

Bild 3

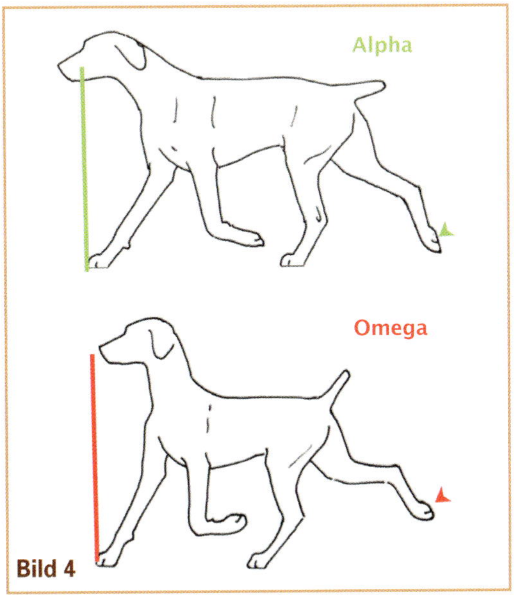

Bild 4

Bild 4: Wir analysieren die Schrittlänge (reach) und die Hinterbein-Bewegung (drive)

- Wo trifft die Vorderpfote auf den Boden?
- Wie bewegt sich das Hinterbein?

Alpha zeigt einen korrekten Raumgriff und eine gute Reichweite, sie fußt ungefähr unterhalb ihres Auges auf.

Omega zeigt im linken Bild einen enorm spektakulären Raumgriff, der die Illusion entstehen lässt, dass sie mit großen Schritten viel Boden deckt. Das Gegenteil ist der Fall. Durch ihre unnatürlich hohe, stolze Kopfhaltung verkürzt sich ihr Schritt markant.

Alpha: Die Bewegung des Hinterbeins nach hinten ist korrekt, es ist eine kräftige aber relativ bodennahe Bewegung.

Omega zeigt eine spektakuläre Hinterbein-Bewegung mit einem schwungvollen Kick gegen hinten. Diese übertriebene Bewegung sieht zwar im Show-Ring effektvoll aus, ist aber wenig effizient und sehr energieverschwendend.

Fazit:

Alpha ist korrekt gebaut, vorne und hinten ausgeglichen gewinkelt. Dadurch kann sie sich taktrein und effizient bewegen und mit wenig Aufwand mühelos große Strecken im Trab zurücklegen.

Omega ist nicht korrekt gebaut, vorne steil und hinten überwinkelt. Ihre Kopf- und Rutenhaltung ist inkorrekt. Sie kann sich nicht effizient bewegen, ihre übertriebenen Bewegungen brauchen mehr Energie, verschleißen ihren Körper und sie ermüdet schneller, weil sie nur kleine Schritte machen kann.

Omega ist ein Blender, ein TRAD, interessanterweise gefällt und punktet ihr Typ im Show-Ring.

Das Moderate und Gesunde ist im Vergleich zum TRAD wenig spektakulär. Aber gerade im Moderaten liegen die Stärken und die Effizienz eines ausgewogenen Bewegungsapparates.

Kapitel 11

Der Sporthund

> Vorsicht, nicht jeder Körperbau eignet sich für schnelle Sportarten

323 Auswirkungen von Defiziten der Körperstruktur im Sporteinsatz

323 Kopf

323 Hals

327 Körper (Rumpf oder Mittelhand)

332 Vorderhand

340 Hinterhand

346 Generell

Vorsicht, nicht jeder Körperbau eignet sich für schnelle Sportarten

Es sollte uns Hundesportlern bewusst sein, dass Hochleistungssport unweigerlich Abnutzungserscheinungen zur Folge hat, dies selbst bei den besten anatomischen Voraussetzungen.

Aus diesem Grund listen wir hier nochmals die wichtigsten Auswirkungen der Schwachstellen in Bezug auf die verschiedenen Hundesportarten auf. Es sind bewusst Wiederholungen, in der Hoffnung, dass Hundesport-Fans dieses Kapitel besonders genau lesen und sich gut überlegen, ob ihr Hund wirklich für den Spitzensport gebaut ist.

Wie viel Leid und Enttäuschungen könnten vermieden werden, wenn schon die Welpen vor der Abgabe mit dem Welpentest analysiert würden. Die folgenschwersten Schwächen sind tatsächlich schon mit 8 Wochen erkennbar (Kapitel 8, Welpentest). In diesem Alter können wir bereits die kleinsten Fehlstellungen sehen, z.B. einen leicht eingedrehten Ellbogen oder einen steilen Oberarm in Kombination mit einem schmächtigen Brustkorb. Beides bewirkt eine veränderte Belastungsachse. Auch diese kleinen Fehlstellungen oder eine Instabilität der Gelenke bewirken Fehl- und Überlastungen, die schlussendlich zu Arthrose führen. Bei einer Gelenksarthrose wird der schützende Knorpel abgebaut und durch knöcherne Zubildungen ersetzt, ein sehr schmerzhafter Prozess.

Und denken Sie daran: Hunde sind Weltmeister im Kaschieren von Schmerz.

Abb. 11-00 | *Irish Setter Kettu arbeitet mit vollem Einsatz für die offizielle Wildzählung der Moorhühner (Red Grouse) in den Schottischen Hochmooren.*

Hunde tun alles, um ihrem Besitzer zu gefallen

Seit Tausenden von Jahren sind Hunde die treusten Begleiter des Menschen. Es ist großartig, wie unglaublich vielseitig einsetzbar Hunde sind. Ohne canine Hilfe wäre die Entwicklung der Menschheit mit Sicherheit anders verlaufen. Allein die Domestikation der ersten Nutztiere wäre wohl ohne Hilfe der Hunde kaum möglich gewesen.
Die Kooperation und Interaktion zwischen Mensch und Hund ist einmalig. Diese tiefe Verbindung mit unseren Hunden ist nur möglich, weil sie uns in vielem ähnlich sind, sie sind wie wir soziale Wesen. Gerade weil Hunde so sozial sind und uns gefallen möchten, sind wir gefordert. Wir tragen die Verantwortung dafür, dass es ihnen gut geht und sie gesund bleiben. Wir dürfen unsere Hunde im Sport nicht überfordern!
Am wichtigsten für den Hund ist es, mit seiner Bezugsperson zusammen zu sein und mit ihr gemeinsam etwas zu unternehmen. Ist der Mensch ein Agility-Fan, dann macht es dem Hund Spaß, über Hindernisse zu flitzen, weil es seinem Menschen Spaß macht. Die Begeisterung überträgt sich auf den Hund. Findet der Mensch seine Verwirklichung im Schutzdienst, will der Hund mitmachen. Die Begeisterung des Hundeführers wirkt ansteckend und verspricht dem Hund eine Belohnung und/oder Selbstbelohnung. Kein Wunder, zeigt dieser dafür einen begeisterten Einsatz.

Adrenalin im Blut beschert den Hunden einen »Kick« und Endorphine senken das Schmerzempfinden

Bei vielen Sportarten oder auch beim Arbeitseinsatz befinden sich Hunde in einer erhöhten Erregungslage und sind derart engagiert, dass sie sich kaum noch spüren. Ihre Körper produzieren einen Hormoncocktail, der ihnen einerseits den ultimativen »Kick« beschert und anderseits ihr

Abb. 11-01 | *Braque du Bourbonnais: Jagdhunde im Einsatz haben eine hohe Hormonausschüttung, weshalb sie selbst bei schweren Verletzungen keinen Schmerz spüren.*

Abb. 11-03 | *Schnelles Galoppieren und/oder Hetzen ist für Hunde selbstbelohnend. Das können alle Besitzer mit jagdlich ambitionierten Hunden bestätigen.*

Schmerzempfinden senkt. Das klassische Beispiel ist der Jagdhund, der das Wildschwein trotz tiefer Fleischwunden weiter durch Dornengebüsch und schwieriges Gelände hetzt. Der Jagdhund verspürt in diesem Moment keinen Schmerz, dafür sorgen Endorphine in seinen Blutbahnen.

Das Beutefangen war für die Vorfahren unserer Haushunde überlebenswichtig. Ohne erfolgreiche Jagd – und sei es nur auf Mäuse oder Ratten – hätten sie nicht überleben können. Also hat die Natur dafür gesorgt, dass sie ihre letzten Kräfte mobilisieren können.

Abb. 11-02 | *Auch die Hütearbeit beinhaltet Sequenzen des Beute-Fangens. Je nach Hund ist die Erregungslage hoch bis sehr hoch.*

Sportarten aus Sequenzen des Jagdverhaltens

Analysieren wir die bekanntesten Hundesportarten, stellen wir fest, wie viele von ihnen Sequenzen aus dem Jagdverhalten beinhalten. Schnelles Galoppieren ist gleichbedeutend mit »Beute hetzen«, das heißt nicht nur Hunderennen und Coursing, sondern auch Agility, Frisbee, Flyball, Hoopers und Elemente beim Schutzdienst bringen den Hund in den »Adrenalin-Erregungszustand«. Auch das Hüten ist eine Form von Jagen, es wurde lediglich das letzte Element der Handlungskette – das Töten – »weggezüchtet«.

Endorphine senken das Schmerzempfinden. Dazu kommt, dass nicht alle Hunde das gleiche Schmerzempfinden haben. Dieses ist so unterschiedlich wie bei uns Menschen. Der eine fühlt sich wegen ein bisschen Schnupfen todkrank wogegen der andere mit dem Bandscheibenvorfall weiterarbeitet.

Trainingsbeginn – Geduld, die sich auszahlt

Schauen wir uns die drei Bilder der ACD-Hündin Fanta an (Abb. 11-04 a,b,c). Mit 8 Wochen bekam sie anlässlich des Welpentests eine erfreuliche Beurteilung, u.a. dank ausgewogener Winkelungen und einer gut geformten Vorbrust.

Im mittleren Bild sehen wir Fanta als Einjährige in der unvorteilhaften »Spargel-Phase« (wie wir sie nennen), mit einer sehr steilen Front, die nun völlig anders aussieht als noch mit 8 Wochen und ohne Vorbrust. Auf dem dritten Bild ist Fanta fertig entwickelt, die Vorderhand ist gut gewinkelt und die »verlorene« Vorbrust ist wieder da.

Die meisten Sportler können es kaum erwarten, bis ihre Hunde 12 Monate alt sind und ab diesem Tag gefordert und intensiver trainiert werden können. Hand aufs Herz, ist das wirklich eine sinnvolle Idee, wenn wir die schlaksige Fanta betrachten? In diesem Alter sind noch längst nicht alle Wachstumsfugen geschlossen, auch das Kreuzbein (die 3 Wirbel zwischen den Lenden- und den Ruten-Wirbeln) ist noch nicht knöchern zusammengewachsen. Die Gelenke, Muskeln und Sehnen sind immer noch in der Entwicklung. Es kommt oft vor, dass junge Hunde im Wachstum lange Zeit sehr schmalrippig und die Vorderbeine im Trab nicht stabil mit dem Brustkorb verbunden sind. Ein Grund, warum viele noch nicht fertig entwickelte Hunde eine lose Ellbogen-Bewegung zeigen. Wenn die Ellbogen bereits im Trab instabil sind, wie schädigend sind dann wiederholte Sprung- und Slalom-Sequenzen?
Interessant ist, dass die Winkelung, die wir mit 8 Wochen beim Welpentest gesehen haben, beim ausgewachsenen Hund wieder zurückkommt. Der Grund ist die Ausformung des Brustkorbes. Wächst der noch gering ausgebildete Brustkorb zum fertigen Oval, dann verbessern sich die Winkel in der Vorderhand. Übrigens können Hunde dadurch wieder etwas kleiner werden. Das ist für all jene Hunde im Grenzbereich der Agility-Größeneinteilung wichtig. Die letzten Wachstumsfugen schließen bei den Rippen mit gut 2 Jahren. Lassen Sie Ihren Hund nicht zu früh messen, Ihre Geduld könnte sich lohnen!

Wie oft werden Hunde unbewusst überfordert

Auch ich (Eva) habe meine Lieblings-Hündin damals im Sport überfordert, weil ich es nicht besser wusste. Und der Gedanke daran schmerzt mich noch heute! Meine ACD-Hündin Silla sammelte

Abb. 11-04 a–c | *Die Entwicklung von Fanta. Auf den Bildern sehen wir sie mit 8 Wochen, einem Jahr und drei Jahren. Es lohnt sich, das sportliche Intensiv-Training nicht zu früh zu beginnen. Lassen wir unseren Hunden Zeit für die Entwicklung!*

ihre Ausstellungserfolge in Rekordzeit und ich dachte, sie als internationaler Multi-Champion muss ja gut gebaut sein. Kein einziger Richter bemängelte ihre nicht optimale, ja steile Front.
Als Agility-Fan der ersten Stunde hätte ich nie gedacht, dass dieser Sport meinem Hund schaden könnte.

Landungen mit Richtungswechsel sind belastend

Für Silla erwies sich die FCI-Größeneinteilung als extrem unglücklich. Die kompakte Silla war nur 43,3 cm groß und musste wegen 4 mm Übergröße im Large über 65 cm hohe Hindernisse springen. Sie sprang freudig und locker wie ein Gummiball, allerdings touchierte sie oft, und wir hatten regelmäßig unseren »Stangen-Fehler« im Parcours.
Je mehr wir schwierige Sprung-Sequenzen übten, desto mehr Fehler machte Silla im Verlauf des Trainings. Trotzdem hatten wir immer Spaß auf dem Hundeplatz und meine geliebte Silla war hoch motiviert.
Bis zu jenem Tag, an dem sie einen Sprung verweigerte, ich sie nochmals ansetzte, sie sprang – und aufschrie.

Der traurige Befund des Röntgenbilds zeigte uns einen Rücken, der voller knöcherner Zubildungen war. Im hinteren Bereich war das untere Längsband verkalkt und steif (DISH), in der Region hinter der Schulter waren es Spondylose-Brücken, vermutlich entstanden durch die vielen harten Landungen infolge ihrer steilen, nicht optimal abgefederten Front.

Abb. 11-05 | *Wenn mir Sillas Schmerzen damals bewusst gewesen wären, hätte ich weniger Sprünge (bei Agility und Obedience) trainiert und dafür auf Nasenarbeit umgestellt.*

Wenn uns Hunde ihren Schmerz nur durch die Augen zeigen

Interessanterweise begann Silla gleichzeitig mit der Weigerung zu springen, ausschließlich im Passgang zu laufen. Ihre (Schmerz-) Rute hing oft kraftlos herunter wie ein »Hammelschwanz« oder eine Wasserrute.

Nach diesem Befund lebte Silla noch sechs Jahre, sie wurde 14 Jahre alt. Sie zeigte auch später keinen Schmerz. Ich wusste jedoch mit einem Blick in ihre seelenvollen Augen wie es ihr ging (Abb. 11-06). Zeigte sie »Schmerz-Augen« gab ich ihr Medikamente.

Es ist erschreckend, wie viele Hunde »Schmerz-Augen« zeigen und wir es nicht erkennen. Wenn wir wissen, dass unser Hund z.B. an Abnutzungserscheinungen leidet, dann sollten wir mit dem Tierarzt zusammen eine Lösung finden. Aber Achtung, nicht alle Schmerzmedikamente sind gut verträglich. Bei Silla hat ein häufig verschriebenes Medikament Übelkeit ausgelöst. Ich realisierte es am übermäßigen Speichelfluss und daran, dass sie auffallend häufig am Boden leckte.

Hunde tun alles für uns, bis ihr Körper versagt

Wer kennt in seinem Umfeld nicht einen Hund, der immer versucht hat, eine top Leistung zu erbringen,

Abb. 11-06 a und b | *Auf dem rechten Bild geht es Silla gut. Sie strahlt, ihre Augen sind offen und klar, ihre ansteckende Lebensfreude ist gut sichtbar. Auf dem linken Bild geht es Silla nicht gut. Ihre Augen sind zugekniffen und »bewölkt«, sie blinzelt oft und die Augen sind wässrig mit Tränenfluss. So sehen »Schmerz-Augen« aus.*

obwohl sein Körper schon lange krank war. Das wird ein altes Wolfserbe sein, wo Schwäche zum Ausschluss aus dem weiterziehenden Rudel geführt und damit den sicheren Tod bedeutet hätte. Es gibt tatsächlich Hunde, die ihren Schmerz viel zu gut unterdrücken können und die alles geben, um uns zu gefallen, bis zu dem Tag, an dem ihr Körper versagt.
Es ist unsere Aufgabe als Hundebesitzer, unsere treuen caninen Partner genau zu beobachten und niemals Unmögliches von ihnen zu verlangen.
Wie oft aber werden Hunde ausgeschimpft oder bestraft, weil sie etwas nicht so ausführen, wie wir es gerne hätten. Sie werden als stur betitelt oder noch schlimmer, es wird ihnen unterstellt, sich mit Absicht zu verweigern. Wohl die wenigsten Besitzer machen sich je Gedanken darüber, aus welchem Grund ihr Hund eine Übung nicht ausführen mag.
Stellt es sich dann heraus, dass der Hund die Übung nur zu gerne richtig absolviert hätte, aber aus gesundheitlichen Gründen nicht konnte, trifft uns diese Erkenntnis hart. Vor allem, wenn der Grund eine offensichtliche Schwachstelle im Körperbau ist, die wir gut hätten erkennen können.

Sport ist Mord – bei einem mangelhaften Körperbau

Seien wir realistisch, die meisten extrem betriebenen Hundesportarten (außer der Nasenarbeit) sind für Hunde belastend. Der Grundgedanke, dass Sport eine gesunde Betätigung mit einem hohen Spaßfaktor sein soll, scheint in Zeiten von sensationellen Spitzenleistungen abhanden gekommen zu sein.
Im Hundesport ist es mittlerweile wie bei den Menschen, die Devise lautet: schneller, höher, weiter. Wenn Menschen sich das selber antun wollen, ist das eine Sache, aber den Hund zu Leistungen zu zwingen, ohne Rücksicht auf Verletzungs- und Verschleiß-Gefahr, ist gegenüber unseren loyalen Lebensbegleitern schlichtweg inakzeptabel und unfair.
Wäre es nicht an der Zeit, die diversen Prüfungsordnungen zu analysieren und die den Körper belastenden Elemente herauszustreichen?
Gerade im Agility werden die Parcours immer schneller, die Richtungswechsel immer extremer, so dass nur noch wenige Rassen in der Lage sind, diese krassen Anforderung zu erfüllen. Gäbe es eine dem jeweiligen Parcours entsprechende moderate Zeitvorgabe, in der auch andere Rassen als Border Collies den Parcours-Durchgang schaffen würden, wäre der Sieger derjenige, der mit den wenigsten Fehlern der Zeitvorgabe am nächsten kommt. Eine Speedbegrenzung ist die einzige Möglichkeit, technisch anspruchsvolle Läufe zu entschärfen. Zu hohe Geschwindigkeiten und zu extreme Richtungsänderungen sind leider verantwortlich für viel zu viele verletzte Agility-Hunde. Wie auch in der Zucht sollte im Sport die Devise »moderat und gesund« lauten und nicht »extrem und ungesund«.

Wie kann der Hund sportliche Höchstleistungen erbringen?

Die Anforderungen an die heutigen Hunde sind enorm. Sie sollten im wahrsten Sinn des Wortes salonfähige Begleiter sein und alles aushalten, was in unserer technisierten Welt für sie an Reizüberflutung da ist. Sie sollten lieb sein zu Kleinkindern und hundephoben Menschen, aber gleichzeitig wachsam und uns sowie unser Hab und Gut beschützen. Neben dem anstrengenden Alltag als Familienhund sollen sie auch noch erfolgreich im Sport sein. Was für Anforderungen, was für eine hohe psychische und physische Belastung für unsere Hunde!

Die am meisten einschränkenden strukturellen Schwachstellen: Schafhals und kippbare Sprunggelenke

Gesunde Hunde können vieles locker aushalten. Aber bei Schmerzen sieht die Welt auf einmal anders aus. Schmerzen können schleichend auftreten, so dass wir die Veränderung oft zu spät erkennen. Einem jungen Hund merken wir nichts an, aber ältere, nicht optimal gebaute Hunde mussten ja schon über viele Jahre Schwachstellen von ihrem Körper ausgleichen. Diese Kompensationen führen ihrerseits wieder zu weiteren Problemen und neuen Schmerzen. Es ist ein Teufelskreis.
Die beste Lösung wäre, nur gut gebaute Hunde für schnelle und verschleißende Sportarten oder für das Polizei- und Militär-Hundewesen auszubilden. Der Ausbildungsaufwand ist für Hundeführer und Hunde enorm und die Enttäuschung groß, wenn die Karriere vorzeitig beendet werden muss infolge einer Schwachstelle, die man schon im Welpenalter von 8 Wochen hätte erkennen können. Nur gut gebaute, im Sport korrekt aufgebaute und schlank gehaltene Hunde können bis ins hohe Alter im Einsatz bleiben.

Um es vorwegzunehmen, eine einzelne Schwachstelle können Hunde in der Regel gut ausgleichen. Problematisch wird es dann, wenn sich mehrere körperliche Schwächen kumulieren.
Wir kennen das Problem bei uns selbst. Wenn uns etwas schmerzt, dann bewegen wir uns weniger und anders. Weniger Bewegung bewirkt automatisch einen Abbau der Muskulatur. Wenn wir nicht gleichzeitig die Nahrungsmittelzufuhr reduzieren, nehmen wir an Gewicht zu. Schmerzen, mehr Gewicht, weniger Muskeln verursachen noch mehr Schmerzen! Genau gleich funktioniert dieser Teufelskreis bei Hunden.
Darum sollten Hunde trotz körperlicher Mängel genügend bewegt und sehr schlank gehalten werden. Hunde können mehrere kleine Gebäudefehler haben, mit denen sie sich arrangieren können, aber ein schwacher Schafhals und/oder spontan kippende Sprunggelenke sind nicht nur für Sporthunde, nein für alle Hunde eine große Belastung. Diese zwei Probleme bedeuten für die betroffenen Hunde, dass sie jede Bewegung zusätzlich ausgleichen und stabilisieren müssen – ein klares No-Go für einen Sporthund.

Abb. 11-07 | *Wann immer wir einen Hund mit einem auffallend kurzen Hals sehen, wie hier sogar über dem Sprung, sollten wir an einen instabilen Schafhals denken. Wenn möglich überprüfen wir das mit dem einfachen Schafhals-Test (Kapitel 3, Seite 66).*

AUSWIRKUNGEN VON STRUKTURELLEN DEFIZITEN IM SPORTEINSATZ

KOPF

Ausdauernde Sporthunde benötigen viel Sauerstoff und sind auf einen gut funktionierenden Temperaturausgleich angewiesen. Dazu ist ein genügend langer Fang mit großen Nasenöffnungen die Voraussetzung. Vor allem IGP- und Wasserrettungshunde brauchen kräftige, gut aufeinanderpassende Kiefer und starke, regelmäßig eingesetzte Zähne. Wichtig für einen Sporthund sind gesunde Zähne. Viele Hunde leiden an Parodontitis (Zahnstein, Entzündung des Zahnhalteapparats) und haben dadurch vergrößerte Lymphknoten in der Region des Unterkiefers. Das Immunsystem wird dauernd gefordert und der Hund ist nicht wirklich fit.

Abb. 11-08 | *Berger blanc Suisse: Aufeinanderpassende, kräftige Kiefer und gesunde, regelmäßig eingesetzte Zähne sind ein Vorteil für jeden Sporthund.*

HALS

Schafhals: muss dauernd stabilisiert werden, was zu Muskelverspannungen und Kopfschmerzen führen kann. Eine sehr einschränkende Schwachstelle!

Langer Hals: ist schwächer und instabiler.

Kurzer Hals: bewirkt kurze Schritte.
Oft kurz wirkend durch ein zu steiles Schulterblatt oder einen Schafhals.
Gedrungene Rassen und einige Wasserhunde haben oft einen kürzeren Hals.

Mangelhafte Übergänge in Vorbrust und Widerrist: der Hals ist weniger kräftig und weniger stabil.

Ein kräftiger Hals ist die Voraussetzung für Sportarten: bei welchen die Vorderhand stark belastet wird, wie Agility, Flyball, Frisbee, IGP, Wasserarbeitshunde, jagdliches Apportieren.
Ein schwacher Schafhals kann einen Hund selbst beim Fährten oder Stöbern einschränken.

Hunde mit einem schwachen Hals versagen im Gebrauchshundesport

Die meisten erfolgreichen Sporthunde haben einen kräftigen und genügend langen Hals. Ein korrekter Hals bedeutet gleichzeitig ein gut zurückliegendes Schulterblatt, was wiederum die Voraussetzung ist für eine große Schrittlänge, eine gute Sprungtechnik und eine erschütterungsarme, abgefederte Landung.

Die internationale Gebrauchshundeprüfung (IGP) fordert sehr viel vom Hund. Nur gut gebaute Hunde können diesen anspruchsvollen und sehr vielseitigen Sport über Jahre hinweg ausführen. Dazu braucht es in erster Linie einen korrekten Hals. Hunde mit einem zu langen, einem zu schwachen oder sogar einem instabilen Schafhals würden Mühe haben, im Schutzdienst zu bestehen. Auch die Meterhürde mit dem Bringholz im Fang erfordert einen kräftigen Hals.

Abb. 11-09 | *Ein Hund mit Schafhals hätte Mühe, mit dem Bringholz über die Meterhürde zu springen.*

Abb. 11-10 | *Ohne einen kräftigen Hals könnte Rottweiler Maik bei der Schutzhund-Arbeit nicht bestehen.*

Der Schafhals, das kaum bekannte Problem

Wie oft versagen Hunde im Sport und ihre Besitzer haben keine Ahnung warum. Wenn Hunde im Agility keine konstant guten Leistungen zeigen, ist meist ein schwacher Hals dafür verantwortlich. Der überbewegliche und tendenziell schwächere Hals muss bei jedem Schritt stabilisiert werden. Erschwert wird die Stabilisation über den Sprüngen, da kann der Hund die Balance verlieren und Stangenfehler verursachen. Hunde können ihren Schafhals (Kapitel 3, Seite 66) auf zwei Arten stabilisieren, entweder ziehen sie den Hals zwischen ihre Schulterblätter (wie eine Schildkröte), wie der braune Pudel in Abb. 11-07, oder sie tragen ihren Hals säulenartig aufrecht, wie die Pudel in Abb. 11-11 und 11-29.

Diese notwendige Stabilisation sehen wir im Stand wie über den Hindernissen, wo die Hunde einen oft sehr speziellen Springstil zeigen, der mehr Kraft erfordert und weniger gut abgefedert ist bei den Landungen.

Abb. 11-11 | *Im Sprung wie im Stand, der überbewegliche Schafhals kann – wie hier – aufrecht und säulenartig stabilisiert werden. Diese Sprungtechnik erfordert mehr Kraft.*

Abb. 11-12 | *Carlson, der kleine Parson Russell Terrier, muss viel Kraft aufwenden, um die Ente zu apportieren. Mit einem Schafhals wäre das nicht möglich.*

Apportierhunde benötigen einen kräftigen Hals, um das erlegte Wild zum Jäger zurückzubringen. Ein Parson Russell Terrier mit Schafhals könnte niemals eine so schwere Ente apportieren wie Carlson in Abb. 11-12.

Die meisten Hunde mit einem Schafhals schwimmen nicht oder nur sehr schlecht. Wenn sie schwimmen, dann oft mit erhobenem Kopf und viel »Geplansche« (Abb. 11-13). Sie können zwar mit der Zeit einen besseren Schwimmstil erlernen, aber das mühelose und effiziente Gleiten im Wasser schaffen sie nie, da sie den Hals dauernd stabilisieren müssen. Für Wasserarbeitshunde wäre ein Schafhals ein zu großes Handicap. Übrigens sind auch Hunde mit kippbaren Sprunggelenken meist keine guten Schwimmer und meiden lieber das Wasser. Zwei Schwimmstile im Vergleich:

Abb. 11-13 | *Der wenig effiziente Schwimmstil mit hoch erhobenem Kopf und tiefem Becken wird meistens verursacht durch einen instabilen Schafhals und/oder kippbare Sprunggelenke.*

Abb. 11-14 | *Der effiziente Schwimmstil ist ein müheloses Gleiten im Wasser mit einer geraden oberen Linie und einem flach über der Wasseroberfläche positionierten Kopf. Hier zieht der Goldie ein volles Boot.*

Der überdehnte Hals und die Fußarbeit – oder die »Sternengucker«

In vielen Hundesportarten beinhaltet ein Teil der Prüfung die klassische Fußarbeit. Überlegen wir uns einmal, was bei dieser Übung geprüft werden soll. Der ursprüngliche Gedanke war, den Gehorsam zu testen, ob der Hund in allen Tempi und Wendungen die Stellung auf Kniehöhe des Hundeführers einhalten kann. Mehr nicht.
Warum reicht es nicht, wenn der Hund entspannt, mit einer physiologisch und biomechanisch richtigen Kopfhaltung und Oberlinie neben dem Hundeführer läuft und gleichzeitig sieht, wohin er tritt?

Es gibt wohl zwei Gründe, einerseits neigt der Mensch zu Extremen, anderseits ist das »Sternengucken« beim Fuß-Laufen bedeutend einfacher zu trainieren, als eine korrekte Fußarbeit ohne andauernden (anstrengenden) Blickkontakt.
Leider ist das Bei-Fuß-Gehen völlig entartet und mittlerweile zu einer der belastendsten Übungen im Hundesport geworden. Mit unseren neu erworbenen Kenntnissen analysieren wir die Körperhaltung des Malinois in Abb. 11-15.
Als erstes fällt seine unnatürliche Halshaltung auf. In Kapitel 3, Seite 66, wo der Schafhals ausführlich erklärt wird, sehen Sie, dass ein Hund seinen Kopf normalerweise niemals so überstrecken würde. Anatomisch gesehen verlangen wir vom »Sternengucker«, seinen Hals unnatürlich nach oben zu biegen und gleichzeitig abzudrehen, eine Haltung, die ein Hund (ohne Schafhals) niemals freiwillig einnehmen würde.

Bei den »Sternenguckern« wird die Halswirbelsäule derart überstreckt, dass dies eine direkte Auswirkung auf die Dornfortsätze im Bereich des Widerristes und der vorderen Brustwirbelsäule hat. Durch die Kompression verkleinern sich die

Abb. 11–15 | *Die klassische Fußarbeit ist völlig sinnfrei und für den ganzen Körper belastend. Mutige Richter braucht das Land, »Sternengucker« dürfen nicht belohnt werden.*

Abstände und die Richtung der Dornfortsätze, die Bewegung wird stark eingeschränkt. Diese Halshaltung über längere Zeit im Schritt und Trab beizubehalten – dazu mit einem eingeforderten, für den Hund sehr anstrengenden Blickkontakt – fördert Verspannungen und Schmerzen im Kopf-/Hals-Bereich.

Wenden wir uns wieder dem Bild des Malinois zu. Wie fußt der Hund auf? Läuft er taktrein? Sind die diagonalen Pfoten gleichzeitig am Boden? Ist der Rücken relativ gerade und leicht schwingend? Um es vorwegzunehmen, Hunde mit dieser erzwungen überstreckten Kopfhaltung können nicht natürlich ausbalanciert laufen, weil dabei auch die Hinterhand – im wahrsten Sinn des Wortes – in Mitleidenschaft gezogen wird. Es ist den Hunden nicht möglich, taktrein und entspannt zu laufen. Stellen Sie sich diesen Bewegungsablauf zusätzlich noch mit einer zu langen Lende und kippbaren Sprunggelenken vor. Kein schöner Gedanke!
Die falsche Belastung im hinteren Lendenwirbel-Bereich ist enorm, vor allem im Lenden-/Kreuz-Übergang. Was die Frage aufkommen lässt, ob langes Training dieser abnormalen Fußarbeit einen Einfluss auf das Cauda-Equina-Syndrom haben könnte. Übrigens bringt es auch nicht viel, wenn Sie den Hund rechts und links am Bein trainieren, diese erzwungene Kopfüberstreckung und der Tiefstand der Hinterhand ist in jedem Fall schädlich. Seien Sie vorsichtig mit dem Futtertreiben bei Welpen. Bücken Sie sich so weit zum Welpen hinunter, dass er sich an eine physiologisch und biomechanisch richtige Kopfhaltung beim Fuß-Laufen gewöhnen kann. Üben Sie keinesfalls dieses extreme Hochschauen, wie es beispielsweise auf facebook so oft auf Fotos und in Videos bereits bei kleinsten Welpen zu sehen ist.

KÖRPER (Rumpf oder Mittelhand)

Kleine Brustbeinspitze: Oberarm ist weniger stabil, da die Oberfläche für die Anhaftung von Oberarm- und Halsmuskeln sehr klein ist.

Flachrippiger Brustkorb: weniger Ausdauer, da weniger Platz für Herz und Lunge. Bewirkt einen engen Vorderbein-Stand, instabil im Stand und in der Bewegung.

Zu wenig tiefer Brustkorb (nicht bis Ellbogen): weniger Ausdauer, da weniger Platz für Herz und Lunge. Oberarm ist weniger stabil, da die Muskelverbindungen zum Brustkorb ungenügend sind. Der Ellbogen ist nicht an den Brustkorb angelehnt, er steht unterhalb oder vor dem Brustkorb, was eine lose, verletzungsanfälligere Bewegung bewirkt.

Heringsbauch (zu kurzes Brustbein): zu kurzer Brustkorb mit sehr viel weniger Platz für Herz und Lunge – signifikant weniger Ausdauer. Bewirkt eine zu lange und schwache Lende. Eine sehr einschränkende Schwachstelle!

Zu lange Lende: kann sämtliche anderen strukturellen Probleme verstärken. Verbindung Rippenkorb zum Becken ist weniger kräftig. Enges Wenden wird erschwert, erfordert mehr Kraftaufwand über den Hindernissen.

Zu kurze Lende: verändert die Proportionen zu quadratisch, taktrein traben ist nur mit symmetrischer Winkelung möglich. Enges Wenden wird erschwert (Fuchsbau).

Zu kurze Kruppe: weniger Fläche für Muskel-Anhaftungen bewirkt schmalere, weniger kräftige Oberschenkel und damit weniger Schub.

Gerade Kruppe: oft hoher Rutenansatz und übertriebene, nicht effiziente Hinterbein-Aktion (Kick nach hinten/oben), weniger Schub.

Korrekter Brustkorb: für alle Sportarten bei denen Ausdauer wichtig ist und/oder die Vorderhand stark belastet wird.

Korrekte Lende und korrekte Kruppe: für alle Sportarten bei denen Schub/Kraft aus der Hinterhand und die seitliche Biegefähigkeit wichtig sind.

Ein solide gebauter Rumpf ist die Voraussetzung für folgende Sportarten:
Agility, Coursing, Dog Dancing, Flyball, Frisbee, Hütehunde, Hunderennen, IGP, Obedience, Schlittenhunde, Suchhunde, Wasserarbeitshunde, jagdliches Apportieren, Bauhunde.

Sporthunde mit einem schmächtigen Brustkorb sind weniger ausdauernd und weniger trittsicher

Die wenigsten Hundebesitzer sind sich bewusst darüber, wie wichtig ein gut geformter Brustkorb ist. Nur ein genügend tiefer, bis zum Ellbogen und weit nach hinten reichender Brustkorb bietet den inneren Organen ausreichend Platz und Schutz. Ein Hund mit einem schmächtigen Brustkorb wird nie ein optimales Lungenvolumen entfalten können und demzufolge weniger ausdauernd sein. Hütehunde, Jagdhunde, Schlittenhunde, Suchhunde, sie alle sollten über längere Zeit ihre Arbeit verrichten können und benötigen dazu für ein gutes Durchhaltevermögen einen korrekt geformten Brustkorb (Abb. 11-16).

Ein schmaler Brustkorb bewirkt zusätzlich einen engen Stand der Vorderbeine, was der Hund meistens mit angedrückten Ellbogen und ausgedrehten Pfoten ausgleicht. Das heißt weniger Stabilität im Stand und in der Bewegung.

Abb. 11-16 | *Ausdauernde Schlittenhunde, wie dieses erfolgreiche Samojeden-Gespann »Sápmi Spirit«, benötigen einen gut geformten Brustkorb mit viel Platz für die Herz- und Lungentätigkeit.*

Ein runder Brustkorb bewirkt eine weite, nicht effiziente Vorderhand-Bewegung.
Bei Sprüngen und Landungen müssen Hunde mit einem flachrippigen Brustkorb mehr Kraft für die Stabilisation aufwenden, vor allem hochbeinige Hunde. Der Abstand der Vorderbeine zeigt uns, wie stark der Brustkorb gerundet ist. Wenn die Vorderbeine sehr eng zusammenkommen wie beim Groenendael in Abb. 11-17-a, dann ist der Brustkorb flachrippig.
Sind die Vorderbeine sehr weit auseinander wie beim Aussie (Abb. 11-17-c) ist der Brustkorb viel stärker gerundet.
Ob zu viel oder zu wenig Abstand: Bei diesen beiden nicht optimalen Brustkorb-/Front-Strukturen werden bei der Landung Vorderpfoten und Karpalgelenke zu stark belastet, was mit der Zeit zu Abnutzungen führt. Sehr flachrippige oder zu breit gebaute Agility-Hunde sind auf den schmalen Kontaktzonen-Geräten weniger trittsicher.

Abb. 11-17 a–c | *Der Abstand der Vorderbeine lässt uns auf die Rundung des Brustkorbes schließen. Korrekt gebaut ist der Hund in der Mitte.*

Abb. 11-18 | *Je korrekter der Brustkorb gebaut ist, desto besser sind die Muskelverbindungen zum Oberarm und umso weniger belastend sind solche extremen Wendungen.*

Kleiner Knochen mit großer Wirkung – die Brustbeinspitze

Lernen wir einen neuen Hund kennen, macht sich unsere Hand ganz automatisch auf die Suche nach der Knochenspitze an der Vorbrust zwischen den Schultergelenken. Wenn unsere Finger eine prominente Brustbeinspitze tasten können, freuen wir uns für den Hund, denn nur wenn genügend Oberfläche vorhanden ist, können ausreichend Muskeln anhaften. Hat der Hund nur eine kleine Brustbeinspitze, dann wissen wir bereits, dass die Front nicht optimal sein kann.

Sporthunde sind auf einen kräftigen und gut geführten, stabilen Oberarm angewiesen. Der Oberarm ist mittels verschiedener Muskeln mit der (möglichst großen) Brustbeinspitze und dem Rumpf verbunden. Je korrekter der Rumpf geformt ist, d.h. in der Tiefe bis zum Ellbogen reichend und im unteren Teil sanft abgerundet, desto besser kann der Oberarm am Brustkorb entlanggleiten. Hunde mit einem gut geführten Oberarm haben einen stabilen Ellbogen, d.h. sie müssen weniger Kraft für die Stabilisierung ihrer Vorderbeine

Abb. 11-19 | *Knochen, Bänder, Muskeln und Sehnen müssen bei schnellen Rennhunden viel aushalten, vor allem in Kurven, wo die Fliehkräfte enorm auf den Körper einwirken.*

aufwenden als Hunde mit einem zu wenig tiefen Brustkorb und einem »frei stehenden« Oberarm (Abb. 11-31).

Schnelle Sportarten mit vielen Wendungen wie beim Agility oder beim Coursing setzen eine korrekte und stabil gebaute Front voraus. Die Belastung auf ein einzelnes Vorderbein kann gerade bei Richtungsänderungen enorm sein (Abb. 11-18).

Die korrekte Lende entscheidet über enge Wendungen und Stangenfehler

Eine lange Lende bedeutet eine schwächere Verbindung vom Rippenkorb zum Becken, was wiederum andere strukturelle Probleme verstärken kann (z.B. Schafhals oder kippbare Sprunggelenke).
Die optimale Lende ist halb so lang wie der Brustkorb oder anders erklärt: Der Brustkorb sollte ⅔ und die Lende ⅓ betragen. Diese Relation zum Brustkorb verspricht eine kräftige und gut biegsame Lendenpartie.

Kräftig, damit der Hund seine Hinterbeine gut unter den Körper bringen kann, wie der fantastische Agi-Dackel in Abb. 11-20. Seitlich biegsam, damit der Hund eng wenden kann. Ist die Lende länger, können Sie enge Sprungkombinationen so oft trainieren wie Sie wollen, der Hund braucht seinen etwas größeren Radius und kann nicht enger wenden, weil er dazu die Stabilität in der Lende nicht hat.
Jäger sind gut beraten, keinen Jagdhund mit zu kurzer Lende auszubilden. Es besteht die Gefahr, dass sein Hund infolge seiner zu kurzen Lende unter Umständen nicht mehr selbständig aus dem Fuchsbau kommt.

Ein Hund mit einer langen Lende muss bedeutend mehr Kraft aufwenden, um über Hindernisse zu springen. In Kombination mit schwachen Sprunggelenken sind Stangen-Fehler vorprogrammiert.

Abb. 11-20 | *Eine korrekte Lendenpartie und eine kräftige Hinterhand ermöglichen es dem Dackel, seine Hinterbeine weit unter den Körper zu bringen.*

Abb. 11-21 | *Im Vergleich zum roten Mischling in Abb. 11-22 hat dieser Kelpie eine längere Lende und ist dadurch beim engen Wenden und beim Springen im Nachteil. Stangen-Fehler kommen gehäuft vor.*

Abb. 11-22 | *Die Lende dieses Mischlings ist ungefähr halb so breit wie sein Brustkorb, das ist die ideale Relation, die effizientes Springen und enges Wenden ermöglicht.*

Eine kurze Kruppe bedeutet schmale, schwache Oberschenkel und weniger Schub

Sporthunde brauchen Schub, sehr viel Schub von hinten. Um das zu erreichen, benötigen sie kräftige Oberschenkel, die es nur mit genügend Muskelverbindungen gibt.
Hunde mit einer kurzen Kruppe (Distanz vom Hüfthöcker zum Rutenansatz) werden immer schwache Oberschenkel und wenig Schub haben. Im Gegensatz zum sportlichen Beagle in Abb. 11-23, der eine enorm kräftige Hinterhand hat.

Je kürzer die Kruppe ist, umso schmaler und schwächer sind die Oberschenkel und desto weniger Sprungkraft hat der Hund (Abb. 11-53).

Abb. 11-23 | *Dank seiner genügend langen Kruppe hat dieser Beagel kräftige, breite Oberschenkel, deren Muskelstränge unter dem Fell sogar sichtbar sind.*

VORDERHAND

Steiles, wenig zurückliegendes Schulterblatt: steile Schultern = kürzere Schritte, schnellere Ermüdung, größerer Verschleiß. Steile Schultern = weniger gut bemuskelt, anstrengender zum Springen, größere Erschütterung bei Landungen.

Zu hohes Schulterblatt: die Wirbelsäule überragende Schulterblattspitzen sind weniger gut abgefedert und verletzungsanfälliger (Brustgeschirr).

Zu nahe beieinanderstehende Schulterblattspitzen: erschwert das Absenken der Nase mit gerade gestellten Vorderbeinen.

Zu kurze Schulterblätter: großer Abstand zwischen den Schulterblättern und oft ein flacher Widerrist, weniger gutes Abfedern von Erschütterungen, meist zu weite Vorderhand-Bewegung.

Keine Vorbrust: Zeichen für eine steile, mangelhafte Front. Oberarm/Ellbogen stehen zu weit vorne und können nicht optimal am Brustkorb entlanggleiten.

Steiler, wenig zurückliegender und/oder zu kurzer Oberarm: verändert den natürlichen Körperschwerpunkt. Die Beine stehen unter dem Kopf/Hals anstatt unter dem Widerrist. Verändert die Bewegung: breit laufen vorn, kurze Schritte, oft hohe Beinaktion. Schwache Verbindung Oberarm zum Rumpf = Stress für die Front, hauptsächlich für die Ellbogen.
Galopper und einige Terrier-Rassen haben einen steiler gestellten Oberarm.

Ein- oder ausgedrehter Ellbogen: weisen auf eine nicht ideale Front hin und sind verletzungsanfällig. Eingedrehte Ellbogen mit auswärts gerichteten Pfoten = schmächtiger Brustkorb oder zu steiler Oberarm. Ausgedrehte Ellbogen bei tonnenförmigen Brustkörben mit überladenen Schultern.

Krumme Unterarme: nur bei niederläufigen Rassen akzeptiert und dies nur in schwacher Krümmung. Probleme durch Fehlstellung im Ellbogen und Vorderfußwurzelgelenk.

Langer und/oder durchtrittiger Vordermittelfuß (VMF): je länger der VMF desto mehr Kraftaufwand. Schwache, durchtrittige VMF sind schlecht bei tiefem Boden und verletzungsanfällig. Durch die veränderte Belastung flacht die Pfote ab = weniger Katapulteffekt (Sprungkraft).

Gespreizte, flache Pfoten mit zu kleinen Zehenballen: zu wenig Aufknöchelung und ungenügende Polsterung. Zehen sind verletzungsanfällig (Zehenarthrose). Flache Pfoten federn weniger ab, sind weniger griffig und haben einen negativen Einfluss auf die Sprungkraft. Die Krallen wachsen nicht Richtung Boden und können weniger gut eingesetzt werden in schwierigem Terrain bei Richtungswechsel.

Stellungsfehler der Vorderbeine mit abweichender Belastungsachse: sämtliche Stellungsfehler wie ein- oder ausgedrehte Ellbogen, krumme Unterarme, durchtrittige oder zu steile Vordermittelfüße, aus- oder eingedrehte Pfoten sind fehlerhaft, die Gelenke werden falsch belastet und verschleißen früher.

Korrekte Front: für alle Sportarten bei denen Ausdauer wichtig ist und die Vorderhand stark belastet wird.

Eine korrekt gewinkelte Vorderhand ist die Voraussetzung für folgende Sportarten: Agility, Coursing, Flyball, Frisbee, Hütehunde, Hunderennen, IGP, Schlittenhunde, Suchhunde, Wasserarbeitshunde sowie für das jagdliche Apportieren.

Das Schulterblatt beeinflusst bedeutend mehr als nur die Schrittlänge

Ausnahmsweise sind sich alle Hundeexperten einig, das funktionellste Schulterblatt ist genügend lang und liegt gut schräg zurück.
Vor allem für Sporthunde ist ein gut zurückliegendes Schulterblatt eine der wichtigsten Voraussetzungen, die erfüllt sein muss. Das gilt für ALLE Rassen. Nur das schräg liegende Schulterblatt ermöglicht eine gute Schrittlänge, ein korrektes Abfedern der Erschütterungen und ein problemloses Absenken des Halses für ein bodennahes Fährten.

Ein steiles und/oder kurzes Schulterblatt ist für Hunde bei schnellen Sportarten ein schwerer Fehler. Erinnern wir uns: Die Vorderbeine sind nicht knöchern mit dem Rumpf verbunden, sondern mit einem höchst faszinierenden Muskelsystem. Ein steiles Schulterblatt verkürzt nicht nur die Schrittlänge, auch die Muskelverbindungen zum Rumpf sind dann weniger gut, was oftmals auch der Grund für einen Senkrücken sein kann.

Abb. 11-24 und Abb. 11-25 | *Der schwarz-weiße Border Collie (BC) mit steilen Schultern landet hart und weniger federnd als der gut gewinkelte merlefarbene BC, dessen gebeugte Gelenke durch den Aufprall deutlich weniger belastet werden.*

Abb. 11-26 | *Blinden- oder Suchhunde, die mit Schabracke im Einsatz sind, sollten keine hohen, die Wirbelsäule überragenden Schulterblattspitzen haben*

Abb. 11-27 | *Treibhunde benötigen zum Heelen einen guten Abstand der Schulterblattspitzen. ACD Parker hat übrigens perfekt tief unten ins Standbein gezwickt.*

Hunde mit einer steilen Schulter zeigen eine andere Sprungtechnik, erkennbar an der meist hohen Kopfhaltung (ev. kombiniert mit Schafhals) und infolge der durch schwache Muskulatur durchhängenden Oberlinie (Abb. 11-29).
Ein steiles Schulterblatt kann Erschütterungen bei harten Landungen und schnellen Stopps weniger gut abfedern, was zu einem schnelleren Verschleiß in den Gelenken führt.
Zu hohe Schulterblattspitzen sind nicht ideal für einen Such- oder Blindenhund, der mit Schabracke arbeiten muss (Abb. 11-26). Enge Schulterblattspitzen verhindern ein problemloses Absenken des Kopfes, das aber wichtig ist für Jagdhunde auf der Nachsuche, im Mantrailing oder Sportfährten. Treibhunde, die sich zum Heelen (Fersenbeißen) ducken müssen, sind auf einen guten Abstand zwischen den Schulterblättern angewiesen (Abb. 11-27).

Sehr weit auseinanderstehende und meistens kurze Schulterblätter bedeuten in der Regel einen weniger ausgeprägten Widerrist und dadurch weniger optimale Muskelverbindungen im Frontbereich.

Warum ist eine gerundete Vorbrust so wichtig?

Beim Ausdauer-Traber ist die von der Seite sichtbare Vorbrust das klare Erkennungszeichen für eine gute Front. Eine Vorbrust gibt es nur, wenn der Oberarm zurückliegt und gut mit Muskeln am genügend tiefen Rumpf verbunden ist. Wenn zusätzlich auch die wichtige Brustbeinspitze ausreichend groß ist für die Anhaftung der unteren Halsmuskeln, dann hat der Hund mit Sicherheit eine gut gewinkelte, stabile Front. Hat ein Hund eine kleine Brustbeinspitze können wir seinen Oberarm mit zwei Fingern seitlich herausziehen, ein Zeichen für eine mangelhafte Muskelverbindung.
Eine solide Front ist für alle schnellen Sportarten wichtig, gut gebaute Hunde bleiben in der Regel auch länger gesund.

Vergleichen wir die Front der zwei Zwergpinscher, deren Abbildungen Sie in der Einleitung des Buches gesehen haben. Nennen wir sie Dunkel und Hell (Abb. 11-28 a+b).
Wissen Sie noch, was Ihnen an den beiden aufgefallen ist? Nun können Sie diese Hunde mit Ihrem neuen Wissen analysieren. Sie werden sicher sehr viel mehr sehen. Der »Minpin« ist laut Standard ein Traber, er soll annähernd quadratisch sein, mit einer markant ausgebildeten Brustbeinspitze.

Der Körper von **Dunkel** ist relativ moderat, harmonisch und ausgewogen gebaut, einzig sein Unterkiefer ist zu bemängeln.
Die obere Linie von **Hell** fällt als erstes auf, sie sinkt nach dem Widerrist ein. Ein Senkrücken entsteht immer durch eine mangelhafte Front. Weiter sehen wir bei Hell zwar eine kleine Brustbeinspitze, aber keine gerundete Vorbrust. Der Grund ist der steil gestellte Oberarm. Sowohl Schulter wie Oberarm sind steil, das heißt, die ganze Front steht zu weit vorn. Bei einem nicht korrekt stehenden Oberarm kann der Ellbogen den (von der Seite gesehen) tiefsten Punkt des Brustkorbs nicht verdecken. Dadurch wird der Körperschwerpunkt

Abb. 11-28 a und b | *Die beiden Zwergpinscher im Vergleich: Dunkel und Hell – der eine ist ausgewogen (Dunkel) und der andere wenig ausgewogen (Hell) gebaut. Hell punktet dafür mit einem sehr schönen Kopf.*

verlagert, was eine Überbelastung in anderen Gelenken verursacht. Hell hat Glück, dass er leicht gebaut ist.

Die Vorderhand ist nur durch Muskeln, Sehnen und Bänder befestigt. Eine steile Front sieht meistens aus wie »darübergestülpt«, weil die Muskelverbindungen mangelhaft sind, daher auch der Senkrücken. Eine weitere Auffälligkeit bei **Hell** ist die lange Lende, die sein Erscheinungsbild von quadratisch zu rechteckig verändert. **Hell** hat jedoch einen schön tiefen und weit nach hinten reichenden Brustkorb – und einen sehr ausdrucksstarken, schönen Kopf. Vergessen wir nie, auch die Qualitäten zu sehen!

Ist es nicht spannend zu erkennen, dass allein die veränderte Winkelung von zwei Knochen zueinander so viele Auswirkungen haben kann? Und genau so eine winzige Abweichung kann über den Erfolg und die Dauer einer Sportkarriere entscheidend sein.

Ein im Sport stark geforderter Hund benötigt unbedingt einen korrekt stehenden, sehr stabilen Ellbogen, was einen wohlgeformten Brustkorb und einen genügend langen und gut zurückliegenden Oberarm voraussetzt.

Abb. 11-29 | *Verschiedene Springstile lassen auf einen unterschiedlichen Körperbau schließen. Ein instabiler Schafhals und eine steile Front sind meistens der Grund für einen hoch aufgerichteten Kopf, für weniger gut »eingeklappte« Vorderbeine und für eine leicht durchhängende Oberlinie*

Abb. 11-30 | *Dieser korrekte Springstil unterscheidet sich deutlich von jenem des Pudels (Abb. 11-29), der Kopf liegt tiefer und ist weiter nach vorne gestreckt, die Vorderbeine sind besser »eingeklappt«, die Oberlinie ist fest.*

Nicht korrekt stehende Oberarme verursachen eine nicht effiziente Vorderbein-Aktion. Eine Ausnahme bilden die Galopper (Windhunde), bei ihnen stehen die Oberarme steiler (Kapitel 7, Seite 214).

In Abb. 11-31 sehen wir einen Königspudel mit wenig Vorbrust und deshalb einem muskulär nicht gut eingebundenen und wenig geführten Oberarm. Die Belastung auf die losen Ellbogen ist dadurch deutlich verstärkt, vor allem in Kombination mit seinen langen, überwinkelten Hinterbeinen (herausstehende Knie). Übrigens ein Körperbau, den wir oft bei langhaarigen Agility-Border-Collies antreffen: eine zu steile Front und zu lange Hinterbeine.
Ein korrekt gebauter Sporthund sollte absolut gerade Vorderbeine haben, und zwar von den Pfoten bis zur Schulter in einer geraden Linie verlaufend. Jede Abweichung dieser Belastungsachse führt zu einer Überlastung der anderen Gelenke und dadurch zu erhöhtem Verschleiß (Abb. 11-32).

Abb. 11-31 | *Hunde mit einer steilen Front und wenig Vorbrust sowie langen, überwinkelten Hinterbeinen sind weniger sicher und weniger ausbalanciert auf Kontaktzonen-Hindernissen.*

Abb. 11-32 | *Hunde mit verkrümmten Vorderbeinen sollten im Sport nicht überfordert werden, da die Belastung auf die Gelenke deutlich erhöht ist.*

Der Vordermittelfuß (VMF), der wichtige Stoßdämpfer

Die Vorderhand eines Hundes muss bereits im Alltag viele Erschütterungen abfedern, um so mehr aber noch bei Sportarten, wo die Hunde über Hindernisse springen und/oder hohe Geschwindigkeit erreichen müssen. Korrekt gewinkelte Hunde laufen und springen federnd und können Erschütterungen besser neutralisieren. Machen Sie den Selbstversuch: Springen Sie entweder aus dem Stand hoch oder vom Bordstein auf die Straße und landen Sie mit durchgestreckten Knien. Bei einem zweiten Versuch federn Sie mit den Knien ab und landen locker. Sie werden spüren, wie viel angenehmer es ist, wenn die Erschütterung durch die gebeugten Gelenke abgefedert wird.

Abb. 11-33 | *Obwohl Nuria für den Agility-Sport schwer gebaut ist, nahm sie bis ins hohe Alter an Turnieren teil. Dank ihrer gut gewinkelten Front mit elastischen VMF konnte sie die Erschütterung bei jeder Landung gut abfedern.*

Bei der Landung wird das Vorderbein so aufgesetzt, dass Pfote und Vordermittelfuß flach auf dem Boden liegen (Hyperextension). Nur in dieser Stellung kann die Daumenkralle Kontakt zur Unterfläche aufnehmen, was vor allem bei einem unmittelbaren Richtungswechsel oder bei einem schnellen Stopp hilfreich ist (Abb. 11-35).

In Abb. 11-33 sehen wir eine Sprungsequenz von Nuria, die trotz ihres schweren Körperbaus bis zu ihrem 12. Lebensjahr an Agility-Turnieren teilgenommen hat. Wenn Hunde so lange im Sport aktiv sind, dann sind sie definitiv gut gebaut. Nuria kann dank ihrer gut gewinkelten Front weich landen und die Erschütterungen gut absorbieren. Die Cattledog-Hündin ist nun knapp 16 Jahre alt und hat keine großen Altersbeschwerden. Wirklich schade, dass sie allein wegen ihrem »schmutzigen« Rot keine Zuchtzulassung bekommen hätte.

Wie eine harte Landung mit durchgestreckten Gelenken aussieht, sehen wir in Abb. 11-34. Solche schlecht abgefederten Landungen führen zu deutlich mehr Erschütterungen in der Front und zu frühzeitigem Verschleiß.

Nebst gut gepolsterten aufgeknöchelten Pfoten und einem schrägen Schulterblatt ist der VMF der wichtigste Stoßdämpfer.

Abb. 11-34 | *Eine harte Landung mit durchgestreckten Gelenken. Steile Gelenke erleiden bei jeder Landung deutlich mehr Erschütterungen.*

- Ein kräftiger, leicht schräg gestellter und nicht zu langer VMF ist die ideale Voraussetzung für jeden Sporthund.
- Hunde mit durchtrittigen und/oder eindrehenden VMF sind nur bedingt sporttauglich.
- Ein zu steil gestellter VMF kann Erschütterungen bei Landungen nicht genügend abfedern.

Abb. 11-35 | *Bei schnellen Renn- und Coursing-Hunden sind VMF und Sprunggelenke die verletzungsanfälligsten Körperteile.*

Abb. 11-36 | *Hohe, nicht abgerundete Querlatten verursachen über viele Trainingssequenzen zahllose Mikroverletzungen, die früher oder später die empfindlichen Pfoten schmerzhaft schädigen.*

Je länger der VMF desto mehr Kraftaufwand für den Hund. Schwache, durchtrittige VMF beeinträchtigen Hunde bei tiefem Boden und sind sehr verletzungsanfällig.
Durch die veränderte Belastung der Pfoten werden diese mit der Zeit abgeflacht, sind weniger griffig und verlieren den Katapulteffekt (Sprungkraft).

Ein Hund ohne gute Pfoten ist wie ein Ferrari mit platten Reifen

Gut aufgeknöchelte Zehen mit einer großen, derben Polsterung sind die Basis für jeden Hund. Der beste Körperbau nützt dem Sporthund nichts, wenn die Pfoten abgeflacht, aufgespreizt und zu wenig gut gepolstert sind. Bei richtig aufgeknöchelten Pfoten sind die Zehen beweglich, die Krallen finden Halt bei tiefem und rutschigem Terrain.

Eine federnde Bewegung ist nur mit eng aneinanderliegenden gut aufgeknöchelten Zehen und großen, gepolsterten Ballen möglich. Sind die Zehenballen zu klein, verlagert sich das Gewicht auf den Sohlenballen, Stand und Bewegung sind unsicher und die Belastung der anderen Gelenke nimmt zu.

Viele Sporthunde leiden im Alter an abgeflachte Pfoten, das Resultat von unzähligen Mikroverletzungen durch die harten, hohen und nicht abgerundeten Querlatten der Schrägwand. Für die Gesundheit der Hunde wären ein qualitativ hochwertiger Antirutschbelag und flache Querlatten mit gut abgerundeten Kanten eine große Verbesserung. Im Agility-Sport hat sich diese Lattung erfolgreich durchgesetzt. Die A-Wand ist weniger steil als in den Anfängen, was den Aufprall bedeutend entschärft (Abb. 11-37).

Abb. 11-37 | *Erfreulicherweise sind die Querlatten im Agility heute bedeutend kleiner, abgerundeter und damit »pfotenfreundlicher«.*

Abb. 11-38 | *So abgeflacht sehen ACD Dingos Pfoten nach 10 Jahren Agility-Turnieren aus. Glücklicherweise sind heute die Querlatten der Schrägwand »pfotenfreundlicher«.*

Zu lange Krallen bedeuten größere Verletzungsgefahr

Krallen sind wichtig. Kräftig sollen sie sein, nach unten gebogen und keinesfalls zu lang. Wenn Sie Ihren eigenen Nagel unter die Kralle Ihres Hundes schieben können, stimmt die Länge. Zu lange Krallen sind oft ein Grund für Verletzungen, nicht nur für angerissene Krallen, sondern auch für die Zehen, wo Bänder, Knochen und Gelenke in Mitleidenschaft gezogen werden können. Vor allem bei Windhunden sind schmerzhafte Kapselrisse sehr häufig. Auch die Daumenkrallen sollten gekürzt werden, denn je stärker sie gebogen sind, desto verletzungsanfälliger werden sie.

Die fantastische Abb. 11-39 zeigt, wie wichtig gute Krallen sind. Studieren Sie die Pfoten- und Krallenstellung, dann wird Ihnen klar, dass nur ein Hund mit gesunden Pfoten und Krallen ein erfolgreicher Sporthund sein kann.

Abb. 11-39 | *Eine außergewöhnliche Momentaufnahme, die eine interessante Vorderpfotenstellung zeigt. Stellen Sie sich die Belastung der einzelnen Zehen bei zu langen Krallen vor.*

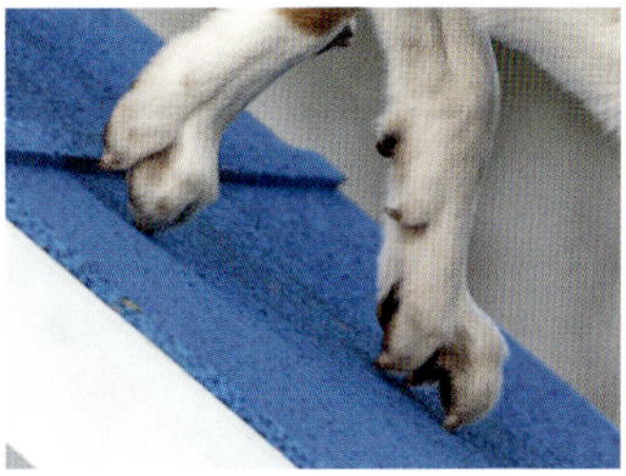

HINTERHAND

Zu kurze Hinterbeine mit wenig Winkelung:
3. Balance-Linie passt nicht, steht vor der Linie (unterständig, steil). Wenig Knie- und Sprunggelenk-Winkelung bedeuten weniger Schub (Antrieb) und stelzende, kurze Schritte. Höheres Risiko für Kreuzbandrisse bei schweren Hunden.

Zu lange Hinterbeine mit übertriebener Winkelung:
3. Balance-Linie passt nicht, steht hinter der Linie (rückständig, überwinkelt). Meistens stimmt die Äquidistanz nicht, der Unterschenkel ist zu lang. Hunde sind weniger stabil hinten.

Knie nach außen stehend: Herausstehende Knie sind verletzungsanfällig, die veränderte Belastungsachse wirkt sich negativ auf die anderen Gelenke aus.

Kippbare Sprunggelenke: verschiedene Schweregrade, die jedoch alle eine Einschränkung bedeuten und durch die Kompensations-Haltung andere Schwachstellen verstärken können. Beidseitig spontan kippende Gelenke sind für jeden Hund eine extrem einschränkende Schwachstelle!
Schwache Sprunggelenke gegen innen oder außen: immer in Kombination mit fehlerhaften Stellungen – schwach gegen innen bei X-Beinen (kuhhessig), schwach gegen außen bei O-Beinen (fassbeinig).

Roll-Ballen: flache Zehen, mit zu wenig Aufknöchelung, ungenügender Polsterung und zu großen Zehen-Abständen, dadurch weniger abfedernd, weniger griffig und verletzungsanfälliger. Roll-Ballen sind ein zunehmendes Problem, die Hunde stehen instabil, die Zehenballen sind von vorne sichtbar, der Hund verlagert die Belastung auf den Sohlenballen. Eine sehr einschränkende Schwachstelle!

Stellungsfehler der Hinterbeine mit abweichender Belastungsachse: sämtliche Stellungsfehler wie O-Beine, X-Beine sind fehlerhaft, die Gelenke werden falsch belastet und verschleißen früh.

Eine korrekte Hinterhand ist wichtig für Sportarten wo Kraft und Schub nötig sind für schnelles Galoppieren und/oder hohes Springen.

Eine kräftige, gut gewinkelte Hinterhand ist die Voraussetzung für folgende Sportarten:
Agility, Apportierhunde, Coursing, Dog Dancing, Flyball, Frisbee, Hütehunde, Hunderennen, IGP, Schlittenhunde, Suchhunde, Wasserarbeitshunde

Wenn Stangenfehler die Regel sind – oder ohne Übertreibungen springt es sich am besten

Ein funktionell gebauter, vielseitig einsetzbarer Sporthund vom Typ Ausdauer-Traber ist am besten mit einer moderat gewinkelten Hinterhand bedient. Hunde mit sehr kurzen Hinterbeinen und steiler Winkelung haben weniger Schub und dadurch mehr Mühe, über hohe Hindernisse zu springen. Sie können nur kurze Schritte machen und ermüden dadurch schneller, sind aber stabiler als Hunde mit langen Hinterbeinen.

Bei großen und schweren Hunden mit steilen Winkeln ist das Kreuzbandriss-Risiko erhöht.
Zu lange Hinterbeine gehen immer auf Kosten der Stabilität (Abb. 11-41). Oft gehen und stehen Hunde mit langen Beinen kuhhessig. Die Hunde sind weniger schnell auf den Beinen und brauchen länger, um auf Höchstgeschwindigkeit zu kommen. Nach hohen Sprüngen oder engen Kurven sind moderat gewinkelte Hunde bedeutend schneller

Abb. 11-40 a und b | *Häufige Stangen-Fehler können auf eine Schwachstelle im Körperbau hinweisen (z.B. zu lange Hinterbeine, zu lange Lende, kippbare Sprunggelenke, Schafhals, Wirbelsäulenprobleme).*

wieder im Gleichgewicht und können dadurch Zeit gewinnen. Überwinkelte Hunde mit einer langen Lende sind in engen Wendungen noch mehr benachteiligt, Stangen-Fehler sind unvermeidbar.

Auch Hütehunde sind auf stabile Hinterläufe angewiesen, denn mit überwinkelten instabilen Beinen ist es schwieriger, die Herden unter Kontrolle zu halten (Abb. 11-42).

Stellungsfehler bei den Hinterbeinen wie O- oder X-Beine sind fehlerhaft. Durch die abweichende Belastungsachse werden die Gelenke falsch belastet und verschleißen eher.

Abb. 11-41 | *Zu lange Hinterbeine gehen immer zu Lasten der Stabilität. Auffällig ist hier die Stellung des linken Hintermittelfußes.*

Abb. 11-42 | *Gerade bei flüchtigen Schafen sind Hütehunde auf stabile Hinterläufe angewiesen, damit sie schnell wenden und sprinten können.*

Wenn auf einmal die Beine wegsacken – kippbare Sprunggelenke

Das Sprunggelenk ist der Eckpfeiler für eine kräftige Hinterhand und sollte absolut stabil sein nach vorne, nach außen und nach innen. Sind die Sprunggelenke stabil, moderat gewinkelt und stehen die Hintermittelfüße senkrecht, stimmen in der Regel auch Länge und Winkelung der Hinterbeine.

Kippbare Sprunggelenke bedeuten eine schwere Einschränkung, schlimmer noch in Kombination mit anderen Schwachstellen. Schon ein leicht kippbares Sprunggelenk muss vom Körper dauerhaft kompensiert werden. Hunde mit einseitig weichem Sprunggelenk teilen ihren Galopp so ein, dass sie mit dem kräftigen, stabilen Bein abspringen.
Wenn nun beide Sprunggelenke schwach sind, ist jeder Absprung instabil und somit eine Belastung für den ganzen Körper. Der Hund kann sich nicht auf die Spannkraft der Gelenke verlassen und muss stärker mit der Vorderhand abspringen, was diese mehr belastet.
Lesen Sie dazu die Geschichte von Dolly über das vorzeitige Ende ihrer erfolgreich gestarteten Sportkarriere in Kapitel 7, Seite 207.
Instabile Sprunggelenke führen zu Verspannungen, gut sichtbar an der aufgewölbten oberen Linie bei Jamie in Abb. 11-43 und beim Mischling in Abb. 11-47. Beide Hunde versuchen, die Schwachstelle (Sprunggelenke) zu kompensieren und verschieben Gewicht in den Rücken und nach vorn, auf die naturgemäß schon mehr Gewicht tragende Front. Bei einem einseitig kippbaren Sprunggelenk wird meistens das diagonale Vorderbein mehr und mit der Zeit überbelastet.

Instabile Sprunggelenke sind bereits beim 8 Wochen alten Welpen sichtbar. Wir würden dem Welpen und uns nichts Gutes tun, würden wir ihn für den Sport ausbilden. Ein frühes Karriereende wäre abzusehen.

Stabile Sprunggelenke sind vor allem für Agility, IGP, Mondioring, Frisbee und Wasserarbeit von großer Wichtigkeit. Auch Hunde, die jagdlich apportieren oder hüten können ihre Arbeit besser mit einer kräftigen, stabilen Hinterhand ausführen.
Sporthunde mit instabilen Sprunggelenken und Roll-Pfoten haben große Mühe, schnelle Richtungswechsel vorzunehmen. Die Instabilität bei den Hinterbeinen und der Verschleiß der Hinterhand sind enorm.

Abb. 11-43 | *Die instabilen Sprunggelenke sind bei Jamie an der aufgewölbten oberen Linie erkennbar. Zusätzlich muss Jamie seinen Schafhals stabilisieren. Es fällt ihm schwer, auf der Fährte zu arbeiten oder im Gegenstandsrevier zu stöbern.*

Abb. 11-44 und Abb. 11-45 | *Der kleine Lobo zieht an der WAH-3-Prüfung ein mit fünf Personen besetztes Boot an Land. Dazu braucht er nicht nur kräftige Hinterbeine und stabile Sprunggelenke, sondern auch einen absolut korrekten Hals.*

Ein Beispiel dafür, dass auch kleine Hunde Großes leisten können, wenn der Körperbau optimal ist, zeigt uns Lobo, Hütehund der relativ kleinen Rasse Berger des Pyrénées face rase (Abb. 11-44 und Abb. 11-45). Er war über Jahre hinweg in den höchsten Klassen der Sparten Schweizer Begleithund, Sanitätshund und Wasserarbeitshund erfolgreich. Im Alter von 10 Jahren gewann der nur 17 kg schwere Lobo noch die Schweizermeisterschaft der Wasserarbeitshunde. Eine unglaubliche Leistung in Konkurrenz zu bedeutend größeren Rassen wie Neufundländer, Landseer, Malinois usw.

Junge Hunde können dank ihrer kräftigen Muskulatur viele Schwächen kompensieren. Im Alter bauen sich die Muskeln ab, die ursprünglichen Schwachstellen zeigen sich deutlicher, wie bei diesem älteren Mischling in Abb. 11-49 a+b. Beide Sprunggelenke kippen bei jedem Schritt spontan nach vorne und seitlich nach außen.
Vor allem schwer gebaute Hunde leiden oft im Alter, wenn sich durch solche Instabilität schmerzhafte Arthrose gebildet hat.
Gut, dass wir die Möglichkeit haben, gravierende strukturelle Schwachstellen schon im Alter von 8 Wochen mit dem Welpentest aufzudecken, bevor wir die Welpen in ein Zuhause mit sportlich ambitionierten Menschen oder in die Zucht abgeben.

Abb. 11-46 | *Agility-Hunde brauchen zwingend stabile Sprunggelenke, damit sie locker und genügend hoch über die Hindernisse springen können. Hunde mit schwachen Sprunggelenken touchieren öfter Stangen, da die Kraft zum Absprung fehlt.*

Abb. 11-47 | *Hinten rechts sieht das Bein nach gekipptem Sprunggelenk aus. Dazu passt die leichte Aufwölbung im Lendenbereich.*

Abb. 11-48 a und b | *Beim Vergleich der Hinterbeinstellung sehen wir beim Papillon hinten rechts ein spontan gekipptes Sprunggelenk (roter Pfeil) im Vergleich zum schön gewinkelten Sprunggelenk (grüner Pfeil).*

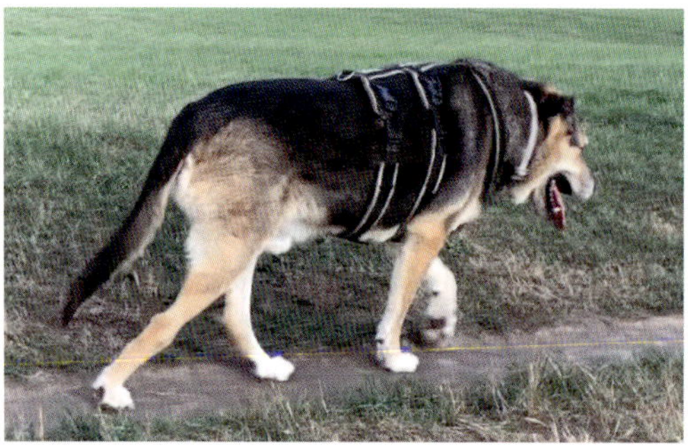

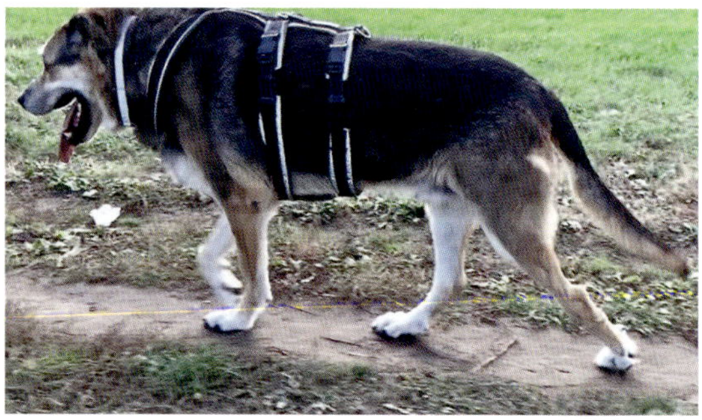

Abb. 11-49 a und b | *Unterwegs angetroffen: So wenig stabil läuft ein älterer Hund mit bei jedem Schritt nach vorne kippenden und seitlich wegbrechenden Sprunggelenken.*

Wenn die Geschwindigkeit und die Bodenhaftung zu wünschen übrig lässt – Roll-Ballen

Die wenigsten Hundesportler werden bislang wohl auf die Größe der hinteren vier Zehenballen ihres Hundes geachtet haben. Diese vier Zehenballen sind jedoch eine der wichtigsten Grundvoraussetzungen für Geschwindigkeit, Wendigkeit, Balance und Abfederung. Mangelhafte Hinterpfoten sind bei vielen Rassen ein zunehmendes Problem, welches leider den wenigsten Tierärzten, Therapeuten oder Hundehaltern bekannt ist. Ambitionierte Sportler täten gut daran, bereits beim Welpentest mit 8 Wochen die Pfoten ihres Welpen zu kontrollieren, denn zu kleine Zehenballen mit zu großen

Zwischenräumen sind der Grund für eine Vielzahl von gesundheitlichen Folgeproblemen und versprechen eine sehr kurze Sportkarriere.

Roll-Ballen werden sie genannt, diese instabilen Pfoten, bei denen von vorne die Ballenpolster sichtbar sind. Hunde mit Roll-Ballen haben eine schlechte Bodenhaftung, das heißt sie sind bedeutend weniger wendig. Der Grund dafür sind die kleinen Zehenballen, die zu wenig griffig sind. Auch die Krallen zeigen nicht in Richtung Boden, sondern waagerecht oder himmelwärts und bieten somit keinen Halt auf rutschigem Terrain.
Roll-Ballen treten in der Regel in Kombination mit gespreizten, abgeflachten Zehen auf. Sie haben zur Folge, dass diese Hunde weniger schnell sind und weniger gut abspringen können.
Hunde mit Roll-Ballen können nur ruhig und sicher auf ihren Pfoten stehen, wenn sie ihren Stand verändern, die Zehenballen entlasten und ihr Gewicht auf den hinteren großen Sohlenballen verlagern. Jede veränderte Belastungsachse wirkt sich jedoch negativ auf die darüber liegenden Gelenke aus. Kommen noch andere Schwachstellen hinzu, wie kippbare Sprunggelenke, Hüftgelenk-Dysplasie oder eine zu lange Lende, ist der Hund dauernd gezwungen zu kompensieren. Das ist keine optimale Voraussetzung für eine erfolgreiche Sporthund-Karriere.

Abb. 11-50 | *Kräftige, aufgeknöchelte Pfoten sind gut gepolstert und bieten dem Sporthund gute Voraussetzungen bei allen Belastungen.*

Abb. 11-51 | *Im Vergleich zu Abb. 11-50 sind diese Pfoten abgeflacht, hinten rechts sind die Ballen sichtbar (roter Pfeil). Hunde mit Roll-Ballen sind weniger trittsicher, weniger wendig und weniger schnell.*

Abb. 11-52 | *Ein anschauliches Bild das zeigt, wie wichtig kräftige, gut gepolsterte Ballen mit korrekten Krallen sind.*

GENERELL

Vorderhand nicht gleich gewinkelt wie Hinterhand:
Ungleiche Winkelungen in der Vorderhand und in der Hinterhand verhindern einen harmonischen, taktreinen Bewegungsablauf.
Ausnahme: Galopper und einige Terrier-Rassen sind vorne meistens steiler gewinkelt.

Vorderhand und Hinterhand nicht gleich breit:
schmale Becken verhindern einen stabilen Stand und erhöhen die Gefahr für Kaiserschnitt-Geburten.

Alle Sporthunde, außer die Windhunde, sollten hinten und vorne gleich gewinkelt und gleich breit sein:
Agility, Apportierhunde, Bauhunde, Coursing, Dog Dancing, Flyball, Frisbee, Hütehunde, Hunderennen, IGP, Obedience, Schlittenhunde, Suchhunde, Wasserarbeitshunde.

Abb. 11-53 | *Bei einem zu schmalen Becken und schwach bemuskelten Oberschenkeln (kurze Kruppe) muss die Front sehr stabil gebaut sein und viel mehr ausgleichen.*

Im Gleichgewicht – vorne und hinten gleich breit und gleich gewinkelt

Schulter und Becken sollten gleich breit sein. Sporthunde, die unterschiedlich breit sind, haben einen weniger stabilen Stand. In der Regel ist die Hinterhand schmaler, meist in Kombination mit einer kurzen Kruppe und dadurch dünnen, wenig bemuskelten Oberschenkeln, wie in Abb. 11-53. Diese Hunde haben eine schwache Hinterhand, es kommt zu wenig Kraft und Schub von hinten, was sich vor allem beim Überspringen von Hindernissen oder auf Kontaktzonen-Geräten zeigt.

Hütehunde und Sporthunde, die viel traben, verschleißen weniger, wenn sie vorne und hinten ausgewogen gewinkelt sind (Abb. 11-54). Korrekte, gleich gute Winkelungen ermöglichen eine harmonische, effiziente Bewegung, wie sie im jeweiligen Rasse-Standard beschrieben ist.

Abb. 11-54 | *Spaniel: Hunde mit vorne und hinten ausgewogener Winkelung können taktrein traben und fühlen sich sicherer auf den Kontaktzonen-Geräten.*

Abb. 11-55 | *Der Schnauzer ist unausgewogen gewinkelt. Die besser gewinkelten Hinterläufe übergreifen die eher steil gestellten Vorderläufe, solche Hunde sind weniger stabil.*

Abb. 11-56 | *Hunde, die nicht ausgewogen gebaut sind, brauchen länger, um nach einer Landung oder nach dem Slalom-Ausgang wieder ins Gleichgewicht zu kommen. Eindrücklich ist hier die Belastung der Sprunggelenke zu sehen.*

Abb. 11-57 | *Windhunde im schnellen Renngalopp führen ihre Hinterbeine meistens außen an den Vorderbeinen vorbei.*

Galopper sind vorne und hinten unterschiedlich gewinkelt, vorne meistens steiler als hinten, aber immer mit schräger Schulterlage. Oft stehen die Windhunde hinten minimal breiter, damit sie die langen Hinterbeine außen an den Vorderbeinen vorbei und gut unter den Körper führen können, wie in Abb. 11-57.

Wenn Ihr Sporthund Veränderungen zeigt

Zeigt Ihr Sporthund Veränderungen im Verhalten, ist er zum Beispiel nicht mehr so freudig bei der Arbeit und springt er zögerlich, läuft er mehr Pass, lässt er seine Rute hängen, klebt sein Fell am Körper oder zeigt sein Fell Locken, wo vorher keine waren, dann sind das Gründe für einen Check-up beim Tierarzt. Wenn sich über Lende/Kruppe Fell-Locken bilden, wo vorher keine waren, könnte es beispielsweise ein früher Hinweis auf eine verminderte Schilddrüsenfunktion sein.

Der Körperbau entscheidet wie gesagt, ob Hunde bis ins hohe Alter problemlos im Sport mithalten können oder ob sie frühzeitig ausscheiden. Aber auch Hunde mit dem besten Bewegungsapparat können durch einen falschen Aufbau oder ein übermäßiges Training Schaden nehmen. Es kann nicht genug betont werden, wie wichtig ein gezieltes Aufwärmen und Abkühlen für Sporthunde ist, vor allem in der kalten Jahreszeit.

Abb. 11-58 | *Scottie Islay, top motiviert beim Aufwärmen vor dem Agi-Training.*

Abb. 11-59 | *Nicht jeder Hund ist für den Sport gebaut und sollte seinem Körper gemäß gefördert, aber niemals überfordert werden.*

Der Slalom um die Beine ist eine empfehlenswerte Aufwärm-Übung und vor jeder noch so kurzen Trainingssequenz gut durchführbar (Abb. 11-58).

Schwer gebaute und/oder übergewichtige Hunde sind je nach Sportart viel verletzungsanfälliger. Durch mehr Gewicht wird jede Schwachstelle zusätzlich belastet. Es lohnt sich, Sporthunde schlank und fit zu halten.

Schlanke und leicht gebaute Hunde können in der Regel besser mit strukturellen Schwächen leben. Allerdings gibt es auch Grenzen bei einem zu filigranen Körperbau, infolge dessen beispielsweise verzwergte Rassen ein erhöhtes Risiko für Knochenbrüche haben (Abb. 11-61).

Es ist durchaus sinnvoll, einen Sporthund alle 3–4 Monate einem spezialisierten Therapeuten vorzuführen. Der Therapeut fühlt sofort, wo der Hund verspannt ist. So können Sie dem Hund helfen, bevor Verhärtungen der Muskulatur zu unnatürlichen Schonhaltungen oder sogar zu Bewegungseinschränkungen führen.

Abb. 11-60 | *Übergewicht ist immer belastend, erst recht, wenn die anatomischen Voraussetzungen nicht gegeben sind.*

Abb. 11-61 | *Hunde mit einem zu filigranen Körperbau haben ein erhöhtes Risiko für Knochenbrüche.*

Abb. 11-62 | *Die beiden Hunde genießen die heilenden Hände. Schultern, Zehen, Wirbelsäule und der Iliopsoas-Muskel (Lenden-Darmbeinmuskel) sind die am meisten zu therapierenden Körperteile bei Sporthunden.*

Denken Sie immer daran: Hunde sind Weltmeister im Verbergen von Schmerzen!
Uns alle schmerzt es mit ansehen zu müssen, wie der Körper unserer altgedienten Sporthunde immer schwächer und ihre Hinterhandmuskulatur immer weniger wird. Im Kopf aber fühlen sich die Senioren oft noch jung und lieben es, wenn sie von den Menschen – und seien sie noch so klein – »gebraucht« werden (Abb. 11-66).
Wenn wir das Glück hatten, unsere Hunde durch eine lange Sportkarriere begleiten zu dürfen, sollten wir sie nicht vernachlässigen, wenn wir

unseren Nachwuchs ausbilden. Auch eine kurze, körperschonende Sequenz auf dem Hundeplatz, ein kleiner Agility-Parcours mit niederen Sprüngen oder ein Mini-Suchrevier lässt die Augen unserer Senioren aufleuchten und uns an so viele schöne gemeinsame Erlebnisse erinnern.

Mein Hund ist im Sport überfordert – was nun?

Wenn Sie nun nach dem Lesen dieses Buches festgestellt haben, dass Ihr Hund an einer oder gar mehreren wirklich einschränkenden Schwachstellen leidet, dann sollten Sie Größe zeigen. Nehmen Sie Ihren Hund aus dem Spitzensport, so lange er noch gesund ist.

Ein Tipp für Züchter:

Hunde, die über viele Jahre im Sport aktiv sind, haben in der Regel einen gut gebauten, stabilen Körper. Oft werden junge hochdekorierte Schönheits-Champions überdurchschnittlich oft als Deckrüden frequentiert. Wieso nicht einmal einen unbekannten, aber erfolgreichen, älteren Sporthund als Vater der zukünftigen Welpen auswählen? Ein gesunder Körperbau ist in der Regel ein korrekter Körperbau, auch ohne Schönheits-Titel.

Abb. 11-63 und Abb. 11-64 | *Die Senioren der Sanitätshunde-Gruppe, ACD Naava und Malinois Aristo, freuen sich auch im hohen Alter, wenn sie ein kleines Revier absuchen dürfen und dabei Erfolg haben.*

Abb. 11-65 | *Ein Hund wie Sima kann auch ohne Spitzensport glücklich sein und ein ausgefülltes Leben als geliebter Familienhund führen.*

Es gibt Sportarten, die Hunde auch mit einem suboptimalen Körperbau ausführen können. Jede Art von Nasenarbeit ist für die allermeisten Hunde sehr erfüllend und schont die Gelenke.
Denken Sie daran, Ihr Hund ist am liebsten mit Ihnen zusammen. Was genau Sie mit ihm unternehmen ist zweitrangig und Pokale bedeuten ihm nichts.
Viele Hunde sind auch glücklich ohne Spitzensport und führen ein ausgefülltes Leben als geliebte Familienhunde.
Oft übernehmen unsere Hunde wichtige Aufgaben als treue Begleiter und Freunde für die Kinder.

Wie finde ich meinen passenden Sporthund-Welpen?

Wenn Sie Ihren Hundesport lieben und weiterhin Ihre Freizeit damit verbringen möchten, dann lohnt es sich, mit einem gut gebauten Welpen noch einmal ganz von vorne zu beginnen.

Nun stellt sich bereits die erste Frage: Wo finde ich einen seriösen Züchter, dem Körperbau, Wesen,

Abb. 11-66 | *Was gibt es Schöneres als die leuchtenden Augen unserer alten Hund? Die 16-jährige Blinka hat immer noch Spaß am Leben.*

Gesundheitschecks, Leistungsbereitschaft und eine liebevolle familiäre Aufzucht wichtig sind?

Im »Schönheitsbereich« werden Ausstellungs-Champion-Titel gesammelt und auf den Züchter-Webseiten werden Multi-Champion x Multi-Champion-Verpaarungen angepriesen. Im Hundesport ist es ähnlich, da zählen vor allem die Erfolge an den Turnieren. Leider kann die Zuchtstrategie »Sport-Crack x Sport-Crack« auf lange Frist nicht aufgehen. Erfolgreiche Sporthunde kommen meistens relativ jung zum Zuchteinsatz. Würden nur alte, fitte Rüden decken, wäre die Strategie sicher erfolgreicher, denn wenn ein Hund im Sport alt wird, dann ist er in der Regel gut gebaut.

Abb. 11-67 | *Ein ganz bezaubernder Sheltie, aber würde sein Körper den Anforderungen für den Agility-Sport genügen? Klarheit gibt nur der Welpentest.*

Leider gibt es viele Sporthunde-Züchter, die einen fehlerhaften Körperbau in Kauf nehmen, hauptsache der Hund ist kurzzeitig erfolgreich. So schleichen sich körperbauliche Veränderungen und Schwachstellen in Leistungslinien ein, die nicht mehr dem Rasse-Standard, dem ursprünglichen Bauplan, entsprechen. Oft verändert sich zusammen mit dem Körperbau auch das »Nervenkostüm«, gut zu sehen bei den beliebten Border Collies, Shelties und Malinois.

Sie wissen jetzt, welchen Belastungen Ihr Hund ausgesetzt ist, und welche Körperteile kräftig und gut gebaut sein müssen. Suchen Sie sich einen Züchter, der die Welpen testet, oder versuchen Sie den Züchter zu überzeugen, dass es sich lohnt, die Welpen erst nach dem Welpentest zu platzieren. Schlussendlich sollen ja alle glücklich werden, der Welpe, der neue Besitzer und auch der Züchter, der sich über die zufriedenen Rückmeldungen freuen möchte.

Es zahlt sich wirklich aus abzuwarten und den Welpen erst nach dem Welpentest definitiv auszuwählen. Eine Welpenwahl nach Geschlecht und Farbe im zarten Alter von gerade mal 3 Wochen ist die denkbar schlechteste Voraussetzung für die

Abb. 11-68 a und b | *Auch bei der vielversprechendsten Anpaarung funktioniert die Formel »Sportcrack-Papa x Sportcrack-Mama = Sportcrack-Kinder« nicht. Erst der Welpentest zeigt, ob ein Welpe korrekt gebaut ist.*

erfolgreiche Wahl eines zukünftigen Sporthundes. Denken Sie daran, die meisten Schwachstellen sind erst mit 8 Wochen erkennbar.
Ein Schafhals, eine steile Front, ein Heringsbauch, eine zu kurze und flache Kruppe, schwache Oberschenkel, kippbare Sprunggelenke und Roll-Pfoten können Sie nicht mit 3 Wochen erkennen, mit 8 Wochen aber schon. Das Warten lohnt sich auch insofern, als sich das Wesen sowie das Verhalten zu Futter und Beute ebenfalls erst später zeigt. Auch bei der best durchdachten Verpaarung gibt es bei den Welpen große Unterschiede, sehr gut zu sehen bei den zwei Wurfgeschwistern in Ab. 11-68 anhand der Balance-Linien.

Mit dem Wissen dieses Buches werden Sie hoffentlich nie mehr »blauäugig« einen Welpen kaufen. Und das ist gut so. Je mehr Kenntnisse die Menschen haben, desto mehr profitieren unsere Hunde.

Hunde schenken uns ihre ganze bedingungslose Liebe! – Es liegt an uns, ihnen ihr relativ kurzes Leben so hundegerecht wie möglich zu gestalten. Wir dürfen ihre vielen Talente genießen und fördern, aber niemals den Hund zu einem Sportgerät degradieren, nur um unser Ego zu stärken. Das haben unsere Hunde nicht verdient.

Abb. 11-69 | *Hand in Hand: Danke, dass Du mich nicht überforderst!*

Anhang

Kurzanalyse Checkliste 2
Name des Hundes
GESAMT EINDRUCK
Hängende Pos. Nur Welpen!
HALS
KOPF
FRONT
OBERE LINIE
UNTERE LINIE
HINTERHAND
DIVERSES
NACHVERFOLGEN

Tabelle Auffälligkeiten und Auswirkungen

Eine mehr als 30 Seiten umfassende Tabelle über strukturelle Auffälligkeiten und deren Auswirkungen. Dieses Nachschlagewerk basiert hauptsächlich auf den Büchern »Structure in Action, The Makings of a Durable Dog«, der »Puppy-Puzzle-DVD« sowie eigenen Erfahrungen.

3 Checklisten für die Welpentests:

Kurz-Checkliste für Einsteiger

Übungs-Checkliste für Neulinge.

Eine A-4-Seite für die ersten Analyse-Trainings an erwachsenen Hunden und später für erste Welpentests.

Checkliste für fortgeschrittene Anfänger

Übungs-Checkliste für Tester, die bereits routinierter sind und die Abläufe und Handgriffe kennen.

Drei A-4-Seiten für ausführlichere Analyse-Trainings an erwachsenen Hunden und später für erste Welpentests.

Ausführliche Checkliste für erfahrene Tester

Mehrere A-4-Seiten, die dem Welpentest im Buch (Kapitel 8) entsprechen. Dieser aufwändige und lange dauernde Test sollte nur von sehr routinierten Testern an Welpen durchgeführt werden.

Das Deckblatt zur Wurfanalyse-Dokumentation

Auf dem Deckblatt ist in fetter Schrift dargestellt, was für den Ausdauer-Traber zutreffen sollte.

Kurzvideo

Wir zeigen in diesem kurzen Video, wie wir zwei Tests am erwachsenen Hund durchführen:

- Schafhals-Test
- Sprunggelenk-Test

jeweils an einem betroffenen und an einem stabilen Hund.

Pat Hastings

Ich bin Amerikanerin und seit über 60 Jahren im Hundesport involviert, zu dem ich auch das Ausstellungswesen zähle. Mein Werdegang und meine Ausstellungs-Karriere entwickelten sich vom Hundehalter zum Züchter, zum professionellen Handler, Trainer und AKC-Richter für die meisten der AKC-Rassen (American Kennel Club). Mein Leistungsnachweis im sportlichen Bereich reicht von der 4-H-Leitung über Club-Funktionen, dem Führen verschiedenster Rasseclubs bis zur Vorsitzenden für das Ausstellungswesen aller Rassen sowie für nationale Sonderausstellungen. 15 Jahre lang war ich im Doberman Pinscher-Club Ausbilderin der Richter. Ich war in vielen Kommissionen und kynologischen Forschungs-Gremien zu Themen wie Gesundheit und Körperbau. Ich habe zahlreiche Artikel verfasst, die in unterschiedlichsten Publikationen erschienen sind, wie Dog News, NAIA News und die AKC Gazette, nebst vielen zuchtrelevanten Veröffentlichungen.

Mein verstorbener Mann E.R. »Bob« Hastings und ich belächelten in den Anfängen manchmal, wie viele Fehler wir als Züchter machten, wenn es darum ging, den richtigen Welpen auszusuchen, – was dazu führte, dass wir nach einem Konzept suchten, Würfe besser zu evaluieren. Ja, wir haben viele Würfe gezüchtet, waren involviert in die Zuchtprogramme der meisten unserer wichtigen Kunden und wir kannten quer durch die USA großartige Züchter, die – wie wir alle – dieselben Fehler machten. Es kommt dazu, dass wir offensichtlich immer wieder die gleichen Fehler machten. Ich kenne keine Züchter, die nicht einen Welpen behalten hatten, der nicht so herausgekommen ist wie sie dachten, oder die einen Welpen als reinen Familienhund verkauft hatten, der großartig wurde. Hier begann unsere Reise herauszufinden, was wir nicht beachtet hatten, wenn wir Welpen auswählten.

Unser Weg begann mit dem Anatomie-Professor unseres lokalen Veterinär-Instituts und führte über drei Veterinär-Universitäten, um mehr zu lernen. Wir begannen eine Zusammenarbeit mit dem außergewöhnlichen Orthopäden Dr. med. vet. Barclay Slocum (Entwickler des TPLO-Operationsverfahrens für Kreuzbandrisse). Dr. Slocum war ein unglaublicher Lehrmeister für uns, und er war es, der die Idee hatte, einen Bau-Ingenieur zu suchen, der weder jemals einen Hund besessen, noch mit einem Hund zusammengelebt hatte. Seine bahnbrechende Überlegung war, dass alle Probleme, die wir haben, daher kommen, dass Hunde-Menschen ihre Welpen mit dem Herzen anschauen und lernen müssten, sie mit dem Verstand zu sehen. Als wir endlich die richtige Person gefunden hatten, wussten wir, dass wir die gesuchte Antwort finden würden. Es macht tatsächlich keinen Unterschied, ob Du Brücken oder Wolkenkratzer baust, oder ob Du Hunde züchtest. Denn wenn Du nicht für den Zweck baust, für den die Bauten gebraucht werden, werden sie zusammenbrechen. Es ist tatsächlich so einfach. Bis zu diesem Zeitpunkt galt das Studium des Körperbaus als schwierig und die meisten Hunde-Menschen dachten, sie würden es nie verstehen. Aber es ist wirklich nicht schwer: Wenn Du den Körperbau aufschlüsselst in das Gesetz der Natur und das Gesetz der Physik, dann ist es ganz einfach!

Wir haben unsere Recherchen in die Wege geleitet, weil wir selber in unserer Arbeit besser werden wollten. Die Methode öffentlich zu machen, war nie unser Ansinnen. Aber unsere Arbeit hat ein »Eigenleben« entwickelt und hat heute durchaus einen wirtschaftlichen Hintergrund.

Nach Jahren der Forschung haben wir den Ablauf der strukturellen Welpenanalyse in das viel gepriesene Puppy-Puzzle-Video einfließen lassen. Dieser analytische Ablauf wird weltweit angewandt, um Züchtern zu helfen, die Qualität ihrer gewählten Hunderasse zu verbessern, was gleichzeitig die Lebensqualität der Hunde verbessert.

Neben der Lehre und der Verbreitung von »Puppy-Puzzle« habe ich pro Jahr durchschnittlich 300 Würfe beurteilt, über alle Gruppen und fast alle Rassen. An diesem Punkt meiner Karriere habe ich über 40.000 acht Wochen alte Welpen evaluiert. Als wir uns vom professionellen Ausstellungswesen zurückzogen, war ich bereits mit meinem populären Seminar »Tricks of the Trade« für Hundeliebhaber unterwegs in den US und Canada. Diese Präsentationen waren so erfolgreich, dass ich ermutigt wurde, ein Buch zu schreiben. Mit Hilfe und Förderung von Diane Vasey, der damaligen Herausgeberin der AKC Gazette, schrieb und veröffentlichte ich mein erstes Buch »Tricks of the Trade, from Best Intentions to Best in Show«. Bald folgte ein weiteres: »Another Piece of the Puzzle: Puppy Development«, und schließlich das Buch, für den ich den Maxwell-Preis erhielt: »Structure in Action: The Makings of a Durable Dog«. Mein zuletzt verfasstes Buch wurde ebenfalls mit dem Maxwell-Preis gekrönt: »Let's Make You A Winner: A Judges Perspective On Showing Dogs«.

Ich darf bescheiden und dankbar sagen, dass ich in der Hundewelt eine angesehene Ausbilderin bin, immer bemüht, als gutes Vorbild zu lehren, allen Aspekten des Hunde-Sports mit Respekt, gesundem Menschenverstand und persönlicher Integrität zu begegnen. Ich glaube fest in den Wert der Beratung und habe immer das Wohlbefinden des Hundes an die erste Stelle gesetzt. Wir können niemanden dafür verurteilen, etwas nicht zu wissen, aber wir können jemanden dafür verurteilen, nicht bereit zu sein zu lernen.
Im Jahr 2001 wurde meinem Mann und mir der DPCA Lifetime Achievement Award verliehen, und im Jahr 2015 fiel mir die unglaubliche Ehre zu, für den American Kennel Club Lifetime Achievement Award auserwählt zu werden.

Für mein aktuelles Seminar »Structure in Action« reise ich weltweit, mein Engagement hat auch zu diesem neuen Buch mit dem Titel »Welpentest und Hundeanalyse« geführt, geschrieben von Eva Holderegger Walser und Doris Walder. Ich hoffe, Sie freuen sich über dieses Werk und das, was dazu geführt hat.

Doris und Eva haben eine sagenhafte Arbeit geleistet. Ich bin unglaublich beeindruckt von jedem Teil dieses umfassenden Werks, einschließlich ihrer vielen großartigen Bilder, die eine Klasse für sich sind.

Dieses Buch wird mit Sicherheit in die Geschichte der Hundewelt eingehen und einen großen Einfluss auf die Züchter, Richter und alle interessierten Hundefreunde haben. Es wird sich auf die Hunde auswirken, denn je mehr wir lernen, desto mehr profitieren unsere Hunde.

Nachtrag
Pat Hastings ist leider am 22. Oktober 2022 verstorben.

Doris Walder

Mit Tieren aller Art bin ich aufgewachsen. In der damaligen Stadtwohnung und mit Kindern musste unser erster Hund vor allem klein und kinderlieb sein. Der Traum vom eigenen Hütehund erfüllte sich erst später mit der ersten Berger des Pyrénées-Hündin, mit der unsere Liebhaber-Zucht »des Loubachouns« begann. Mit allen unseren Hunden blieb ich u.a. stets dem geliebten Sanitätshunde-Sport treu.

Vor rund 20 Jahren tat sich mir mit der Möglichkeit, Welpen auf ihren gesunden Körperbau hin testen zu können, eine neue Welt auf. Welpentests nach der Puppy-Puzzle-Methode von Pat Hastings und allgemein die Analyse von erwachsenen Hunden lassen mich seither nicht mehr los. Ich besuchte kynologische Weiterbildungen aller Art und sammelte im Team mit Eva Holderegger Walser an unzähligen Würfen praktische Erfahrungen mit Welpentests. Das Thema in Vorträgen und rund 100 Tages-Seminaren in Deutschland, Österreich und der Schweiz ist stets der gesunde Körperbau des Hundes und der Welpen. Indem wir unser Fachwissen weitergeben, ermöglichen wir es Züchtern, Ausstellern, Richtern, Trainern, Hundesportlern aber auch Physiotherapeuten und Tierärzten Hunde einfach und effizient zu analysieren.

Dieses gemeinsame Buch mit Eva Holderegger Walser und unserer Mentorin Pat Hastings könnte einen Fußabdruck in die faszinierende Welt der Hunde setzen.

Eva Holderegger Walser

Tiere spielten schon immer eine große Rolle in meinem Leben. Ursprünglich vom Galopprennsport begeistert bin ich immer mehr auf den Hund gekommen.

Seit 1995 bin ich mit dem »ACD-Virus« infiziert und züchte Australian-Cattle-Dogs in kleinem Rahmen unter dem Zwingernamen »Silverbarn«. Meine beiden ersten Zuchthündinnen habe ich erfolgreich ausgestellt. Früher war ich sehr aktiv im Agility-Sport, heute starte ich mit Yumi im SanH-3, Schweizer BH-3, IGBH-3, und IFH-1 und bin regelmäßig im Kindergarten-Einsatz für das Veterinäramt Zürich. Ich bin SKN-Instruktorin mit vielen Weiterbildungen in Hundeverhalten. Im Jahre 2006 habe ich das erste deutschsprachige Buch über den ACD geschrieben, und seit einigen Jahren bin ich Freelance-Autorin beim Schweizer Hunde Magazin. Als Dipl. Dentalhygienikerin und Kinesiologin interessiere ich mich sehr für Medizin und die Vorgänge im (Hunde-)Körper. Eines meiner Hobbies ist das Fotografieren.

Dies erweist sich als Glücksfall, denn ein großer Teil der Bilder dieses Buches stammen aus meinem Archiv. Ich hoffe Sie verzeihen mir, dass der ACD bildmäßig etwas übervertreten ist.

Bildnachweis:

Abramowicz, Nadine: S. 253 oben • Albert Heim Stiftung, Bern: S. 75, 206 Mitte, 208 unten, 209 oben links • Andazola, Cindy: S. 96 und 97 rechts unten • Auerbach, Anna: S. 272/273 • **B**arioz, Camille: S. 230 • Bertolini, Angela: S. 54 unten rechts, 74 unten, 100 oben, 140 • Bettendorf, Julia: S. 13, 148 unten links, 270, 281 oben • Brath Vibeke: S. 43, 100 unten, 106, 113 oben links, 198/199, 215 unten, 220 oben und Mitte, 292 oben • Bräunig, Kathrin: S. 54 oben rechts • Broger, René: S. 92, 113 Mitte, 153 unten, 202/203, 210 oben, 215 Mitte, 220 unten, 304/305, 316, 329 Mitte, 338 • Brüggemann, Wolfgang: S. 310 Mitte • Brunner, Gabrielle (Sporttierärztin): S. 349 unten • Bruns, Alexandra: S. 79 unten • Buchholz, Dorina: S. 28 • **C**liff, Netty: S. 282 oben • **D**oepp, Kirsten: S. 280 • Dogwise Verlag (R. Cole): S. 211, 214, 215 oben, 221 oben, 311 • Dreves, Katrin: S. 318 • **E**ngel, Annika: S. 104 • Effenberg, Lara, S. 260 unten • Ertl, Lisi: S. 290 unten • **F**ahrni, Ruedi: S. 57 unten • Fretz, Bryanna: S. 34, 35 • Friedrich, Roman: S. 187 unten • Fruhen, Carola: S. 197 unten rechts • Fürderer, Anna: S. 354/355 • **G**eithner, Dana: S. 20, 271 • Germann, Nadine: S. 275 oben • Graupner, Susanne: S. 293 oben • Gysi Hengartner, Patricia: S. 201 oben • **H**aar, Simone: S. 121 unten • Hastings Pat: S. 16, 17, 19, 23, 228, 243 Mitte, 284 oben rechts • Helmes Dr. med. vet., Sabine: S. 76 unten, S. 109 oben • Herzig, Kathrin: S. 77 unten • Hildebrandt, Sina: S. 101 unten, 167 oben • Hornyak, Anne, Wikimedia: S. 134 Mitte • **I**senegger, Monika: S. 290 oben • **J**aquish, Jeff: S. 128 unten links, 334 • **K**auz, Claudia: S. 139 • Klinik, Egelsbach. S. 46 unten • Koch Dr. med. vet., Daniel: S. 51 oben, 224 oben • Krämer, Eva-Maria: S. 28, 81 Mitte, 212 links, 213 alle rechts, 216 links, 217, 218, 219 (außer 12) • Krüger, Karolina: S. 302 • **L**ombardo, Franca: S. 72/73, 150 • **M**achenheimer, Daniela: S. 97 unten links, 274 rechts • Magee, Michael: S. 348 links • Mathys-Bürkli, Barbara: S. 112 unten links • Melere, Jacqueline: S. 160/161 • Midgley, David: S. 3, 12, 41, 110 unten, 151 oben rechts, 169, 199 unten, 317 oben, 322, 324 Mitte, 328 unten, 329 oben, 330, 331, 333 Mitte, 335, 336, 337 unten, 339 außer oben rechts, 341, 343 unten, 344 Mitte und oben, 345, 346, 347, 348 rechts, 349 oben • Mikelskas, Rytis, Wikimedia: S. 135 • Müller, Mattia: S. 357 • **P**ahkasalo, Tarja: S. 310 unten • Pfeil, Tessa: S. 324 unten • Priller, Verena: S. 156, 222 unten rechts, 344 unten • **R**andel, Simone: S. 278 rechts • Ratzenböck, Andrea: S. 303 unten • Rauhut, Sabine und Katja: S. 29 oben • Rentzsch, Silvie: S. 165 oben, 188 unten • Riner, Barbara: S. 155 oben • Rosenquist, Ingrid: S. 219 Mitte • Rothlin, Rahel: S. 351 • **S**änger, Karin: S. 171 unten • Scheidegger, Esther: S. 294 • Schlehr, Marcia: S. 312, 313 • Schlup, Andrea: S. 282 unten • Schmid, Karin und Vogt, Sepp: S. 125 oben rechts • Schoenaerts, Justine: S. 317 unten • Schuler, Nadia: S. 324 • Stone, Susan: S. 314/315 • **T**amás, Krizsán: S. 223 unten • Turatto, Sibil: S. 298 • von Deyn, Jascha: S. 296 • **v**on Elzenbaum, Karin: S. 25 und Umschlagrückseite • **W**ahl, Bernd: S. 143 links unten • Walder, David: S. 53 unten,183 unten, 232, 291, 343 rechts, 353 • Weisshaupt, Markus: S. 328 oben • Wermelinger, Christa: S. 343 links • Windisch, Lisa: S. 33, 226/227 • **Z**iemann, Monika: S. 149 unten links • Zürcher Susanne: S. 292 Mitte

Alle übrigen 595 Bilder wurden von Eva Holderegger Walser erstellt.

Danksagung

Auf Schweizerdeutsch: Merci viilmal!

Wie schön, nun liegt es vor uns, unser fertiges Werk. Wir sind überwältigt von der spontanen Hilfe so vieler Hundefreunde, die wir gerne alle namentlich erwähnen würden. Es sind jedoch so viele, dass hier einfach der Platz dafür fehlt.

Die Entstehung dieses Buches verdanken wir Petra Krivy. Die Hundebuch-Autorin hat uns vor genau einem Jahr auf einem Seminar dazu animiert. Claudia König, die Programmleiterin vom Verlag Müller Rüschlikon, war von der Idee begeistert, also nutzten wir die Zeit des Lockdowns und wurden kreativ. Herzlichen Dank, Claudia, für die gute Zusammenarbeit, sogar an vielen Wochenenden und Dein Verständnis für uns Schweizerinnen, die wir uns sprachlich in vielem anders ausdrücken.

Wir bedanken uns bei allen Hundebesitzern, deren Hunde wir fotografieren durften. Besonders jedoch bei denjenigen, deren Hunde wir mehrfach ablichten und analysieren konnten: Nadine und Vardah Abramowicz mit Lupita, Pfüdi und Juma, Ines Arenas mit Arco und Kisha, Tamara Burri mit Jamie, Lara Effenberg mit Merlin, Werner Greussing mit Xanadu, Nicole Kühn mit Dolly, Silvia Looser mit Polly, Petra Pfister mit Vicky und Andrea Ratzenböck mit Levi.

Anja Zaharanski erfüllte uns den großen Wunsch nach einem korrekt gezeichneten Skelett. Eva-Maria Krämer unterstützte uns hilfreich bei der Umsetzung des Kapitels über Windhunde und stellte uns die vielen wunderbaren Bilder aus ihrem Foto-Archiv zur Verfügung.

Wir schätzen uns sehr glücklich, so viele fantastische Bilder von berühmten Hunde-Fotografen erhalten zu haben. Ohne diese Aufnahmen hätten wir das Kapitel »Sporthund« nicht gestalten können: David Midgley aus England, René Broger aus der Schweiz und Vibeke Brath aus Norwegen.

Vielen Dank an den amerikanischen Dogwise-Verlag für die Zeichnungen von Robert Cole im Kapitel 7 (aus dem Buch »An Eye for a Dog«) und an Marcia Schlehr für die »TRAD's« im Kapitel »Gangwerk«.

Die übrigen anatomischen Zeichnungen waren ein persönliches Geschenk der verstorbenen australischen Künstlerin Margaret Davidson.

Viel Spaß hatten wir beim Drehen des Promotion-Videos bei Michael Magee Productions, https://vimeo.com/491245562. Herzlichen Dank dafür.

Ein weiteres »Merci villmal« für das Lesen des Manuskripts geht an Cornelia Heizmann, Birgit Horvath, Brigitte Ruhier-Staub und besonders auch an Prof. Irene Sommerfeld-Stur für das Vorwort.

Ganz zum Schluss möchten wir uns bei Kornelia und Anna Erlewein für das kreative Layout bedanken. Besser hätten sie unsere Ideen nicht umsetzen können. Wir hoffen, dass dieses schön gestaltete Buch unzähligen Lesern helfen wird, die Hunde so zu analysieren, dass sie gefördert und nicht mehr überfordert werden.

Doris und Eva

Kontakt:

http://welpenanalyse.com

doris@ddwalder.ch

eva@cattledog.ch

facebook-Gruppe:
Welpenanalyse-Hundeanalyse

Stichwortverzeichnis

A

Afghanischer Windhund 220, 298
Agility (und andere schnelle Sportarten) 70, 71, 100, 104, 110, 125, 128, 131, 143, 151f, 172, 177f, 197, 207, 315ff
Airedale Terrier 211, 213
AKC American Kennel Club 69
Akita 132
Alaskan Malamute 230
American Bulldog 52, 204
American Staffordshire Terrier, Amstaff, Staffie 63,83,103, 205, 346
Analyse, Reihenfolge 42
,Vorbereitung 32
Appenzeller Sennenhund 79, 266, 333
Äquidistanz hinten 164f, 182, 264, 265
Äquidistanz vorne 118f
Aseptische Femurkopfnekrose 200
A-Stand 128
Auffälligkeiten und Auswirkungen (Tabelle QR-Code) 354
Augen 21, 53f, 206, 320
Augenlider 54
Ausdauer 20, 92, 101, 104, 327
Ausdauer-Traber 27f, 102, 144
Australian Cattle Dog, ACD 25, 31, 38ff, 45, 47, 63, 74, 81, 86, 89, 96, 97, 103, 112, 116, 128f, 145ff, 171, 174, 205, 212, 307 309, 317ff, 334, 339, 350
Australian Kelpie 65, 85, 95, 144, 238, 331
Australian Koolie 107
Australian Shepherd, Aussie 57, 63, 160f, 309, 328
Azawakh 219

B

Balance-Linie 1 36, 38, 41, 116, 130, 132, 236, 253
Balance-Linie 2 36, 39, 62, 64f, 66f, 116, 124, 236
Balance-Linie 3 37, 40, 88, 161f, 237
Ballen, s. Roll-Ballen
Barbet 240
Basenji 43
Basset Hound 223
Bauch 112
Beagle 331
Becken 88ff, 104, 126, 166
Beckenform von hinten 90, 265
Bedlington Terrier 100
Beinlänge hinten 162, 259
Berger Blanc Suisse 57, 323
Berger des Pyrénées 53, 125, 127, 143, 165, 188, 261, 273, 279, 291, 292, 293, 294, 310
Bernhardiner 47, 208f
Bewegung s. Gangwerk
Border Collie, BC 198, 290, 329, 333, 335, 339, 341, 343, 345, 347
Boston Terrier 46, 242
Boxer 112
BOAS (Brachycephales obstructed Airway-Syndrom) 47ff
Brustbein 108f, 111f, 254, 255
Brustbeinspitze 41, 91, 96f, 135, 244, 329
Brustkorb 91, 92ff, 98, 100ff, 113, 117, 125f, 130ff, 136ff, 205, 219, 254, 327
Buggelenk s. Schultergelenk

C

Cairn Terrier 28, 144, 194, 222, 260
Canini Engstand 243, 286
Chihuahua, Chi 30, 40, 48f, 94, 96, 112, 162, 173, 175, 177, 190
Chondrodysplasie/Chondrodystrophie 144, 223
Chow-Chow 167
Cimarrón Uruguayo 187
Clumber Spaniel 106
Cole Robert W. 92
Continental Bulldog 39, 47, 62, 78, 116, 125, 126, 210
Curly Retriever 113, 277f

D

Dackel 99, 172, 175, 202, 221f, 330
Dalmatiner 28, 214, 264
Deckrüdenauswahl 292
Deerhound 215
Deutsche Dogge 7, 55, 84, 96f, 135, 173, 206, 281, 303
Deutscher Jagdterrier 213
Deutscher Pinscher 127
Deutscher Schäferhund, DSH 40, 74, 105, 148, 163, 166, 310

DISH 74
Dobermann 16

E

Ellbogen 41, 93f, 101, 132, 136ff, 213, 245, 307, 336
Elle 223
Englische Bulldogge 59, 63, 102

F

Falten am Widerrist 41, 62, 124, 125, 311
Falten bedecken Augen 54
Falten über der Nase 46, 54, 58f
Fangzähne s. Canini
FCI Fédération Cynologique Internationale 26, 61, 209, 211
Fell 29, 34f, 209
Fischer, Martin 30
Flanken 112
Flat Coated Retriever 87
Foxterrier 81, 213f,
Französische Bulldogge, Frenchie 47, 50f, 53, 59, 84, 104, 170, 178, 192, 206f, 309
Front 43, 114f, 244

G

Galopper 98, 102, 121, 128, 144, 149, 152, 214ff
Gangwerk 86, 93, 112, 120f, 125f, 136, 151, 166, 304ff, 346f
Geschwindigkeitsformen s. Galopper oder Windhunde
Gewölbte Oberlinie 66
Golden Retriever, Goldie 113, 170, 282, 292, 325
Greyhound 215, 217, 220, 317, 329, 338, 347
Groenendael 279, 290, 328
Grundsatzerklärung FCI-Richter 61

H

Hals 38, 39, 62ff, 116, 240, 307
Hängende Position 238f
Havaneser 21, 268f, 275
Heringsbauch 19f, 103, 108, 256
Hinterhauptbein 56
Hinterhand 160ff, 259, 336, 341
Hintermittelfuß 161, 174ff
Hinterpfote 165, 178, 189ff, 266, 267, 338
Holländischer Schäferhund 282, 297, 349
Hundeanalyse, Vorbereitung 32

I

IGP (Schutzhund) 70f
Irish Terrier 28, 212, 235
Islandhund 56, 114
Italienisches Windspiel 100, 220

K

Karpfenrücken 82
Kiefer 50f, 242, 323
Kindchen-Schema-Kopf 47, 50, 208
King Charles Spaniel 48, 80
Knie 37, 163, 168, 170ff, 260, 264
Knochenstärke/Röhrenknochen 103, 144, 205, 216
Kopf 44ff, 242
,absenken 251
Körper 72ff
Körperformen 203
Kraftformen s. Molosser
Krallen 146, 148, 154, 158f, 190, 197, 249, 338
Kreuzbandverletzungen 167, 173, 210
Kromfohrländer (Einkreuzungsprojekt) 296
Kruppe 83f, 85f, 88, 168, 258, 331
kuhhessiger Stand s. X-Beine
Kurzanalyse 36
Kurzhaarcollie 302, 338
Kurznasige Hunde 46f

L

Labradoodle 256
Labrador Retriever 215, 211, 221, 237, 248, 283
Lagotto Romagnolo 83
Landseer 28
Langhaarcollie 304f, 338
Lefzen 46, 52, 54f, 206
Lefzenekzem 54, 206
Lende 79, 257, 330

M

Malinois 275, 326, 349ff
Malteser 306
Mastino Napoletano 22, 54, 206
Miniatur Bull Terrier 89, 118, 119, 133, 168, 189, 311
Miniature American Shepherd 13, 221, 270
Mischling 39, 52, 57, 64, 66, 74, 105, 113, 116, 125, 127, 134, 138, 139, 141, 142, 143, 146, 149, 162, 167, 180, 210, 241, 309, 310, 331, 336, 337, 342, 344, 348, 349
Molosser 121, 144, 173, 204ff
Mops 56
Münsterländer 57
Muskeln 62, 78f, 93, 100, 134, 199, 253, 333

N

Nackthunde 74, 79, 80, 91, 101, 172
Nase 46, 56ff, 242
Nasenöffnung 46
Niederläufige Hunde 144, 221ff
Nova Scotia Duck Tolling Retriever, Toller 20, 235, 237, 253, 271

O

O-Beine 178, 186, 262, 264
Oberarm 93ff, 97, 100, 117, 118, 122, 130ff, 136ff, 213, 245, 252, 311, 336
Obere Linie 66, 73ff, 82, 135, 166, 176, 178, 257, 310, 335
Oberschenkel 83f, 84, 86, 89, 164f, 168f, 210, 259, 331, 346

P

Papillon, Kontinentaler Zwergspaniel 344
Parson Russell Terrier 86, 280, 281, 308, 324
Patella Luxation 173
Patterdale Terrier 200f
Petit Basset Griffon Vendéen 172
Pfoten vorn s. Vorderpfoten
Podenco Ibicenzo 198f, 219
Portugiesischer Wasserhund 70
Proportionen 80, 112, 216, 235f, 242
Pudel 34f, 38, 66, 169, 322, 324, 335, 336, 341
QR-Code 354

Q

Qualzucht 22, 46ff, 54, 56, 59, 206, 207

R

Raumgriff 308
Richterausbildung 18, 22, 61
Rippen 31, 91, 102, 104f, 111
Rhodesian Ridgeback 150
Roll-Ballen 155f, 191f, 222, 250, 266, 344f
Rottweiler 47, 176, 324, 348
Rückbiss 51, 287
Rücken 73, 78
Rundung 1 37, 38, 41, 91, 116, 130, 244
Rundung 2 37, 40, 161, 163, 170, 264
Russischer Schwarzer Terrier 293
Russkiy Toy 92
Rute 76, 85ff, 166, 168, 207, 258f

S

Saarlooswolfhund 46, 129
Säbelbeine 259
Saluki 153, 218f
Samojede 174, 328
Schädelformen 46, 48, 50
Schafhals 19f, 34f, 38f, 64, 66, 68, 240f, 322, 324
Schlittenhunde 18f, 328
Schmerzaugen 21, 320
Schnauzer 346
Schrittlänge 64f, 84, 120f, 127, 306, 310
Schub 86, 88, 306, 331
Schulter 64, 120ff, 130f, 141, 251f, 333
Schultergelenk 96f, 118f, 251
Schweizerische Kynologische Gesellschaft (SKG) 210, 297, 299
Scottish Terrier 223, 348
Shar-Pei 54, 58, 74, 100, 140
Sheltie, Shetland Sheepdog 110, 137, 274, 276, 341, 352
Sichtfeld eingeschränkt 54f, 206
Silken Windhound 52, 103
Silken Windsprite, Langhaar Whippet 63, 70, 95, 145, 152, 157, 173, 246f
Sitzbeinhöcker 86, 168
Skelett angeschrieben 11
SKG (Schweizerische Kynologische Gesellschaft) 210, 297, 299

Spaniel 346
Spanischer Wasserhund 64, 184
Speiche 223
Spinone Italiano 29, 151
Sporthunde s. Agility
Spondylose 69, 74
Springer Spaniel 259
Sprunggelenk 170ff, 174ff, 260, 261, 262, 263
Stand Hinterbeine 166, 169, 185f, 263f
Stand Vorderbeine 105, 129, 136, 137, 246, 248
Sternengucker 179, 325f
Stop 56
Stoßdämpfung 121, 124, 127, 146ff, 149, 153, 199, 337

T

Terrier 121, 149, 211ff
Thai Ridgeback 33, 125, 226f
Thermoregulation/Temperaturausgleich 58, 60
Tibet Terrier 29
TRAD 311f

U

Übertypisierung 22, 26
Unterarm 144f, 146, 216, 221, 336
Untere Linie 91ff, 216, 254f
Unterkiefer 52
Unterschenkel 164f, 169, 265

V

Vorbiss 51, 285
Vorbrust 37f, 91ff, 94, 117, 132, 138, 216, 244, 311, 334
Vorderbeine 116, 246f, 328
Vorderfußwurzelgelenk, Vordermittelfuß 146ff, 153, 213, 247f, 336f
Vorderhand s. Front
Vorderpfote 147ff, 152ff, 222, 248ff, 338

W

Wachstumsfugen 318
Wasserarbeitshund 64f, 70f, 343
Welpentest 234ff
-A–Z 234ff
-Alter, Zeitfenster 33, 229, 273ff
-Auffälligkeiten, Tabelle, QR-Code 354
-Diverses 267
-Formulare zum Downloaden (QR-Codes) 354
-Infos zum Fotografieren 278
-Fotomodelle Levi und Polly 231, 366
-Gedanken zur Zucht 291
-Hängende Position 238f und 276ff
-Puppy-Puzzle-DVD 228
-Regeln 271
-Temperament 234f
-Unser Weg – Ihr Weg 298ff
-Vorbereiten des Welpentests 232
-Wachstumsprobleme 280ff
-Welpenzähne 283ff
-Wurfdokumentation 268
-5 No-Gos für Zucht und Sport 289
Wespentaille 103, 108
West Highland White Terrier 26
Whippet 28, 216, 218, 258, 274
Widerrist, 41, 76, 116, 127, 130
Windhunde s. Galopper
Winkel Hinterhand 73,110, 210, 264f, 308f
Winkel Vorderhand 73, 98, 110, 121ff, 130, 251ff, 308f
Wirbelsäule 62, 66, 73ff, 76, 78, 87, 207
Wolfspitz 61

X

X-Beine 186, 264

Z

Zähne 50, 242f, 284, 287f, 323
Zwergpinscher, Miniature Pinscher, Minpin 12, 41, 335
Zwergspitz, Pomeranian 21
Zwergrassen 173, 221

Schwarze Zahlen – Erwachsene Hunde
Farbige Zahlen – Welpentest

Levi und Polly – die Entwicklung vom Welpen zum Junghund

Unsere Welpentest-Modelle sind nun 14 Monate alt. Glücklicherweise konnten wir sie drei Tage vor der Manuskript-Abgabe noch einmal fotografieren. Levi und Polly sind aktuell sehr harmonische und rassetypische Junghunde. Es wird noch ein Weilchen dauern, bis sich bei ihnen der Brustkorb und damit auch die Vorderhand-Winkel fertig entwickelt haben.

Als Wiederholung eine kurze Rassebeschreibung:

Beide Rassen wurden zum Treiben von Kühen und zum Bewachen von Hab und Gut gezüchtet. Der Australian Cattle Dog von den australischen Siedlern zum Treiben auf weiten Flächen, der Appenzeller Sennenhund, heimisch in den Schweizer Alpen, zum Arbeiten in teilweise sehr steilem Berggebiet.
Aus diesem Grund unterscheiden sich auch die beiden Standards erheblich:

- Der Australian Cattle Dog sollte einen mittellangen Hals haben, gut gewinkelte Kniegelenke und eine lange, abfallende Kruppe mit einer mässig tief angesetzten Rute.
- Der Appenzeller Sennenhund sollte einen eher kurzen Hals haben und eine steile Hinterhand mit einer hoch angesetzten Rute.

Die Standard-Beschreibungen passen wirklich perfekt zu unseren liebenswerten Models.

Wir freuen uns immer »unsere« Testwelpen zu einem späteren Zeitpunkt wiederzusehen. Es ist eine schöne Bestätigung für uns, wenn die Hunde sich so entwickeln, wie wir es auf Grund des Welpen-Tests erwarten konnten.

WEITERE INTERESSANTE

HUNDEBÜCHER

Irene Sommerfeld-Stur

Rassehundezucht
Genetik für Züchter und Halter

368 Seiten, 258 Bilder
ISBN 978-3-275-02311-0
€ 39,90 / € (A) 41,10

Inge Hansen

Handbuch der Hundezucht
Mit großem homöopathischen Ratgeber

240 Seiten, 125 Bilder
ISBN 978-3-275-01565-8
€ 24,90 / € (A) 25,60

Inge Hansen

Vererbung beim Hund
Alles über Erbgesetze, Zuchtkriterien und Erbkrankheiten

240 Seiten, 150 Bilder
ISBN 978-3-275-02259-5
€ 34,90 / € (A) 35,90

Udo Gansloßer/Petra Krivy

Ein guter Start ins Hundeleben
Der verhaltensbiologische Ratgeber für Züchter und Welpenbesitzer

224 Seiten, 165 Bilder
ISBN 978-3-275-01995-3
€ 24,90 / € (A) 25,60

Müller Rüschlikon

Überall, wo es Bücher gibt, oder unter
www.mueller-rueschlikon.de
Service-Hotline: 0711 / 78 99 21 51

www.facebook.com/muellerrueschlikonverlag
www.instagram.com/muellerrueschlikon.hund

Änderungen in Preis und Lieferfähigkeit vorbehalten.

Susanne C. Steiger

Erste Hilfe am Hund
Für den Notfall gut gerüstet

128 Seiten, 150 Bilder
ISBN 978-3-275-02126-0
€ 19,95 / € (A) 20,60

Sophie Strodtbeck/Bernd Schröder

Der alternde Hund
Verhalten – Medizin – Biologie

192 Seiten, 180 Bilder
ISBN 978-3-275-02229-8
€ 29,90 / € (A) 30,80

Lena Schwarz

Wunderwerk Hundekörper
So funktionieren Organe
und Bewegungsapparat

144 Seiten, 120 Bilder
ISBN 978-3-275-02308-0
€ 22,00 / € (A) 22,70

Monika Schaal

Hundesprache erkennen
– Verhalten verstehen
Dolmetscher für Hundehalter

176 Seiten, 150 Bilder
ISBN 978-3-275-02289-2
€ 24,90 / € (A) 25,60

Müller Rüschlikon

Überall, wo es Bücher gibt, oder unter
www.mueller-rueschlikon.de
Service-Hotline: 0711 / 78 99 21 51

Änderungen in Preis und Lieferfähigkeit vorbehalten.

www.facebook.com/muellerrueschlikonverlag

www.instagram.com/muellerrueschlikon.hund